韓國科學財團 선정
과학기술신서 14

광학결정

미야자와 신타로 지음
이재현 · 장민수 · 이호섭 옮김

한국경제신문

原書名 / 光學結晶
著者 / 宮澤信太郎
出版社 / (株)培風館

Copyright © 1995 by Shintaro Miyazawa
Originally published by Baifukan Co., Ltd. in Tokyo

Korean Translation Copyright © 1999 by The Korea Economic Daily
& Business Publications Inc.

이 책은 한국경제신문사가 저작권자와의 직접계약에 따라 발행한 것으로
본사의 허락없이 임의로 이 책의 일부 혹은 전체를 복사하거나
전재하는 등의 저작권 침해행위를 금합니다.

「과학기술신서」 발간에 부쳐

국가의 힘은 그 나라 과학기술의 발전수준을 통해 가늠해볼 수 있다. 오늘날 이른바 강대국들은 독자적인 과학기술을 바탕으로 산업·무역·외교·안보 등 모든 분야에서 우위를 과시하고 있다. 앞으로 다가올 미래는 과학기술의 역할이 더욱더 중요해지는 시대가 될 것이며, 특히 첨단기술의 보유 정도가 그 나라의 운명을 좌우하는 관건이 될 것이다.

흔히들 과학기술의 발전을 이룩하는 방법에는 두 가지가 있다고 한다. 첫째는 자체 연구개발을 통해서이고, 둘째는 선진국으로부터의 기술이전에 의한 것이다. 자체의 연구개발을 통해 기술혁신을 이룩하는 것이 가장 바람직한 방법이겠지만 자체 능력이 부족한 경우에는 선진국으로부터의 기술이전 또한 중요한 과제가 아닐 수 없다.

사실 현대와 같이 전문화되고 복잡다기한 산업구조에서는 어느 한 나라가 모든 기술을 자체 개발한다는 것은 불가능한 일이며, 어쩌면 부질없고 적절하지 못한 시도일지도 모른다. 최근 들어 점점 더해가는 선진국의 기술이전 기피현상과 국가 간의 극심한 기술마찰 사례를 감안할 때, 우리는 선진과학기술의 도입을 위해 하루라도 빨리 더욱 능동적이고 효과적인 방법으로 대처하지 않으면 안 된다고 생각한다.

한국과학재단은 이러한 시대적 필요에 부응해 국내외에서 일하고 있는 우리 과학자들의 협조를 얻어 선진국이 오랜 기간 각고의 노력으로 이룩한 최신 과학기술에 관한 문헌을 발굴·번역해 국내의 대학·연구소·산업계 등에 신속히 보급하는 사업을 한국경제신문사와 공동으로 펼치고 있다. 「과학기술신서」라고 이름지어진 이 사업을 통해 과학기술업무에 종사하거나 과학기술에 관심을 갖고 있는 분들이 첨단 과학기술을 손쉽고 빠르게 접할 수 있을 뿐 아니라 쉽게 이해하는 데 도움이 되고자 한다.

이는 외국의 선진과학기술에 관한 정보자료가 원문 상태에서 특정한 소수 과학기술자들의 개인적인 자산이 되는 것만으로 만족할 일이 아니라, 관련분야의 저변에까지 쉽고 신속하게 퍼져 가능한 한 널리 활용되어야 하기 때문이다.

아무쪼록 우리나라가 선진과학기술권에 다가서는 데 이 사업이 하나의 씨앗이 되고 조그마한 밑거름이 되기를 바란다.

끝으로 이 사업을 함께 하는 한국경제신문사의 관계자 여러분과 국내외 곳곳에서 교육과 연구에 바쁜 가운데에도 협력을 아끼지 않는 여러 과학기술계 인사들께 깊은 감사를 드린다.

1999년 10월
한국과학재단 사무총장

옮긴이의 말

부산대학교 유전체물성연구소(Research Center for Dielectric and Advanced Matter Physics : RCDAMP)는 한국과학재단의 우수연구센터사업의 일환으로 1991년 1월 4일에 지정받은 과학연구센터(Science Research Center : SRC) 중 하나다.

한국과학재단에서는 과학연구센터의 설치목표를 선진국 수준의 새로운 과학지식 창출과 우수한 고급인력 양성에 두고 있다. 유전체물성연구소는 전국을 단일 연구권으로 하여 국내 유전체 분야 연구에서 구심 역할을 담당하고 있으며, 국제적으로도 능동적인 학문교류의 가교 역할을 수행하고 있다. 또한 우수인력 양성에도 크게 기여하고 있다.

연구소 역점사업 중 하나인 인력양성을 위해 짧은 기간에 많은 지식을 습득할 수 있는 방법의 하나로 일본의 미야자와 신타로(宮澤信太郎) 선생이 집필한《광학결정》을 번역·출판하게 되었다.

대학연구실이나 국가 또는 기업체 연구실에서 특이한 분야에 대한 연구를 수행하기에 앞서, 기초내용을 익혀 견문을 넓힌다든가 연구를 위한 계획을 수립해야 할 때, 마땅히 읽을 참고서가 부족하다는 느낌을 종종 갖게 된다. 결정광학의 분야에서도 예외는 아닌 것으로 생각한다.

특히, 대학원생의 교육을 책임지고 있는 지도자의 입장은 그렇게 쉽고 평탄하지는 않을 것이다. 학생들이 전공 분야를 이해하고 소화할 때까지는 많은 노력이 요구될 것이며, 또 그 내용을 어느 정도 이해하고 연구를 독자적으로 수행할 수 있을 즈음이면, 직장을 구해 새로운 일자리로 이동하게 된다. 지도자로서는 새로운 학생을 위해 또다시 마음자세를 가다듬지 않으면 연구의 연계성을 유지하기가 힘들 것이다. 새로운 일자리를 만드는 그 어려움도 어느 정도 이해는 하지만, 인력을 양성하는 지도자의 고충도 서로 이해하면서 유기적인 협력을 도모하는 지혜가 종종 아쉽기도 했다.

그리고 이 책을 접하면서 만감이 교차하기도 했다. 일본에서 그 동안 많은 연구자들이 쌓아올린 연구결과를 정리하여 집필한 이 참고서를 번역하여 후진들에게 물려주기 위한 노력이 부끄러울 수밖에 없었다. 이러한 일이 빈번하게 일어나지 않을 날이 오기를 기대하면서, 오늘의 우리 처지를 생각해보는 계기가 되었으면 한다.

끝으로 이 번역서 출판을 허락해준 한국과학재단과 출판에 수고하신 한국경제신문사 관계자 여러분과 유전체물성연구소의 세 명의 이(李)양에게도 감사드린다.

1999년 10월
옮긴이 일동

Advanced Electronics 시리즈의 간행에 즈음하여

자연과학과 기술분야 전문서적의 출판에 찬란한 역사를 가진 培風館의 창업 70년을 기념하기 위해 이 시리즈를 간행하게 되었다. 편집을 담당하고 있는 한 사람으로서, 바쁜 일정 속에 집필해준 저자분들께 깊은 감사의 말씀드린다.

이 시리즈의 간행을 기획한 이유는 일본에서 고도로 발전한 전자공학(electronics)의 학문적 연구성과를, 현재 이 분야에 흥미를 갖고 공부하고 연구하고 있는 대학원생 또는 관련 분야에 종사하고 있는 연구자나 기술자에게 소개함으로써 도움을 주는 동시에 문화적 유산으로서 다음 세대에 전할 수 있기 때문이다.

지난 한 세기를 뒤돌아본다면, 20세기는 전자공학의 세기라고도 말할 수 있다. 잘 알려져 있는 역사상 중요한 발견과 발명을 돌이켜보면 3극진공관의 발명이 20세기 초에 이루어져 전자공학의 시대가 개막되었다고 말할 수 있다. 진공관 기술과 관련하여 전류와 전압을 전기회로적으로 취급하는 것이 아니라 전하와 질량이 있는 입자로서의 전자를 취급하는 전자공학이라는 학문이 형성되었다. 형식적으로는 같이 취급되고 있지만 고전역학적 현상으로부터 양자역학적 현상을 이용한 소자로서 트랜지스터가 20세기 중반에 개발되어 반도체 전자공학의 비약적인 발전을 시작으로 오늘에 이르고 있음은 잘 알려진 사실이다.

전자계산기가 최초로 조립된 시기는 트랜지스터 발명 이전이지만, 트랜지스터의 발명과 더불어 집적회로의 발전에 따라 PC(personal computer)가 가정으로까지 확산되어 계산기는 정보기술의 견인차적 역할을 하게 되었다. 그리고 그 동안의 학문적 관점에서는 고도의 양자역학적 현상으로 일컬어지는, 거시적 양자역학 현상으로 알려져 있는 유도복사를 이용한 레이저나 초전도 현상의 발견과 응용 등 20세기의 전자공학에 관한 중요 발견이나 발명은 헤아릴 수 없을 정도다.

이와 같이 소자나 하드웨어의 발견은 재료기술이나 물성물리학의 발전에 크게 기여했지만, 특히 통신이나 정보기술 등 이른바 사용자의 요구에 자극받은 점도 크다고 생각한다. 대용량, 고속정보처리 하드웨어의 실현은 정보기술의 고도화와 비약적인 발전을 가능하게 했으며 이른바 멀티미디어 시대를 현실화시킨 것이다. 정보에 관한 연구는 인간의 사고기능에까지 이르러, 전자공학 연구는 하나의 정점을 향하고 있다.

이와 같은 전자공학 연구의 발전은 일본의 대학, 관공립연구소, 기업의 연구소, 기술자 등의 공헌에 힘입은 것이라고 말할 수 있다. 전자공학의 연구성과는 어느 정도 학계에서 발표되기도 하고 공업제품으로 이용한 회사에 기여하기도 했지만, 학문으로서 체계화되어 문화자산으로 후세에 전달하는 노력도 필요하다.

Advanced Electronics 시리즈는 전자공학 전반에 대한 정보 산실로서 일본의 역할을 밝힘과 동시에, 단순한 이용에 그치는 정보가 아니라 체계화된 학문으로서 이러한 목적을 달성하려는 데 있다.

저자 여러분들께 한번 더 감사의 뜻을 전하면서 독자 여러분의 기대에 부응하기를 바란다.

스가노 다쿠오(菅野 卓雄)

저자의 말

결정광학은 대략 두 분야로 나눌 수 있다. 하나는 렌즈, 프리즘이나 광학 필터와 같은, 수동적인 기능의 광학부품으로서 예로부터 많이 이용되고 있는 것이다. 여기에는 방해석·수정·운모 등 천연결정이 있고, 현재에도 그 특징적 광학적 성질이 이용되고 있다. 다른 하나는 능동적인 기능을 갖는 것이다. 즉 외부로부터의 어떤 정보신호(전기장·자기장·응력·광·열 등)를 받아 그 결정이 갖는 광학적 성질을 제어하여 활용하는 것이다. 이와 같은 기능이 있는 결정은 불화물·염화물 등 알칼리할라이드 결정이 많지만, 산화물 결정이 기능성「광학결정」으로서 입지를 구축하고 있다.

이 책에서는 수동적인 재료는 취급하지 않고 광과 상호작용을 갖는, 능동적인 기능을 나타내는 산화물 단결정만 취급하겠다. 현재의 광전자공학 분야(최근에는 photonics가 정착하고 있다)에서 결정재료의 특징은 광학적 성질과 종종 외부요인과의 상호작용이 큰, 이른바 기능성을 갖고 있는 산화물 단결정이라는 성격이 강하다. 광전자공학의 기술 분야는 광통신, 표시, 기록, 계측, 광에 의한 광제어와 같이 광범한 광응용을 들 수 있다. 또 새로운 광학결정이 계속 육성되고 있으며 여기에 필요한 결정공학이 깊게 관여해왔다. 하나의 결정이 많은 특성을 갖고 있어 광정보통신 분야뿐만 아니라 여러 분야의 응용이 기대되고 있다. 또 그 범위가 폭넓기 때문에 광통신이나 광정보처리 분야에서 현재 주목받고 있는 광변조, 광편향 재료, 고체 레이저 재료, 광-광제어 재료, 산화물결정 재료탐색에 대해 정리했다. 특히 이와 함께 단결정의 육성에 대해서도 상세히 기술했다. 각 장에서는 중복된 내용이나 같은 결정재료, 편중된 기술도 있겠지만 어느 단원을 읽어도 각 영역의 결정재료의 전체적 윤곽을 이해하도록 심혈을 기울였다.

제1장에서는, 산화물결정이 갖는 기능성에 대해 전반적으로 다루어 이 책 전체의 서론으로 가름했다. 제2장에서는 기능을 갖는 「광과 결정의 상호작용」의 기본인 광의 전파에 대해 기술했다. 동시에 여러 광학적 성질이 나타나는 현상을 규명하는 결정의 대칭성까 결정구조에 대해 기본적인 개념을 기술했다.

제3장에서는 광의 전파를 제어하여 광 소자(device)로 이용되는 기능의 원리를 설명했다. 또 소자로 이용되고 있는 결정재료에 대해서는 결정품질까지 기술하고, 이것으로부터 기대되는 결정에 대해 많이 기술했다. 광의 제어에 의해 실용화가 기대되는 광변조, 특히 광도파로 결정에 초점을 맞추고 대표적인 $LiNbO_3$ 결정에 대해 논했다. 그리고 전기광학결정의 응용으로서 반도체산업에 활용이 기대되고 있는 초고속 IC계측 프로브(probe)에 대해 최근의 상황을 논했다.

제4장에서는 고체 레이저를 파장변환의 일종으로 취급하여, 최근의 연구발전과 앞으로 기대되는 방향에 대해 정리했다. 레이저 광의 파장변환 기능재료에 대해서는 특히 비선형광학결정에 의한 반도체 레이저 광의 가시광영역에서의 파장변환, 주파수변환 결정의 연구발전에

대해 개설했다. 비선형광학효과는 광에 의한 광의 제어이지만 광의 강도에 관계하므로 제5장의 광-광제어와 구분했다.

제5장에서는 자율응답성 기능이라고 불리는 photorefractive(광유기굴절성) 결정과 hot hole burning에 의한 화상기록결정에 대해 개설했다. 이들은 아주 일반적인 비선형광학결정과는 거리가 멀며, 광량에 관계하는 현상이라고 한다. 고체 레이저와 같은 특정 원소의 도핑에 의한 기능이 나타나지만, 광과 광의 상호작용을 유기시키는 「장(場)」에 대한 광-광제어로 취급했다. 오늘날에는 광 컴퓨팅이라는 미래 광정보처리 분야에서 그 역할이 기대되고 있다. X선으로 대표되는 방사선을 광으로 취급하면, 신틸레이션(scintillation)용 결정도 광-광제어결정으로 불리지만, 지면 사정상 할애할 수가 없었다.

결국은 연구에 필요한 단결정이 없다면 이들 분야에 공헌할 수 없게 된다. 그래서 제6장에서는 「광학결정의 육성방법」이라는 단원을 설정하여, 특히 초크랄스키(Czochralski)법에 관한 몇몇 현상을 상세하게 기술했다. 내가 학생시절에 배웠던 오오야(雄谷)연구실의 재료연구에 관한 철칙이 있는데, 『초기조건을 완전하게 관리해야만 이후의 현상을 해석하는 것이 가능하다』는 것이다. 물성 측정에서도 결정의 질을 충분히 고려해야 하며, 결정성장과 결정품질의 상호관계에 대해서는 $LiTaO_3$을 예로 들어 상세하게 서술했다. 결정성장으로부터 결정의 품질을 검토하는 입장에서 참고하기 바란다.

마지막 제7장에서는 지금까지 각 단원별로 분산되어 논의되었던 분야를 실제의 원리적 방법 면에서, 성공의 예와 경험을 포함하여 나름대로 정리해보았다. 결정을 연구하는 젊은 연구자와 기술자들의 사고에 도움이 되기를 기대한다. 현재까지 각 분야의 우수한 연구자나 지도자도 많았지만, 지금부터는 산화물결정의 연구개발을 담당하는 대학원생이나 기업의 젊은 연구자를 위한 기초지식도 기술할 계획이다. 더 상세히 공부하고 싶은 독자들을 위해 교과서와 전문서적을 각 장의 끝에 열거했다.

칼 시그만에 따르면 『창조란 문제의 인식에서 시작하여 가능성 있는 답을 예측하고, 그것에 접근할 수 있는 정당성을 시험할 수 있도록 실험을 계획하고 실제로 그 실험을 행해 얻어진 결과와 결론을 학식 높은 자에게 제시하여 평가를 기다릴 때까지의, 일련의 연속적인 과정에 불과하다』고 한다. 결정재료의 연구와 개발은 결정광학을 기초로 한 기초물성에서부터 결정성장학, 물리, 화학현상의 해석, 그리고 소자응용에 이르기까지 체계화되어 있다.

장미꽃은 아름답다고들 말하지만, 그것이 갖고 있는 가시를 잊어서는 안 된다. 그러나 가시가 있다고 하여, 손을 내밀지 않는 것은 더욱 안 될 일이다.

이 책을 집필하는 과정에서 내가 몸담고 있던 일본전신전화공사 전기통신연구소의 도요다 히로오(豊田博夫), 니제키 쇼이치(新關暢一), 이와사키 유(岩崎裕)를 비롯하여 여러 선배와 동료들의 연구논문과 귀중한 연구성과 자료를 인용했다. 또 최근의 연구성과에 대해서는 내가 일하고 있는 (주)일본전신전화·NTT기초기술총합연구소의 관계 연구자들로부터 자료 등을 제공받았다. 깊은 감사를 드린다. 그리고 최신 결정사진을 흔쾌히 제공한 오사카대학 공학부 사사키 다카토모(佐佐木孝友) 교수, 도카이대학 공학부 가쓰마타 데쓰(勝亦徹) 조교수에 감사드린다.

그리고 이 책의 집필을 추천해준 도쿄대학교 공학부 니시나가 고

(西永頌) 교수, 집필을 지원해준 와세다대학 공학부 오오야 시게오(雄谷重夫) 명예교수(1993년 9월 사망)께도 깊은 감사를 드린다. 출판에 이르기까지 많은 배려를 해준 (주)바이푸칸(培風館) 제2편집부 마쓰모토 가즈노부(松本和宣) 부장, 오가와 에이치(小川榮一) 씨에게도 깊은 감사를 드린다.

저자

차 례

- 「과학기술신서」 발간에 부쳐/3
- 옮긴이의 말/5
- Advanced Electronics 시리즈의 간행에 즈음하여/7
- 저자의 말/11

1. 서론 : 광학결정이란
1.1 산화물 광학결정의 응용분야 ················· 25
1.2 광학결정의 변천 ································· 34
1.3 광학결정에 의한 빛의 제어기능 ············ 46

2. 광학결정의 기초
2.1 결정 내에서의 빛의 전파 ····················· 54
2.2 결정의 굴절률과 빛의 전파 ·················· 58
2.3 굴절률의 외력효과 ······························ 64
2.4 광학결정에서의 여러 현상 ··················· 68

2.4.1 전기광학효과/69

2.4.2 비선형광학효과/73

2.4.3 응력광학효과/76

2.4.4 자기광학효과/79

2.4.5 선광성/81

2.5 결정의 구조와 대칭성 ··· 86

2.5.1 결정구조의 기초/86

2.5.2 대표적 결정구조/100

3. 광의 제어와 결정

3.1 전기광학결정과 광변조 ·· 120

3.1.1 전기광학 광변조의 원리와 재료 변수/122

3.1.2 전기광학결정의 변천/137

3.1.3 광도파로 결정 $LiNbO_3$의 진전/ 145

3.1.4 전기광학결정의 새 분야/154

3.2 음향광학효과 결정과 광편향 ·· 163

3.2.1 음향광학 편향의 원리와 재료 변수/164

3.2.2 음향광학결정의 변천/167

3.3 전기광학 광 스위치와 재료 변수 ·· 173

3.4 공간 광변조와 결정 ··· 177

3.4.1 강유전 강탄성 결정 : $Gd_2(MoO_4)_3$/179

3.4.2 선광성 반전 강유전체 결정:$Pb_5Ge_3O_{11}$/182

3.5 자기광학효과 결정과 광비상반 ·· 187

3.5.1 아이솔레이터(광비상반)의 원리/188

3.5.2 재료와 특성/191

4. 고체 레이저와 파장변환 결정

4.1 광원으로서의 고체 레이저 결정 ········· 203
- 4.1.1 고체 레이저의 발진 원리 / 204
- 4.1.2 고체 레이저 결정의 성능지침 / 207
- 4.1.3 고체 레이저 결정 / 218
- 4.1.4 고체 레이저의 전개 / 220
- 4.1.5 반도체 레이저, 여기 고체 레이저 결정 / 232
- 4.1.6 전기광학결정 고체 레이저 / 236
- 4.1.7 눈에 안전한 레이저 / 242

4.2 파장변환과 비선형광학결정 ········· 245
- 4.2.1 비선형광학 현상 / 246
- 4.2.2 반도체 여기 가시 레이저 광 발진과 결정 / 265
- 4.2.3 중요한 비선형광학결정 / 268

5. 광-광 상호작용 기능과 결정

5.1 포토리프랙티브와 결정 ········· 286
- 5.1.1 포토리프랙티브 현상의 원리 / 287
- 5.1.2 비선형 굴절률 / 295
- 5.1.3 광혼합에 의한 광증폭 / 296
- 5.1.4 광혼합에 의한 위상공액파 발생 / 299

5.2 중요한 포토리프랙티브 결정재료 ········· 301
- 5.2.1 강유전체 결정 / 304
- 5.2.2 실레나이트 화합물 / 322
- 5.2.3 화합물 반도체 / 329

5.3 PSHB 메모리 : 홀로그래픽 동화상기록 재료 ········· 330

5.3.1 PSHB의 원리 / 331
　5.3.2 Eu 도핑 Y_2SiO_5 결정의 탐색 / 332
　5.3.3 동화상의 기록 / 334

6. 광학결정의 육성기술

6.1 단결정의 육성방법 ··· 344
　6.1.1 브리지먼법 / 345
　6.1.2 베르누이법(화염용융법) / 347
　6.1.3 플로팅 존법 / 349
　6.1.4 플럭스법 / 350
　6.1.5 파이버 단결정 육성 / 353

6.2 초크랄스키법을 이용한 단결정 육성 ············· 357
　6.2.1 거시적 결함 / 359
　6.2.2 구조적 결함과 불균일성 / 366
　6.2.3 고체액체 계면 형상과 결정의 회전 / 370

6.3 스토이기오메트리와 결정 품질 ······················ 380
　6.3.1 콩그루언트 조성과 $LiTaO_3$의 동정 / 381
　6.3.2 고품질 $LiTaO_3$ 단결정 육성 / 387

6.4 결정 품질의 광학적 평가방법 ························ 392
　6.4.1 거시적 관찰 / 392
　6.4.2 미시적 평가 / 395

6.5 전기장 인가 인상 육성 : $LiNbO_3$ 결정의 고품질화 ············ 401

7. 결정 탐색으로의 접근

7.1 물질탐색의 지침 ·· 412

7.1.1 결정물리학에서 본 비선형광학결정의 예측/414

7.1.2 결정구조에서 본 전기광학결정의 예측/419

7.1.3 원소치환에 의한 결정 개발/427

7.1.4 성능지수와 직결된 굴절률의 추산/436

7.1.5 다른 분야에서의 음속 추산/440

7.2 실험적 근접 ·· 444

   7.2.1 피노 등에 의한 음향광학결정의 탐색/444

   7.2.2 상태도에서의 새로운 화합물/452

   7.2.3 새로운 결정 탐색의 다른 관점/458

7.3 비선형광학결정 보레이트의 탐색 ································ 462

〈표 A〉 결정의 정계, 점군(정족)과 공간군 ························· 473
〈표 B〉 결정의 대칭성에 따른 물리상수의 텐서 성분 ·············· 475

찾아보기/477

재료 찾아보기/483

1 서론 : 광학결정이란

「광학결정」은 「광전자공학(optoelectronics)」결정이라고도 하는데, 1960년대 후반부터 꽃피기 시작했다. 광학결정은 고체 레이저의 출현과 더불어 시작되었고 강한 빛, 즉 코히런트(coherent)한 빛에 대한 재료물성의 관점에서 여러 가지 디바이스(device)화의 시도가 그 후 10년 이상에 걸쳐 각종 물질에 대해 이루어졌다. 그 중에서도 레이저 광에 대해 투명한 산화물 결정이 그 대상이 되었다.

주기율표에서 대부분의 원소는 산화물이 되므로 다양한 원소의 조합에 따라 복합산화물(compound oxides)을 형성한다. 산화물 결정은 원소끼리 이온결합하고, 원소의 조합에 따라 다양한 결정구조로 되어 빛과의 상호작용 효과가 생길 것으로 예측되어, 여러 가지 기능과 현상을 정리했다. 대부분의 결정은 빛의 흡수단이 약 4eV 이하이므로 근자외선에서 적외선에 이르는 넓은 파장영역에서 투명한 것이 특징인데, 「광학결정」이라고 불리는 이유도 여기에 있다. 각종 반도체도 밴드 갭보다 좁은 광파장에서는 투명하지만, 일반적으로 가시영역(可視領域)에서 투명한 광학결정과는 구별된다. 또 렌즈, 프리즘, 필터와

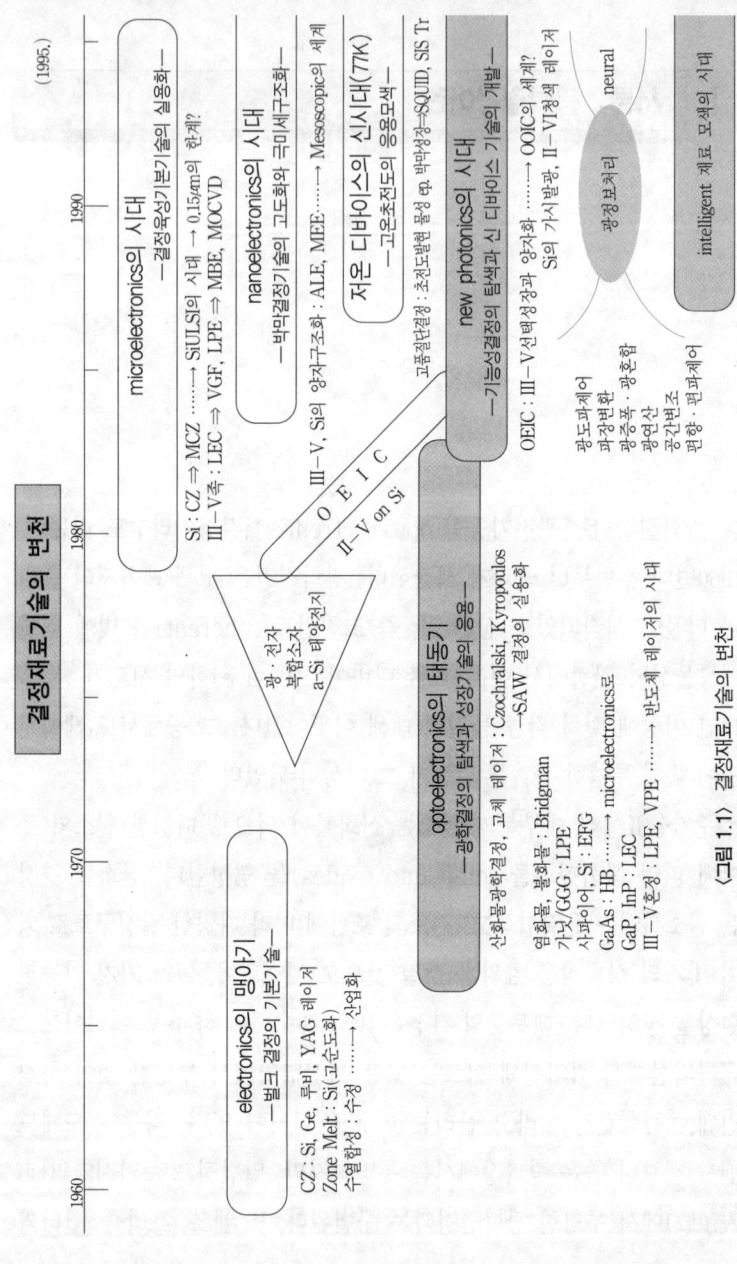

〈그림 1.1〉 결정재료기술의 변천

같은 광학 부품의 결정도 때로는 「광학결정」이라고 하지만 빛에 대한 기능성(機能性)을 나타내는 광전자공학 결정과는 구별된다.

광전자공학이란 말은 optics와 microelectronics를 조합시킨 조어(造語)로서 양자(兩者)에 공통되는 영역에 있는 디바이스와 그 응용에 관한 과학기술 분야로 되어 있다. 〈그림 1.1〉은 결정재료와 기술의 변천을 간략하게 정리한 것이다. 1970년대는 광학결정의 황금시대라고도 할 수 있는데, 각종 단결정의 육성기술 확립과 더불어 많은 단결정이 합성되었다. 1980년대 후반부터 화합물 반도체 광소자의 비약적인 발전과 더불어 광응용기술의 시대, 새로운 광공학(new photonics)의 시대에 들어섰다. 이것을 이어받아 반도체 레이저를 적극적으로 활용하는 광학결정의 연구개발이 활발해졌다.

이 장에서는 산화물결정의 광전자공학적 기능성에 관해 개괄적으로 설명하고자 한다.

1.1 산화물 광학결정의 응용분야

〈그림1.2〉는 광공학(또는 optoelectronics)의 재료를 크게 네 가지 기능으로 분류하여 연대별로 발견 또는 개발·실용화된 대표적인 기능성 결정의 재료를 열거한 것이다.

빛을 전기로 변환하는 「광전변환」 기능재료는 Si로 대표되는 원소 반도체, GaAs로 대표되는 화합물 반도체, 또는 $CuInSe_2$로 대표되는 캘코피라이트(chalcopyrite)계 다원화합물(多元化合物)이 주체인데, 이들 재료가 갖는 광기전성(光起電性)을 이용한다. 이 분야는 반도체가 실용화의 대상이 되어 있는 상태에서 광학결정이 등장할 수 있는 무대는 아니다. 광기전력형의 「광전변환」은 빛 에너지를 전기로 변환

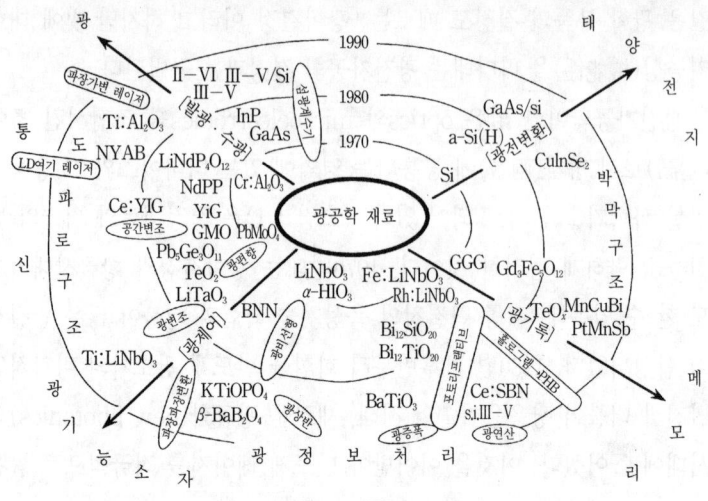

〈그림 1.2〉 광공학 재료도

하는 것으로 응답속도가 늦어 광전자공학에서의 응용은 광결합소자의 수광(受光)부에 사용되는 정도로서 태양전지의 실용화에 활용되고 있으며, 현재 그 변환효율은 최고 15~20%에 이른다.

「발광·수광(發光·受光)」 기능은 반도체가 담당하는 영역이다. 특히 광전도형(光電導型) 광전변환인 「수광」은 빛의 쪼임으로 고체(결정)의 전기저항이 변하는 광전도 현상을 적당히 이용한 것으로서 광통신 시스템에 빼놓을 수 없는 기능부품이다. 광전도성 산화물도 여러가지 있지만 기능재료로서의 산화물결정은 그리 흔하지 않다. 한편 「발광」기능 재료는 화합물 반도체와 산화물(또는 불화물 염화물) 등이 레이저 광원으로 연구개발되어 이미 실용화되고 있다. 특히 산화물에서는 고체 레이저(solid state laser)라는 레이저 광원에서 예리한 발진 스펙트럼과 대출력이 얻어지므로, 광전송 실험에서부터 가공기(加工機)에 이르기까지 실용화되고 있다. 현재 반도체 레이저로서는 달성이 어려운 영역, 예컨대 광범위한 파장 가변 레이저, 반도체여기에 의한 소형 레이저가 주목받아왔고, 산화물결정의 개발연구가 활발해지고 있다(제4장). 또 광학의 범주는 아니지만 X선이나 γ선 등의 방사선을 극단파장의 빛으로 취급하면 레이저 발진의 원리와 같이 방사선 검출로서 신틸레이션(scintillation) 결정도 이 범주에 넣을 수 있을 것이다. 큰 광학결정이 필수적인 응용분야이지만, 이 책에서는 정리가 잘 되어 있는 책을 소개해두는 것으로 그치겠다.[1]

「광제어(光制御)」 기능의 영역에서는 화합물 반도체와 경합하면서 산화물 결정의 다양한 결정구조에 입각한 여러 가지 현상과 효과를 적극적으로 활용한 소자 응용개발이 장기간에 걸쳐 이루어졌다. 특히 반도체 레이저에서 실현이 어려웠던 초고속 광변조 소자로는 전기광학결정 $LiNbO_3$의 광도파로(光導波路)에 의한 70GHz대의 변조가 실험적으로 검증되었다. 또 화합물 반도체로서는 할 수 없는 영역인 레이저광을 편향(偏向)시키는 광 편향소자는 광학결정의 독무대이며, 1960년대에 활발하게 재료탐색이 이루어졌으며 재료탐색지침도 수립되어 우수한 광학결정이 계속 개발되었다. 또한 특이한 성질을 갖는 결정재료도 합성되어 결정화학의 관심과 함께 공간광변조기(空間光變調器: 라이트밸브)의 개발도 시도되었다. 미래의 광정보처리 시스템에서는 광 편향기술이나 공간변조기술도 불가결한 것이므로 한때 중단된 이들 기술분야의 재료연구가 부활될지도 모르는 일이다(제3장).

「광제어」 중에서 광 비선형재료는 레이저 광의 파장변환기능[주파수 체배(遞倍)]을 살려 반도체로서는 어려운 청~녹색 레이저 광원으로서의 활로를 찾으려고 한다. 이것은 광자기(光磁氣) 메모리 시스템에서 기록밀도의 향상을 목적으로 한 소형광원의 실현에 달려 있는데, 고체 레이저와의 조합을 이용해 파장변환 디바이스를 위한 새 결정이

〈그림 1.3〉 $Gd_3Ga_5O_{12}$(GGG) 단결정

개발되어 있다(제4장).

「광기록(光記錄)」 기능재료는 자기광학효과를 이용한 자기 버블메모리의 개발이 1970년대에 활발하게 이루어져 가닛(garnet) 구조의 비자성산화물 $Gd_3Ga_5O_{12}$(GGG)의 무전이(無轉移) 결정이 기판결정으로 개발되었다. 〈그림 1.3〉에 GGG단결정의 예를 나타냈다. 이것을 기판으로 한 가닛계 자성 에피택셜(epitaxial) 재료의 설계지침도 구축되어 자기(磁氣)광학 기억소자로서 한때는 많이 사용되었지만 반도체 메모리 LSI의 실용화와 더불어 사라졌다. 이 에피택셜 재료설계지침은 그 후 자기광학결정의 박막 아이솔레이터(isolator) 개발에 도움을 주었다. 한편 GGG계 비자성결정이 갖는 투명성과 결정구조의 안정성 때문에 희토류 이온을 첨가한 고출력 레이저의 호스트(host) 결정으로서 연구개발이 활발해졌다. 기능을 갖는 광학결정으로의 회생(回生)이라고나 할까?

한편 광학에 있어서의 홀로그램(hologram)에서 발단하여 강유전체 전기광학결정 특유의 광손상(optical damage)을 적극적으로 홀로그램 메모리에 활용하는 것이 한때 성행했으나, 특성과 실용성의 관점에서 저급산화물의 상전이를 적극적으로 활용하는 재료개발에서 현재

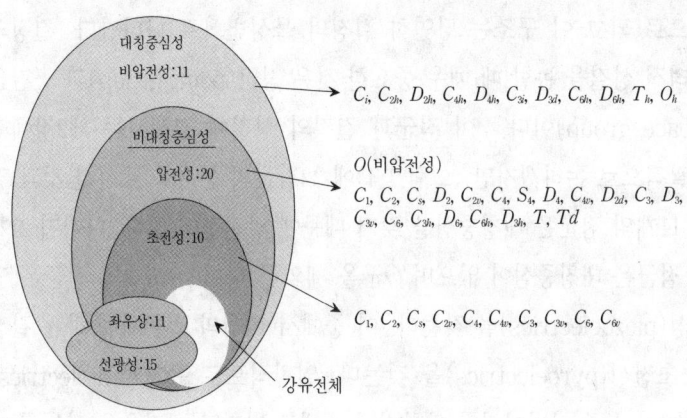

〈그림 1.4〉 점군에서의 강유전성 출현(점군표기는 Schöenflies 기호)

로서는 상전이를 일으키는 금속합금 재료가 개발되어 실용화의 주류를 이루고 있다. 이 홀로그램 연구에서 기초적 연구가 이루어진 광손상은 지금부터 기대되는 광정보처리 디바이스를 목적으로 하는 포토리프랙티브(photorefractive, 光誘起屈折效果) 재료로서 주목받고 있다. 즉 광 컴퓨팅(computing)의 분야를 향한 홀로그램 기록과 더불어 다광파(多光波)혼합, 광증폭, 광연산과 같은 흥미 있는 기능실현에 산화물 결정이 기대되고 있다. 포토리프랙티브는 일종의 광비선형 효과이고 「파장변환」 재료와 함께 「광-광 상호작용」 기능으로서 21세기의 고도(高度) 정보통신을 향한 광정보 처리분야 내에서 그 발전이 기대되고 있다. 홀로그램 기록에서는 항구적 홀 버닝(hole burning)을 광학결정에 갖게 하여 실시간 동화상 기록(實時間動畫像記錄)과 재생도 연구하고 있으며, 재료개발도 지금부터 더욱 연구되어야 할 분야다(제5장).

이들 여러 가지 기능이 기대되는 산화물 광학결정은 구성원소가 바뀌면(이온 반경이 약간 바뀐다), 화합물로서의 결정구조가 전혀 다른 형으로 되고 이 구조는 당연히 결정의 물성변화로 나타난다. 결정의 물리적 성질을 논할 때 매우 중요한 것은 점군(point group)과 공간군(space group)이다.[2] 이 점군과 결정의 성질에 관해서는 제2장에서 개괄적으로 논하겠지만 〈그림 1.4〉에 32점군의 분류를 표시한 것과 같이 11개의 점군은 대칭중심을 갖기 때문에 압전성이 없다. 나머지 21개의 점군은 대칭중심이 없으며 O군을 제외한 나머지 20개의 점군은 압전성(piezoelectrics)을 갖는다. 이 중에서 10개의 점군에 속하는 결정은 초전성(pyroelectrics)을 갖는다. 일반적으로 유전체(dielectrics)는 32점군 중 하나이지만 광학결정 중에도 빛과 상호작용을 하는 흥미있는 강유전체(ferroelectrics)는 초전성 재료의 일부에 불과하다. 역으로 대칭중심을 갖지 않는 것은 다양한 광학적 성질을 갖추고 있으며 광학결정으로서 매우 의미가 있다(제2장). 강유전체 결정의 탐색은 1980년대 초 일단락된 것처럼 보였지만 극히 최근에 새로운 강유전체 $LaBGeO_5$(lanthanum borogermanate)는 파장변환기능(주파수 체배 기능과 같음)이 우수한 성질을 갖는 결정으로서 연구가 시작되고 있다.[3]

이와 같이 (강)유전체 재료의 응용분야는 재료가 갖는 다양한 성질을 활용하기 때문에 폭이 넓어졌다.[4] 〈그림 1.5〉에 중요한 성질을 이용한 응용분야를 표시했다. 〈그림 1.5〉는 〈그림 1.2〉를 물성적 효과와 현상 측면에서 정리한 것이고 산화물 유전체가 얼마나 다양한 응용 분야를 갖고 있는가를 요약한 것이다.

유전체가 갖는 절연성과 고유전율을 이용한 전기 루미네센스(electroluminescence : EL)의 절연막이나 커패시터(capacitor)로서의 응용이 오래 전부터 이루어졌다. 비대칭성(대칭중심을 갖지 않는) 특유의 성질인 압전성을 이용한 표면탄성파(surface acoustic

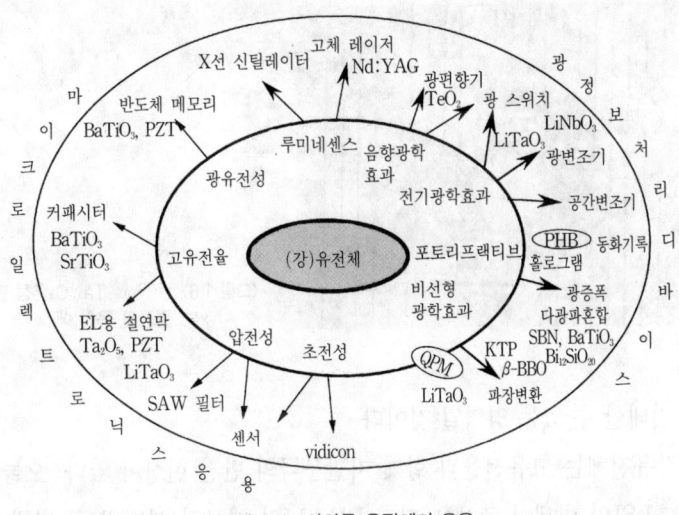

〈그림 1.5〉 산화물 유전체의 응용

wave : SAW) 필터는 1980년대에 $LiTaO_3$이 가정용 텔레비전에 쓰여짐으로써 실용화되었다. 극히 일반화된 진동자로서 시계에 이용된 인공합성 수정(quartz : SiO_2)이 이제까지는 유일하게 실용화된 결정이었지만 휴대용 전화 등의 고주파 부품으로서 강유전체인 $LiNbO_3$, $LiTaO_3$가 현재 가장 주목받고 있으며, 또한 수요도 늘 것으로 전망된다. 앞으로는 더 높은 주파수에 대한 응답과 냉온도계수를 갖는 결정재료의 개발이 요망된다. 보통 실시하는 방법으로 $LiNbO_3$와 $LiTaO_3$를 혼정 $\{Li(Nb_{1-x}Ta_x)O_3\}$으로 하면 온도계수를 거의 영으로 할 수 있지만 〈그림 1.6〉에 표시한 것과 같이 결정 육성이 어렵기 때문에 실용적이지 않다. 역으로 말하면 화합물 반도체 결정을 포함해 삼원혼정 단결정의 경제적인 육성, 제조방법을 개발하는 것도 이제부터의 연구 과제이기도 하다. 한편 최근 박막성장 기술이 발전함으로써 원하는 조성을 갖는 혼정박막을 얻을 수 있어 산화물 혼정박막의 실용성도 앞으

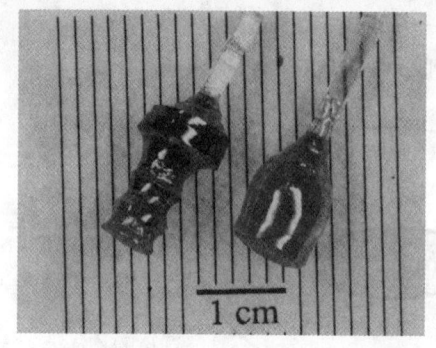

⟨그림 1.6⟩ Li(Nb$_{1-x}$Ta$_x$)O$_3$혼정 단결정의 육성 예

로 기대할 수 있는 영역일 것이다.

강유전체는 고유전율과 함께 자발분극의 반전 현상이 있다. 오늘날 Si 초LSI의 미세화 추세에 따라 DRAM의 메모리 셀(cell)로 바뀐다. 분극반전을 이용한 새 메모리 형태로서 FRAM(Ferroelectric RAM)[5]의 개발이 화제인데, 이는 강유전체 박막응용의 새로운 전개라고 할 수 있을 것이며, 기대도 할 수 있다. PbZr$_x$Ti$_{1-x}$O$_3$(PZT), (Pb$_{1-x}$La$_x$)(Zr$_{1-y}$Ti$_y$)$_{1-x/4}$O$_3$(PLZT)를 대신하여 층상(層狀) 구조의 강유전체 Bi$_4$Ti$_3$O$_{12}$의 부활[6]이나 SrBi$_2$Ta$_2$O$_9$, SrBi$_2$Nb$_2$O$_9$의 같은 새 재료(상품명은 Y1이라고 한다)[7]가 나타나고 있다.

대부분의 유전체 결정에서는 희토류 원소의 도핑(doping)에 의해, 고체 레이저나 신틸레이터[연(軟)X선 검출기] 등 광여기(光勵起)-광조사(光照射)에 의한 간섭성 광 또는 비간섭성 광을 발생한다. 이러한 성질은 광학결정만이 할 수 있는 실용적 디바이스 분야다. 광탄성(光彈性, elasto-optic) 효과 또는 음향광학(acousto-optic) 효과를 이용하면 레이저 광을 고주파에서 2차원으로 스캔(scan)할 수 있고, 광편향소자나 광 스위치가 만들어진다. 또 전기광학(electro-optic) 효과를 통해 레이저 광의 위상을 변조할 수 있으므로 초고속의 광변조 소자가 실현되는데, 이는 광통신에서 없어서는 안 되는 것이다. 최근에는 전기장의 센서로서의 응용도 진전되고, IC의 고장 진단이나 초고속 현상의 검출,[8] 송전선의 단선검출에 사용되고 있다. 광학결정 응용분야의 확장과 좀더 효율이 좋은 결정재료가 요망된다.

전기광학 효과의 일종인 비선형광학(nonlinear-optic) 효과는 강한 빛에 의한 비선형성의 발현(發現)으로서 광주파수의 체배, 파라메트릭(parametric) 발진 등 간섭성 레이저 광의 파장변환 기능에 꼭 필요한 것이고, 최근에는 특히 청색 레이저 광을 얻는 파장변환소자 응용을 위한 개발이 활발하다. 한편 이 강한 빛의 조사에 따라 매질의 굴절률이 자율적으로 변하는 포토리프랙티브는 전기광학결정 특유의 광손상 현상을 적극적으로 이용한 것인데, 홀로그램의 실시간 기록 외에 광혼합이나 광증폭기능은 지금부터 기대되는 분야라고 생각한다. 광학결정을 이용한 홀로그램 형성을 스펙트럼 홀 버닝과 조합하여 실시간 동화상 기록을 할 수 있게 하는 것은 지금부터의 재료개발 분야에서 기대해야 할 것이다.

새로운 광공학의 목표는 21세기에 기대되는 고도정보통신, 특히 광정보처리 분야에서의 전개일 것이다. 1994년 초 세계적으로 주목을 받은 미국의「정보 하이웨이」구상에 호응하는「멀티미디어(multimedia)」세계를 구현하려면 광정보 처리분야가 더욱더 중요해질 것으로 짐작되는데, 다양한 기능과 효과를 갖는 산화물「광학결정」의 역할이 기대된다. 이와 같이 광학결정의 대명사이기도 한 강유전체 광학결정 또는 산화물 결정의 기대되는 적응분야는 결정이 갖는 다양한 성질을 이용한 빛의 제어, 광정보처리의 기능이라고 할 수 있을 것이다. 또 포토리프랙티브와 같이 광강도에 대해 결정의 물성이 점차 변하는「자율응답성」기능은 새로운 성질이기 때문에, 이러한 기능을 나타나게 하는 방향으로 노력이 경주될 것이다.

1.2 광학결정의 변천

그러면 이와 같은 기능성 광학결정의 개발에는 어떤 과정이 있었을까? 〈그림 1.7〉은 이들 산화물 광학결정의 변천을 각종 광소자로서 구비해야 할 효과와 기능별로 개관한 것인데, 현재의 동향을 밑에 기록했다.

산화물은 자성체와 유전체로 대별되고 그 대부분이 절연체다. 1986년 이후에는 동산화물(銅酸化物)의 고온 초전도체가 각광을 받았다. 광전도적(光電導的)인 성질은 있지만 투명하지는 않으므로 광전자 공학응용에는 적합하지 않으나, 최근 제2고조파 발생의 관측 사례가 있어 관심이 높다. 전도성 산화물재료도 매우 많지만 광학결정으로서의 지위는 확립되어 있지 않다.

자기광학결정의 대표인 $Y_3Fe_5O_{12}$(YIG)는 근적외광 비상반소자(近赤外光非相反素子)인 아이솔레이터로서 실용결정의 영역에 도달하고 있다. 〈그림 1.8〉은 $PbO-PbF_2$ 플럭스(flux)법으로 키운 YIG결정의 예다. 현재로서는 소형 아이솔레이터의 실용화를 위한 것과 패러데이(Fraday) 회전(또는 베르데 정수)이 큰 것이 요구되고 있으며, Bi나 Ge를 도핑한 것 또는 치환한 YIG 결정과 그 박막이 활발히 연구개발되고 있다.[11] 어느 것이나 근적외영역에 흡수단(吸收端)이 있으므로 앞으로는 $0.8\mu m$대의 가시영역에서 투명한 자기광학결정이 요구된다. 최근에는 II-VI족 화합물 반도체인 CdTeMn 등이 큰 베르데(Verdet) 정수를 가질뿐더러 가시영역에서 투명하므로 가시영역 아이솔레이터로서의 실용화가 진행되고 있기 때문에 용도에 따라 사용처가 달라질 것으로 생각한다.

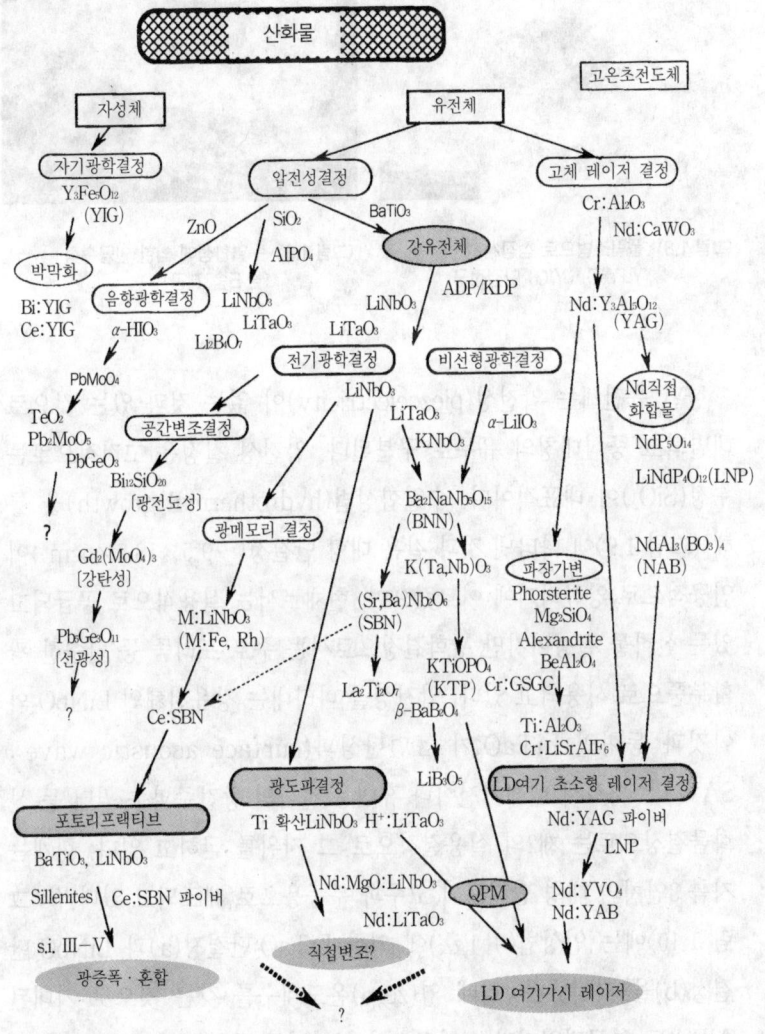

〈그림 1.7〉 산화물 광학결정의 분야별 변천

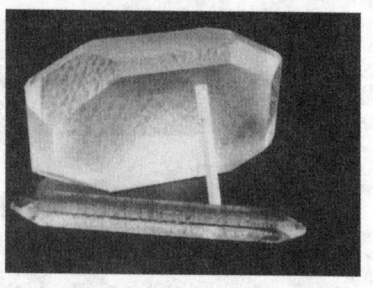

〈그림 1.8〉 플럭스법으로 성장시킨
$Y_3Fe_5O_{12}$(YIG) 단결정군

〈그림 1.9〉 수열합성에 의한 인공수정
(金石舍 제공)

한편 유전체는 압전성(piezoelectricity)이 없는 것과 있는 것으로 대별되고 중심대칭의 유무로 구분된다. 압전성 결정은 고전적으로는 수정(SiO_2)이 대표적이다. 수열합성법(hydrothermal growth)을 통해 〈그림 1.9〉에 나타낸 것과 같은 대형 단결정($\sim 9.5 \times 18.5 \times 5cm^3$)이 인공적으로 양산되기에 이르렀으며, 현재로서는 실용적으로 공급되고 있는 산화물 결정이지만 광학결정으로서는 주로 프리즘 등 단순한 광학부품으로 시용되고 있다. 압전성을 나타내는 강유전체인 $LiNbO_3$와 이것과 동형인 $LiTaO_3$가 표면탄성파(surface acoustic wave : SAW) 소자로서 텔레비전이나 휴대용 전화의 중간주파수 필터 등 산화물결정으로는 제2의 실용결정으로 그 지위를 굳히고 있다. 현재는 지름 3인치의 대형 단결정이 고주파 부품용으로 제조되고 있다.[12] 〈그림 1.10〉에는 인상법(引上法)에 의한 $LiTaO_3$단결정(a)과 $LiNbO_3$단결정(b)을 나타냈다. 한때 영(zero)온도계수를 갖는 것으로 기대된 $AlPO_4$도 연구되었지만[13] 인공수정과는 다른 온도반전(溫度反轉) 수열합성법이 필요하기 때문에 연구개발이 중단되었다. 최근에는 새 압전결정 $Li_2B_4O_7$[14]에 관심이 집중되고 있다.

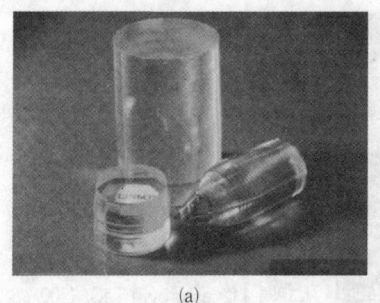 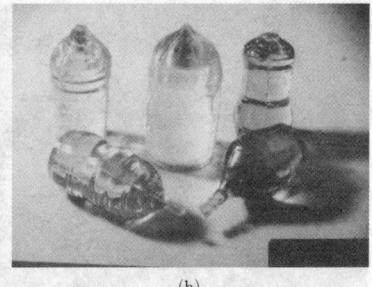

〈그림 1.10〉 LiNbO₃ 단결정(a)과 LiTaO₃ 단결정(b)

   광탄성 효과를 갖는 음향광학결정은 광편향 소자로서 1970년대에 활발한 재료탐색이 이루어졌다. 그 때까지의 물을 사용한 광편향 현상의 기초적 연구는 수용성 결정 α-HIO₃의 출현으로 고체매질(媒質)로 옮겨지고, 이것을 대신한 비수용성의 새로운 결정이 계속해서 합성되었지만 결정재료 탐색지침[15]에 따라 합성된 PbMoO₄와 음속의 현저한 이방성(異方性)에 주목하여 검토된 TeO₂보다 나은 재료는 현시점에서는 없다고 해도 과언이 아니다. 〈그림 1.11〉은 TeO₂단결정의 예다. TeO₂는 지금까지 최고의 편향성능지수를 갖고 있는 것으로서[16] 실용화가 기대되었고, 현재 野邊山 천문대에서 별의 분자 스펙트럼(spectrum)을 관측하는 전파분광기(電波分光器)에 사용되고 있다.[17] 광편향 소자로서의 음향광학결정은 값이 비싸 흔히 쓰이는 기기에 잘 이용되지 않고 있는 실정이라 상용화가 정체된 상태라고 해도 과언이 아니다. 그러나 이미 TeO₂편향기를 사용한 전광정보(全光情報) 검색 시스템인 PANDOLA[18]의 시작(試作)과 같은, 광정보처리 시스템에 필요한 광기능 부품이 되므로 큰 편향각을 갖는 새로운 결정재료, 특히 근적외영역에서 고효율을 내는 결정재료를 탐색해야 할 것이다.

〈그림 1.11〉 as-grown TeO₂ 〈100〉 단결정

 제2차 세계대전 중 일본·미국·소련에서 거의 동시에 발견된 BaTiO₃의 강유전성에서 시작된 강유전체가 갖는 전기광학 효과는 광학결정의 가장 특징적인 현상인데, 광변조·스위치 소자로서 LiNbO₃, LiTaO₃가 지금까지도 연구개발 대상으로 개발이 진행되고 있지만 광 스위치 기능 가운데 하나인 공간변조소자(spatial light modulator : SLM, 또는 라이트 밸브) 결정이 있다. 광전도성과 전기광학효과(Pockels 효과)를 아울러 갖는 결정인 실레나이트(sillenite) 화합물, 강탄성(ferroelastic) 효과를 아울러 갖는 결정 Gd₂(MoO₄)₃, 그리고 자발분극의 반전에 따라 선광능(旋光能)의 부호가 반전하는 enanthiomorphic인 강유전체 결정 Pb₅Ge₃O₁₁이 빛의 공간정보를 부여하는 기능을 갖는 것으로서 한때 활발하게 연구개발이 이루어졌다. 〈그림 1.12〉에는 Pb₅Ge₃O₁₁ 단결정을 나타냈다. 특히 실레나이트 화합물 Bi₁₂SiO₂₀(BSO)는 PROM(Pockels Read-Out Memory) 소자[19]로서 현재도 연구되고 있다. 결정 성장도 쉬워 〈그림 1.13〉과 같은 대형 결정이 얻어진다. 그러나 현시점에서는 특히 대면적화와 가격 면에서 액정(liquid crystal)에 실용성의 자리를 빼앗기고 있다. 특이한 성질은 장점이지만 제어가 어려운 것이 흠으로, 이제부터의 고도 정보처리

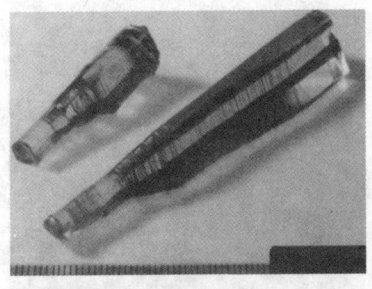

〈그림 1.12〉 as-grown $Pb_5Ge_3O_{11}$ 단결정

〈그림 1.13〉 실레나이트 화합물 단결정.
(왼쪽) $Bi_{12}SiO_{20}$, (가운데) $Bi_{12}GeO_{20}$, (오른쪽) $Bi_{12}TiO_{20}$

시스템 분야의 강유전성 액정과는 다른 소자결정이 요구될는지도 모를 일이다.

전기광학결정은 1965년의 $LiNbO_3$, $LiTaO_3$의 대형단결정 육성이 성공한[20] 이후 고체 레이저의 실용화와 더불어 레이저 광의 변조 소자나 스위치 소자로서 많은 탐색적 연구개발이 이루어졌다. 이들 강유전체 전기광학결정이나 비선형 전기광학결정은 강한 레이저 광의 쪼임으로 굴절률이 점차 변하는 광손상(optical damage)이 재료 자체의 문제로 제기되었는데, 현재까지 완전히 해결되지는 않았다. 그 때문에 Mg, ZnO, In 등을 도핑하여 내성(耐性)을 향상시키는 연구도 계속되고 있다.[21] 광손상 없이 큰 전기광학효과를 갖는 재료 탐색이 추진되고 있는데, 텅스텐브론즈 구조인 $Ba_2NaNb_5O_{15}$(BNN)나 $(Sr_{1-x}Ba_x)Nb_2O_6$(SBN), 파이로클로어(pyrochlore) 구조인 $La_2Ti_2O_7$ 등 새 결정구조를 갖는 결정이 합성되었다. 〈그림 1.14〉, 〈그림 1.15〉는 BNN, SBN의 결정을 나타낸 것이다. 내광손상성(耐光損傷性)은 개선되었지만 큰 결정의 육성이 어렵고 기대한 만큼의 물성 향상은 없었다. 한편 산소8면체 BO_6 구조를 기본으로 하는 이들 결정의 여러 성질은 이 BO_6의 성질에 따라

 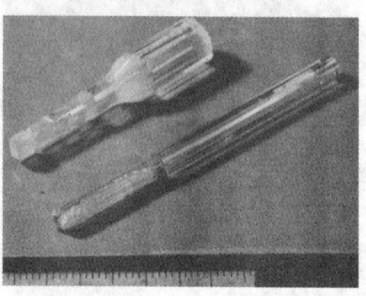

〈그림 1.14〉 as-grown $Ba_2NaNb_5O_{15}$ 단결정. (왼쪽) a축으로 인상, (가운데, 오른쪽) c축으로 인상   〈그림 1.15〉 as-grown $(Sr,Ba)Nb_2O_6$ 단결정

대체로 정해진다는 것이 여러 가지 재료를 근거로 정리한 결과 알려졌으며,[22] 벌크형(bulk type) 광변조기는 빛의 회절에 기인한 크기의 한계와 이 재료 특성의 한계라는 과제가 부각되어 새 재료탐색의 의욕을 감퇴시켰다.

이러한 크기의 한계와 변조기로서의 특성 한계를 동시에 해결하는 개념 「Integrated Optics(처음에는 '광직접회로'라고 했지만 현재는 '집적광학(集積光學)'이라고 칭하는 것이 일반적일 것이다)」가 발표되자[23] 곧 광학결정에 도파로 광학(waveguide optics)의 세계를 여는 획기적인 계기가 되었다. 그리하여 다시 $LiNbO_3$이 주축이 되어 수많은 광도파(光導波) 기술이 개발되었던 것이다. 〈그림 1.16〉은 프리즘 결합기(prism coupler)를 통해 에피택셜 $LiNbO_3$ 도파로에 He-Ne레이저 광이 통과하고 있는 모습을 나타낸 것이다. $LiNbO_3$에 대해서는 더욱 간편한 방법으로 Ti를 열확산시키는 방법이 개발되어 일반적으로 이용되고 있다. 극히 최근에는 70GHz대의 초고속 광변조가 실현되

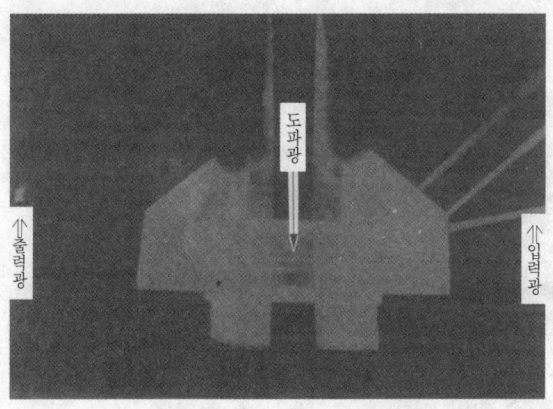

〈그림 1.16〉 액상 에피택셜 성장 LiNbO₃ 광도파로의 광도파 양상(기판은 LiTaO₃ c판). 오른쪽에서 He-Ne 레이저 광은 프리즘 커플러에 의해 도파로 내를 전파하고, 프리즘 커플러에서 도출된다.

었다.[24] 또 5GHz대 변조기는 시판(市販)도 되고 있다. 이 전기광학결정 광도파로는 그 후 의(사)위상정합[擬(似)位相整合](quasi-phase matching : QPM) 구조의 실현에 힘입어 비선형광학결정 분야에 큰 진전을 보이고 있다.

한편 전기광학결정에서 심각한 과제로 되어 있던 광손상을 적극적으로 이용한 실시간 홀로그램 기록을 하는 광메모리 분야로의 진전도 이루어졌다. 특히 LiNbO₃의 홀로그램 기록감도 향상을 위해 많은 첨가물(〈그림 1.17〉은 Rh를 도핑한 LiNbO₃결정의 예를 나타낸 것)이 검토되고 있는 한편, 광전도성의 실레나이트 화합물이나 Ce를 도핑한 SBN 결정도 주목을 받았다. 홀로그래피의 연구개발 시기에 호응하여 획기적으로 발전한 반도체 메모리나 자기 메모리의 실용화로 인해 그 연구는 한때 정체되었다. 그러나 현재 광전자공학의 눈부신 진전과 함께 광 컴퓨팅 개념이 정착했는데, 이와 함께 이 광손상을 적극적으로

〈그림 1.17〉 Rh를 도핑한 $LiNbO_3$ 단결정과 도핑하지 않은 단결정(오른쪽)

활용한 포토리프랙티브라는 새 분야로 전개되었다. 그리고 이미 알려진 결정재료이지만 빛과의 상호작용 효과를 높이는 광도파 구조인 단결정 파이버(fiber)가 검토되고 있다. 그 위에 반(半)절연성 화합물 반도체도 곁들인 디바이스의 검토가 활발해졌다. 포토리프랙티브는 일종의 비선형 광학효과이지만, 광정보처리에서 흥미 있는 광증폭이나 다광파혼합 광연산과 같은 기능개발 면에서 연구가 활발하다.

비선형광학결정도 오래 전부터 연구되었지만 역시 $LiNbO_3$에서 본격적인 응용연구가 가속화되었다. 그러나 전기광학결정과도 공통적인 광손상의 문제에 직면한 이래 산소8면체 구조를 갖는 강유전체를 중심으로 새 결정의 개발이 진행되어 $Ba_2NaNb_5O_{15}$(BNN)로 대표되는 텅스텐브론즈 구조의 결정군이 합성되었다. 고품질인 대형 단결정을 키우는 일의 어려움과 특성 한계의 정리[22]도 되어 있어 새 결정 탐색은 한때 정체되었지만 1980년대 말 뒤퐁(Dupont)사의 $KTiOPO_4$(KTP)를 비롯해 중국에서의 새 탐색원리[25] 구축에 힘입어 $\beta\text{-}BaB_2O_4$(BBO)와 같이 이제까지 보지 못했던 보론 복합산화물(borates)이 연이어 발표되었다. 〈그림 1.18〉은 오사카(大阪)대학에서 키운 KTP 결정이다. 또 광변조 소자의 획기적 발전으로 광도파로의 제작에서 강유전체

⟨그림 1.18⟩
플럭스법으로 성장시킨 as-grown KTiOPO$_4$(KTP) 단결정(오사카대학 佐佐木孝友 교수 제공)

LiNbO$_3$의 자발분극을 주기적으로 반전시키면 비선형 광학효과가 고효율로 되는 QPM 이론이 제시[26)]되어 현실적으로 만들 수 있게 된 후부터는 과거의 결정을 QPM 구조로 하여 제2고조파 발생을 통한 청색 레이저 광의 실용적 소자가 등장하고 있다. 이 QPM에서는, 벌크로는 위상정합이 잡히지 않는 결정인 LiTaO$_3$에서도 SHG의 발진이 실현되었다.[27)] 그러나 SHG에 의한 청색 레이저 광원의 실용화에는 변환 효율의 향상이라는 재료적 과제 외에도 최근 II-VI족 화합물 반도체 ZnSSe 헤테로 구조에 의한 청녹색 레이저의 발진,[28)] 그리고 극히 최근에는 III-V족 화합물 반도체 GaInN에 의한 청색 LED의 실용화,[29)] IV족의 SiC에 의한 청색발광[30)] 등이 급성장하여 SHG 소자의 장래는 위기를 맞고 있다. 그 때문에 반도체 레이저보다 우수한 좁은 스펙트럼의 간접성 광을 획득하기 위한 목적으로 비대칭중심 결정의 레이저 호스트 결정 YAl$_3$(BO$_3$)$_4$(YAB)[31)]에, 예를 들면 Nd를 도핑한 Nd:YAl$_3$(BO$_3$)$_4$(NYAB)와 같은 주파수 자기 체배 기능이 있는 결정과 반도체 레이저 여기에 의한 전고체화(全固體化)의 개발이 활발하다.

메이먼(Maiman)에 의한 루비 레이저(Cr:Al$_2$O$_3$)에서 시작한 고체 레이저는 그 후 많은 결정이 개발되어 현재는 실온 cw 발진이 용이한

Nd:YAG($Y_3Al_5O_{12}$: yttrium aluminum garnet)가 대출력 광원, 가공(加工), 의료 분야에서도 실제로 쓰이고 있으며 고체 레이저의 대명사로 되어 있다. 광통신용 광원으로서 더 효율이 좋으며 레이저 특성을 가진 소형 레이저로서는 희토류를 구성원소로 한 화학량론(化學量論) 조성 레이저(stoichiometric laser : Nd 직접화합물 레이저) NdP_5O_{14}가 출현했다.[32] 〈그림 1.19〉는 고효율인 직접화합물(直接化合物) $LiNdP_4O_{12}$(LNP) 결정의 예다.[33] 그 후 화합물 반도체 레이저의 현저한 발전과 실용화 과정에서 직접화합물 레이저는 한때 소멸된 적이 있었다. 그렇지만 반도체 레이저를 능가하는 고체 레이저의 특징은 발진광의 스펙트럼 선폭이 좁은데다가 더 발달된 광통신 기술 광원으로서 반도체 레이저, 여기(勵起) 고체 레이저의 연구개발에 이 직접화합물 레이저 결정이 다시 등장하여 비선형 광학결정과 조합시키는 방향으로 연구개발이 진행되고 있다. 현재는 반도체 레이저(LD) 여기의 전고체(全固體) 소형(miniature)화가 활발하게 진행되고 있다. 또한 Nd:YVO_3와 같은 새 고체 레이저도 출현했으며, 여기효율을 높이기 위해 Nd:YAG의 섬유(fiber) 단결점도 검토되고 있다.

고체 레이저의 또 하나의 흐름은 파장가변 레이저의 개발이다. 포스터라이트(forsterite : Mg_2SiO_4), 알렉산드라이트(alexandrite : $BeAl_2O_4$)에서 시작된 파장가변 고체 레이저는 반도체 레이저와는 비교가 안 되게 가변 파장영역이 넓으므로, 여러 가지 광학실험이나 SHG 여기 광원에 적합하고, 현재로서는 Ti를 도핑한 사파이어(saphire : Ti:Al_2O_3)가 시판되고 있다. 그 밖에 고출력 반도체 레이저를 여기 광원으로 하는 전고체화(全固體化)의 움직임도 활발하다.

한편, 전기광학효과 결정을 이용한 레이저 발진의 연구에도 역사가 있으며 $LiNbO_3$의 레이저 발진의 시행(試行)에서 과제로 된, 광손상에

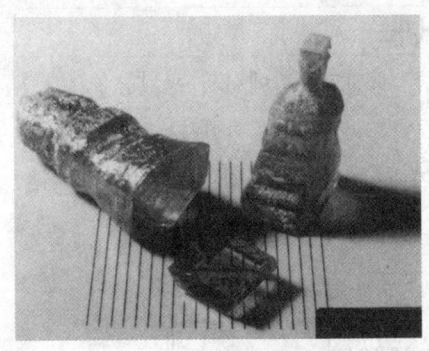

〈그림 1.19〉 as-grown LiNdP$_4$O$_{12}$ 단결정과 연마된 시료

강한 고품질 LiTaO$_3$를 사용하여 실온에서 cw 발진이 확인되었다.[34] QPM과 같은 광도파로 구조의 발전과 함께 새로운 방향의 탐구도 시작된 것이다.

앞에서 논한 것과 같이 고체 레이저 결정은 비선형광학결정과의 융합에 따라 새로운 방향으로 향하고 있다. 그 하나는 가시(可視)고체 레이저의 실현이지만, II-VI족 화합물 반도체를 이용한 청색 레이저의 개발에 앞서 가능하면 사용하기 쉬운 전고체 가시광 레이저의 실용화가 요망된다. SHG 소자의 미래는 위상정합의 온도 허용도가 더 큰 것이 널리 쓰이는 소자에 필요하지만, 한편에서는 여기 레이저의 파장영역인 근자외영역(~200nm)을 향한 재료탐색이 앞으로 시작될 것이다. 초고밀도 SiLSI의 선폭은 0.2μm에 육박해 있고 그 광 리소그래피(lithography)에 현재 여기 레이저가 사용되고 있지만, SHG에 의한 리소그래피용 고체 레이저 광원이 실용화되면 유지비가 적게 들고 가격도 싸진다. 광학결정이 지금부터 탐구해야 할 응용범위는 바로 이러한 것이다.

1.3 광학결정에 의한 빛의 제어기능

앞절에서 개략적으로 설명한 광전자공학에서의 광기능을 〈그림 1.20〉에 모형적으로 표시했다. ① 빛을 전기로 변환하는 기능은 태양전지와 같이 매우 친숙한 것인데, 빛을 쪼일 때 여기된 전자나 홀

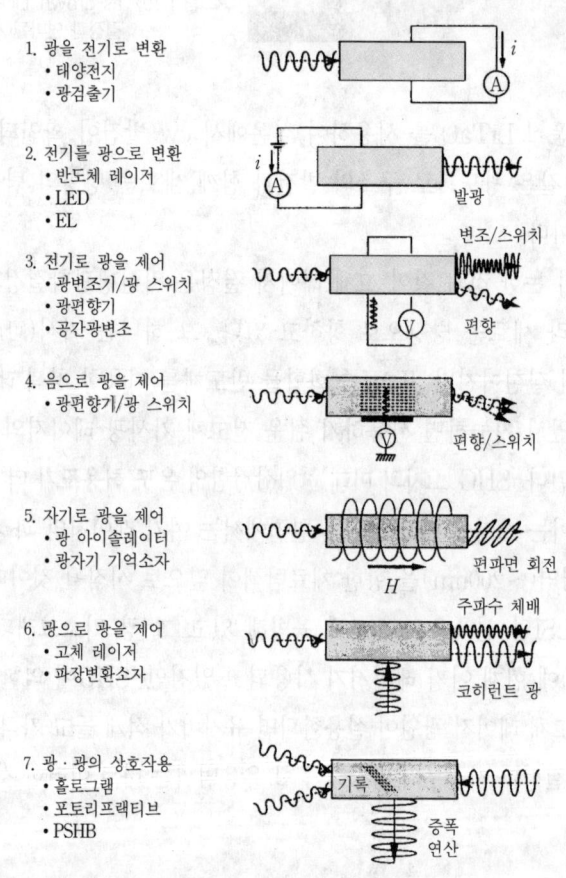

〈그림 1.20〉 기능에서 본 광전자공학

(hole)을 전류로써 이끌어내는 것이다. 이 원리는 또한 광 검출기로서 실용화되고 있다. 광전도성이 있는 산화물 결정도 이용할 수 있지만 이 분야는 Si나 GaAs, InP와 같은 반도체에 자리를 빼앗기고 있다. ② 전기를 빛으로 변환하는 기능은 반도체 레이저(laser diode : LD)나 발광 다이오드(light emitting diode : LED)로 대표된다. 전류를 주입함으로써 캐리어(carrier)의 반전 분포를 일으켜 효율이 좋은 간접성을 얻는다. 이것도 산화물의 적응 분야는 아니다. ③ 빛을 전기를 갖고 제어하는 기능, 즉 광 스위치와 같은 광제어 소자로서는 산화물 광학 결정이 가장 적절하다. ④ 빛을 음(超音波)으로 변조하는 기능은 입력광의 광로(光路)를 바꿀 수 있으므로 레이저 프린터와 같은 빛의 편향기로서 매력이 있는 분야다. ⑤ 자기를 이용하여 빛을 제어하는 기능은 산화물 자성체 재료에서 나올 영역이 아니다. 다만 가시광용은 II-VI족 반도체가 실용화되고 있다. ⑥ 빛을 빛으로 제어하는 대표적인 현상은 빛의 유도방출인데, 이는 고체 레이저의 기본 개념이다. 또한

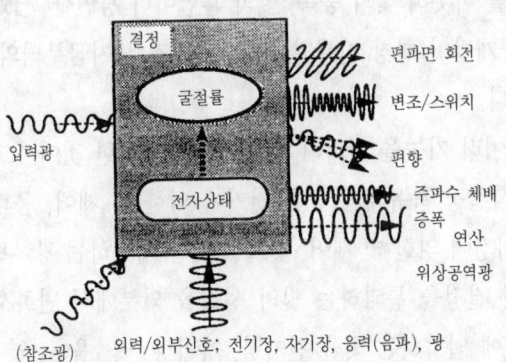

〈그림 1.21〉 결정의 전자상태가 개입된 빛과 외력과의 상호작용을 통한 광전자공학 기능—결정은 외부입력을 통해 굴절률을 제어하는 장

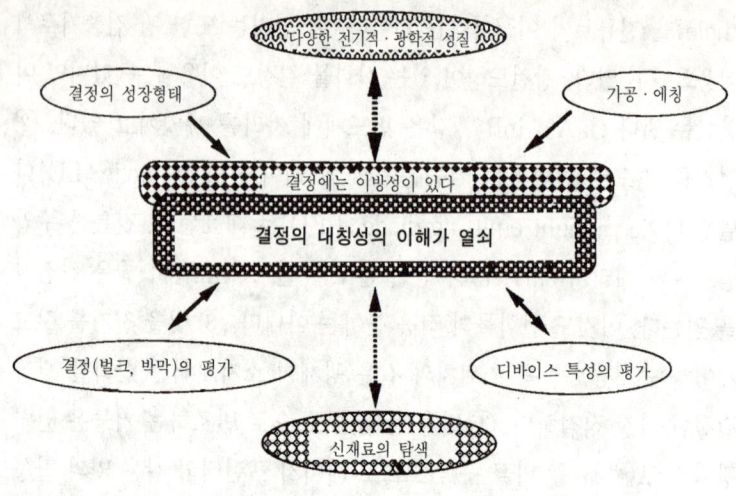

〈그림 1.22〉 결정의 대칭성에 관계된 여러 항목

   강한 빛에 의한 비선형광학효과를 이용한 주파수 체배(고주파 발생)는 현재 가장 관심을 끌고 있는 분야로서, 고체 레이저와 합한 광 기능 소자로서 개발되고 있다. ⑦ 빛과 빛이 상호작용을 하는 기능은, 실시간 홀로그램을 비롯해 빛의 증폭, 빛의 혼합이니 광연산(光演算) 소자 등 최근 연구개발이 한창 진행되고 있다. 이것은 지금부터의 연구 분야이기도 하다.
   ③~⑦의 여러 기능을 정리해 개념적으로 표시한 것이 〈그림 1.21〉이다. 즉 광학결정 특유의 기능은 전기에 의한 빛 제어, 음파에 의한 빛 제어, 자기장에 의한 빛 제어, 빛으로 빛을 제어하는 광·광 응답이라는, 이른바 결정을 통과하는 빛의 성질을 외부에서 변화시키는 것 등이다. 결정에 입사하는 빛을 전기장, 자기장, 빛, 음파, 열, 응력(應力) 등 외부의 신호로 결정 매질(媒質)의 전자상태, 즉 매질의 복소굴절률($n-ik$)을 제어함으로써 출력되는 빛과 외부신호, 즉 외력과의 상

호작용의 장(場)이라고 할 수 있다.

이 「장」인 광학결정을 이해하기 위해서는 매질 속의 빛의 전파에 관해 결정의 대칭성을 포함시켜 기초적 이해를 해둘 필요가 있다. 〈그림 1.22〉는 결정의 대칭성에 대한 이해가 광학결정 연구개발의 기초가 된다는 것을 나타낸 것이다.

참고문헌

1) M. Ishii and M. Kobayashi; "*The Role of Single Crystals for Device Development*"(ed. by N. Niizeki), Prog. Crystal Growth and Charact.,(Pergamon Press, Oxford) Vol. 23(1991) p.245.
2) J. F. Nye; "*Physical Properties of Crystals*"(Oxford, 1964).
3) 上江州, 小野寺;固體物理 28(1993)478.
4) M. E. Lines and A. M. Glass; "*Principles and Applications of Ferroelectrics and Related Materials*"(Clarendon Press, Oxford, 1977).
5) W. A. Geideman; IEEE Trans. Ultrason. Ferro. Freq. Contr., 38(1991)704.
6) J. C. Joshi and S. B. Krapanidhi; J. Appl. Phys., 72(1992)5827.
7) K. Amanuma, T. Hase and Y. Miyasaka;Appl. Phys. Lett., 66(1995) 221.
8) K. J. Weingarten, M. J. W. Rodwell and D. M. Bloom; IEEE J. Quant. Electron., QE-24(1988) 198.
9) I. V. Kityk and R. V. Lutciv ; Phys. Stat. Sol., 180(1993) K35.
10) 津田惟雄 편저 ; 「電氣傳導性酸化物(增補版)」(裳華房 1987. 7).
11) H. Takeuchi; Jpn. J. Appl. Phys., 14(1975)1905.
12) 芦田;「機能性結晶材料と人工鑛物」(人工鑛物工學會編, 講談社사이언티픽, 1991. 4) p.107.

13) E. D. Kolb and R. A. Laudise; J. Cryst. Growth, 43(1978) 313.
14) R. W. Whatmore, N. M. Shorrocks, C. O'Hara, F. W. Ainger and I. M. Young; Electron. Lett., 17(1981) 11.
15) D. A. Pinnow; IEE J. Quant. Electr., QE-6(1970)1223.
16) N. Uchida and N. Niizeki; Proc. IEE, 61(1970)223.
17) 浮田信治;應用物理學會・結晶工學分科會1990年末講演會 텍스트, p.15.
18) 內田, 齋藤, 宮澤;日本電信電話公社電氣通信研究所研究實用化報告 22(1973)2105.
19) S. L. Hou and D. S. Oliver; Appl. Phys. Lett., 18(1971)325.
20) A. A. Ballman; J. Amer. Ceram. Soc., 48(1965)112.
21) 예를 들면, Y. Kong, J. Wen and H. Wang; Appl. Phys. Lett., 66(1995)280.
22) M. Jr. DiDomenico and S. H. Wemple; J. Appl. Phys., 40(1969)720, 735.
23) S. E. Miller; IEEE J. Quant. Electron., QE-8(1972)1992.
24) K. Noguchi, H. Miyazawa and O. Mitomi; Electron. Lett., 30(1994)949.
25) C. Chen; Laser Focus World, Nov.(1989)129.
26) J. M. Armstrong, N. Bloembergen, J. Duccing and P.S. Pershan; Phys. Rev., 127(1962)1918.
27) 谷內哲夫, 山本和久;應用物理56(1987)1637.
28) H. Cheng and J. M. DePuydt; LEOS 1991 Summer Topical Meeting(29-31 July, 1991)TUA-2.
29) S. Nakamura, M. Senoh and T. Mukai; Appl. Phys. Lett., 62(1993)2390.
30) H. Amano, T. Tanaka, Y. Kunii, S. T. Kim and I. Akasaki; Appl. Phys. Lett., 64(1994)1377.
31) A. A. Ballman ; Amer. Mineral., 47(1962)1380.
32) H. G. Danielmeyer and H. P. Weber; IEEE J. Quant. Electron., QE-8(1972)805.
33) T. Yamada, K. Otsuka and J. Nakano; J. Appl. Phys.,

48(1977)2099.
34) S. Miyazawa and K. Kubodera; Abstract of Chinese-MRS Int. '90(Beijing, 18-22 June, 1990)p.54. D 12.

2 광학결정의 기초

빛에는 파동성과 입자성이 있다는 것은 양자역학(量子力學)이 가리키는 바이지만, 빛이 물질을 통과〔傳播〕할 때의 파(波)의 성질을 알아두는 것은 광학결정의 기능을 이해하는 데 매우 중요한 기본이 된다. 이것은「결정광학」이라고 하는 광학결정의 기초다. 제1장에서 개설한 바와 같이 광전자공학에서 광학결정이 갖는 여러 가지 물리현상, 특히 전기장에 의한 빛의 굴절률 변화, 초음파에 의한 빛의 회절현상 등은 예로부터 흥미의 대상이 되어 이론적으로나 실험적으로 연구되었다. 포켈스(Pockels)에 의한 수정(水晶)이나 로셀(Rochelle)염의 1차 전기광학효과, 커(Kerr)에 의한 CS_2의 2차 전기광학효과 발견, 그리고 브릴루앵(Brillouin)에 의한 초음파의 회절현상에 대한 예언과 드바이(Debye)에 의한 실험적 검증 등이 1920~30년대에 이미 이루어졌다. 이들 여러 현상은, 결정이라는 물질이 갖는 물리적 성질(性質)이 그 대칭성에 강하게 관계되어 있으므로 빛의 전파도 매질의 대칭성에 따라 다양하게 변한다.

이 책에서 취급하는 산화물 광학결정의 기능성을 이해하는 데 불가

결한, 결정 내를 전파하는 빛의 성질 및 그 전파에 밀접한 관계가 있는 결정의 대칭성과 물리량에 관해 개설한다. 제1장에서 언급했듯이 광학결정은 빛과의 상호작용에 의한 여러 가지 광기능을 갖고 있어, 광학결정은 빛과 외력(外力)과의 상호작용의 「장(場)」이다. 그리고 이러한 「장」인, 결정의 대표적인 결정구조에 관해 소개해둔다. 이 장을 더 잘 이해하기 위해서는 2장 끝에 수록한 참고문헌을 참조하기 바란다.[1~7]

2.1 결정 내에서의 빛의 전파

간단하게 하기 위해 유리와 같은 등방매질(等方媒質)에 입사한 빛의 전파(傳播)를 생각해보자. 맥스웰(Maxwell)의 전자기 방정식으로부터 얻어지는 식

$$\frac{\partial^2 E}{\partial z^2} = \frac{\mu\varepsilon}{c^2} \cdot \frac{\partial^2 E}{\partial t^2} \tag{2.1}$$

에서 빛의 전기장 E를 가지고 전파하는 기본식

$$\begin{aligned} E &= E_0 \exp[i(\omega t - kz)] \\ &= E_0 \exp\left[i\omega\left(t - \frac{k}{\omega}z\right)\right] \end{aligned} \tag{2.2}$$

가 얻어진다. 여기에서 E_0는 입사광의 진폭, ω는 각주파수($=2\pi f$, f: 주파수), k는 전파상수($=2\pi/\lambda$), t는 시간, z는 전파 거리다. $\frac{\omega}{k}$라는 양(量)은 매질 안의 빛의 위상속도를 나타내고, 매질의 유전율을 ε, 투자율을 μ, 진공에서의 유전율을 ε_0, 투자율을 μ_0라고 하면,

$$\frac{\omega}{k} = \frac{1}{\sqrt{\varepsilon\mu}} = \frac{1}{\sqrt{\varepsilon_0\mu_0}} \cdot \sqrt{\frac{\varepsilon}{\varepsilon_0}} = \frac{c}{N} \qquad (2.3)$$

의 관계가 얻어진다. 여기에서 c는 진공에서의 광속, N은 매질의 복소굴절률이다. 따라서 식 (2.2)는

$$E = E_0 \exp\left[i\omega\left(t - \frac{N}{c}z\right)\right] \qquad (2.4)$$

로 되고 매질 내를 통과하는 빛은 E_0와 N에 의해 결정됨을 의미한다. E_0는 $t = 0, z = 0$에서의 전기장의 크기이고 빛이 매질에 입사할 때의 경계조건에서 정해지므로 빛의 전파 양식은 매질 자신의 물질 정수인 굴절률 N에 따라 결정되는 것이다.

굴절률 N은 복소수 $N = n - ik$로 표기되므로 식 (2.4)는

$$E = E_0 \exp\left[i\omega\left(t - \frac{n}{c}z\right)\right] \times \exp\left(-\frac{\omega k}{c}z\right) \qquad (2.5)$$

와 같이 전개된다. 식 (2.5)가 뜻하는 것은 매질 내에서의 빛의 전파는 굴절률 n, 또는 감쇠계수(減衰係數) k에 따라 결정되고, 이 사실로써 역으로 결정 매질의 광학적 완전성이 굴절률의 균일성에 불과하다는 점을 이해할 수 있을 것이다. n은 항상 정(正)이지만 k는 정 또는 부(負)가 될 수 있고, 정(正)은 빛을 감쇠시키고, 부는 증폭시킨다. 따라서 제1항은 빛의 위상항(位相項)을, 제2항은 진폭항을 뜻한다. 결정 매질에 가한 외력에 의해 위상을 바꾸는 (Δn_1), 진폭을 바꾸는 (Δn_2), 또는 길이를 바꾸는 (Δz) 등에 의해 매질 내에서의 전파되는 빛 위상, 진폭, 광로(光路)와 같은 성질이 제어된다. 〈표 2.1〉은 이들 외력과의 상호작용에 따른 효과와 현상에 관해 요약한 것이다. 빛의 전파를 결정하는 여러 가지 현상은 매질의 전자상태(電子狀態)를 통해 굴절률 변화가 관여하고 있음을 알 수 있다.

〈표 2.1〉 광과 외력과의 상호작용・현상

외부입력	상호장	효과	현상	기 구	응용예	결정예
전기장	Δn_1	전기광학효과	전기장에 의한 굴절률의 변화	이온이나 전자의 변위에 의한 전자구름의 변형	광변조기 공간 스위치	$LiNbO_3$ $Bi_{12}SiO_{20}$
	Δn_2	전기장산란효과	전기장에 의한 산란의 증가	이온의 주행에 의한 분자배열의 변화	표시기	액정
	Δn_2	electrochromatism	전기장에 의한 착색	전자나 수소의 출입에 의한 이온이나 원자집단의 가역적인 산화환원 상태	표시기	WO_3 등
		electro-luminescence	전류 또는 전압 주입에 의한 발광	전자 중돌에 의한 이온의 여기와 광방출	표시기	$Mn:ZnS$ 등
자기장	Δn_1	자기광학효과	자기장에 의한 편광면의 회전	자기의 세차 운동에 의한 전자구름의 조밀 변화	광기록, 광비상반소자	$Y_3Fe_5O_{12}$
음 파	Δn_1	음향광학효과 (광탄성효과)	음파 전파에 의한 굴절률의 주기적 변화(음속에 의한 굴절률 변화)	원자의 변위에 의한 전자구름의 조밀변화	광편향기 광스위치	$PbMoO_4$ TeO_2
광	Δn_1	photorefractive (광유기굴절성)	광조사에 의한 굴절률 변화	이온의 여기, 이동으로 발생한 공간 전기장의 광학효과를 가진 굴절률 변화	홀로그램 위상공액파 광증폭	$LiNbO_3$ $BaTiO_3$
		비선형광학효과	두 빛의 위상정합에 의한 주파수체배함, 차주파수 혹은 합의 발광	광자신의 전기장에 의한 전자구름의 변형	파장변환소자 파라메트릭발진	$Bi_{12}SiO_{20}$, GaAs, GaP
		Raman 효과	산란광에 물질 고유의 주파수만큼 변한 빛의 발생	광조사를 통한 원자나 내부전동의 광파 분자구름의 변동	주파수 동기 레이저	$LiNbO_3$, β-BaB_2O_4, $KTOPO_4$ InSb
		photo-luminescence	광조사에 의한 형광 발생	광흡수에 의한 이온의 여기와 복사 천이에 의한 발광	고체 레이저	$Nd:Y_3Al_5O_{12}$ $Ti:Al_2O_3$
		cathode-luminescence scintillation	전자선 조사에 의한 발광 방사선 조사에 의한 인광 발광	전자선 충돌에 의한 원자의 여기와 발광 방사선 흡수에 의한 이온의 여기와 복사 천이에 의한 발광	브라운관 및 X선 검출기 방사선 검출기	$Ag:ZnS$ $Ce:GdSiO_5$ $Bi_4Ge_3O_{12}$
	Δn_2	photo-chromatism	광조사에 의한 착색	준안정상태로의 전자 여기에 의한 흡수대의 출현	선글래스	할로겐화은
		광전효과	광조사에 의한 자유전자의 발생	속박 상태에서 가동 상태로의 전자의 개방	광검출기 태양전지	Si, GaAs 광고파이라이트
전류	Δn_2	전자와 정공의 재결합	전류 주입에 의한 발광	주입된 전자・정공의 밴드 간 결합에 의한 에너지 방출	발광 다이오드 반도체 레이저	ZnSe, GaP GaAs, InGaAsP

유전율 ε은 전기장 **E**와 전속밀도 **D**를 연결시키는 2계 텐서(tensor)

$$D_i = \varepsilon_{ij} E_j \tag{2.6}$$

$$\begin{pmatrix} D_1 \\ D_2 \\ D_3 \end{pmatrix} = \begin{pmatrix} \varepsilon_{11} & \varepsilon_{12} & \varepsilon_{13} \\ \varepsilon_{21} & \varepsilon_{22} & \varepsilon_{23} \\ \varepsilon_{31} & \varepsilon_{32} & \varepsilon_{33} \end{pmatrix} \begin{pmatrix} E_1 \\ E_2 \\ E_3 \end{pmatrix} \tag{2.6'}$$

이다. 식 (2.6')에서 괄호 안은 유전율 ε의 2계 텐서 매트릭스(tensor matrix)이고, 2차 형식의 회전 타원체

$$\sum\sum \varepsilon_{ij} x_i x_j = 1 \tag{2.7}$$

로 표시된다. 이 타원체의 주축을 x, y, z라고 하면

$$\varepsilon_x x^2 + \varepsilon_y y^2 + \varepsilon_z z^2 = 1 \tag{2.8}$$

로 표시되는 프레넬(Fresnel)의 타원체 표기로 되고, 주값〔主値〕은 $1/\sqrt{\varepsilon_x}$, $1/\sqrt{\varepsilon_y}$, $1/\sqrt{\varepsilon_z}$로 된다. 빛의 주파수대에서의 유전율 ε은 굴절률의 제곱(n^2)이므로 굴절률로 표기하면 주축 절편(切片)이 주굴절률 n_x, n_y, n_z의 회전타원체

$$\frac{x^2}{n_x^2} + \frac{y^2}{n_y^2} + \frac{z^2}{n_z^2} = 1 \tag{2.9}$$

로 된다. 이것을 굴절률 타원체(indicatrix)라 하고 식(2.7)과 같은 꼴로 표시하면

$$\sum\sum B_{ij} x_i x_j = 1 \tag{2.10}$$

와 같이 되고 역유전율(dielectric impermeability) $B_{ij}(\equiv 1/n_{ij}^2)$의 회전타원체로 됨을 알 수 있다. 여기에서 B_{ij}는

$$E_i = \Sigma B_{ij} D_j \qquad (2.11)$$

의 관계가 있다.

2.2 결정의 굴절률과 빛의 전파

〈그림 2.1〉은 식 (2.9)에 의해 주어지는 3축 회전타원체 굴절률 곡면(굴절률 타원체)을 나타낸 것이다. 타원체의 주축 굴절률은 n_x, n_y, n_z ($n_x \neq n_y \neq n_z$)이고 주축의 방향이 주유전율(主誘電率) 방향과 같으며 이들을 광 탄성축(optic elasticity axis)이라고 한다. 광 탄성축은 결정의 대칭축에 따라 다르다(표 2.6 참조). 이것을 이용하면 주유전율 텐서 ϵ_x, ϵ_y, ϵ_z를 갖는 결정 내에서 공통 파면법선(波面法線)을 갖고 전파하는 두 종류 빛의 평면파 위상속도 및 D(또는 E) 벡터(vector)의 진동방향을 이해할 수 있다. 그림에서 타원체의 중심을 지나고 빛의 전파방향 OP에 수직인 절단면(어두운 부분)을 생각하자. 절단면에서 생기는 타원체의 주축, 즉 장축과 단축의 방향이 두 평면파의 전기변위의 편향 방향으로 된다.

이것은 매질 내의 임의의 방향 OP로 전파하는 빛은 이 타원의 장축, 단축의 방향으로 진동하는 두 성분으로 분해되고, 그것들의 위상속도는 타원상의 굴절률 n_1, n_2에 따라 결정되는 것을 나타낸다.

3축 타원체에서는 약간 복잡하지만 그 절단면이 원이 되는 방향이 둘 있다. 원으로 되는 경우에는 D벡터의 진동 방향에 의존하지 않고 $n_1 = n_2$로 되어 위상 속도는 같고, 매질은 복굴절 $\Delta n = (|n_1 = n_2|)$

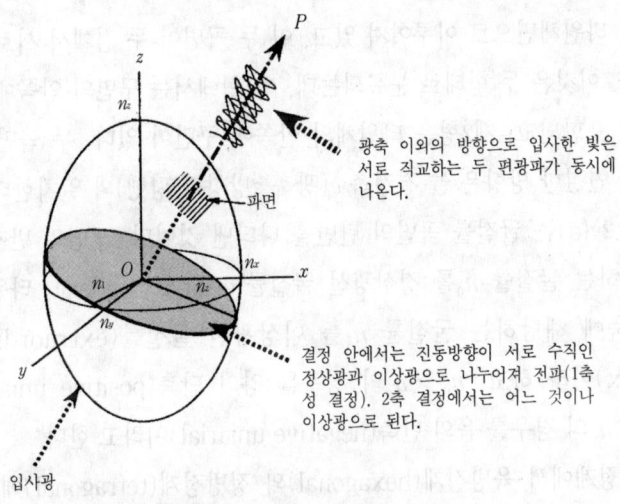

〈그림 2.1〉 굴절률 타원체 안에서의 빛의 굴절률

를 나타내지 않는다. 이 방향의 축을 광축(optic axis)이라고 한다. 결정의 대칭성이 높아지면 식 (2.6′)의 ε 매트릭스에 이방성이 없어지고 3축 타원체는 회전 타원체(2축 타원체 : $n_z = n_x \ne n_y$)로 되고 광축은 하나다. 광축이 하나인 것을 광학적 일축성(optically uniaxial), 둘 있는 매질을 광학적 이축성(optically biaxial)이라고 한다. 입방정계에 속하는 결정이나 유리 등과 같은 비정질매질(非晶質媒質)은 등방성이므로 $\varepsilon_x = \varepsilon_y = \varepsilon_z$이고, $n_x = n_y = n_z$로 되어 굴절률 곡면은 구가 되므로 광학적 이방성이 없다. 위의 굴절률 타원체는 광학결정을 사용하는 경우 기초가 되므로 여기에서 약간 상세히 논하겠다.

(1) 일축성 결정

세 개의 주굴절률 중 둘이 같고 나머지 하나가 다른($n_z = n_x \ne n_y$) 결정에서 그 굴절률 곡면을 보면, 곡면은 한 구면과 이것과 동심인 한 회전 타원체면으로 이루어져 있고, 이 두 곡면이 두 점에서 서로 접해 있다. 이것은 두 형태로 분류되는데, 제1형에서는 구면의 안쪽에 타원체가 포함되고, 제2형은 타원체의 안쪽에 구면이 있다. 두 곡면의 접점을 연결한 방향은 늘 결정축 c(광축 z방향과 평행)와 일치한다. 〈그림 2.2〉(a)는 굴절률 곡면의 단면을 나타낸 것이다. 구면의 반지름에 해당하는 굴절률 n_0를 정상광선 굴절률(ordinary index), 타원체의 한 축에 해당하는 굴절률 n_e를 이상광선 굴절률(extraordinary index)이라 하고, $n_0 > n_e$의 경우를 양의 단축(positive uniarial), $n_0 < n_e$의 경우를 음의 단축(negative uniarial)이라고 한다.

결정계에서 육방정계(hexagonal)와 정방정계(tetragonal)에 속하는 결정이 일축성이고, 일반적으로 일축성 결정 내에서는 광축방향 이외에는 한 광파방향에 두 굴절률이 있다는 것을 〈그림 2.2〉에서 알 수 있다. 빛은 (b)에서 표시한 것과 같이 정상광파(ordinary ray)와 이상광파(extraordinary ray)의 두 편광(偏光)으로 나누어지고, 그 진동방향은 서로 직교하다. 정상광파는 그 진행방향과 광축을 포함하는 평면 내에서 진행방향에 직각으로 진동하고 이상광선은 그 파면에 직각이고, 또한 진행방향에 직각으로 진동한다. 이 현상은 광변조 소자의 동작원리가 되므로 잘 이해해둘 필요가 있다. 광축 방향에서는 정상광선, 이상광선의 구별이 없이 한 굴절률밖에 없으므로 복굴절은 나타나지 않는다.

(2) 이축성 결정

결정계가 삼방정계(trigonal), 단사정계(monoclinic), 사방정계(orthorhombic)에 속하는 결정에서는 주 굴절률 n_x, n_y, n_z가 모두 다르다. 일축성 결정의 경우와는 달리 각 방향으로 향하는 광파는 서

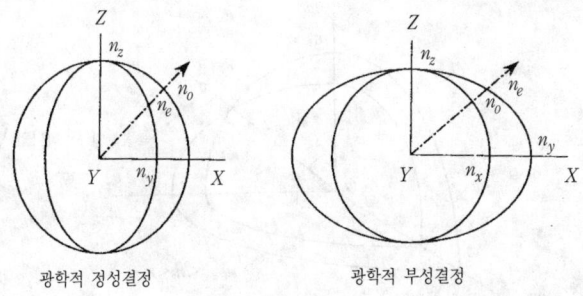

(a) 굴절률 타원체의 단면

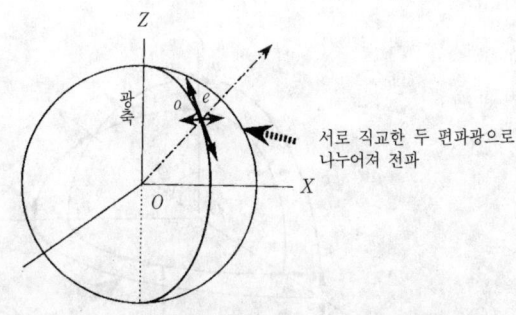

(b) 임의방향으로 입사한 광의 진동방향

〈그림 2.2〉 일축성 결정의 굴절률 타원체와 빛의 전파

로 직교하는 편광파로 되고 모두 이상광선이다. 일축성 결정의 굴절률이 단 하나인 방향(그림에서 OP)이 광축이고, 이축성 결정에서는 둘 있다. 양자가 이루는 각도 2Ω를 광축각이라고 하지만 예각(銳角)의 값으로 광축각을 표시하는 것이 관례이고, 2V라는 기호로 표시하는 경우가 많다. $2\Omega<45°$의 경우를 양의 이축성, $2\Omega>45°$의 경우를 음의 이축성이라고 한다.

이축성 결정에서는 ① 전기장이 x의 방향으로 진동하는 광파는 굴절률이 최소(따라서 속도는 최대), ② z의 방향으로 진동하는 광파는

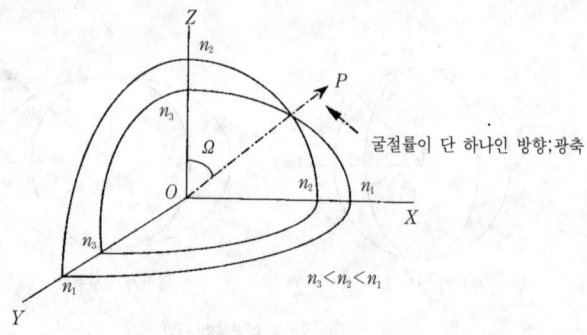

(a) 이축성 결정의 굴절률 곡면(8분의 1)

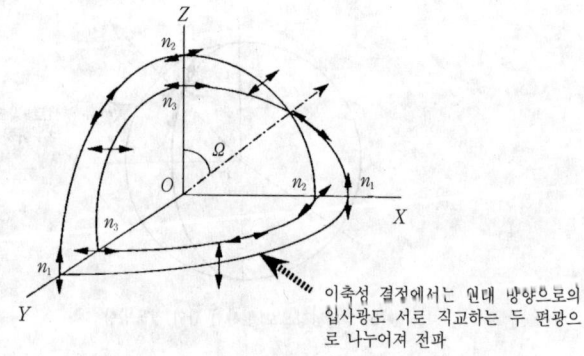

(b) 이축성 결정에서의 광파의 진동방향

〈그림 2.3〉 이축성 결정의 굴절률 타원체와 빛의 전파

굴절률이 최대(속도는 최소), ③ x, y, z 이외의 방향으로 진동하는 광파는 굴절률이 앞에서 말한 것의 중간값, ④ x, y, z 이외의 방향으로 진동하는 광파는 그 굴절률이 n_x, n_y, n_z의 어느 것과도 같지 않다. 이들 x, y, z의 축을 광학탄성축 X, Y, Z로 정의한다. 굴절률은 파장 분산이 있으므로 각종 물질의 결정에 있어서는 각 단색광에 대해 일정 방향으로 된다. 즉 결정축과 광학탄성축이 반드시 일치하는 것이 아니

라는 점에 주의해야 한다. 사방정계의 결정축 a, b, c 는 서로 직교하므로 X, Y, Z의 어느 하나와는 일치한다. 단사정계에서는 결정축 b만이 광학탄성축의 어느 하나와 일치하고 다른 축은 반드시 일치하는 것은 아니다. 삼사정계에서는 결정축이 서로 사교(斜交)하므로 일반적으로 광학탄성축의 어느 것과도 일치하지 않는다.

(3) 등방성 결정

굴절률 곡면이 단 하나 있으므로 $n_x = n_y = n_z$로 구면이 되고 광학적 이방성이 없다. 입방정(cubic)계 결정이 이것에 속한다. 이러한 광학적 성질을 이축성 결정을 예로 들어 〈그림 2.4〉를 이용해 설명해 보기로 한다. (a)는 광축에서 각도 a로 절단한 결정판에 편광되지 않은 단색광(單色光)을 입사시켰을 때의 결정 내에서의 빛의 전파를 나타낸 것이다. 입사 후 정상광선, 이상광선의 둘로 분리되고 이상광선은 파면이 e-e이고 법선속도 v_N^e로 진행한다. 한편 정상광선은 광선 방향과 파면이 수직이 되고 법선속도 v_N^o의 평면파 o-o로 진행한다. 결정

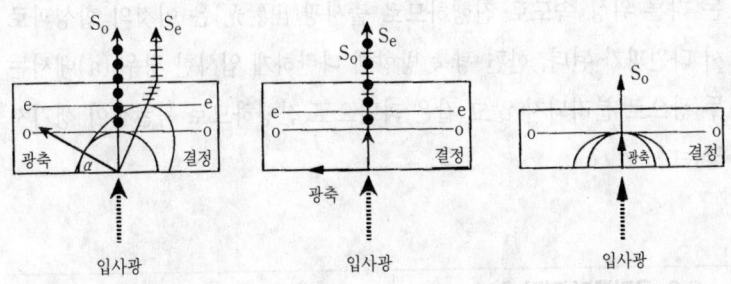

(a) 광축에 각도 a로 입사한 광   (b) 광축에 수직으로 입사한 광   (c) 광축에 평행으로 입사한 광

〈그림 2.4〉 복굴절의 설명. 결정 내에서의 정상광선, 이상광선의 전파 : o-o, e-e는 각각 정상광선 파면, 이상광선 파면

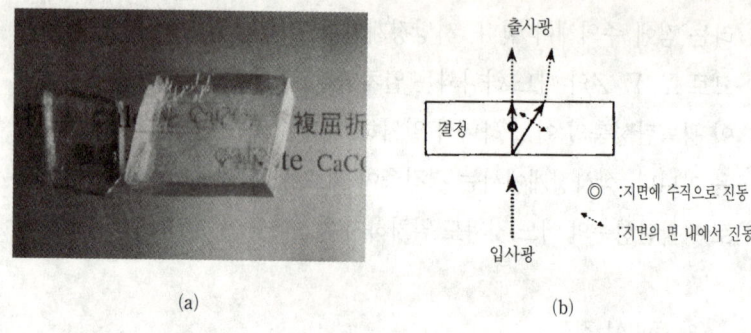

〈그림 2.5〉 방해석의 복굴절

상면(結晶上面)에서는 서로 직교하는 편광파(偏波光) S_o와 S_e로 되고 각각 c/n_o, c/n_e의 위상속도를 갖고 진행한다. 복굴절($\Delta n=|n_o-n_e|$)이 큰 방해석(calcite, $CaCO_3$)에 통과시킬 때 〈그림 2.5〉에 표시한 것과 같이 2중으로 보이는 것은 이와 같은 빛의 전파를 손쉽게 볼 수 있는 예다.

광축에 직각 방향으로 빛이 입사한 경우에는 (b)에 나타낸 것과 같이 정상광선 S_o, 이상광선 S_e와 함께 같은 방향으로 진행하지만 양자는 다른 위상 속도로 진행하므로 출사광(出射光)은 이것의 합성파로서 타원파가 된다. 한편 광축 방향에 나란하게 입사한 경우 (a)에서는 두 광으로 분리되지 않고 같은 파면으로 진행하므로 복굴절이 생기지 않는다.

2.3 굴절률의 외력 효과

매질 내의 빛의 전파성질을 바꾸기 위해서는 개념적으로 제1장 〈그림 1.8〉에 표시했듯이, 정량적(定量的)으로는 식 (1.5)에서 표시한 것과 같이 매질의 굴절률을 외력(外力)으로 변화시키면 된다. 이제 결정에 전기장 $E(E_1, E_2, E_3)$, 자기장 $H(H_1, H_2, H_3)$ 및 응력 $T(T_1, T_2, T_3, T_4, T_5, T_6)$를 가할 때 굴절률의 변화는 다음과 같은 급수(級數)로 전개할 수 있다.

$$\Delta\left(\frac{1}{n_{ij}^2}\right) = \Sigma r_{ijk} E_k + \frac{1}{2} \Sigma\Sigma g_{ijkl} E_k E_l + \cdots$$
$$+ \Sigma a_{ijk} H_k + \frac{1}{2} \Sigma\Sigma \beta_{ijkl} H_k H_l + \cdots$$
$$+ \Sigma\Sigma \pi_{ijpq} T_{pq} + \cdots \tag{2.12}$$

여기에서 전기장 E와 전속밀도(電束密度) D는 극성(極性)벡터, 자기장 H와 자속밀도(磁束密度) B는 축성(軸性) 벡터, 응력 T와 변형 S는 2계(階)의 극성 텐서다. 전기장 E에 비례하는 선형전기광학효과(Pockels)의 상수 r_{ijk}는 3계의 극성 텐서, 자기 복굴절효과 상수 a_{ijk}는 3계의 축성 텐서, 전기장 E의 제곱에 비례하는 2차 전기광학효과(Kerr) 상수 g_{ijkl}, 자기장 H의 제곱에 비례하는 코튼-뮤턴(Cotton-Mouton) 효과 정수 β_{ijkl}, 압전광효과(piezo-optic) 계수 π_{ijpq}는 4계 극성 텐서로 된다.

결정에서의 물리량은 스칼라, 벡터 또는 텐서량 중의 어느 것이지만 텐서량은 두 가지 현상을 연결하는 상호작용 계수다. 그 차수(次數)는 두 현상의 차수에 따라 결정된다. 이들 물리량의 대칭성은 그 결정이 속하는 점군의 대칭 요소를 포함하지 않으면 안 된다. 이것은 노이만(Neuman)의 원칙에서 어느 점군에 속하는 결정의 각 물리적 이방성을 갖는 텐서의 성분 간 관계는, 모든 텐서 성분의 일반적 매트릭스 표현에 그 점군이 갖는 대칭 요소의 조작에 따라 각 성분이 영(zero)이 되든지, 같은 값 또는 다른 부호로 된다. 각 텐서 성분은 〈그림 2.6〉에

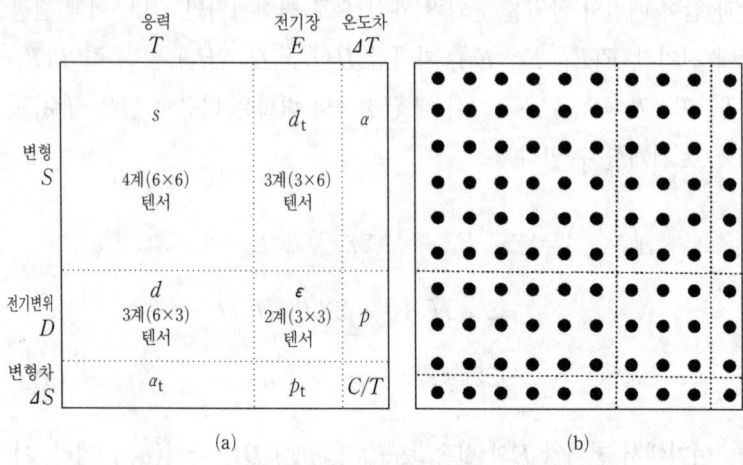

〈그림 2.6〉 여러 가지 양(量)의 텐서 매트릭스(10×10)의 일반적 표시

나타낸 10×10의 일반행렬 표시로 주어지고 1계 텐서는 α(열팽창 계수)와 p(초전 계수), 2계 텐서는 ε(유전율), 3계 텐서는 d(압전계수), 4계 텐서는 s[탄성 컴플라이언스(compliance), 광탄성 계수, 커 상수]와 같은 성분으로서 결정의 대칭성과 함께 성분의 유무와 부호를 알 수 있다. 표 중에서 S는 변형, T는 응력, D는 전기변위, E는 전기장, $\varDelta T$는 온도차, $\varDelta S$는 변형의 차, C/T는 열용량이고 아래첨자 t는 역(逆)을 뜻한다(예를 들어, d_t는 역압전 계수). 이들 여러 가지 양 사이에는 다음과 같은 관계가 있다.

$$S = s \cdot T + d_t \cdot E + \alpha \cdot \varDelta T$$
$$D = d \cdot T + \varepsilon \cdot E + p \cdot \varDelta T$$
$$\varDelta S = \alpha_t \cdot T + p_t \cdot E + C/T \cdot \varDelta T$$

각 결정계에 대한 텐서 행렬을 책 끝의 부록 〈표 A〉에 나타냈다.

또 텐서 표시에서는 첨자 둘을 하나로 묶어 2차 행렬 표시로 하는 것이 관례적이다. $(i, j) \to m$의 변환은

$$11 \to 1, 22 \to 2, 33 \to 3$$
$$23, 32 \to 4, 31, 13 \to 5, 12, 21 \to 6$$

이와 같은 변환을 통해 3계 및 4계의 텐서량과 행렬요소는

3계 텐서 ; $\quad r_{ijk} = r_{mk} \quad\quad m = 1, 2, 3$

$\quad\quad\quad\quad\quad 2r_{ijk} = r_{mk} \quad\quad m = 4, 5, 6$

4계 텐서 ; $\quad g_{ijkl} = g_{mn} \quad\quad m, n = 1, 2, 3$

$\quad\quad\quad\quad\quad 2g_{ijkl} = g_{mn} \quad\quad m, n = 4, 5, 6$

$\quad\quad\quad\quad\quad 4g_{ijkl} = g_{mn} \quad\quad m, n = 4, 5, 6$

와 같이 된다.

그런데 결정에 전기장을 걸어주면 압전효과[†] 또는 전왜효과(電歪效果)[††]에 따라 결정에 탄성적 변형이 생긴다. 이 탄성 변형으로 인한 굴절률 변화, 즉 광탄성효과가 전기광학효과와 겹쳐 나타난다. 이 관계를 도식적으로 정리해보면 〈그림 2.7〉과 같이 된다. 여기에서 r, g의 위첨자 S는 변형이 없는(strain-free) 상태, 즉 변형이 수반할 수 없을 정도의 고주파수 영역에서의 물리량을 뜻한다. 저주파 영역에서는 압

[†] 압전성 결정에 전기장을 가하면 전기장에 비례하는 변형이 생긴다. 이것도 1차의 효과이고, 전왜효과와는 달리 전압을 걸어준 방향으로 결정이 늘어났을 경우 전기장의 극성을 역(逆)으로 하면 결정은 수축한다.

[††] 대칭중심을 갖는 결정에 균일하게 응력을 가하면 결정격자 내의 전하를 변위시킬 수 있지만 대칭중심 때문에 분극이 나타나지 않는다. 그러나 이 결정에 전압을 가하면 정부(正負)의 전하는 전기장에 대해 역방향으로 변위하고 결정은 변형한다. 이 변형은 전기장의 방향을 역으로 해도 변하지 않고 변형은 전기장의 제곱에 비례한다.

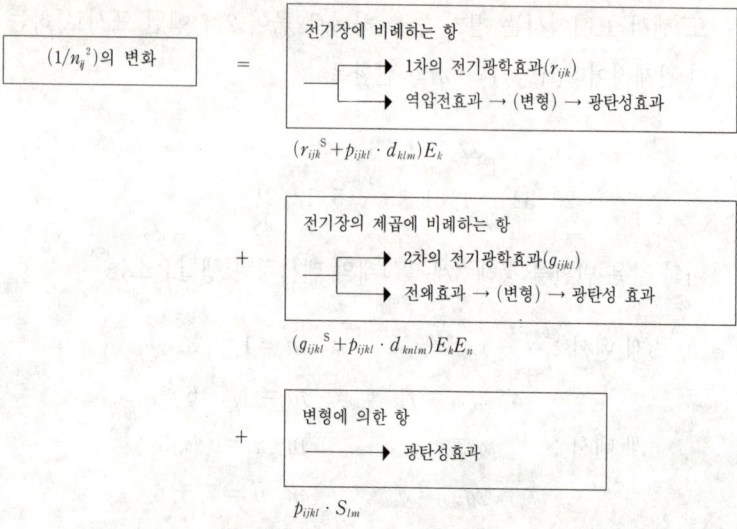

〈그림 2.7〉 전기장을 걸었을 경우 굴절률 변화 요인의 기본식

전 또는 전왜효과가 매개된 물리량을 생각할 필요가 있고, 변형력이 없는(stress-free) 상태일 경우에는 첨자 T를 붙여

$$r_{ijk}^{T} = r_{ijk}^{S} + p_{ijlm} \cdot d_{klm}$$
$$g_{ijkn}^{T} = g_{ijkn}^{S} + p_{ijlm} \cdot q_{knlm}$$
(2.13)

의 관계식이 주어진다.

2.4 광학결정에서의 여러 현상

광학결정의 기능 발현에 기대되는 효과 또는 현상은 식 (2.5)의 제1항에 관여하는 것이 주이고, 〈표 2.1〉에 나타낸 대표적인 효과나 현상에 관해서는 아래에서 개략적으로 설명하겠다.

2.4.1 전기광학효과

매질에 전기장을 걸어주면 매질의 광학적 성질이 변하는 현상을 넓은 뜻에서의 전기광학 현상이라고 한다. 이것에는 포켈스 효과, 커 효과, 자발 포켈스 효과, 전기광반사 효과 등을 들 수 있고 〈그림 2.8〉에 표시한 관계로 설명된다.

(1) 전기광학효과

전기장 E를 가함으로써 결정의 굴절률 타원체의 변형이나 회전이 생기고, 굴절률의 텐서 성분 n_{ij}가 Δn_{ij} 만큼 변하는 현상을 좁은 의미에서의 전기광학효과라 하고, 실용 소자에 이용되는 효과로서 일반적으로 전기광학효과라고 불리는 것은 이 효과를 말하는 것이다.

매질인 결정의 대칭성으로 정의되고 제약되는 압전성 결정, 즉 중심대칭을 갖지 않는 결정에서는 〈그림 2.8(a)〉에서 나타낸 것과 같이 굴절률 변화는

$$\Delta\left(\frac{1}{n_{ij}^2}\right) = \Sigma r_{ijk} E_k \tag{2.14}$$

로 표시되고 전기장에 비례하는 굴절률 변화를 포켈스 효과 또는 1차 전기광학효과라고 한다. 여기에서 3계의 극성 텐서 r_{ijk}를 포켈스 계수라고 한다.

대칭중심을 갖는 결정에서의 굴절률 변화는 〈그림 2.8(b)〉에 나타낸 것과 같이 전기장 E의 제곱에 비례한다. 즉

$$\Delta\left(\frac{1}{n_{ij}^2}\right) = \Sigma\Sigma g_{ijkl} E_k E_l \tag{2.15}$$

로 되고 이것을 커 효과 또는 2차 전기광학효과, 4계의 극성 텐서 g_{ijkl}을 커 계수라고 한다.

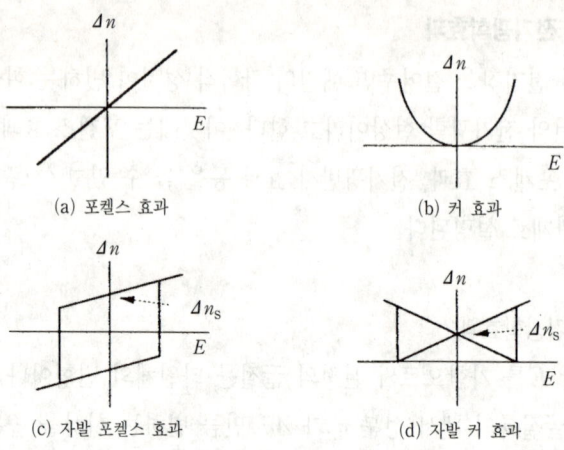

〈그림 2.8〉 대표적인 전기광학 효과의 설명

압전성 결정 중에서도 강유전체는 전기장을 가하면 자발분극 P_s의 반전이 있고 전기광학적으로도 특이한 면이 있다. 또 상유전상이 압전성을 가질 경우에는 굴절률의 전기장에 의한 변화는 〈그림 2.8(c)〉에서 표시한 것과 같은 이력을 나타낸다. 즉 P_s의 반전이 생기면 그것에 수반하여 생기는 자발 복굴절 Δn_s의 부호는 역전되지만 포켈스 계수 r_{ijk}의 부호는 변하지 않는다. 이 현상을 자발 포켈스 효과라고 한다. 상유전상이 압전성을 갖지 않는 경우에는 전기장의 부과에 따라 P_s가 반전하는 경우 Δn_s의 부호는 바뀌지 않지만 포켈스 계수 r_{ijk}의 부호가 역전하여 〈그림 2.8(d)〉와 같이 나비형 이력곡선을 그린다. 이것을 자발 커 효과라고 한다.

강유전체는 일반적으로 큰 1차 전기광학 계수를 갖는다. 그 이유는 현상론적으로 다음과 같이 해석된다.

일반적으로 결정에서 2차 전기광학 효과의 계수는 온도에 대해서는 민감하지 않고, 강유전체에서도 퀴리(Curie) 온도 전후에서 이들 계수는 크게 변하지 않는 것으로 설명되는 현상이 많다. 1차 전기광학 계수에 관해서도 같은 관점에서, 강유전상에서의 1차 전기광학 계수는 상유전상에서의 2차 전기광학 계수에 자발분극 P_s에 의한 바이어스(bias)가 부가된 것으로 이해할 수 있다. 즉 자발분극으로 전개한 때의 2차 전기광학 계수를 g_{ijkl}로 하면 식 (2.15)에서

$$\Delta\left(\frac{1}{n_{ij}^2}\right) \equiv B_{ij} = g_{ijkl}^T P_k P_l \qquad (2.16)$$

을 얻는다. 자발분극 $P(P_1, P_2, P_3 + P_s)$에서 $P_3 \ll P_s$이면

$$\begin{aligned}\Delta B_{ij} &= g_{ij33}^T P_s^2 + (g_{ijl3}^T + g_{ij3l}^T) P_s P_1 \\ &= g_{ij33}^T P_s^2 + 2\varepsilon_0(\varepsilon_1 - 1) g_{ij3l} P_s E_1\end{aligned} \qquad (2.17)$$

로 된다. 식 (2.17)의 우변 제1항은 자발분극 P_s에 의해 유기된 복굴절률 변화이고, 강유전상에서의 굴절률 온도변화에 큰 부분을 차지하고 있다. 제2항은 외부 전기장 E_1에 의해 유기된 굴절률 변화이고 강유전상의 1차 전기광학 계수 r를 이용하면 $r_{ijl}^T E_1$로 된다. 따라서

$$r_{ijl}^T = 2\varepsilon_0(\varepsilon_1 - 1) g_{ij3l}^T P_s \qquad (2.18)$$

의 관계가 얻어진다. 즉 강유전상에서 1차 전기광학 계수는 상유전상에서의 2차 전기광학 계수에 유전율과 자발분극의 값을 곱한 것과 같다는 결론을 이끌어낼 수 있다. 일반적으로 강유전체 특징 중 하나로 고유전율을 들 수 있지만, 이로써 1차 전기광학 계수가 강유전체에서 크다는 것을 이해할 수 있다.

(2) 전기흡광효과

전기장을 가함으로써 빛의 감쇠계수 곡면이 변형하여 감쇠계수 텐서 성분의 k_{ij}가 Δk_{ij}만큼 변하는 현상을 전기흡광 효과라 한다. Δk_{ij}의 전기장 E에 대한 거동은 〈그림 2.8(a)-(d)〉에 표시한 것과 같이 굴절률 변화, 즉

- 압전 결정에서는 $\Delta k \propto E$
- 비압전 결정에서는 $\Delta k \propto E^2$
- 상유전상이 압전성인 강유전체에서는 구형(矩形)의 이력곡선
- 상유전상이 비압전성이면 나비형 이력곡선

으로 된다.

여기에서 전기흡광효과는 굴절률의 이상분산 파장영역에서 커지만, 특히 흡수단 부근에서 현저하다. 전기장에 의한 흡수단의 이동(shift)현상을 전기흡광 효과라고 하는 경우도 있다.

(3) 전기선광효과

전기장을 가함으로써 자이레이션(gyration) 곡면이 변형하여 2계의 극성 텐서 성분 g_{ij}가 Δg_{ij}만큼 변하는 현상을 말하고, 전기장에 대한 Δg_{ij}의 관계는 결정의 대칭성에 의거해 결정된다. O, T_d, O_h 이외의 점군에 속하는 결정에서는

$$\Delta g_{ij} = \Sigma \gamma_{ijk} E_k \qquad (2.19)$$

로 표시되는 1차 전기선광(電氣旋光)효과를 볼 수 있다. 이 3계 텐서 γ_{ijk}를 1차 전기선광 계수라고 한다. $C_1, C_{2h}, D_{4h}, C_{3i}, D_{3d}, C_{6h}, D_{6h}, T_h, O_h$를 제외한 점군에 속하는 결정에서는

$$\Delta g_{ij} = \Sigma\Sigma \Gamma_{ijkl} E_k E_l \qquad (2.20)$$

로 표시되는 2차 전기선광효과가 생긴다. 이 Γ_{ijkl}은 4계의 축성 텐서로서 2차 전기선광효과라고 한다.

상유전상에서 좌우상(左右像)을 갖지 않는 광학활성 강유전체에서는 전기장에 대한 Δg의 변화는 구형(矩形)의 이력 곡선을 그리고, 선광효과라고 불리고 있다. 상유전상이 좌우상(enanthiomorphic)을 갖는 강유전체에서 Δg의 변화는 나비형(butterfly type) 이력으로 되고 초선광전(超旋光電)효과라 한다.

2.4.2 비선형광학효과

보통 광파의 전기장 E와 결정 내에 유기된 분극 P 사이에는

$$P_i = \Sigma \chi_{ij} E_j \qquad (2.21)$$

의 선형 관계가 성립한다. 그러나 레이저 광과 같이 매우 강한 전자기파가 결정 매질 내에 입사하는 경우에는 분극과 전기장 사이의 비선형성을 무시할 수 없다. 비대칭중심 결정의 경우는 3계 텐서 χ_{ijk}의 존재를 무시할 수 없고

$$P_i = \Sigma \chi_{ij} E_j + \Sigma\Sigma \chi_{ijk} E_j E_k \qquad (2.22)$$

와 같이 취급할 필요가 생긴다. 또 대칭중심을 갖는 결정에서는 4계의 텐서 χ_{ijkl}가 중요하고

$$P_i = \Sigma \chi_{ij} E_j + \Sigma\Sigma\Sigma \chi_{ijkl} E_j E_k E_l \qquad (2.23)$$

을 이용할 필요가 있다. 이것을 그림으로 표시하면 〈그림 2.9(a), (b)〉

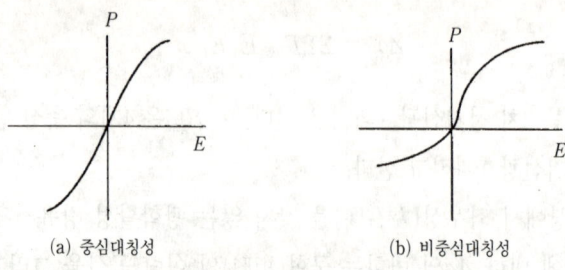

(a) 중심대칭성　　　　　　　(b) 비중심대칭성

〈그림 2.9〉 분극-전기장의 광학적 곡선

와 같다. 이들 고차의 비선형 분극 텐서의 존재 때문에 생기는 광학현상을 총칭하여 비선형 광학(nonlinear optical)효과라고 한다.

이 χ_{ijk}의 존재로 인해 각 주파수 ω를 갖는 입사광에 대해서 2ω와 $\omega - \omega = 0$의 분극이 생긴다. 앞의 것을 제2고조파 발생(Second Harmonic Generation : SHG), 뒤의 것을 광정류라고 한다. 제2고조파 발생에 관계되는 2차의 비선형 분극 텐서를 d_{ijk}로 표시하면 제2고조파의 분극 $P^{(2\omega)}$와 전기장 E 사이에는

$$P_i^{(2\omega)} = \Sigma\Sigma d_{ijk} E_k E_l \tag{2.24}$$

의 관계가 있다. SHG 텐서라고도 하는 d_{ijk}는 대칭중심을 갖는 결정에서는 모든 성분이 제로다. 이제 x, y, z의 직교 좌표를 원점을 중심으로 반전시킨 경우를 생각하자. 이 때 E_i는 $-E_i$로, $P_i^{(2\omega)}$는 $-P_i^{(2\omega)}$로 전환되므로, 이 관계식은

$$-P_i^{(2\omega)} = \Sigma d_{ijk}' E_j E_k$$

로 되지 않으면 안 된다. 여기에서 비선형 매질이 대칭중심(center of symmetry)을 가지면

$$d_{ijk}' = d_{ijk}$$

로 되므로

$$-P_i^{(2\omega)} = P_i^{(2\omega)}$$

로 되지 않으면 안 된다. 이것은 $P_i^{(2\omega)} = 0$의 경우에만 성립한다. 즉 대칭중심을 갖는 매질에서는 제2고조파 발생의 비선형 분극률이 0으로 되고, 제2고조파 발생의 매질로서는 32점군 중에서 중심대칭을 갖지 않는 20개의 점군에 속하는 결정, 바꾸어 말하면 압전성 결정이 아니면 안 된다. SHG 텐서라고도 하는 d_{ijk}는 대칭중심을 갖는 결정에서는 모든 성분이 0이지만, 대칭성의 조건이 엄격하므로 포켈스 상수 r_{ijk}의 성분이 「0」이 아닌 점군 D_4, D_6에서도 d_{ijk}의 모든 성분이 0으로 되는 것에 주의하기 바란다.

또 각주파수 ω_1, ω_2의 두 빛이 입사할 때 제2고조파와 직류 성분 이외 주파수 $\omega_1 - \omega_2$, $\omega_1 + \omega_2$의 분극도 생긴다. 앞의 것은 차주파수(差周波數) 변환, 뒤의 것은 합(合)주파수 변환 현상이다. 그 밖에 각 주파수 ω_1, ω_2, $\omega_3 (\equiv \omega_1 + \omega_2)$의 세 종류의 광파가 동시에 존재할 경우 $\omega_1 + \omega_2$, $\omega_3 - \omega_1$, $\omega_3 - \omega_2$의 분극이 생기고 이들의 상호작용에 따라 빛의 증폭, 발진이 생기는 광파라메트릭(optical parametric) 효과도 이 2차 비선형 분극으로 인한 효과다. 최근에 다시 SHG, 광 파라메트릭스 발진이 청색 레이저 광으로 주목을 받아 큰 d정수를 갖는 새 결정재료의 탐구가 활발히 이루어지고 있다.

3차 비선형 분극에 의해서 각주파수 ω인 입사광으로 인해 3ω 성분의 분극 발생, 즉 제3고조파 발생(Third Harmonic Generation : THG)이나 광속(光束)이 균질 매질 내에서 자연히 수렴하는 자기집속효과(自己集束效果), 광속이 회절에 의해 퍼지지 않고 진행하는 자기

속박효과(自己束縛效果)와 같은 현상이 생긴다. 또 입사광과 격자진동 및 산란광과의 상호작용을 거쳐서 간섭성이 있는 산란광과 광자를 생기게 하는 유도 브릴루앵 산란이나 유도 라만 산란도 3차 비선형 분극으로 인한 효과다.

2.4.3 응력광학효과

(1) 광탄성효과

결정에 응력 X를 가할 때 또는 변형 x가 생길 때 굴절률 타원체가 변형을 하든지, 회전한다든지 하는 현상을 광탄성 효과(elasto-optic effect)라 하고

$$\Delta(1/n_{ij}^2) = \Sigma\Sigma\pi_{ijkl}X_{kl}$$
$$= \Sigma\Sigma p_{ijkl}X_{kl} \tag{2.25}$$

로 표시된다. 여기에서 π_{ijkl}은 압전광학계수, p_{ijkl}은 변형광학계수(일반적으로 광탄성 계수)라는 4계의 극성 텐서다. 이 효과는 매질 안에 초음파를 이용해 굴절률 변화를 주어 빛을 편향시키는 음향광학(acousto-optic) 소자의 동작에 중요한 효과와 현상이다.

상유전체에서는 응력 X에 의한 굴절률 변화 Δn을 스칼라로 표현하면

$$\Delta n = -\frac{1}{2}n^3\pi X \tag{2.26}$$

과 같이 되고, 〈그림 2.10(a)〉가 된다. 한편 강유전체에서는 자발변형 x_s의 발생에 따라 자발 복굴절률 Δn_s는

$$\Delta n_s = -\frac{1}{2}n^3 p x_s \tag{2.27}$$

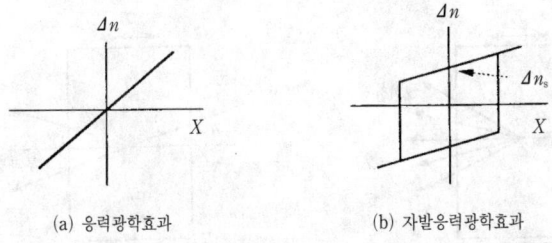

(a) 응력광학효과 　　　　(b) 자발응력광학효과

〈그림 2.10〉 응력광학효과의 설명

이 더해지므로 Δn과 x의 관계는 〈그림 2.10(b)〉와 같이 구형(矩形) 이력(hysterisis)을 그리게 된다. 이것을 자발응력(自發應力) 광학효과라고도 한다.

(2) 음향광학효과

결정 내에 초음파를 전달시키면 광탄성효과로 인해 결정 안에 초음파의 파장에 동기(同期)하여 굴절률의 주기적 변동이 생긴다. 이 주기적 변동에 거의 평행하게 빛을 입사시키면 빛의 회절이나 반사 또는 빛의 편광면이 회전하는 현상 등이 생긴다. 이와 같은 초음파와 광파의 상호작용을 음향광학효과라고 한다.

광학적 등방성 결정에서는 초음파의 파장 Λ가 긴 경우 입사광은 〈그림 2.11(a)〉와 같이 다중회절(多重回折)을 하는 라만-나스(Raman-Nath) 회절이 생기고, 파장이 짧으면 〈그림 2.11(b)〉와 같이 브래그(Bragg) 회절로 된다. 결정이 광학적 이방성을 갖는 경우에는 브래그 회절만 생기지만 이방성 때문에 입사각과 반사각이 같지 않은 것 외에 입사각을 바꾸어 가면 2회 반사가 생기기도 하고, 회절이 일어나는 최소 주파수가 존재하기도 한다. 이와 같은 회절을 이상(異常) 브래그 반사라고 한다. 이들 빛의 회절은 초음파 광편향 디바이스의 기본이다

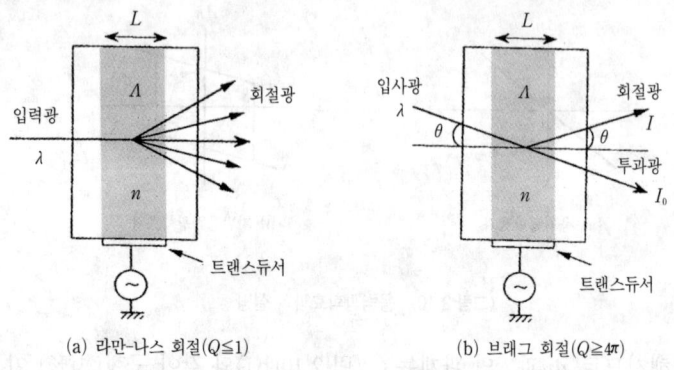

〈그림 2.11〉 음향광학효과의 설명($Q = 2\pi L\lambda/n\Lambda^2$)

(제3장 3.3.2 참조).

(3) 압선광 효과

광학적 활성을 갖는 점군이나 비광학 활성 점군 C_{4v}, D_3, C_{6v}, T_d에 속하는 결정에서는

$$\Delta g_{ij} = \Sigma\Sigma a_{ijkl} X_{kl} \tag{2.28}$$

와 같이 응력 X의 1차 함수로 되는 선회(旋回) g의 변화가 나타난다. 이것이 압선광(壓旋光) 효과이고, a_{ijkl}은 4계의 축성 텐서의 압선광 정수라고 한다.

상탄성상(常彈性相)에서 이들 점군에 속하는 강탄성(强彈性) 결정에서는 자발변형의 발생에 수반하여 자발 선회(gyration) Δg가 있고, 그 부호는 응력의 가하는 방향에 따라 역전(逆轉)한다. 따라서 응력에 대한 Δg의 관계는 상탄성체에 대해서는 직선적이고, 강탄성체에서는 이력곡선이 된다.

2.4.4 자기광학효과

자성(磁性) 결정에 광파를 투과 또는 반사시키면 자성체가 갖는 자발자화(自發磁化: 상자성체에서는 외부 자기장)에 의해 결정의 굴절각이나 반사각 등이 변하는 현상을 총칭하여 자기광학(magneto-optic) 효과라고 한다.

(1) 자기 복굴절효과

자기장 안에 둔 상(常)자성체나 자성체에 자기장 H 또는 자화(磁化) M에 대해 직각방향으로 직선 편향광을 입사시키면 〈그림 2.12(a)〉에 표시한 것과 같이 자화에 수직 및 평행하는 두 가닥의 직선편향광으로 분할되어 진행하는 현상을 자기 복굴절(磁氣複屈折)효과 또는 코튼-뮤턴 효과라고 한다. 2차 전기광학효과와 같이 현상적으로는

$$\Delta(1/n_{ij}^2) = \Sigma\Sigma\beta_{ijkl}H_kH_l = \Sigma\Sigma\beta^*_{ijkl}M_kM_l \qquad (2.29)$$

로 기술된다. 여기에서 β, β^*는 자기(磁氣) 복굴절 계수라는 4계 텐서다. 이 자기 복굴절효과에 의해 나누어진 두 직선 편향광에 대한 감쇠계수는 일반적으로 같지 않으므로 양자 사이에는 흡수차가 생기고, 입사한 직선편광은 타원광이 되어 진행하고 그 주축은 회전한다. 감쇠계수의 변화를 자기장 또는 자화의 함수로 표시하면

$$\begin{aligned}\Delta k_{ij} &= \Sigma\Sigma\xi_{ijkl}H_kH_l \\ &= \Sigma\Sigma\xi^*_{ijkl}M_kM_l\end{aligned} \qquad (2.30)$$

와 같이 된다. 이 현상을 자기복흡수(磁氣複吸收) 또는 자기이색성(磁氣二色性)이라고 한다.

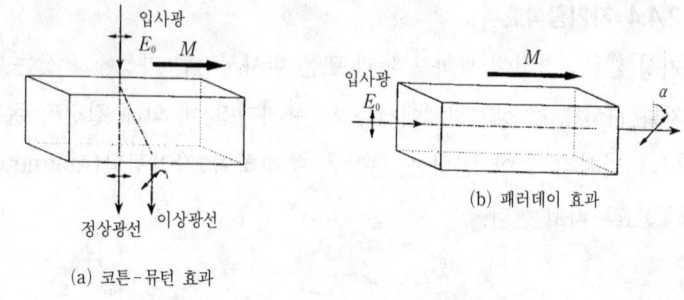

(a) 코튼-뮤턴 효과 (b) 패러데이 효과

〈그림 2-12〉 자기광학효과의 설명

(2) 패러데이 효과

직선 편향광이 〈그림 2.12(b)〉에 표시한 바와 같이 자기장 H 또는 자화 M 방향으로 진행할 때 편향면이 회전하는 현상을 자기원복굴절 또는 극히 일반적으로 패러데이(Faraday) 효과라고 하는데, 특히 광통신 시스템에서는 아이솔레이터 소자에 중요한 효과다.

단위길이당 회전각 α를 회전능이라고 하며, 상자성체의 경우에는

$$\alpha = VH \tag{2.31}$$

으로 표시되고 비례계수 V를 베르데(Verdet) 상수라고 한다. 강자성체의 경우 회전능 α는

$$\alpha = \alpha_F \cos\phi + VH \tag{2.32}$$

로 된다. α_F는 자발자화 M_s에 기인하는 패러데이 회전능이고 ϕ는 자발자화와 빛이 이루는 각이다. 일반적으로 우회전 원편광에 대한 감쇠계수와 좌회전에 대한 그것은 다르므로, 입사한 직선편향광은 자성체 내를 진행함에 따라 점차 타원편광으로 된다. 이것을 자기원복굴절, 또는 자기원이색성이라고도 한다.

여기에서 주의해야 할 것은, 패러데이 효과는 2.4.5에서 논하는 선광성(optical activity)과 같은 편광면의 회전이지만, 빛을 매질 결정 안에서 왕복시키면 앞의 것은 회전각이 두 배로 되는 데 비해, 뒤의 것은 회전각이 왕복해서 상쇄되어 0이 된다는 것이다.

(3) 자기 커 효과

직선 편향광을 자성체 표면에 입사시킬 때 편향면이 회전하여 일반적으로 타원편광이 되는 현상을 자기 커(magneto-Kerr) 효과라고 한다. 이 자기 커 효과는 자기 벡터와 입사면, 그리고 반사면과의 기하학적 관계에서 〈그림 2.13〉에 나타낸 세 가지 효과로 분리된다. 폴라(polar) 효과에서는 커 회전능 $α_K$와 반사광의 타원율 $Δ_K$는 자화 M에 비례하고

$$α_K = aM$$
$$Δ_K = bM$$

로 기술된다. 여기에서 a, b는 비례상수다.

2.4.5 선광성

직선 편향광이 결정 안을 통과할 때, 직선편광 그대로 그 편광면이 회전하는 현상을 선광성(optical rotatory power)이라고 한다. 빛의 편광면의 회전이라는 점에 주의하면 자기광학 효과의 패러데이 회전 효과를 닮았다. 〈그림 2.14(a)〉에 표시한 것과 같이 패러데이 회전은 자기장의 방향 H와 순방향(順方向)으로 진행할 때의 편광면 회전방향과 역방향으로 진행할 때의 회전방향이 같은 비상반성(非相反性)을 갖고 있으므로 왕복에서 회전각은 배로 된다. 이에 반해 선광성은 (b)

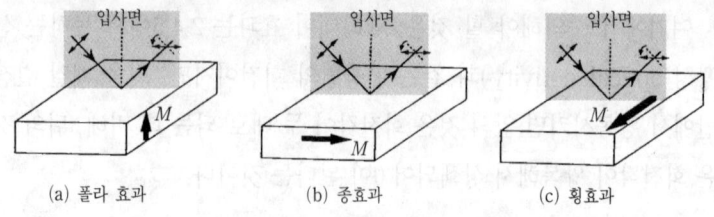

(a) 폴라 효과　　　　(b) 종효과　　　　(c) 횡효과

〈그림 2.13〉 자기 커 효과의 종류

와 같이 편광면의 회전이 매질 내에 규정된 좌표계에 대해 생기므로 왕복에서 편광면의 회전은 상쇄되어 입사광의 편광방향과 출사광의 편광방향은 같다. 즉 상반성이다.

광학활성이 아닌 결정에 직선 편광이 입사하면 서로 직교한 두 직선 편광파로 되어 진행한다는 것은 이미 2.2.2에서 기술했다. 직선편광은 우회전과 좌회전의 원편광의 합성으로 생각할 수 있다. 광학활성결정에서는 두 원편광파에 대한 굴절률의 차(差)에 의해 직교하는 두 타원 편광파로 진행하는 원편광 복굴절(circular double refraction)이다. 각각의 편광파에 대한 굴절률을 n_r, n_l로 하면 길이 l인 결정을 통과하는 사이의 위상차

$$\phi = \frac{2\pi}{\lambda_0}(n_r - n_l)l \tag{2.33}$$

가 생겨서 단위길이당 회전각

$$\begin{aligned}\rho &= \frac{\pi}{\lambda_0}(n_r - n_l) \\ &= \frac{\pi}{\lambda_0}\frac{G}{n_0}\end{aligned} \tag{2.34}$$

을 선광능(旋光能)이라고 한다. G는 선회(gyration)이고

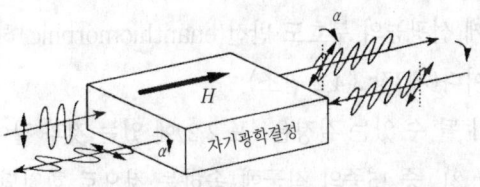
(a) 패러데이 회전

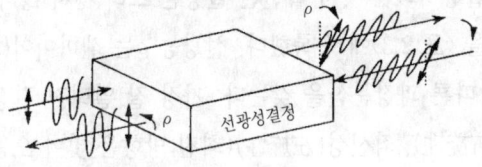
(b) 선광능 회전

〈그림 2.14〉 직선 편광회전의 개념도

$$G = \Sigma g_{ik} l_i l_k \quad (i, k = 1, 2, 3) \tag{2.35}$$

로 표시된다. l은 빛의 파면의 법선 벡터, g_{ik}는 2계의 극성 텐서(gyration tensor)다. 원편광 복굴절의 크기는 직선편광파에서의 자연굴절에 비해 $\sim 10^{-2}$ 정도로 매우 작으며, 선광능 측정은 결정의 특정 방향으로 한정되어 있었으나 현재는 그 측정방법이 확립되어 있다.[8]

전기장을 가한 경우의 선광능의 변화는 극히 작지만 몇 가지 강유전체에서 측정되고 있다. 전기장 E를 가하면 그것에 따라 유기분극 P가 생긴다. 선회 G의 텐서 g성분의 유기분극에 따른 변화 Δg_{ij}는

$$\Delta g_{ij} = \mu_{ijk} P_k + \nu_{ijkl} P_k P_l \tag{2.36}$$

로 표시된다. 3계, 4계의 극성 텐서량 μ_{ijk}, ν_{ijkl}은 전기 선회계수(electro-gyration coefficient)라고 한다. 이제까지 발견된 강유전체 광학활성 결정에는 $LiH_3(SeO_3)$,[9] $Ca_2Sr(C_2H_5CO_2)_6$,[10] $NaNO_3$,[11] $NH_4H_3(SeO_3)_2$,[12] $Pb_5Ge_3O_{11}$[13,14]이 있지만 그 중에서도 $Pb_5Ge_3O_{11}$은 분

극반전과 함께 선광능의 부호도 반전(enanthiomorphic)하는, 최초로 발견된 결정이다(제3장 3.4.2 참조).

광학활성이 될 수 있는 결정은 〈표 2.2〉에 있는 것과 같이 중심대칭이 없는 점군 21 중 15종의 점군에 속하는 것으로 한정되어 있지만, 실제로 광학활성이라는 것이 확인된 결정은 그리 많지 않다. 대표적인 선광성 결정을 〈표 2.3〉에 수록했다. 선광능 ρ는 셀마이어(Sellmeier)의 근사식에 따른 파장분산을 갖는다. 가장 잘 알려진 결정은 수정이고, 우선성(右旋性), 좌선성(左旋性)(회전 방향은 빛이 오는 방향에서 볼 때 시계의 회전 방향을 우, 시계 반대방향으로 회전하는 것을 좌로 정의한다)이 있다. 음향광학결정으로 우수한 TeO_2는 큰 선광능을 갖고 있다. 강유전체에서 선광성의 결정은 소수이지만 그 중에서도 $Pb_5Ge_3O_{11}$은 특이하며, 자발분극의 방향에 따라 선광성이 결정되고 분극반전과 함께 좌우의 선광성도 반전한다. 이와 같이 한 결정 내에서 좌우의 선광성을 갖는 것을 「좌우상(左右像, enanthiomorphic)」이라 한다.

여기에서 광학활성 결정의 평가법에 대해 간단히 언급하겠다. 광학활성이 없는 일축성 결정의 광축에 나란하게 빛을 통과시키면 결정 내

〈표 2.2〉 광학활성으로 될 수 있는 점군

삼사정(三斜晶)	$C_1 - 1$
단사정(單斜晶)	$C_2 - 2,\ C_s - m$
사방정(斜方晶)	$D_2 - 222,\ C_{2v} - mm2$
정방정(正方晶)	$C_4 - 4,\ S_4 - \overline{4},\ D_4 - 422,\ D_{2d} - \overline{4}2m$
삼방정(三方晶)	$C_3 - 3,\ D_3 - 32$
육방정(六方晶)	$C_6 - 6,\ D_6 - 622$
입방정(立方晶)	$T - 23,\ O - 432$

〈표 2.3〉 대표적인 선광성 결정

결 정	점 군	선광능(파장nm)(ρ:°/mm)	특 징
수 정	D_3-32	±21.67(589.3)	압전성
$Bi_{12}SiO_{20}$	T-23	22.5(632.8)	포켈스 효과
$Bi_{12}SiO_{20}$	T-23	6.0(632.8)	광전도성
TeO_2	D_4-422	103±5(589.3) 87(632.8)	광탄성 효과
$Pb_5Ge_3O_{11}$	C_3-3	±3.3(632.8)	강유전체(자발분극의 반전에 따라 부호도 반전)

에서 정상광선, 이상광선의 법선속도곡면(法線速度曲面)은 〈그림 2.15(a)〉와 같이 되므로 광축 방향에서 관찰한 코노스코프(conoscope) 상은 〈그림 2.15(b)〉와 같이 흑십자(黑十字) 소광대(isogyre)가 명료하게 나타낸다. 이것과는 달리 광학활성결정에서는 원편광 복굴절이 있으므로 그 법선속도 곡면은 〈그림 2.16(a)〉와 같이 되기 때문에 파면이 일치하지 않는다. 따라서 광축에 수직인 결정판을 직교 니콜(cross nicol) 소광위(extinction position)에 두어도 완전하게는 소광되지 않고 빛을 약간 통과시킨다. 이 경우의 코노스코프

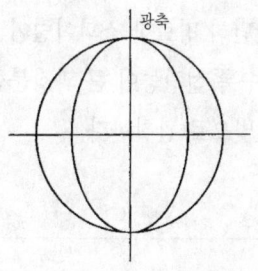
(a) 비광학활성결정의 광선속도면

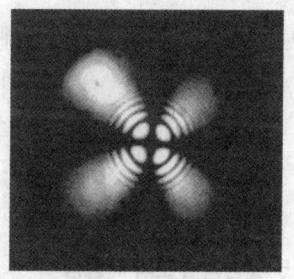
(b) 코노스코프상(일축성 결정)

〈그림 2.15〉 비광학활성결정의 코노스코프상

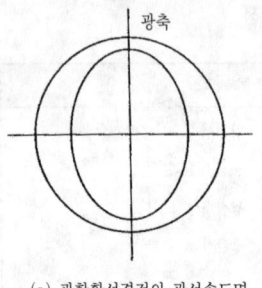 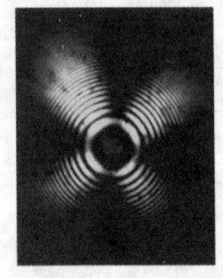 

(a) 광학활성결정의 광선속도면   (b) 코노스코프상   (c) 아이리 스파이럴상
(좌선성)

〈그림 2.16〉 광학활성결정의 코노스코프상

상은 〈그림 2.16(b)〉와 같이 비광학활성의 경우와는 달리 흑십자 소광대(消光帶)를 볼 수 없다. 광학활성결정에 직선 편광을 입사시킨 경우 결정을 통과한 후 이 빛의 편광상태는 결정이 갖는 자연 복굴절에서 생기는 편광상태와 순수한 선광 복굴절에 의한 편광면의 회전이 겹쳐진 것으로 해석할 수 있다. 코노스코프상을 관찰할 때 결정판의 윗부분에 $\lambda/4$ 파장판을 삽입하면 〈그림 2.16(c)〉와 같이 소용돌이 무늬를 볼 수 있다. 이 상은 아이리(Airy)가 수성판상에 운모(雲母 : 파장판의 작용을 하는)를 올려놓고 처음으로 관찰한 것으로 아이리 스파이럴 (Airy spiral)이라 하는데,[5] 선광성을 검출하는 독특한 방법이다. TeO_2와 같이 선광능이 큰 경우에는 간단히 명료한 스파이럴이 보이지만, 선광능이 작은 경우에는 단파장일수록 선광능이 큰 파장분산의 성질을 이용해 청색 유리 필터를 통과한 빛으로 관찰한다.

2.5 결정의 구조와 대칭성

2.5.1 결정구조의 기초

디바이스에 이용되는 많은 재료는 고체, 특히 결정상태에 있고 원자 또는 원자집단이 3차원으로 규칙적인 배열을 하여 공간을 점유하는 구조를 갖는다. 이미 2.2.4에서 기술했듯이 단결정이 갖는 여러 가지 물리량은 몇 가지 수치(또는 표시할 수 있는 형식)의 조합을 통해 표시되고, 결정공간의 좌표축을 취하는 방법에 따라 이들 수치가 달라지고, 그 변환의 법칙에 따라 물리량은 여러 가지 차수의 텐서로 분류된다. 이 텐서 성분의 존재 여부는 결정의 공간적 특징인 대칭성에 모순되지 않는 것이라야 하며, 결정의 물리적 성질은 이 대칭성에 따라 규정된다.

결정은 이상적으로는 〈그림 2.17〉에 표시한 것과 같은 세 단위 벡터 a, b, c로 둘러싸인 단위포(unit)를 최소 단위로 하여 이것이 3차원적으로 연속하여 배열·구성되어 있다. 결정에는 한 가지 성질〔예컨대 경도(硬度), 벽개성〕이 같은 방향이 존재한다. 여러 가지 결정에 대해 이 동격(同格) 방향을 조사하여 그 공통성이 통계적으로 정리되어 있

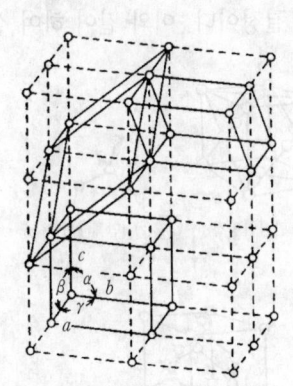

〈그림 2.17〉 공간격자에서 단위격자를 취하는 방법

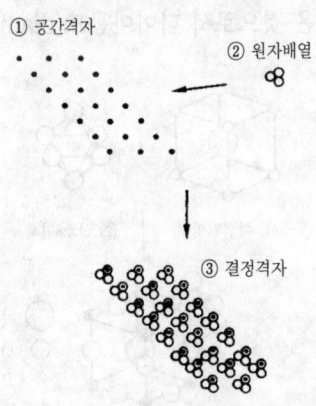

〈그림 2.18〉 공간격자와 결정격자의 관계〔공간격자 ①에 원자배열(basis) ②를 올리면 실제 결정격자 ③으로 되는 모양〕

2. 광학결정의 기초 87

다. 이것을 대칭성이라고 한다. 이 대칭성은 비정질성에는 없는 결정의 중요한 특징이다. 규칙성 있는 배열을 갖는다는 것은 고체 내의 한 공간 부분을 단위로 취해 그것을 반복하여 3차원 방향으로 평행이동을 하면 결정공간을 과부족(過不足) 없이 채울 수 있다는 뜻이다. 이 성질을 병진대칭(translation symmetry)이라고 한다. 이 병진조작을 통해 등가(等價)인 원소의 위치가 주기적으로 배열하여 결정공간이 이루어져 있으므로 이들을 공간격자(space lattice)라고 한다.

공간격자는 기하학적 개념이지만 〈그림 2.18〉에 표시한 것과 같이 공간격자의 각 점인 격자점(lattice point)에 원자배열이나 분자배열의 기본구조(basis)를 할당하면 실제의 결정격자(crystal lattice)로 된다. 예를 들어 〈그림 2.19(a)〉는 체심입방격자의 입방위의 격자점에 산소8면체(BO_6 : B=Ti, Nb, Al 등)라는 기본구조를 올려놓은 것이 $BaTiO_3$로 대표되는 페로브스카이트(perovskite)형 결정이고, (b)는 면심입방격자의 격자점에 Si 4면체 배위의 기본구조의 꼭지점을 올려놓은 것으로서 다이아몬드(diamond)형 결정이다. 이와 같이 하여 실

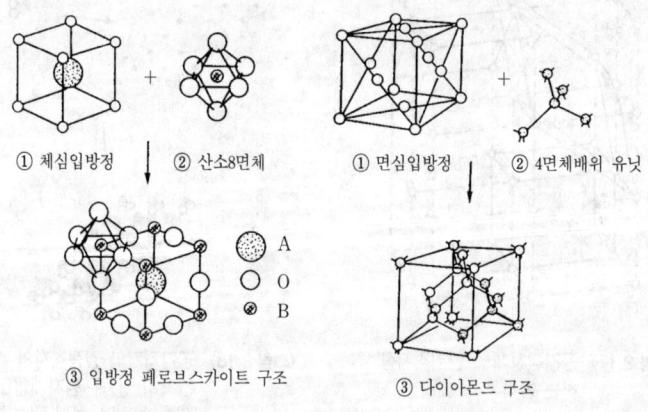

〈그림 2.19〉 실제의 결정격자의 조립 개념도

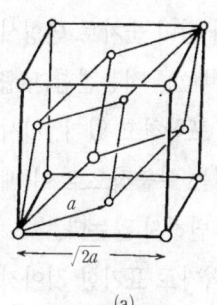 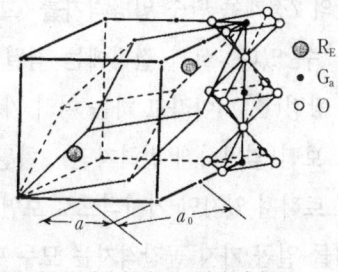

(a)   (b) 희토류 가레이트(R_EGaO_3)의 결정구조

〈그림 2.20〉 단순입방격자와 능면체(菱面體)의 관계(희토류 가레이트 예)

제의 결정격자는 일반적으로 대칭성이 낮아진다.

같은 공간격자에서도 단위포 또는 단위격자(unit cell 또는 unit lattice)를 취하는 방법은 여러 가지 있지만, 실제로는 공간격자의 대칭성을 잘 나타내는 방법을 선택한다. 예로서 〈그림 2.20(a)〉는 면심입방격자(face-centered cubic lattice)의 모양을 나타내지만 이 격자의 가장 간단한 단순 단위격자(primitive unit cell)는 가는 선으로 표시한 능면체(rhombohedral)다. 그러나 이 결정이 입방정이기도 하기 때문에 대칭성을 강조할 경우에는 서로 직교하는 축으로 주어지는 단위격자로서 단위입방체(unit cubic)를 사용하는 경우가 많다. 이 예로서 변형된 페로브스카이트 구조를 갖는 희토류 알루미네이드(R_EAlO_3), 희토류 가레이트(R_EGaO_3)의 결정격자의 예를 (b)에 나타냈다.

공간격자가 갖는 대칭성은 병진대칭 조작을 하지 않으면 단위격자의 대칭성과 같다. 〈그림 2.17〉에 표시한 것과 같이 각각의 축 a, b, c가 이루는 각을 α, β, γ로 하고 단위격자의 모양을 분류하면 〈표 2.4〉와 같이 일곱 가지 정계(晶系, crystal system)로 된다. 이들 3차원 공간의 7정계는 단순 입방격자를 〈그림 2.21〉과 같이 순차로 변형시켜 얻을 수 있다. 실제 결정에는 점결함, 전위(轉位), 적층결함(積層缺陷), 쌍정(雙晶)이라고 하는 여러 가지 결함을 포함하고 있어, 미시적으로 보면(엄밀하게 말하자면) 3차원 공간에서는 부분적으로 이 배열이 흐트러져 있지만 거시적으로 보면 결정계는 변하지 않는다.

이들 일곱 가지 공간격자는 모두 단순 단위격자로 표기한 것이지만 입방정계(cubic), 정방정계(tetragonal) 등의 단위격자에서는 그들의 대칭성을 보존한 채로 몇 가지 격자점을 더하여 원래의 격자점과 함께 새로운 공간격자로 표기할 수 있다. 이 경우 공간격자로서의 필요조건인 등가의 격자점을 병진조작 벡터로 나타냄으로써 격자 형성이 만족되지 않으면 안 된다. 결정격자를 그 단위격자의 대칭과 결정에서의

〈표 2.4〉 7정계와 14종의 브라베 격자

정 계	단위격자의 형태		브라베 격자
삼사정계(triclinic)	$a \neq b \neq c$	$\alpha \neq \beta \neq \gamma \neq 90°$	P(단순)
단사정계(monoclinic)	$a \neq b \neq c$	$\alpha = \beta = 90°, \gamma \neq 90°$	P(단순) C(저심)
사방정계(orthorhombic)	$a \neq b \neq c$	$\alpha = \beta = \gamma = 90°$	P(단순) C(저심) I(체심) F(면심)
정방정계(tetragonal)	$a = b \neq c$	$\alpha = \beta = \gamma = 90°$	P(단순) I(체심)
육방정계(hexagonal)	$a = b \neq c$	$\alpha = \beta = 90°, \gamma = 120°$	P(단순)
육방정계 또는 능면체정계(trigonal or rhombohedral)	$a = b = c$	$120° > \alpha = \beta = \gamma \neq 90°$	R(단순능면체)
입방정계(cubic)	$a = b = c$	$\alpha = \beta = \gamma = 90°$	P(단순) I(체심) F(면심)

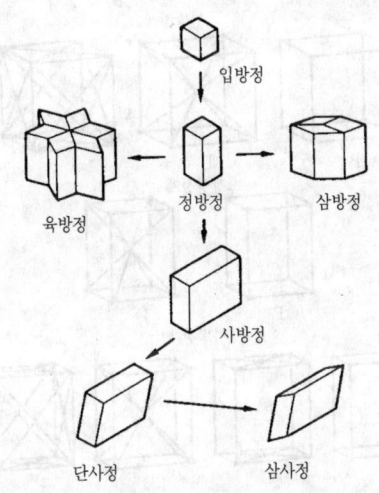

〈그림 2.21〉 단순입방격자로부터 변형되는 일곱 가지 정계

격자점을 채우는 방법을 고려하여 브라베는 〈그림 2.22〉에 나타낸 것과 같이 14종을 규정했다. 이 14종의 공간격자를 브라베 격자(Bravais lattice)라 한다. 그 표기법은 〈표 2.4〉에 병기(倂記)했다. 이 중 7종은 격자점이 단위격자의 네 귀에만 있는 격자로 단순단위격자(primitive lattice : P)라 하고, 나머지 7종은 이 단순격자의 면중심 등에 격자점이 더해져 있는 것으로서 복합단위격자(compound lattice)라고 한다. 예를 들면 격자점이 한 면에 있는 것은 저심격자(底心格子 : A, B 또는 C), 체심격자(I), 면심격자(F)라고 한다. 어느 것이나 각각 단순단위격자를 갖고 있다.

어떤 물체에 회전, 반전, 꼽치기와 같은 조작을 하면 조작하기 전의 상태와 구별할 수 없는 상태, 즉 같은 상태(배치관계)로 될 때 그 물체는 대칭중심(center of symmetry)을 갖는다고 한다. 이 대칭조작은 일정한 기하학적 요소(축, 면 등)에 관해서 행해지는데, 이들을 대칭

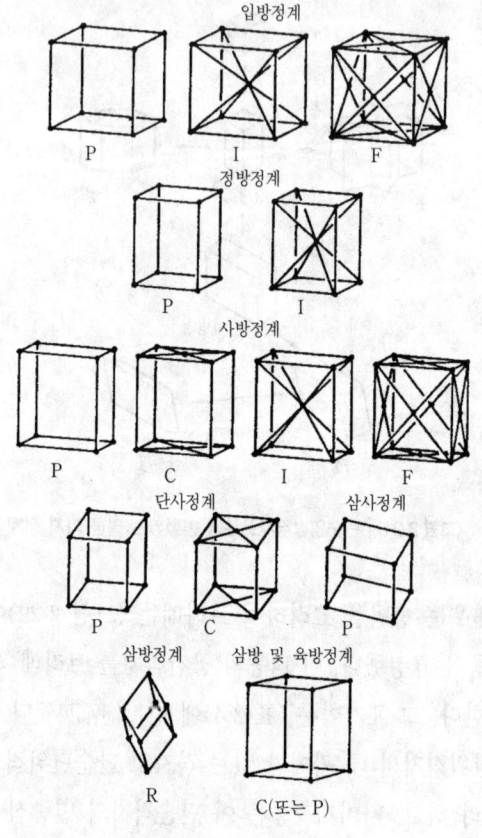

〈그림 2.22〉 브라베 격자

요소(symmetry element)라 하고 〈표 2.5〉에 표시한 여덟 가지 대칭요소가 있다. 여기에서 간단히 벡터 성분(P_{01}, P_{02}, P_{03})과의 대칭조작에 관해 언급해둔다. 대칭요소의 조작을 통해 결정의 격자공간 점(x_1, x_2, x_3)가 (x_1', x_2', x_3')에

$$x_i = C_{ik}x_k \quad (i, k = 1, 2, 3) \tag{2.37}$$

<표 2.5> 대칭요소

대칭요소		표기	
		S	H.M.
대칭축	2회	C_2	2
	3회	C_3	3
	4회	C_4	4
	6회	C_6	6
대칭면		C_s	m
대칭심		C_i	$\bar{1}$
회영심		S_4	—
회반심		—	4

S : Schöenflies
H.M. : Herman-Mauguin

의 형으로 이동하는 것은 오일러(Euler)의 각정리(角定理)에서 증명된다. 대칭조작을 통한 벡터 성분의 변환도 이것과 같이

$$P_{0i} = C_{ik} P_{0k} \quad (i,\ k = 1,\ 2,\ 3) \tag{2.38}$$

의 꼴로 된다. 여기에서 각 성분은 불변이지 않으면 안 되므로

$$P_{0i} = C_{ik} P_{0k} = P_{0i} \tag{2.39}$$

로 된다. 이제 예로서 결정의 x_3축이 2회축(점군 C_2-2)이라고 하면 식 (2.39)는

$$\begin{pmatrix} P_{01}' \\ P_{02}' \\ P_{03}' \end{pmatrix} = \begin{pmatrix} -1 & 0 & 0 \\ 0 & -1 & 0 \\ 0 & 0 & 1 \end{pmatrix} \begin{pmatrix} P_{01} \\ P_{02} \\ P_{03} \end{pmatrix}$$

$$= \begin{pmatrix} -P_{01} \\ -P_{02} \\ P_{03} \end{pmatrix} = \begin{pmatrix} P_{01} \\ P_{02} \\ P_{03} \end{pmatrix} \tag{2.40}$$

로 된다. 이것을 만족하는 것은

$$P_{01} = P_{02} = 0 \tag{2.41}$$

인 때다. 또 c 축에 직각인 대칭면이 있다(조작 S_h)고 하면 식 (2.39)는

$$\begin{pmatrix} 1 & 0 & 1 \\ 0 & 1 & 0 \\ 0 & 0 & 1 \end{pmatrix} \begin{pmatrix} P_{01} \\ -P_{02} \\ P_{03} \end{pmatrix} = \begin{pmatrix} P_{01} \\ P_{02} \\ -P_{03} \end{pmatrix} = \begin{pmatrix} P_{01} \\ P_{02} \\ P_{03} \end{pmatrix} \tag{2.42}$$

로 되어 $P_{03} = 0$, 대칭중심이 있으면(조작 I),

$$\begin{pmatrix} -1 & 0 & 0 \\ 0 & -1 & 0 \\ 0 & 0 & -1 \end{pmatrix} = \begin{pmatrix} P_{01} & -P_{01} & P_{01} \\ P_{02} & -P_{02} & P_{02} \\ P_{03} & -P_{03} & P_{03} \end{pmatrix}$$

이고 $P_{01} = P_{02} = P_{03} = 0$을 얻는다.

 이 조작에 관해서 구체적인 예를 기술해둔다. 예를 들어 1차 전기광학효과(Pockels 효과)에서 굴절률 변화는

$$\Delta(1/n_{ij}^2) \equiv \Delta B_{ij} = r_{ijk}E_k \quad (i, j, k = 1, 2, 3) \tag{2.43}$$

의 관계에 따라 기술되지만[식 (2.14)], 비례계수인 r_{ijk}는 3계의 텐서량이므로 결정의 대칭성에 영향을 받는다. 대칭중심이 있는 점군의 경우에는 대칭조작에 따라 새로 변환되는 상수 r_{ijk}'는 원래 상수와 불변이지 않으면 안 되므로

$$r_{ijk}' = r_{ijk} \tag{2.44}$$

가 성립해야 한다. 한편 대칭중심의 경우 축변환 매트릭스 a_{ij}는

$$a_{ij} = -\delta_{ij} \quad (i = j\text{의 경우 } \delta_{ij} = 1, \ i \neq j\text{의 경우 } \delta_{ij} = 0) \quad (2.45)$$

가 되므로 축변환 조작에 의거해

$$r_{ijk}' = a_{il}\, a_{jm}\, a_{kn}\, r_{lmn} = -\delta_{il}\, \delta_{jm}\, \delta_{kn}\, r_{lmn} = -r_{ijk} \quad (2.46)$$

으로 전환된다. 식 (2.44)의 결과를 아울러 갖는 조건은 단 한 가지 $r_{ijk} = 0$이다. 즉 3계 텐서량은 대칭중심을 갖는 점군에서는 존재하지 않음을 뜻하고 있다.

단위격자를 주기적으로 이동시켜 공간을 채워가는 병진 대칭성과 공존할 수 있는 축회전대칭 요소는 2회, 3회, 4회 및 6회의 네 가지로 한정되어 있고, 이제까지의 결정에는 이것 이외의 회전대칭성은 확인되지 않는다는 것이 상식이었다. 이에 대해 1984년에 지금껏 수학의 세계에서 취급된 펜로즈 패턴으로 유명한 5회 대칭성이 실제의 결정에서도 존재한다는 사실이 Al-Mn계의 급냉처리(急冷處理) 과정에서 준안정상(準安定相)으로 확인되었다.[15] 이것은 정20면체 대칭을 갖는 준결정(準結晶, quasi-crystal)이라 하는데,[16] 그 물성 연구와 결정학적 연구가 활발하다.[17] 각각의 결정에는 단위격자의 구조에 따라 대칭성이 낮은 대칭요소의 조합법이 정리되어 있다. 그 대칭요소의 조합이 대수학적인 군(群)의 성질을 갖고 있으므로 점군(point group)이라 하고, 모두 합해 32종이 존재하는데, 실제 결정의 형태는 이 32의 점군에 대응하고 있으며 정족(晶族)이라고 불리는 경우가 많다. 원래 정족은 결정구조를 분류하기 위한 구분을 표기하는 것이지만 현재는 점군과 동의어로 사용되는 경우도 있다. 점군은 결정의 외형, 성장형태, 거시적인 물리적 성질을 아는 데 매우 중요한 개념이다.

이 32정족 표기에는 그 특징을 나타내는 간단한 기호가 사용되고 있다. 오래 된 것으로는 쉰플리스(Schoenflies:S) 기호가 일반적이었으나 헤르만-모구앵(Hermann-Mauguin:H.M.)의 기호가 더 합리적이기 때문에 국제적으로 채용되어 병용되는 경우가 많다. 〈표 2.6〉에 정계와 정족(점군)의 관계 및 S-H.M. 기호, 그리고 광학적 결정에 관계가 깊은 여러 가지 성질의 유무를 비교 정리했다. 표에서 라우에(Laue) 대칭이라는 것은 X선 라우에상에서의 대칭성이고 각 결정계에 대응한 대칭성이 겹친 것이다. 앞에서 논한 준결정은 5회 대칭축이 6개, 3회 대칭축이 10개, 2회 대칭축이 15개 있는 정20면체이고 점군은 $m\bar{3}5$으로 규정되어 있지만 표에는 기재하지 않았다. 이 표에서 점군에 대칭중심이 있는 경우와 없는 경우 결정의 물리적 성질의 유무를 알 수 있다. 즉 결정의 점군을 알면 그 광학적 성질의 이방성(異方性)에 관한 유무도 알 수 있게 된다. 그러나 반드시 그 성질이 있는 것은 아니므로 주의할 필요가 있다(예로서 2.4.5에서 기술한 선광성의 유무 등). 이 표에서 알 수 있는 바와 같이 32종의 점군 중에서 11종의 점군에 속하는 결정은 대칭중심(center of symmetry)이 있고 대칭중심을 갖지 않는 21종의 점군 중 O-43을 제외한 모든 결정은 압전성(piezoelectricity)을 가지며 그 중 10종의 점군 결정은 초전성(pyroelectricity)을 갖는다. 이 초전성 결정 중에는 강유전성(ferroelectricity)을 나타낼 가능성이 있지만 모두가 다 확인된 것은 아니다.

역으로 말하면 강유전성 결정이면 압전성을 갖고 전기광학효과나 비선형광학효과도 커서 광전자공학에서의 응용범위가 매우 넓은 결정으로 기대할 수 있다. 점군조사의 통계적 결과[18])에서는 대칭중심을 갖는 재료가 나타날 확률은 74% 이상으로서 압도적인 추세이고, 입력과 외력과의 상호작용의 「장(場)」인 기능성 재료로서의 대칭중심이 없는 재료가 나올 확률은 매우 낮다. 광 디바이스에서 흥미 있는 전기광학

〈표 2.6〉 정계, 정족과 여러 가지 성질의 유무

정계	정족(점군) S.	H.M.	라우에 정족*	대칭중심	압전성	초전성	자발분극	SHG	선광능	좌우상	광학이방성	광학탄성축
삼사정	C_1	1	$\bar{1}$	−	+	+	+	+	+	+	이축성	삼축 모두 파장 의존
	C_i	$\bar{1}$		+	−	−	−	−	−	−		
단사정	C_2	2		−	+	+	+	+	+	+	이축성	일축은 고정 이축이 파장 의존
	C_s	m	$2/m$	−	+	+	+	+	+	−		
	C_{2h}	$2/m$		+	−	−	−	−	−	−		
사방정	D_2	222		−	+	−	−	+	+	+	이축성	삼축 모두 일정
	C_{2v}	$mm2$	mmm	−	+	+	+	+	+	−		
	D_{2h}	mmm		+	−	−	−	−	−	−		
정방정	C_4	4		−	+	+	+	+	+	+	일축성	일축은 일정 이축이 자유회전
	S_4	$\bar{4}$	$4/m$	−	+	−	−	+	+	−		
	C_{4h}	$4/m$		+	−	−	−	−	−	−		
	D_4	422		−	+	−	−	+	+	+		
	C_{4v}	$4mm$	$4/mmm$	−	+	+	+	+	+	−		
	D_{2d}	$\bar{4}2m$		−	+	−	−	+	−	−		
	D_{4h}	$4/mmm$		+	−	−	−	−	−	−		
삼방정	C_3	3		−	+	+	+	+	+	+	일축성	일축은 일정 이축이 자유회전
	C_{3i}	$\bar{3}$	$\bar{3}$	+	−	−	−	−	−	−		
	D_3	32		−	+	−	−	+	+	+		
	C_{3v}	$3m$	$3m$	−	+	+	+	+	+	−		
	D_{3d}	$\bar{3}m$		+	−	−	−	−	−	−		
육방정	C_6	6		−	+	+	+	+	+	+	일축성	일축은 일정 이축이 자유회전
	C_{3h}	$\bar{6}$	$6/m$	−	+	−	−	+	+	−		
	C_{6h}	$6/m$		+	−	−	−	−	−	−		
	D_6	622		−	+	−	−	+	+	+		
	C_{6v}	$6mmm$	$6/mmm$	−	+	+	+	+	+	−		
	D_{3h}	$\bar{6}m2$		−	+	−	−	+	−	−		
	D_{6h}	$6/mmm$		+	−	−	−	−	−	−		
입방정	T	23		−	+	−	−	+	+	+	등축성	삼축 모두 자유회전
	T_h	$m3$		+	−	−	−	−	−	−		
	O	432	$m3m$	−	−	−	−	−	+	+		
	T_d	$\bar{4}3m$		−	+	−	−	+	−	−		
	O_h	$m3m$		+	−	−	−	−	−	−		

+는 유, −는 무, *는 X선 라우에상의 대칭성

효과가 큰 강유전체 재료라는 것은 〈그림 2.22〉 및 〈표 2.1〉에 나타냈 듯이 32점군 중에서도 한정된 범위의 초전성 재료 가운데 일부에서밖에 나타나지 않는다. 어떤 특성을 갖는 물질 또는 결정재료가 이미 알려져 있는 경우, 그 재료를 중심으로 관련 원소 이온의 치환 가능성과 구조적 검토 등을 통해 새로운 재료의 검토가 이루어지는 것이 극히 일반적일 것이다. 산화물 광학결정의 탐색지침에 관해서는 제7장에서 소개하겠다.

결정이 갖는 여러 가지 물리량은 다양하지만, 그 결정이 나타내는 거시적 대칭성인 점군을 반영한 이방성을 나타내는 것이 일반적이다. 즉 어떤 결정의 물리량의 이방성(대칭성)은 적어도 그 결정이 속하는 점군 고유의 대칭 요소를 가질 필요가 있다는 것이고, 이것을 노이만(Neuman)의 법칙이라고 한다. 어떤 점군에 속하는 결정의 각 물리적 이방성을 나타내는 텐서 성분 사이의 관계는, 모든 텐서 성분이 일반적 매트릭스 표현에 그 점군이 갖는 대칭요소의 조작에 의해 각 성분이 0으로 되든지, 같은 값, 다른 부호로 되든지 한다. 〈그림 2.6〉에 기본적 물리량의 10×10매트릭스를 표시했지만 일반적으로 두 물리량을 연결하는 비례계수는 스칼라량(量), 벡터량, 또는 2~4계의 텐서량이고 계수의 각 성분 사이의 관계는 계수의 일반적 표기에 점군이 갖는 대칭요소에 의한 조작을 하여 관계가 지어진다. 예를 들어 유전율, 굴절률, 전기광학 계수 등은 결정의 대칭성의 영향을 받는다. 이들에 관한 기초적 해설은 2.2.4에서 논했다.

광전자공학 분야에서 중요한 결정으로서 III-V족 화합물 반도체(GaAs, InP 등) 및 강유전체 결정(LiNbO$_3$, Ba$_2$NaNb$_5$O$_{15}$ 등)의 여러 가지 성질의 매트릭스를 예로 들어보겠다. 화합물 반도체는 T_d-$\overline{4}3m$ 의 점군에, LiNbO$_3$는 C_{3v}-$3m$의 점군에 속하므로 텐서량의 매트릭스 표시와 1차 전기광학 계수 r_{ij} 매트릭스의 예를 〈그림 2.23〉에 수록한다 (여기에서는 극히 일반적인 표기로서 $(ij) \rightarrow m$의 변환이 되어 있고 3×6 매트릭스로 되어 있는 것에 주의). 주목하고 있는 물리량이 몇 계(차수)의 텐서량인가를 알고 있으면 그 결정이 속하는 점군에서 그와 같은 성질을 갖고 있는가를, 또는 어느 방향의 결정축에 관여한 것인가를 표에서 판단할 수 있다. 예를 들면 유전율은 3×3의 2계 텐서, 압전정수, 포켈스 계수, 비선형광학 계수는 3×6 또는 6×3의 3계 텐서, 탄성계수, 커 상수, 광탄성 계수는 6×6의 4계 텐서다. 단, 이 텐서 표시는 성분의 대소관계에 관해서는 아무런 정보를 제공하지 않으면서 성분의 유무, 부호(符號)만을 알려준다.

결정의 형태라든가 전기적·광학적 성질과 같은 거시적인 물리적 성질을 취급하는 데 이 대칭성, 점군이 매우 중요할뿐더러 유익하다. 〈표 2.6〉에는 각각의 정족에 속하는 결정이 압전성을 갖는지 초전성을 갖는지 또는 광학 이방성을 갖는지 등을 정리했다. 이를 통해 이러한 성질은 대칭중심의 유무에서 정해진다는 것을 알 수 있다. 예를 들면 화합물 반도체 GaAs는 점군 $T_d - \overline{4}3m$에 속하므로 중심대칭이 없고, 따라서 극성 결정이다. 따라서 〈111〉축 방향에는 정부(正負)가 생기는 것에서 에칭에 의한 극성 판정이나 성장면의 이방성, 압전성이 있는 것에서 이온 주입(注入) 원자의 확산이방성(擴散異方性)과 같은 현상이 이해된다. 점군은 결정의 거시적 대칭성에 착안한 것이고 3차원적으로 배열되어 있는 상태, 즉 결정구조와 같은 미시적인 입장에서의 대칭성 기술로는 불충분하다. 그 때문에 점군이란 구별에서 대칭 요소 이외에 병진(translation), 경면(鏡面)의 개념을 포함한 나선축 및 영진면(映進面)의 두 조작을 더할 필요가 있다. 이와 같이 함으로써 모든 결정의 구조배열 상태를 과부족 없이 기술하는 새 군으로 분류할 수 있

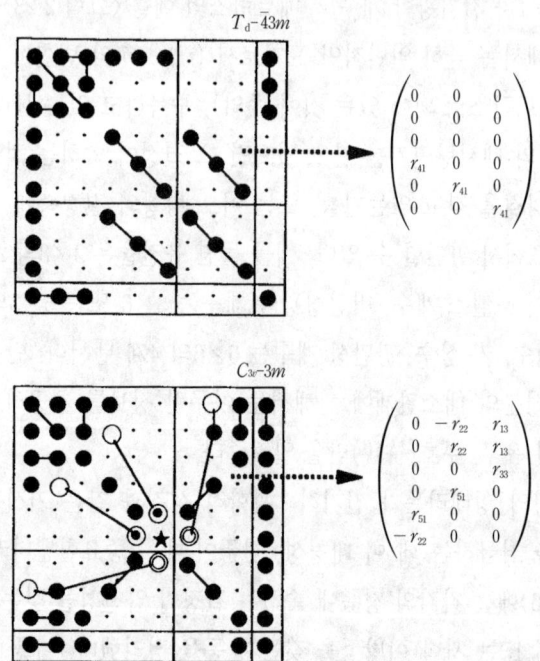

〈그림 2.23〉 텐서 매트릭스의 표시 예 : 1차 전기광학계수 r의 매트릭스 예(●는 0이 아님. ·는 0성분, ●─●은 같은 값의 성분, ●─○은 부호가 다른 같은 수치 성분, ◉은 ●의 2배 값, ◎은 ●의 1/2 값, ★는 $2(s_{11}-s_{12})$))

다. 이를 통해 230개의 공간군(space group)이 도출된다. 부록〈표 A〉에 정계, 점군에 대응하는 공간군의 표기를 정리해두었다. 공간군은 결정구조 해석과 함께 결정의 물리적 성질을 결정하는 기본 개념이기도 하다. 이것의 도출에 관해서는 전문서를 참조하기 바란다.[19]

2.5.2 대표적 결정구조

여기에서는 광학결정 재료 중에서 대표적인 결정의 기본구조와 관련 결정재료의 성질 등에 관해 개설한다. 앞의〈그림 2.18〉,〈그림

2.19〉에서 해설했듯이 결정의 기본구조는 단순입방격자(primitive lattice : P)이고 이 격자점에 소단위(素單位)로서의 원자집단인 기(基 : basis, 하부구조라고도 한다)를 올려놓은 구조가 실제의 결정구조로 되어 있다. 여러 가지 물질 및 화합물의 결정구조에 관해서는 비코프(Wyckoff)가 감수[7]한 저술 외에 기리야마(桐山)의 명저[20]가 있다.

(1) CaF_2 구조

CaF_2 구조는 플루오라이트(fluorite)형이라기도 하는데, 충진된 섬아연광(閃亞鉛鑛) 구조로 볼 수 있다. 즉 섬아연광 구조(ZnS)는 Zn 원자의 위치에 Ca 원자, S 원자의 위치에 F 원자로 치환하고 다시 S 원자에서 점유(占有)되어 있지 않았던 네 개의 4면체 배치에 F 원자를 부가한 구조다. 〈그림 2.24〉에 표시한 것과 같이 Ca 원자는 단위격자의 꼭지점과 면심에, F 원자는 Ca의 4면체의 중심에 위치하고 있다. Ca는 어느 것이나 8개의 F로 둘러싸이고 각 F에는 네 개의 Ca가 배위(配位)하고 있는 구조다.

CaF_2는 고체 레이저의 호스트 결정으로 이용되고 있으나 그 구조가 입방대칭이고 대칭중심을 갖고 있으며, 치환 이온(첨가물인 희토류 원소 이온)의 에너지 준위에 미치는 영향이 작아 좁은 스펙트럼의 레이저가 얻어진다. 광학계의 렌즈 등에 이용되는 알칼리 금속 불화물은 반플루오라이트(antifluorite) 구조를 만들지만, 이는 양이온과 음이온의 위치가 역으로 되어 있는 것뿐이고 구조는 변하지 않는다. 천이 금속 불화물에서는 Zr와 Hf만이 플루오라이트 구조로 되지만, 실온에서는 단사정계의 비틀린 플루오라이트 구조인 ZrO_2에 Y_2O_3 등을 도핑함으로써 입방정계의 안정된 지르코니아(Yttrium-Stabilized Zirconia : YSZ)를 얻는데, 산소 농도 측정용 센서 등에 쓰이고 있다.

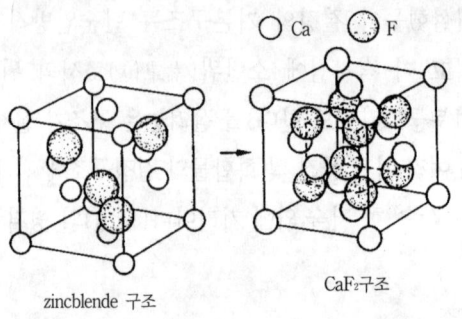

〈그림 2.24〉 플루오라이트 CaF_2의 결정구조

(2) 스피넬 구조

스피넬(spinel) 구조 화합물은 산화물 자성체(ferrite)로서 중요한 결정구조다. 〈그림 2.25〉는 기본구조를 표시한 것이지만 이 구조를 갖는 화합물은 일반적으로 AB_2O_4로 표기되고 단위격자는 유닛 여덟 개로 되어 있다. 대표적인 화합물인 $MgAl_2O_4$는 8개의 Mg, 16개의 Al과 32개의 O 원자로 된다. 스피넬 구조는 복잡하지만 A 이온은 산소4면체 배위를, B 이온은 산소8면체 배위를 갖는다. A 이온에 대한 음이온의 4면체 배위, B 이온에 대한 음이온의 8면체 배위를 점선으로 연결하고 있다. 따라서 음이온은 1가의 A 이온과 3가의 B 이온에 둘러싸이고, ∠BOB의 각도는 약 90°, ∠AOB의 각도는 약 125°이고 A-O의 거리는 $a(x - 1/4)\sqrt{3}$, B-O의 거리는 $a(5/8 - x)$다. 이들 각도나 거리는 스피넬의 자기적 성질을 아는 데 중요하다. 이 구조를 갖는 자성체에서 교환 상호작용은 초교환형(超交換型)이고, 가장 강한 교환 상호작용은 4면체 위치의 A 이온과 8면체 위치의 B 이온 사이에서 생긴다. 이것은 A-O-B의 거리가 비교적 짧고, AOB의 각도가 크기 때문이다. 자성재료에서는 이들 위치를 점유하고 있는 양이온의 분포도 중

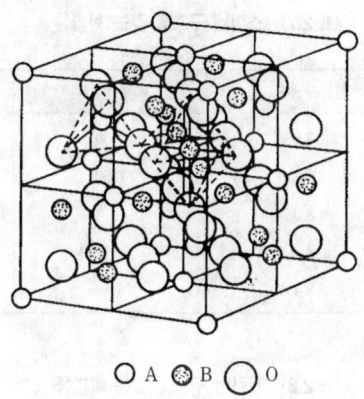

○ A ◉ B ◯ O

〈그림 2.25〉 스피넬 구조 AB_2O_4의 기본격자

요하다.

$MgAl_2O_4$는 같은 형인 $FeAl_2O_4$, $ZnAl_2O_4$와 완전반응한다. 〈표 2.7〉에 스피넬 구조를 갖는 화합물의 특징을 수록했다.

(3) 커런덤 구조

전자재료로서의 사파이어 기판, 고체 레이저로서의 루비, 그리고 최근 개발이 한창인 파장 가변 레이저인 Ti 사파이어(Ti : Al_2O_3)는 α-Al_2O_3 구조라고도 하는 커런덤(corundum) 구조를 갖는다. 커런덤 구조는 육방최밀(六方最密) 충진(充塡)된 산소원자의 층이 있고 산소 원자 사이에 있는 8면체 배위의 3분의 2가 금속원자로 채워져 있는 구조라고 할 수 있다. 이들 금속원자의 이상적 배열과 실제의 α-Al_2O_3의 구조를 〈그림 2.26〉에 표시했다. 또 커런덤 구조를 갖는 몇 가지 산화물을 〈표 2.8〉에 수록했다.

〈표 2.7〉 스피넬 구조를 갖는 화합물

화합물	격자정수(Å)	융점(℃)	열팽창계수(10^{-6}/℃)
$MgAl_2O_4$	8.086	2130	7.79
$FeAl_2O_4$	8.119	1750	—
$ZnAl_2O_4$	8.085	—	—
$MnFe_2O_4$	8.499	>1100	12.11
$NiFe_2O_4$	8.441	—	9.85

〈표 2.8〉 커런덤 구조를 갖는 화합물

화합물	격자정수(Å)	
	a_0	c_0
$\alpha\text{-}Al_2O_3$	4.763	13.003
Cr_2O_3	4.954	13.584
$\alpha\text{-}Fe_2O_3$	5.035	13.75
$\alpha\text{-}Ga_2O_3$	4.979	13.429
Rh_2O_3	5.11	13.82
Ti_2O_3	5.148	13.636
V_2O_3	5.105	14.449

(4) 가닛 구조

가닛(garnet, 石榴石)은 입방정계이고 단위격자의 일반식은 $A_3B_5O_{12}$로 총칭되는 $A_3B'_2B''_3O_{12}$의 단위격자가 8개 포함되어 있다. 이 기본구조에서 양이온의 배치를 〈그림 2.27(a)〉에 표시했지만 96개의 산소이온 사이에는 세 종류의 금속이온의 위치가 있다. (b)는 그 1/4 격자의 이온 사이드(ion side) 배열을 나타내지만 24개의 산소로 둘러싸인 12면체 8배위의 A 이온, 16개의 산소로 둘러싸인 4면체 배위의 B' 이온, 24개의 산소로 둘러싸인 8면체 6배위의 B" 이온으로 채워져

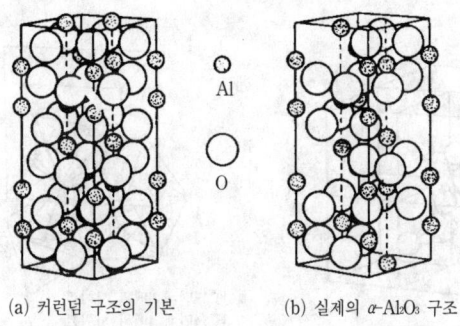

(a) 커런덤 구조의 기본   (b) 실제의 α-Al$_2$O$_3$ 구조

〈그림 2. 26〉 커런덤 구조의 기본과 실제의 α-Al$_2$O$_3$ 구조

있다. 이 구조를 갖는 대표적 화합물을 〈표 2.9〉에 수록했다. A, B 이온의 이온 반경 관계에서 이들 결정은 이온 주위의 결정장(結晶場)이 크게는 변형되어 있지 않으므로 규칙 결정(ordered crystal)이라고 하지만 각 사이드에는 많은 원자가 점유할 수 있어 가수(價數)에 따라서는 크게 변형된 결정장을 갖는 것도 있어 disordered crystal이라고 한다.

이 구조를 갖는 인공결정으로서 가장 잘 알려져 있고, 또한 디바이스 재료로 중요한 것은 YIG(Yttrium Iron Garnet)라고 하는 $Y_3Fe_5O_{12}$와 YAG(Yttrium Aluminum Garnet)라고 하는 $Y_3Al_5O_{12}$이다. YIG는 자기적인 특성에서 좁은 대역폭과 작은 이방성 장파(저주파)의 응용에 적합하고 특히 협자성(狹磁性) 증폭기, 공진 필터 등 마이크로 웨이브(micro wave)에 대한 응용, 그리고 빛 디바이스에는 없어서는 안 될 아이솔레이터 재료로서 실용적인 결정이다. 또 Fe^{3+}를 Cr^{3+}, Al^{3+}, Ga^{3+} 등으로 치환하고 Y를 많은 희토류 이온으로 치환함으로써 수많은 복합 가닛 화합물이 결정으로 육성되고 있다. Fe^{3+}를 Bi^{3+}로 치환한 가닛은 패러데이 회전능(rotation)이 크므로 최근 박막

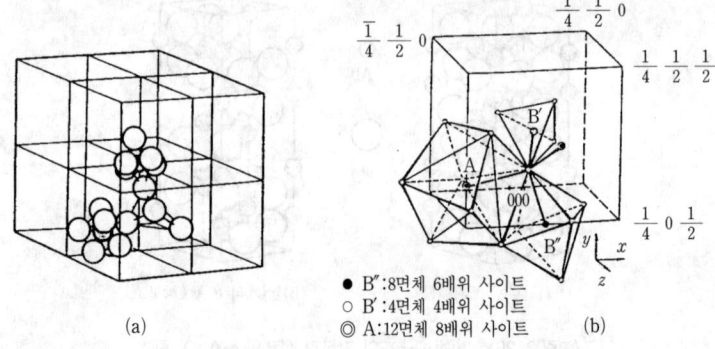

● B″:8면체 6배위 사이트
○ B′:4면체 4배위 사이트
◎ A:12면체 8배위 사이트

〈그림 2.27〉 가닛 구조의 기본 구성:(a) 단위포의 1/8, (b) 양이온 사이트

〈표 2.9〉 가닛 구조를 갖는 화합물

화합물	격자정수(Å)	패러데이 회전능(deg/cm)	퀴리 온도(℃)
$Yb_3Fe_5O_{12}$	12.29	+12	275
$Tm_3Fe_5O_{12}$	12.325	+115	290
$Eu_3Fe_5O_{12}$	12.498	+167	297
$Ho_2Fe_5O_{12}$	12.380	+135	294
$Y_3Fe_5O_{12}$	12.38	+280	280
$Gd_3Fe_5O_{12}$	12.44	+65	292
$Nd_3Fe_5O_{12}$	12.60	−840	—
$Y_3Al_5O_{12}$	12.01	—	—
$Y_3Fe_2Al_5O_{12}$	12.161		

아이솔레이터로 주목받고 있다.

YIG의 B 사이드를 전부 Al^{3+}로 치환한 YAG는 가장 실용화가 진전된 레이저 호스트 재료 중 하나다. 희토류 이온 Nd^{3+}를 도핑함으로써 우수한 레이저가 실현된 것은 활성이온인 Nd^{3+}가 8배위의 위치에 들어가지만, 이 사이트는 〈그림 2.27〉에서도 알 수 있듯이 12면체로 둘

러싸인 것에서 전자적으로 차폐(screen)되고, 이것이 Nd 이온 사이의 상호작용인 자기소광(self-quenching)을 억제하여 형광의 수명을 길게 해주는 결과로 인한 것이다.

(5) 페로브스카이트 구조

페로브스카이트는 천연으로 산출되는 $CaTiO_3$를 발견한 소련의 페로프스키(Perovsky)의 이름에서 유래한 것이다. 일반식은 ABX_3의 조성식을 갖는 많은 화합물이 이 구조를 만들지만 X는 산소 O가 압도적으로 많다. ABO_3로 표기하면 〈그림 2.28〉과 같이 BO_6로 둘러싸인 입방체의 중심에 A원소가 들어 있는 입방정이지만 (a), (b)에 나타낸 것과 같이 격자의 표기에는 두 가지가 있다. 입방단위 격자의 중심을 A원자가, 꼭지점을 B원자가 점유하고 능선(稜線)의 중심에 X원자(대부분의 경우는 O 또는 F)가 차지하는 구조로 표기하는 A형 단위격자 (a), A 원자를 단위격자의 원점으로 잡고 A원자가 꼭지점을, B원자가 중심을 점유하고 X원자가 면심을 점유하는 입방격자로 표기되는 B형 단위격자(b)로 하는 경우가 있다. A, B 원소의 조합에서 $A^{1+}B^{5+}O_3$, $A^{2+}B^{4+}O_3$, $A^{3+}B^{3+}O_3$가 페로브스카이트 구조를 갖는 것이 많다. $A^{1+}B^{5+}O_3$의 대표가 $KNbO_3$, $A^{2+}B^{4+}O_3$의 대표가 $BaTiO_3$, $A^{3+}B^{3+}O_6$의 대표가 $BiFeO_3$이고 산소8면체가 약간 찌그러지면 $FeTiO_3$로 대표되는 일메나이트(ilmenite) 구조로 된다.

실제로 이상적인 입방구조를 갖는 페로브스카이트 화합물은 그리 많지 않다고 보아도 무방하다. B 이온의 이온반경 r_B가 A 이온의 이온 반경 r_A보다 제법 작을 경우에는 $CaCO_3$의 CO_3^{2-} 이온에서 보는 것과 같이 산소산 이온 BO_3를 형성하여 $BaTiO_3$와 같이 티탄산 이온의 형으로 되지 않는 등 구조형성의 원리가 완전히 달라진다. r_A와 r_B가

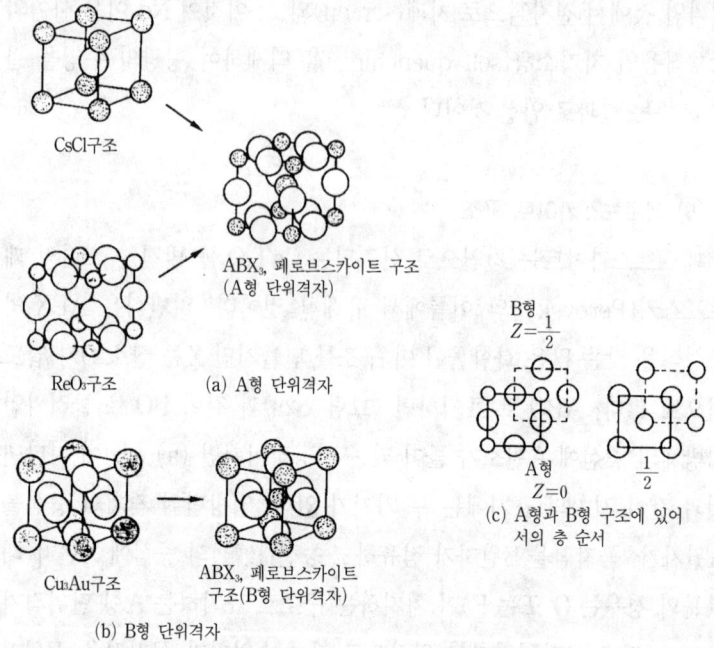

〈그림 2.28〉 페로브스카이트 구조의 구성

거의 같은 크기이면 산소산 이온을 형성하지 않고, 격자 내에서 A, B 이온은 거의 평등하게 배열한 복산화물(複酸化物 : 복합산화물이라고 하지 않는다는 점에 주의)로 된다. BO_6 산소8면체가 서로 정점을 공유하는 골격구조를 형성하여 그 틈 사이에 A 이온이 충진된 구조로 된다. A, B 이온 및 산소이온이 최밀(最密)로 충진된 이상적 단위격자에서는

$$r_A + r_O = \sqrt{2}\ (r_A + r_O) \tag{2.47}$$

이 기하학적으로 성립하지만 페로브스카이트로 되는 r_A, r_B의 조합에

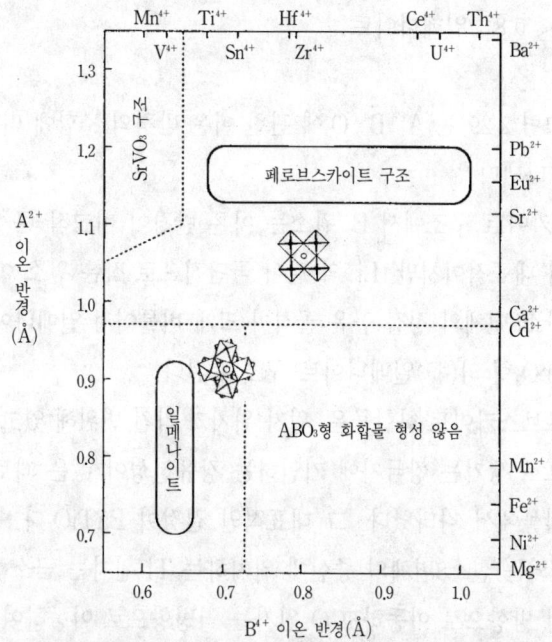

〈그림 2. 29〉 $A^{2+}B^{4+}O_3$의 페로브스카이트 구조 형성의 양이온 반경 의존성[21]

는 어떤 허용범위가 있다. 이것은 허용계수(tolerance factor)를 T로 하여

$$r_A + r_O = \sqrt{2}\, T(r_B + r_O) \tag{2.48}$$

와 같이 이상형에서의 어긋남을 나타낸다. 허용계수 T가 1에서 어긋 남에 따라 결정격자에 비틀림이 생기고 어긋남이 커지면, 이 구조를 유지할 수 없게 된다. 이 T와 구조의 관계는

$T = 1.1 \sim 0.9$: 입방 페로브스카이트
$T = 0.9 \sim 0.8$: 사방(斜方) 및 단사(單斜) 페로브스카이트

$T < 0.8$: 일메나이트

로 된다. 〈그림 2.29〉는 $A^{2+}B^{4+}O_3$에 관한 이온 반경의 조합에 따른 구조관계를 나타냈다.[21]

페로브스카이트 구조에서 B 원소는 이온 반경이 비교적 큰 2가의 금속 원소가 대표적이지만, Li^+와 같이 극단적으로 작은 원소 이온을 포함하면 산소8면체의 정점 공유 골격이 크게 비틀어져 일메나이트와 유사한 $LiNbO_3$형 의(擬)일메나이트 구조로 된다.

많은 페로브스카이트 화합물은, 원자 위치가 약간 변위해 있고 격자의 비틀림으로 생기는 쌍극자에 기인하는 강유전성이 많은 페로브스카이트 화합물에서 나타났다. 그 대표적인 결정이 $BaTiO_3$다. 6배위 BO_6로 기술되는 산소8면체의 중심에 위치하는 Ti 원자는 근소하게 8면체의 정점 방향으로 이동하고 O 원자는 역방향으로 이동하여 이것에 의한 분극발생 때문에 극성을 갖는다. 산소8면체를 쌓아올린 것이라고도 할 수 있는 페로브스카이트 구조를 갖는 여러 가지 강유전체의 성질, 특히 압전 계수,[22] 전기광학 계수, 비선형광학 계수 등은 이 8면체의 중심에 있는 B 원자의 종류나 B 원자의 이동방향[8면체의 정점 방향, 면의 법선 방향, 능(稜)방향]을 통해 깨끗이 정리되어 있다.[23,24] 그런데 이 사실은 역으로 더 큰 계수를 갖는 결정재료 탐색의 한계도 나타내고 있다.

$BaTiO_3$는 전기광학 계수가 크지만 실온에서 유전율도 커서 고속 광변조 디바이스로는 적당하지 않지만, 최근에는 큰 광비선형 효과에 주목하여 SHG 에 의한 파장변환 소자나 포토리프랙티브 효과가 재평가되어 광정보처리 소자로의 연구가 활발하다.

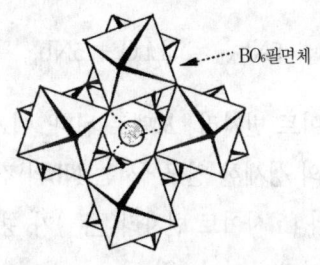

〈그림 2.30〉 의(擬)일메나이트(LiNbO₃형) 결정구조

(6) 의(擬)일메나이트(LiNbO₃형) 구조

LiNbO$_3$와 LiTaO$_3$가 대표적이다. 페로브스카이트와 같은 ABO$_3$로 표기되는 것이지만 페로브스카이트 구조의 소단위(素單位)인 산소8면체가 정점을 공유한 채로 약간 회전한 구조를 갖고 있으며 〈그림 2.30〉에 3회축인 c축 방향에서 본 이 결정구조는 표시된 것과 같이 산소이온이 어긋난 6방 최밀구조를 형성하고 있다. A 이온이 작은 Li$^+$이기 때문에 정점공유의 8면체가 지그재그로 배치된 것으로 일메나이트 구조 FeTiO$_3$와 유사하기 때문에 의일메나이트 구조 또는 LiNbO$_3$형 구조라고 불리고 있다. 동형인 LiVO$_3$는 단결정으로도 육성이 가능하지만 흡습성(吸濕性)이 매우 강해서 대기중에서 조해(潮解)된다.[25]

이상적인 화학당량(stoichiometric) 조성의 LiNbO$_3$구조에서는 Li 이온이 1/3, Nb이온이 1/3을 점유하고 나머지 1/3이 비어 있다.[24] 이른바 콩그루언트(congruent) 조성에서는 Li 사이트의 94.1%가 Li로 점유되고 5.9%가 Nb로 점유되어 있지만 Nb 사이트의 95.3%가 Nb로, 나머지 4.7%는 빈자리(vacant)로 되어 있으므로 비어 있는 Li 사이트는 우선적으로 Nb가 들어가 있다고 생각한다.[26] 그 결과 콩그루언트 결정에서의 Li 부족은

$$6Li_{Li} + 3O_O + 5Nb_{Nb} = 3Li_2O + 5Nb_{Li}^{4+} + 4\square_{Nb}^{5+}$$

로 표시되는 「Nb 사이트 빈자리」 모델로 된다. 여기에서 $\square_{Nb}^{5+}$는 빈자리다. 그러나 최근의 상세한 연구에서는 Nb의 점유량은 조성에 의존하지 않고, Nb_{Li}^{4+}와 Li 사이트 빈자리($\square_{Li}$)가 형성되는 「Li 사이트 빈자리」 모형이 확실시되고 있다.[27,28]

원소치환의 허용도는 거의 없지만 $LiNbO_3$와 $LiTaO_3$는 전율고용체(全率固溶體) $Li(Nb_{1-x}Ta_x)O_3$를 형성하고, 격자상수[29]나 Nb/Ta비에 의해 음속의 온도계수가 0이 되는 등, 양자(兩者)의 물성을 바꿀 수가 있다. 강유전체인 $LiNbO_3$, $LiTaO_3$는 비교적 큰 전기광학 상수, 작은 유전율, 양질의 대형 단결정 육성에 따라 현재는 외부 광변조 소자로 이용할 수 있는 고주파화를 목표로 개발이 활발하고, 광비선형 효과를 이용한 SHG 소자로의 전개도 다시 활기를 띠고 있다.

(7) 텅스텐브론즈 구조

일반적으로 $(A_1)_4(A_2)_2C_4Nb_{10}O_{30}$로 표기되는 화합물로서, 〈그림 2.31〉은 c축에서 본 결정구조를 나타낸다. A_1, A_2, C 사이트는 각각 15, 12, 9개의 산소로 둘러싸여 있다. 많은 문헌에서 화학식은 ~Nb_2O_6라든가, ~$Nb_{10}O_{30}$과 같이 쓰여져 있는 경우가 있지만 ~$Nb_{10}O_{30}$은 단위포 중의 모든 원자 수를 나타내고 ~Nb_2O_6는 더욱 화학적인 표기다. A_1, A_2 사이트에는 Pb가 들어가고 C 사이트가 비어 있는 것이 $PbNb_2O_6$($T_c = 570$℃), C 사이트가 비어 있고 A_1, A_2 사이트의 어느 쪽에 Sr, Ba가 불규칙하게 들어 있는 것이 $Sr_xBa_{1-x}Nb_2O_6$(SBN), A_1 = Ba, A_2 = Na이고 C 사이트가 비어 있는 것이 $Ba_2NaNb_5O_{15}$(BNN : $T_c = 560$℃)이고 채워진 텅스텐브론즈(filled tungsten-

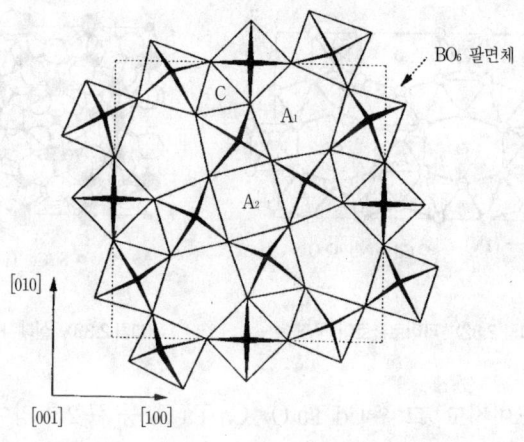

〈그림 2.31〉 텅스텐브론즈 구조(c면에서의 투영)

bronze)라고 한다. 이에 대해 모든 사이트에 원소 이온이 들어 있는 $K_3Li_2Nb_5O_{15}$(KLN, T_c = 430℃)는 A, B에 K, C에 Li가 점유된 것으로서 완전히 채워진 텅스텐브론즈(completely filled tungstenbronze)라고 한다[30].

SBN은 $SrNb_2O_6$와 $BaNb_2O_6$의 고용체이기도 하고 Sr/Ba 비에 의해 광학적 성질 등이 변한다. 예컨대 x = 0.75, 0.5, 0.25의 상유전-강유전 상전이온도(퀴리 온도)는 각각 ~60℃, ~115℃(자발분극 P_s = 40μC/cm^2), ~200℃다. 최근 천이금속 또는 희토류 이온을 도핑한 SBN은 포토리프랙티브 결정으로서 검토되고 있다.

(8) 파이로클로어 구조

$A_2B_2O_7$ 또는 일반식 $NaCa(Nb, Ta)_2O_6(OH, F)$로 표기되는 광물은 파이로클로어(pyrochlore:황녹석) 구조를 갖는다. 1952년에 $Cd_2Nb_2O_7$의 강유전성이 발견된 이래, 이 구조를 갖는 화합물에 많은

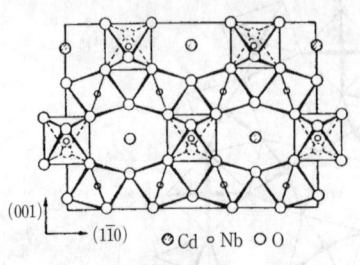
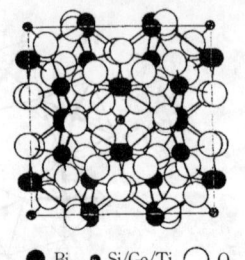

〈그림 2.32〉 파이로클로어 구조   〈그림 2.33〉 실레나이트 구조

관심이 모아지고, 그 후 $Cd_2Ta_2O_7$, $Ca_2Ta_2O_7$ 등 큰 2가 양이온과 작은 5가의 양이온을 포함하는 여러 가지 화합물이나 희토류 티탄산염 대부분이 이 구조를 갖는다는 사실이 알려졌다. 이 구조는 A 이온이 8배위이고, B 이온이 6배위로 A 이온보다 작다. 페로브스카이트 구조와의 차이는 8면체의 상대적 방위가 다른 점인데, 예를 들면 $Cd_2Nb_2O_7$에서는 8면체는 O-Nb-O의 결합이 대체로 〈110〉 방향으로 지그재그 선적(線的)으로 배열되어 있다. 이 구조는 음이온이 부족한 면심입방 격자인 CaF_2구조로 볼 수 있지만, 단위격자는 입방이고 단위격자의 능(稜)의 길이는 CaF_2구조의 두 배가 된다. 〈그림 2.32〉는 c축에서 본 결정구조다.

$Cd_2Nb_2O_7$, $Cd_2Ta_2O_7$, $Ca_2Ta_2O_7$ 등 큰 2가 이온과 작은 5가 이온을 포함하는 많은 화합물, 희토류 원소의 티탄산염이 이 구조를 갖는다.

(9) 실레나이트 구조

실레나이트(sillenite)는 체심입방구조로서 γ-Bi_2O_3의 구조를 규정(規定)한 실렌(Sillen)의 이름에서 유래하며, 점군은 입방정계 T-23으로 되어 있다. Bi_2O_3와 소량의 산화금속과의 화합물이 실레나이트 구조를 가지며,[31] $Bi_{12}SiO_{20}$(BSO), $Bi_{12}GeO_{20}$(BGO), $Bi_{12}TiO_{20}$(BTO)가 대표적인 화합물이다. 그러나 다른 화합물에 대해서는 실레나이트 화합물의 존재가 확정된 것은 아니다. 〈그림 2.33〉에 실레나이트 구조를 나타냈지만 $Bi_{12}GeO_{20}$의 구조해석에 따르면[32] Ge원자는 4개의 산소에 둘러싸여 8개의 모서리와 중심에 위치한 깨끗한 4면체를 형성하고 있다. 단위포(單位胞)는 두 화학식 $Bi_{12}AO_{20}$(A=Ge, Si, Ti)를 포함하고 있지만, 각 Bi는 7개의 산소로 둘러싸여 얼핏 보기에 8면체 배위로 되어 있다. 그러나 모서리의 하나가 Bi 또는 A 이온으로 치환되어, 모든 Bi-O의 길이와 O-Bi-O의 각도가 다르기 때문에 찌그러진 8면체로 되어 있다. 따라서 빈자리 복합체(complex) $V_{Si}-V_O$의 존재가 제기되어 있는 것 이외에, 결정의 전하보상 관계상 Bi_{Si}^{3+}와 Bi_{Si}^{5+}가 같은 양(量)을 갖고 있어서 Bi_{Si}^{3+} 결함, 4면체의 4개의 산소를 공유하는 홀 $Bi_{Si}^{3+}-h^+$의 기구(機構) 등이 제안되어 있다.[32] 실레나이트 화합물은 광전도성이 있고, 공간 광변조 소자(Pockels Read-Out Memory : PROM)[33]로의 가능성이 검토된 것 외에도 포토리프랙티브 재료, 전기장 센서, 연(軟)X선 검출 신틸레이터 등으로도 개발되고 있다.

참고문헌

1) J. F. Nye ; "*Physical Properties of Crystals*" (Oxford, London, 1957).
2) W. P. Mason ; "*Crystal Physics of Interaction Process*" (Academic Press, New York and London, 1966).
3) 岩崎裕 監修, 「オプトエレクトロニクス材料」, 電子通信學會編(昭58年 8

月).

4) 應用物理學會光學懇話會編「結晶光學」, (株)森北出版(1975년 4월).

5) A. V. Shubnikov; *"Principles of Optical Crystallography"* (Consultant Bureau, New York, 1960).

6) 坪井誠太郎 著,「偏光顯微鏡」, 岩波書店(1971年 4月, 第10刷).

7) R. W. G. Wyckoff ; *"Crystal Structure*(second edition)" (John Wiley and Sons, New York, 1963)Vol. 1~3.

8) J. Kobayashi, T. Takahashi, T. Hosokawa and Y. Uesu ; J. Appl. Phys., 49(1978)809.

9) H. Futama and R. Pepinsky ; J. Phys. Soc. Japan, 17(1962)725.

10) J. Kobayashi and N. Yamada ; J. Phys. Soc. Japan, 17(1962)876.

11) Mao-Jin Chern and R. A. Phillips ; J. Opt. Soc. Amer., 60(1970)1230.

12) N. R. Ivanov and A. F. Konstantinova ; Kristallografia 15(1970)490.

13) H. Iwasaki and K. Sugii ; Appl. Phys. Lett., 19(1970)490.

14) H. Iwasaki, S. Miyazawa, H. Koizumi, K. Sugii and N. Niizeki ; J. Appl. Phys., 43(1972)4907.

15) D. Shechtman, I. Blech, D. Gratias and J. W. Cahn ; Phys. Rev. Lett, 53(1984)1951.

16) D. Levin and P. J. Steinhardt ; Phys. Rev. Lett., 53(1984)2479.

17) 小特輯「準結晶の構造と物性」, 日本金屬學會會報, 25(1986)98.

18) 松本松生; 日本結晶學會誌, 11(1969)48.

19) 有山兼孝 外; "結晶物理學" 物性物理學講座5(共立出版, 1960).

20) 桐山良一 著,「構造無機化學(I~IV)」(共立出版, 1952).

21) R. S. Roth ; J. Res. Natl. Bur. Stand., 58(1957)75.

22) T. Yamada ; J. Appl. Phys., 46(1975)2894.

23) M. Jr. DiDomenico and S. H. Wemple ; J. Appl. Phys., 40(1969)720.

24) S. H. Wemple and M. Jr. DiDomenico ; J. Appl. Phys., 40(1969)735.

25) 宮澤(미발표).
26) A. Rauber ; "Current Topics in Material Science"(Edit. by E. Kaldis, North-Holland, Amsterdam, 1978) Vol. 1, p.481.
27) S. C. Abrahams and P. Marsh ; Acta Crystallogr., B 43(1988)61.
28) N. Iyi, K. Kitamura, F. Izumi, J. K. Yamamoto, T. Hayashi, H. Asano and S. Kimura ; J. Sol. Sta. Chem., 101(1992)340.
29) K. Sugii, H. Koizumi, S. Miyazawa and S. Kondo ; J. Cryst. Growth, 33(1976) 199.
30) M. E. Lines and A. M. Glass ; *"Principles and Applications of Ferroelectrics and Related Materials"* (Clarendon Press, Oxford, 1977).
31) E. M. Levin and R. S. Roth ; J. Res. Nat. Bur. Stand., 68A(1964)197.
32) S. C. Abrahams, P. B. Jamielson and J. L. Bernstein ; J. Chem. Phys., 47(1967)4034.
33) R. Oberschmid ; Phys. Stat. Sol., a 89(1985)263.
34) 峯本; 光學, 18(1989)337.

3 광의 제어와 결정

 광학결정은 제1장의 〈그림 1.2〉에서 본 것과 같이 빛과 여러 가지 상호작용을 하고 있다. 이 장에서 취급하는 빛의 제어는 레이저 광의 변조/스위치 기능, 광로(光路)를 1차원의 아날로그적, 디지털적으로 편향시키는 기능, 빛의 ON/OFF 스위치의 원리를 활용한 2차원의 디지털 편향기능, 빛의 공간적 정보를 부여하는 공간변조(light valve) 기능, 그리고 돌아오는 빛을 차단(shut)하는 아이솔레이터(isolator, 光非相反) 기능 등이다. 비선형광학효과를 이용한 광 제어는 제4장에서 독립해서 기술한다. 이들 기능을 갖는 결정재료는, 제2장에서 개설한 「광학결정은 빛과 외력과의 상호작용의 「장(場)」을 제공하는 것이지만, 현재 활발히 연구개발되고 있는 (실용적인) 많은 결정재료는 1970년대에 기본적으로 확립된 것이 주체로 되어 있다. 〈그림 3.1〉에 이들 광 제어기능을 갖는 결정의 변천을 표시했다(제1장 그림 1.3에서 발췌).

 여기에서는 전기광학효과를 이용한 빛의 변조, 주로 음향광학효과를 이용한 빛의 편향, 독특한 결정의 성질을 활용하는 공간 광변조 등에 초점을 맞추어 각각의 소자(device) 기능원리와 대표적인 결정재료에 관해 개설한다. 전기광학 광변조는 광통신 시스템에서 반도체 레이저와 경합하고 있지만, 반도체 레이저에서는 실현이 어려운 초고속 변조 소자로서 현재 가장 활발하게 제품화가 진행되고 있는 $LiNbO_3$ 결정에 관해 소개한다. 그리고 전기광학결정의 새로운 응용분야에 관해 몇 가지 예를 소개한다.

광비상반(光非相反)인 자기광학(磁氣光學)효과 결정의 아이솔레이터는 차원 높은 광정보 통신 시스템에 없어서는 안 될 소자로서 쓰이고 있다. 한편 음향광학효과 결정을 이용한 광편향 소자, 전기광학 광스위치 및 공간변조 소자는 1970년대에 연구개발이 활발했지만, 값이 비싸기 때문에 일상적으로 사용하는 기기의 실용화에는 이르지 못하고 있다. 그렇지만 앞으로의 고도 정보처리 시스템 구축에 필요한 소자도 있어, 지금까지의 성과를 간단히 기술한다.

3.1 전기광학결정과 광변조

광통신의 고속화를 향한 실용 소자로서 반도체 레이저와 함께 전기광학결정을 이용한 외부 변조기의 연구개발이 진행되고 있다. 현재 가장 실용성이 기대되고 있는 $LiNbO_3$, $LiTaO_3$의 대형 결정이 육성된 이래[1] 여러 가지 전기광학결정이 개발되었지만, $LiNbO_3$나 $LiTaO_3$의 특성(여러 상수, 결정육성의 난이도, 결정가공성 등)을 능가하는 것은 없었다. 1969년 「Integrated Optics」라는 개념이 제안된 후부터[2] 1960년대에 활발했던 벌크형 변조기의 특성, 특히 크기효과에 기인한 변조특성의 한계를 타개(打開)하는 변조기 소자 구조로서 광도파로의 형성 기술과 도파 광학의 해석[3]이 급진전했다. 여러 가지 도파로 형성

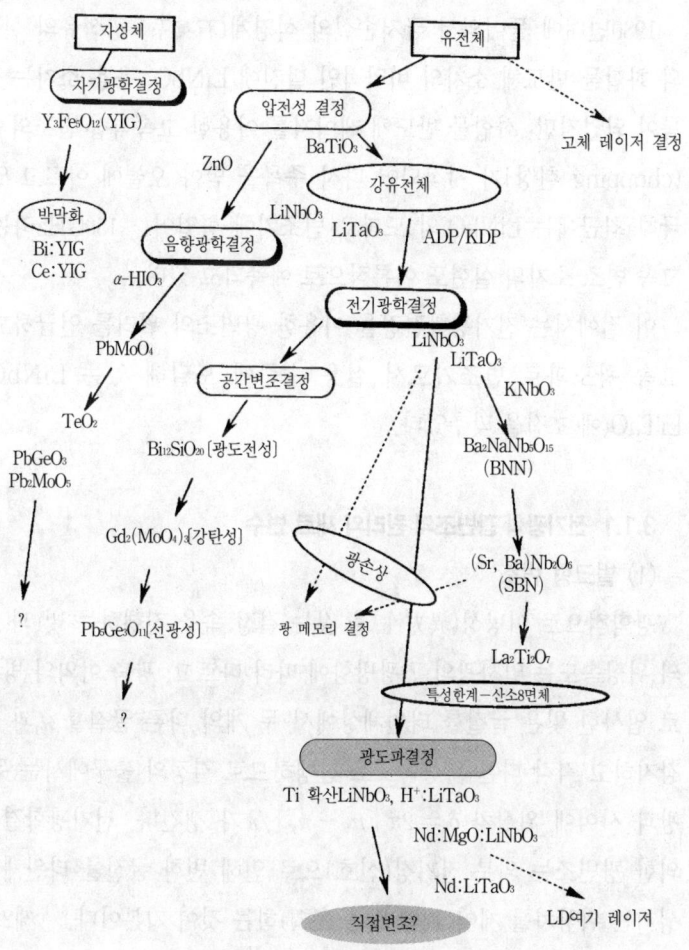

〈그림 3.1〉 광제어 결정의 변천

방법과 도파로형 광변조 소자가 제안되고 특성이 평가되는 중에 강유전체 전기광학결정 $LiNbO_3$의 도파로 형성기술이 1980년대에 확립되었다. 그러나 재료 고유의 문제점이 다시 부각되어,[4] 광 변조기 개발 의욕이 저하된 시기가 계속된 것도 부정할 수 없다.

3. 광의 제어와 결정 121

1980년대에 들어와서 극저손실의 석영계(石英系) 광섬유의 실용화와 화합물 반도체 소자의 비약적인 발전에 $LiNbO_3$ 응용 소자는 밑거름이 되었지만, 화합물 반도체 레이저를 이용한 고속직접 변조의 한계(chopping 현상)가 지적되어 다시 주목을 받아 오늘에 이르고 있다. 극히 최근에는 $LiNbO_3$의 도파로 변조기에 힘입어 ~150GHz라는 초고속 변조 소자의 실현도 이론적으로 예측되고 있다.[5]

이 절에서는 전기광학결정을 이용한 광변조의 원리를 언급하고 초고속 광도파로 변조기로서 실용 수준에 도달해 있는 $LiNbO_3$와 $LiTaO_3$에 초점을 맞추었다.

3.1.1 전기광학 광변조의 원리와 재료 변수

(1) 벌크형 변조

광학적으로 이방성(異方性)을 갖는 결정 속을 진행하는 빛(파장 λ)의 위상속도는 입사광의 편광방향에 따라 다르고, 광축 이외의 방향으로 입사한 빛은 굴절률 타원체상에서 두 개의 다른 굴절률 n_1과 n_2를 감지하고 각각 다른 위상속도로 진행하므로 결정의 출구에서는 두 편광파 사이에 위상차 $\delta = 2\pi |n_1 - n_2|/\lambda$가 생긴다. 전기광학결정에 의한 광변조는 외부 전기장(신호)으로 인해 변한 굴절률 타원체에서 생기는 위상차를 제어(制御 또는 變調)하는 것이 기본이다.[6,7] 제2장에서 논한 것처럼 전기장에 의한 굴절률 타원체는

$$(B_{ij} + r_{ijk} E_k + R_{ijkl} E_k E_l) x_i x_j = 1 \tag{3.1}$$

과 같이 표시할 수 있다. r_{ijk}는 1차 전기광학 계수(포켈스 계수), R_{ijkl}은 2차 전기광학 계수(커 계수, 때로는 g_{ijkl}로 표시하기도 한다)다.

1차 전기광학 계수에 의한 굴절률 변화는

$$\Delta\left(\frac{1}{n_{ij}^2}\right) = \Delta B_{ij} = r_{ijk} E_k \tag{3.2}$$

로 된다(제2장 2.4). r_{ijk}는 3계의 텐서량이고 첨자(ij)를 (11) → 1, (22) → 2, (33) → 3, (23) → 4, (31) → 5, (12) → 6과 같이 관례적으로 표시하면, 6×3의 r_{mk} (m=1~6, k=1~3) 매트릭스로 되고,

$$\begin{Bmatrix} \Delta(1/n_1^2) \\ \Delta(1/n_2^2) \\ \Delta(1/n_3^2) \\ \Delta(1/n_4^2) \\ \Delta(1/n_5^2) \\ \Delta(1/n_6^2) \end{Bmatrix} = \begin{Bmatrix} r_{11} & r_{12} & r_{13} \\ r_{21} & r_{22} & r_{23} \\ r_{31} & r_{32} & r_{33} \\ r_{41} & r_{42} & r_{43} \\ r_{51} & r_{52} & r_{53} \\ r_{61} & r_{62} & r_{63} \end{Bmatrix} \begin{Bmatrix} E_1 \\ E_2 \\ E_3 \end{Bmatrix} \tag{3.3}$$

와 같이 전개된다. r_{mk}의 성분 상호의 관계(유무, 부호)는 점군에 따라 결정되어 있다. 각 점군에 대한 텐서 관계는 책 뒤의 부록 〈표 B〉에 수록했다. 대표적인 전기광학결정 $LiNbO_3$, $LiTaO_3$는 점군 C_{3v}-$3m$에 속하므로 r_{mk}는

$$\begin{Bmatrix} 0 & r_{12} & r_{13} \\ 0 & r_{22} & r_{23} \\ 0 & 0 & r_{33} \\ 0 & r_{42} & 0 \\ r_{51} & 0 & 0 \\ r_{61} & 0 & 0 \end{Bmatrix}$$

와 같이 되지만 텐서 성분의 관계로부터 $r_{12} = -r_{22} = -r_{61}$, $r_{42} = r_{51}$ 과 같이 되어

$$\begin{bmatrix} 0 & r_{12} & r_{13} \\ 0 & -r_{12} & r_{13} \\ 0 & 0 & r_{33} \\ 0 & r_{42} & 0 \\ r_{42} & 0 & 0 \\ -r_{12} & 0 & 0 \end{bmatrix}$$

의 정부(正負) 관계로 된 네 가지 상수를 갖는다. LiNbO$_3$에서는 $r_{12} = 3.4$, $r_{13} = 8.6$, $r_{33} = 30.8$, $r_{42} = 28(\times 10^{-12} \text{m/V})$로서 가장 큰 것은 r_{33}이다. 〈표 3.1〉에 대표적인 1차 전기광학결정의 여러 상수를 정리했다.

여기에서는 일축성 결정인 LiNbO$_3$, LiTaO$_3$를 사용한 벌크 변조의 원리를 간단히 설명한다. 〈그림 3.2〉에 나타낸 구성에서 이제 $z(c)$축으로부터 45° 기운 방향으로 편광한 빛을 x축 방향으로 입사시키면, 빛은 결정 안에서 서로 직교한 편파면(偏波面)을 갖는 정상광선(y축 방향으로 편파)과 이상광선(z축 방향으로 편파)으로 나누어져 각각 다른 위상속도를 갖고 전파한다. 각 편파광에 대한 굴절률은 n_o와 n_e이므로 결정의 길이를 l이라고 하면 결정을 통해 나온 두 광파 사이에는 위상차 δ_N

$$\delta_N = \frac{2\pi}{\lambda}(|n_e - n_o|)l \tag{3.4}$$

가 생긴다. 결정의 z축에 전압 V를 걸면 1차 전기광학효과를 통해 굴절률 타원체가 변형하여 굴절률이

$$\Delta n_m \equiv -\frac{n_i^3}{2}\Delta\left(\frac{1}{n_k^2}\right) = -\frac{n_i^3}{2}r_{mk}E_k \tag{3.5}$$

만큼 변한다. 이제 E_x(x방향의 전기장) $= E_y$(y방향의 전기장) $= 0$, E_z(z방향의 전기장) $\neq 0$이므로 정상광선과 이상광선에 대한

<표 3.1> 대표적인 1차 전기광학결정의 여러 가지 성질

결정명	점 군	mk	r_{mk}^T (×10⁻¹²m/V)	r_{mk}^S (×10⁻¹²m/V)	굴절률	유전율	반파장 전압 V_π(kV)	비 고
SiO₂	3 2	11 41	−0.47 0.20	0.23 0.1	1.546(n_o) 1.555(n_e)	4.3(ε_1) 4.3(ε_3)		
KH₂PO₄	$\bar{4}2m$	63 41	−10.5 8.6	9.7	1.47(n_o) 1.51(n_e)	42(ε_1) 21(ε_3)		T_c=123K
KD₂PO₄	$\bar{4}2m$	63 41	26.4 8.8	24	1.47(n_o) 1.51(n_e)	58(ε_1) 50(ε_3)	7.5	T_c=213K
BaTiO₃	4mm	33 13 51	 1640	28 8 1640	2.39(n_o) 2.33(n_e)	2000(ε_1) 100(ε_3)	0.48	T_c=405K
LiNbO₃	3m	33 13 51 22	32 10 33 6.7	30.8 8.6 28 3.4	2.286(n_o) 2.200(n_e)	43(ε_1) 28(ε_3)	2.8	T_c=1483K
LiTaO₃	3m	33 13 51 22	33 8 20 ~1	35.8 7.9 20 ~1	2.176(n_o) 2.180(n_e)	41(ε_1) 43(ε_3)	2.6	T_c=938K
BNN	mm2	33 13 23 42 51	48 15 13 92 90	29 7 8 79 95	2.322(n_a) 2.321(n_b) 2.218(n_c)	222(ε_1) 227(ε_2) 32(ε_3)	1.57	T_c=833K
SBN-75	4mm				2.42(n_o) 2.36(n_e)	250(ε_3)	0.48	T_c~470K

각 굴절률 변화는

$$\Delta n_o = -\frac{n_o^3}{2} r_{13} E_3$$
$$\Delta n_e = -\frac{n_e^3}{2} r_{33} E_3$$
(3.6)

로 되고, 두 광파 사이의 위상차는 식(3.4)에 의해

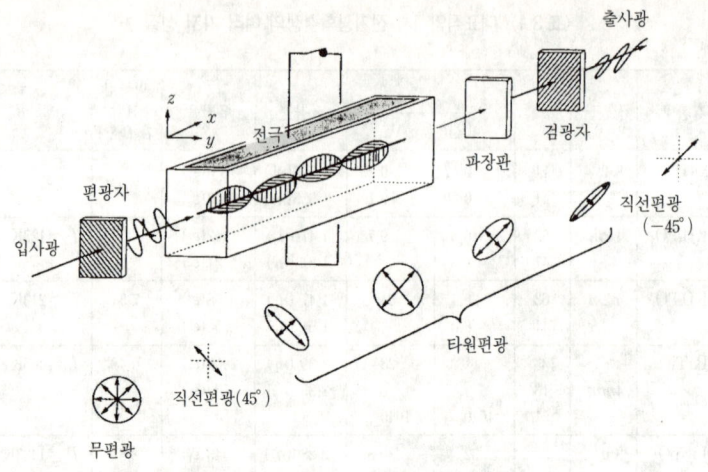

⟨그림 3.2⟩ 횡형(橫型) 전기광학 변조소자의 동작 원리

$$\delta_N = \frac{2\pi l}{\lambda}(n_o - n_e) + \frac{\pi}{\lambda}(r_{33}n_e^2 - r_{13}n_o^3)\frac{V}{d}l \quad (3.7)$$

로 된다. 여기에서 d는 전극 사이의 간격으로 결정의 z축 방향의 두께다. 우변 첫째 항은 결정의 자연 복굴절에 의한 위상차이지만, 그림에 표시한 위상 보상용 파장판(補償用波長板)을 삽입하면 상쇄되므로 외부에서 가한 전기장으로 인해 둘째 항이 위상변조에 기여하게 된다. 밖으로 나오는 빛은 타원 편파로 되지만 입사광의 편파 방향과 직교시킨 검광자(analyzer)를 통과시키면 세기(강도)로 변환된다. 그 세기 I는

$$I = I_0 \sin^2\left(\frac{\delta_N}{2}\right) = I_0 \sin^2\left\{\frac{\pi}{\lambda}(r_{33}n_e^3 - r_{13}n_o^3)\frac{l}{d}\right\}V \quad (3.8)$$

와 같다. I_0는 입사광의 세기이고, 위상차 δ_N을 전압 V를 통해 0에서 π까지 변화시킴으로써 출력광의 세기를 0에서 I_0까지 제어할 수 있다.

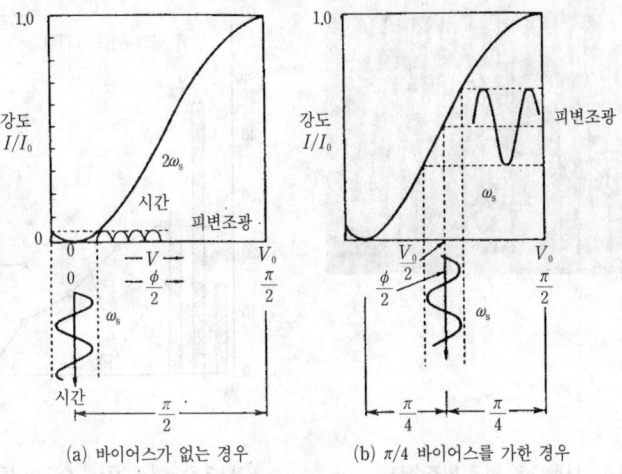

(a) 바이어스가 없는 경우   (b) $\pi/4$ 바이어스를 가한 경우

〈그림 3.3〉 변조 회로의 투과광과 전압의 관계

위상차 δ_N을 π로 하는 데 필요한 전압 V를 반파장 전압 V_π(또는 $V_{\pi/2}$: half-wave voltage)라 하고 변조 소자의 모양에서

$$V_\pi = \frac{\lambda}{n_e^3 r_c} \cdot \frac{d}{l} \tag{3.9}$$

로 주어진다. 여기에서 r_c는

$$r_c = r_{33} - \left(\frac{n_o}{n_e}\right)^3 r_{13} \tag{3.10}$$

이다. 통과광의 상대세기 I/I_0는 $A\sin^2(V/V_\pi)$로 표시할 수 있으므로 전압 V에 대해서는 〈그림 3.3(a)〉와 같게 된다. 실제의 광 변조기에서는 $\lambda/4$ 파장판을 삽입하여 (b)에 표시한 것과 같이 $V-I/I_0$ 특성 곡선 상에서 원점으로부터 $\lambda/4$의 위상차에 해당하는 $V_\pi/2$만큼 이동한 점을 중심동작점으로 하여 변조 전압을 가한다. 이것을 광학 바이어스(bias)라고 한다.

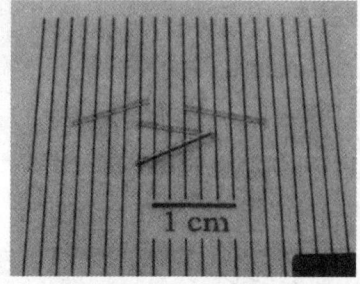
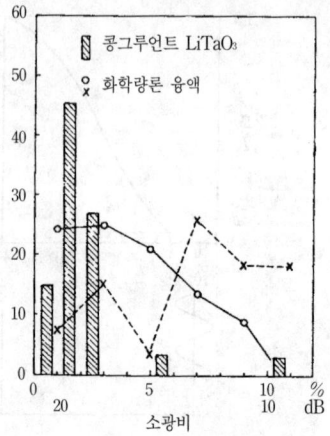

〈그림 3.4〉 LiTaO₃의 벌크 변조소자
 (0.4×0.5×10mm$l$)

〈그림 3.5〉 변조소자의 소광비 분포
 (저온에서의 설담금 미처리)

$d = l$로 한 경우의 V_π는 전기광학결정에 대해서는 고유 값인데, 〈표 3.1〉에 이것을 아울러 수록했다. 식(3.9)에서 알 수 있는 바와 같이 소자 동작에서 반파장 전압을 낮게 하기 위해서는 결정소자의 (d/l)를 작게 하면 된다. 그렇지만 변조기 결정의 지름은 레이저 광을 집속시켜 입사시키는 것이기 때문에 입사광의 회절에 제약을 받게 된다. 따라서

$$\frac{d^2}{l} \geq S^2 \frac{4\lambda}{n\pi} \tag{3.11}$$

의 설계지침이 필요하다. 여기에서 S는 안전계수인데 일반적으로는 3 이상의 값을 갖게 한다. 이것이 외부 변조기의 한계를 결정하는 요소 (크기한계)로 되어 있고, 예로서 LiTaO₃의 경우 n=2.2, $\lambda = 1.0 \mu$m라고 하면 d^2/l은 5.7μm로 된다. 이 때의 V_π는 약 28V 정도로 된다. 가공된 LiTaO₃의 변조 소자를 〈그림 3.4〉에 표시했다. 벌크 결정의 미세

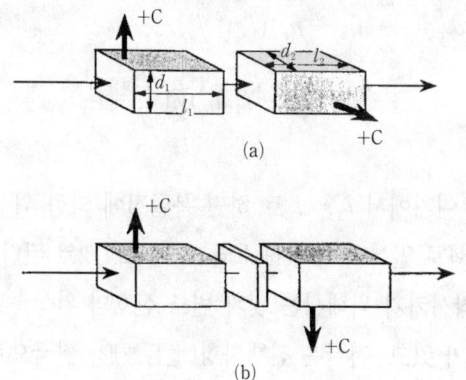

〈그림 3.6〉 복굴절의 온도변화를 보상한 광변조기 구성 : 복굴절 상쇄형

한 연마가공(硏磨加工)으로는 0.4×0.5×10~15mm가 한계일 것이다. 따라서 이보다 더 V_π를 작게 하는 것은 사실상 어렵다. 미세가공에 의해 결정에 비틀림(strain)이 생기지만, 가공 후에 비틀림을 제거하기 위해 설달금(annealing)을 하면 광학적 품질이 보전된다. 〈그림 3.5〉는 콩그루언트(congruent) $LiTaO_3$ 변조 소자의 예이고, 가공 후의 소광비(消光比)는 200~300℃에서 설담금한 후 30dB 이상으로 광학적 품질을 향상시킬 수 있다.

〈그림 3.2〉에서는 결정의 자연 복굴절에 의한 위상차를 파장판으로 보상하지만 주위의 환경 온도가 변하면 결정의 복굴절 $\Delta n(=|n_o - n_e|)$도 변하므로 보상이 어긋나 광학 바이어스(100% 변조에 대한 인가전압)가 흐트러지게 된다. 이 때문에 〈그림 3.6〉에 표시한 것과 같이 온도 보상구성(補償構成)이 필요하다. (a)는 두 결정의 c축을 서로 직교시킨 것이고, (b)는 결정 사이에 $\lambda/2$의 파장판을 삽입한 것이지만, 어느 경우에도 위상차 δ_N은

$$\delta_N = \frac{2\pi}{\lambda}(n_o - n_e)(l_1 - l_2)$$
$$+ \frac{\pi}{\lambda}(r_{33}n_e^3 - r_{13}n_o^3)V\left(\frac{l_1}{d_1} + \frac{l_2}{d_2}\right) \quad (3.12)$$

로 주어진다. 여기에서 $l_1 = l_2$로 하면 복굴절에 의한 위상차가 0으로 되어 온도 변화로 인한 영향이 해소되고, V_π도 1/2로 된다. 더 높은 주파수에서 동작시키기 위해서는 빛과 변조 신호의 위상속도를 정합(整合)시킬 필요가 있고, 전극은 진행파형(進行波形) 전극으로 할 필요가 있다.

2차 전기광학효과는 결정의 대칭성에 관계없이 모든 물질에서 나타나고 굴절률의 변화는

$$\Delta\left(\frac{1}{n_{ij}^2}\right) = R_{ijkl}E_k E_l \quad (3.13)$$

로 주어진다. R_{ijkl}(또는 g_{ijkl})은 81개가 존재하지만 $(ij) \rightarrow m$, $(kl) \rightarrow n$으로 하는 관례적인 변환에 따라 g_{mn}로 표시하면 6×6의 행렬로 표현된다. 예를 들어 페로브스카이트 구조계의 결정은 점군이 $m3m$이므로 g_{mn} 행렬은

$$g_{mn} = \begin{bmatrix} g_{11} & g_{12} & g_{13} & 0 & 0 & 0 \\ g_{12} & g_{11} & g_{12} & 0 & 0 & 0 \\ g_{12} & g_{12} & g_{11} & 0 & 0 & 0 \\ 0 & 0 & 0 & g_{44} & 0 & 0 \\ 0 & 0 & 0 & 0 & g_{44} & 0 \\ 0 & 0 & 0 & 0 & 0 & g_{44} \end{bmatrix}$$

로 되고 네 개의 독립된 상수를 갖는다. 〈표 3.2〉에 대표적인 2차 전기광학결정과 그 성질을 수록했다.

2차 전기광학효과를 이용한 광변조에서는 등방적인 굴절률 구(球)

<표 3.2> 2차 전기광학 계수와 물질

물질명	점 군	mn	g_{mn}^T (m^4/coulb^2)	퀴리 온도 (K)	굴절률
BaTiO$_3$	m3m	11	0.12	401	$n_o = 2.437$
		12	$-|<0.01|$		$n_e = 2.365$
		11-12	+0.13		
SrTiO$_3$	m3m	11-12	0.14	~10	$n_o = 2.38$ (4.2~300K)
KTaO$_3$	m3m	44	0.12	4	$n_o = 2.24$
		11-12	0.16		(2~77K)
KTa$_{0.65}$Nb$_{0.35}$O$_3$	m3m	11	0.136	~283	$n_o = 2.29$
		12	-0.038		
		44	0.147		
		11-12	0.174		

가 전기장을 받아 변형되어 복굴절을 나타내므로 〈그림 3.2〉와 같은 변조기를 구성할 수 있다. 역시 광축에 45°로 입사한 직선 편파광을 입사시키면 전기장에 의해 유기(誘起)된 정상광선 굴절률과 이상광선 굴절률에 의한 복굴절의 위상차 δ_N은

$$\delta_N = \frac{\pi}{\lambda} n^3 (g_{mn} - g_{mn'}) \frac{V^2}{d^2} l \qquad (3.14)$$

로 된다. 이 변조기에서는 소자의 자연 복굴절률이 없으므로 위상 보상판이 필요 없지만 2차 효과이므로 변조 전압이 높아야 하는 결점이 있어, 현재로는 연구개발이 활발하지 않다.

(2) 광도파형 변조

벌크형 소자에서는 식 (3.11)에서 보듯이 빛의 회절에 의한 크기 한계로 인해 변조 전압을 낮추는 것이라든지 고대역화(高帶域化)가 제약을 받는다. 이 결점을 해결한 것이 빛의 통로(通路)를 선로화(線路化)

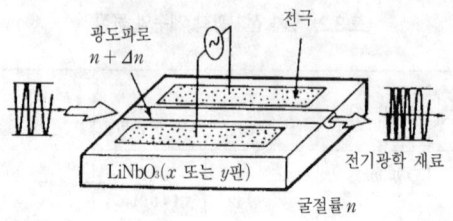

〈그림 3.7〉 도파로형 변조기의 기본 구조

한 광도파로 변조기다.[2] 이로써 소자가 소형화(小型化)되는 것 외에도 빛과 인가전압과의 상호작용을 크게 할 수 있으므로 변조동작 특성의 비약적 향상이 기대된다. 이 요인의 하나는 도파로 크기를 $10\mu m$ 이하로 할 수 있기 때문에, 광도파로는 주위보다 굴절률이 크다는 점에서 빛은 밀폐되어 회절의 영향을 무시할 수 있고 식 (3.11)의 제약에서 해방되는 결과가 된다.

광도파로 안에서 전파되는 광선에는 고유의 모드(mode)가 있으면, 벌크형 변조기에서의 횡편파(橫偏波), 종편파(縱偏波)에 해당하는 것을 각각 TE 모드, TM 모드라고 한다. 도파로형 변조에서는 이들 기본 전파 모드를 사용한다. 가장 기본적인 변조 소자는 〈그림 3.7〉에 나타낸 것과 같이 한 도파로를 한 쌍의 좁은 평면전극으로 만든 구조로서, 벌크형 변조소자의 동작원리와 같은 위상변조방식이다. 전기장 E를 가하면 위상차 δ_N은 식(3.4)와 같은 길이 l인 소자에서는

$$\delta_N = \frac{2\pi}{\lambda} \Delta n_m \cdot l = \frac{\pi}{\lambda} n_i^3 r_{mk} E_k l \qquad (3.15)$$

로 된다. 여기에서 중요한 것은 벌크 변조소자에서는 전기장이 100% 인가(印加)되지만 도파로에서는 전기장 분포가 있으므로 전기장 보정(補正)계수 Γ(인가 전기장과 도파 광세기와의 중첩적분 계수: $0 < \Gamma$

<1)를 고려해야 한다는 점이다. 즉 $E = \Gamma(V/d)$로 된다. d는 전극 간격이다. LiNbO₃, LiTaO₃의 경우에는 x판을 사용하여 도파로를 c축에 직각으로 형성함으로써 c축 방향으로 전기장을 걸어서 $n_i = n_e$이고 $r_{mk} = r_{33}$을 효율적으로 이용할 수 있다. 이 위상변조 소자를 직교 편광자 사이에 둠으로써 TE, TM 모드(엄밀하게 말하면 TE, TM의 하이브리드 기본 모드)가 도파로 안을 독립적으로 전파되면서 위상변조 되고, 벌크형 변조기와 같이 강도 변조가 가능하게 된다. 반파장 전압 V_π는

$$V_\pi = \frac{\lambda}{n_e^3 r_c} \cdot \frac{d}{l} \Gamma \tag{3.16}$$

와 같이 주어진다. 파장 $\lambda = 1\mu m$, 도파로 길이(엄밀하게는 전극길이) $l = 2\,cm$, $d = 10\mu m$, $\Gamma = 0.5$로 하면 V_π는 4.5V 정도이고 벌크 변조기와 비교하면 1/5 이하로 작아진다.

현재 가장 개발이 앞서 있는 LiNbO₃ 도파로형 변조기는 ① 분포 간섭형과 ② 방향성 결합형이 있다. 분포 간섭형은 마호-젠더(Mach-Zehnder) 간섭계를 도파로화한 것이고 〈그림 3.8(a)〉에 표시한 것과 같이 결정의 c면(z면)에 분기 도파로(分岐導波路)를 형성하여 도파로 상에 전극을 붙인 구조로 된다. 입사광은 Y분기에서 등분(等分)되어 독립적으로 진행하고, 가해진 전기장에 의해 각각의 빛은 위상에 변화가 생기어 출력측 Y분기에서 합해진다. 이 원리를 〈그림 3.8(b)〉에 나타냈다. 각각의 빛이 전극 밑에서 받는 위상 변화량을 Φ_1, Φ_2로 하면, 인가 전압이 0V에서 도파로 사이의 위상차 $\Delta\Phi(=\Phi_1-\Phi_2)$가 0이면 양 도파로광은 출력측 Y분기에서 다시 합성되어 입사광의 강도(强度)와 같은 출력광이 된다. 한편 $\Delta\Phi = \pi$가 되게 전압 V(반파장 전압 V_π)를 걸어주면 양 도파광 사이에는 위상차 $\lambda/2$가 생기고, 출력이 Y분기 부

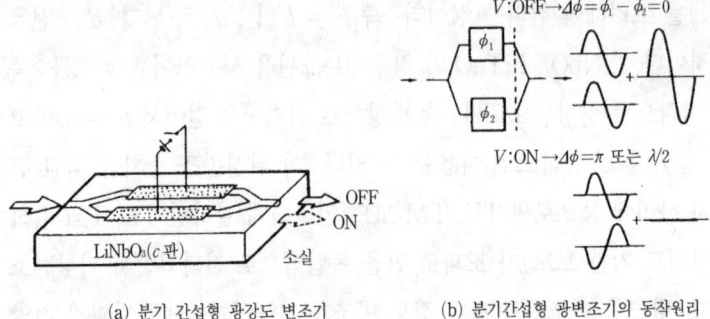

(a) 분기 간섭형 광강도 변조기　　(b) 분기간섭형 광변조기의 동작원리

〈그림 3.8〉 분기 간섭형 변조기(a)와 그 동작원리(b)

분에서 합성되면 위상이 상쇄되어 합성파는 기판(基板)에 방사(放射)되고 출력광은 소실되므로 전기장 인가에 의해 0/1의 강도변조(强度變調)로 된다. 이 $\Delta\Phi$는 위상지연(retardation)이라 하고

$$\Delta\Phi = \frac{2\pi l}{\lambda} n_e^3 r_{33} \frac{V}{d} \Gamma \tag{3.17}$$

로 주어진다. 예로서 파장 $\lambda = 1.3\mu m$, $d = 7\mu m$, $l = 14mm$이면 $V_\pi = 2.5V$란 저전압 변조가 이루어진다.

한편 방향성 결합형은 마이크로파(microwave) 입체회로의 방향성 결합기의 기능에서 명명된 것이고, 동작은 분포결합 이론에 기초를 두고 있으므로 위에서 말한 변조원리와는 전혀 다르다. 도파로 구성은 〈그림 3.9(a)〉에 표시한 것처럼 두 도파로가 나란히 근접한 영역을 만들고 LiNbO₃의 c판 또는 y판을 이용한다. 각각에서 전극 구성은 다르다. 근접한 도파로 각각의 전파상수를 β_1, β_2로 하고 결합 계수를 χ로 한다. 전파상수 $\beta_1 = \beta_2$에서 빛의 전기장의 근소(僅少: evanescent field)한 겹침이 있는 경우에는 광 파워(power)가 근접 도파로에 옮

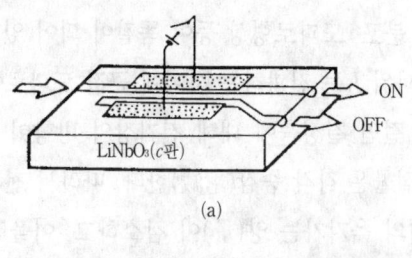

(a)

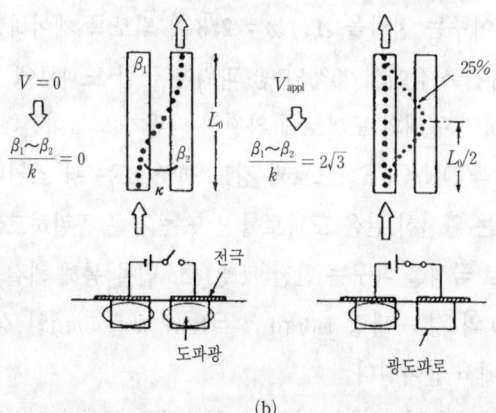

(b)

⟨그림 3.9⟩ 방향성 결합형 광변조기의 구조(a)와 그 동작원리(b)

겨가는(분포 결합하는) 것인데, 연성진자(連性振子) 또는 극히 가까운 주파수를 갖는 음차공명(音叉共鳴)을 상상하면 좋겠다. 결합방정식을 풀면 출사측(出射側)의 도파로에 옮겨간 광강도(光強度) I는

$$I = I_0 / [1 + (\Delta\beta/2\chi)^2] \sin^2 [(\pi L/2L_0)(1 + \Delta\beta/2\chi)^{1/2}] \quad (3.18)$$

로 된다. 여기에서 $\Delta\beta = |\beta_1 - \beta_2|$, $\chi = \pi/2L_0$이고 L_0는 최소 완전결합 길이다.

이것에 의해 $\Delta\beta$ 또는 χ를 전기장으로 변화시킴으로써 결합 길이를 바꿀 수 있다. 그림(b)에 표시한 것과 같이 $V=0$이고 또한 두 도파로의 굴절률과 그 분포, 도파로형상 등이 똑같이 되어 있다면 $\beta_1 = \beta_2$로 되어 입사광의 파워 I_0는 전파하는 사이에 근접 도파로에 완전히 옮겨간다. 전기장을 걸면 결정축에 대해 전기장의 방향이 180° 역이므로 두 도파로의 굴절률은 각각 증감(增減)한다. 따라서 전파상수차 $\Delta\beta$는 커지고, 광 파워의 옮겨가는 양(量)이 감소하고, 아울러 결합 길이도 짧아진다. 걸어주는 전압을 $\Delta\beta / \chi = 2\sqrt{3}$이 되도록 제어하면 입사광은 $L_0/2$ 전파된 시점에서 25%의 광 파워를 근접 도파로에 옮기지만, L_0까지 전파하면 원래의 도파로에 완전히 파워가 되돌아간다. 이와 같이 인가 전압을 ON/OFF함으로써 강도 변조 또는 광 스위치 소자로 된다. 실제로는 완전히 같은 도파로를 만드는 것은 곤란하므로 전극을 분할하여 서로 극성을 바꾸는 반전(反轉) $\Delta\beta$법을 통해 해결을 꾀하고 있다. $LiNbO_3$의 경우 파장 $1.3\mu m$, $l = 1cm$, $d = 5\mu m$인 경우 100% 변조가 3.1V에서 얻어진다.

앞에서 간단히 논한 것과 같이 도파로형 변조기는 벌크형에 비해 변조전압을 현저히 작게 할 수 있는데, 반도체 미세가공 과정의 진전과 더불어 실용적인 외부 광 변조기가 겨우 실현되었다. 변조할 때 바이어스 전압이 변동하는 dc 드리프트(drift) 문제에 대해서는 한때 결정 품질이 과제로 되었지만, 현재로서는 결정 자체의 문제보다 소자 구성에 따르는 문제해결 쪽으로 기울어지고 있다. 최근에는 반도체 레이저에 의한 직접 변조로는 실현할 수 없었던 75 GHz 이상의 초고속 변조가 가능한 소자가 보고되었다.[8]

그렇지만 변조 소자에 이용되고 있는 결정은 $LiNbO_3$에 한정되어 있고, 좀더 적절한 결정재료 개발의 필요성은 아직도 절실한 형편이다.

3.1.2 전기광학결정의 변천

〈그림 3.1〉에 표시한 결정 개발의 흐름을 추적해보자. 전기광학효과 재료로서 결정에 요구되는 항목은 ① 큰 전기광학 계수를 가질 것, ② 변조기의 변조대역을 제한하는 유전율이 작을 것, ③ 광학적 균질성이 우수할 것 등을 들 수 있다. 처음에는 전기광학결정으로서 KH_2PO_4(KDP), $NH_4H_2PO_4$(ADP) 등 점군 $\overline{42m}$에 속하는 강유전체 결정이 활발하게 연구되었으나, 대형 결정을 얻기는 쉽지만 수용성(水溶性)이기 때문에 실용적이지 못해 현재 특수한 응용에 한정되어 있다. 그 후 $BaTiO_3$로 대표되는 산소8면체 ABO_3 구조의 일련의 강유전체가 활발하게 개발되었다. 대개 강유전체 특징 중 하나는 높은 유전율을 들 수 있지만, 일반적으로 큰 1차 전기광학 계수를 갖는다는 점은 이미 제2장에서 기술했다.

강유전체 전기광학결정으로 잘 알려져 있는 것 중에 입방정 페로브스카이트 구조의 $BaTiO_3$, $KNbO_3$, 의일메나이트(pseudo-ilmenite) 구조의 $LiNbO_3$, $LiTaO_3$, 텅스텐브론즈 구조의 $Ba_2NaNb_5O_{15}$(BNN), $Sr_{1-x}Ba_xNb_2O_6$(SBN), 그리고 파이로클로어 구조인 $Cd_2Nb_2O_7$ 등이 있다. 각각의 결정구조에 관해서는 제2장 2.5.2에 표시되어 있지만 이들은 어느 것이나 Ti, Nb, Ta 등 천이 금속이온 B 주위의 6배위에 산소가 둘러싼 산소8면체 BO_6를 하나의 구성단위(basis)로 하여, 꼭지점 산소를 공유하여 결정의 골격을 형성하고 있는 것이 특징이다. 알칼리 금속 이온이나 알칼리 희토류 금속 이온은 꼭지점 공유 산소8면체 골격의 빈 곳을 채우고 있다. 이와 같은 구조를 갖는 강유전체를 산소 8면체 BO_6 구조 강유전체라 하는데, 전기광학적 성질을 비롯해 비선형 광학적 성질이나 압전적 성질[9]에서도 우수한 특성을 갖는 것이 많다.[10]

BaTiO$_3$(bariumtitanate)는 제2차 세계대전 중 일본·미국·소련에서 독립적으로 발견된 강유전체로서 페로브스카이트 구조의 변위형 강유전체(displacive ferroelectric)로서는 최초의 것이다. 이 결정의 강유전성 발견을 계기로 산화물 강유전체 연구에 박차를 가하게 된 역사적인 광학결정이라고 할 수 있다. 강유전 퀴리 온도는 ~120℃이고 극저온까지 5~10℃, -80℃에도 구조 상전이(相轉移)가 있다. 린츠(Linz)[11]의 플럭스 성장법을 거쳐 현재는 TSSG/키로풀로스(Kyropoulos)법을 이용해 벌크형 단결정을 육성하고 있지만, 전기광학효과를 이용한 변조소자보다는 오히려 강한 광을 이용한 굴절률 변화 현상인 포토리프랙티브 결정으로서 요즘 들어 다시 주목을 받고 있다(제5장 5.1 참조). 대형 결정을 얻는 데는 복수의 상전이에 의한 180°, 90°의 쌍정(twinning)을 제거할 필요가 있는데, 미국 샌더스(Sanders)사가 개발한, 한 변의 길이가 10mm인 입방체 단결정은 50만 엔 이상을 웃돌고 있다.

자연 상태로는 존재하지 않으나 인공적인 결정 합성이 가능한 것으로 알려진[12] LiNbO$_3$(lithium metaniobate : LN)를 마티아스(Matthias)와 레메이카(Remeika)가 플럭스(Flux)법을 이용해 처음으로 단결정을 성장시켰고 강유전성을 발견했다.[13] 1964년에 이르러 초크랄스키법으로 대형 단결정이 만들어진 이래,[1] LiNbO$_3$와 그 동족인 LiTaO$_3$(lithium metatantalate : LT)에 대한 거의 모든 성질의 조사는 몇 년 만에 끝났다. 〈표 3.3〉에 1970년대의 중요한 연구성과를 정리[14]해 수록했다. LiNbO$_3$는 때마침 YAG 레이저 개발에 호응해 레이저 광을 이용한 정보전달, 특히 광통신의 실제성이 높아지고 강유전체가 갖는 특징 가운데 하나인 큰 전기광학효과, 비선형광학효과에 착안한 광변조, 주파수 배수화, 파라메트릭 발진과 같은 광기능 소자 연

〈표 3.3〉 LiNbO₃, LiTaO₃

(a) LiNbO₃

1	LiNbO₃의 존재	Zachariasen(1928)
2	플럭스 성장	Matthias & Remeika(1949)
	강유전성 발견	
3	상태도	Reisman et al. (1958)
	1,253℃ 콩그루언트 용융	
4	인상법으로 대형 단결정 육성	Ballman et al. (1964)
5	퀴리 온도, 복굴절, 위상정합 온도의	Bergman et al. (1968)
	용융 조성 의존비	Fay et al. (1968)
6	새 상태도	Lerner et al. (1968)
	콩그루언트 조성의 존재	
7	NMR을 통한 조성변동의 검출	Peterson et al. (1968)
8	콩그루언트 용융에서의 고품질 결정육성	Byer et al. (1970)
9	광학적 불균일과 위상정합과의 관계	Nash et al. (1970)
10	화학량론비(化學量論比)의 어긋남과 결정육성	Carruthers et al. (1970)
11	화학량론 조성의 육성	Kitamura et al. (1991)
	광손상의 조성 의존성	

(b) LiTaO₃

1	상태도	
2	인상법으로 대형 결정 육성	Ballman et al. (1964/5)
3	퀴리 온도의 조성 의존비	Ballman et al. (1967)
		Yamada et al. (1968)
4	광학적 불균일과 소광비	Sugibuchi et al. (1968)
5	전기광학적, 강유전적 성질의 음액조성 의존	Burns & Carruthers(1970)
6	콩그루언트 조성의 결정	Miyazawa & Iwasaki(1970/71)
7	콩그루언트 용융으로부터의 고균일 결정	Miyazawa et al. (1971)
8	SAW 소자용 대형 결정 육성	Fukuda et al. (1978)
9	QPW에 의한 SHG 발진	Yamamoto et al. (1991)

구의 초석이 되었다. 오늘날 다시 LiNbO₃가 광도파로 소자용 기판결정으로서 각광을 받는 이유도 LiNbO₃가 지니고 있는 특성(여러 가지 성질, 결정육성, 가공성 등)의 적합성에 기인한 것이다. 다음 절에서는 도파로용으로서 LiNbO₃ 결정의 전체 상을 기술하겠다.

변조소자나 제2고조파 발생(SHG) 등의 가능성에 대한 검토가 진행됨에 따라 결정 자체의 재료적 문제도 명확해졌다. 그 중에서도 최대의 과제는 강한 가시 레이저 광을 $LiNbO_3$ 결정에 조사하면 굴절률이 점차 변해가는 현상이 알려져 「광손상(optical damage)」[15]이라고 했다. 광손상은 불순물, 특히 천이금속 이온에 민감하기 때문에 Fe, Cu, Mn 등의 혼입(원료 및 전기로 재질, 전기로 내의 조건)을 강력히 억제하여 결정 육성을 할 필요가 있다는 것이 지적되었다. 즉 도핑(dopping)하지 않은 $LiNbO_3$에서도 이 현상이 현저한 이유는 강유전체 중에서도 $LiNbO_3$가 극히 큰 자발분극 P_s를 갖고 있다는(제7장 그림 7.5) 점에 기인하는 것으로 추정되고 있다. 그 후 MgO를 ~4.5mol% 첨가한 $LiNbO_3$ 결정은 광손상에 민감하지 않다는 것이 보고되었다.[16] $LiNbO_3$의 콩그루언트 조성은 Li/Nb = 48.6/51.4로 되어 있지만 MgO를 도핑한 $LiNbO_3$의 콩그루언트 조성은 Li/Nb = 47.2/52.8(±0.1)이 보고되어 있다.[17] 결정 육성에서는 융액 조성을 Li 리치(rich)로 한 경우 결정의 SHG 위상정합 온도가 높아지므로, MgO의 첨가는 조성 변화량과 당량(當量)적으로 작용하고 있는 것으로 추정된다. 어쨌든 엄밀한 콩그루언트 조성은 원료합성 과정, 결정 육성 환경, 노 구성(爐 構成) 등의 실제적인 상황에 따라 결정할 필요가 있다는 점을 주의해야 할 것이다.

$LiNbO_3$의 구조는 〈그림 3.10〉과 같다. 퀴리 온도 이하의 강유전상에서는 산소 이온의 쌓인 순서가 ABABAB…, 양이온의 쌓인 순서는 ab…로 되어 있고 공간군 $R3c$의 삼방정계로서 대칭중심(center of symmetry)은 없다. 양이온이 한 개인 경우에는 α-Al_2O_3 구조이지만 양이온이 층마다 다를 경우에는 일메나이트(ilmenite) 구조로 되고, $LiNbO_3$는 이 일메나이트 구조가 변형된 의일메나이트 구조다. 퀴리 온도(~1,200℃) 이상에서는 Nb 이온이 두 산소층의 한 가운데에 위치(즉 산소8면체의 중심)하여 Li 이온이 산소층의 높이에 들어가 중심

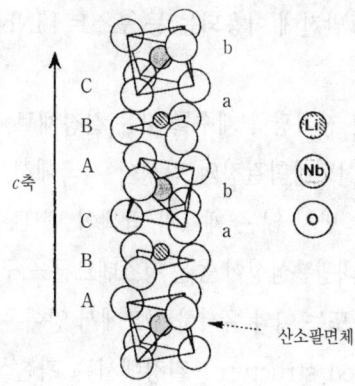

〈그림 3.10〉 LiNbO$_3$ 단결정의 구조(c축에 수직인 투영)

대칭성으로 된다. 사실 이 구조는 탄산칼슘 구조이고 페로브스카이트 구조가 비틀린 형이라고 할 수 있다.

한편 같은 형인 LiTaO$_3$에 관해서도 대형 단결정 육성이 가능해진 후, 역시 많은 연구가 이루어졌다. 이것의 콩그루언트 조성이 밝혀진 것은 LiNbO$_3$와 거의 같은 시기다.[18] LiTaO$_3$에 관한 단결정 품질과 육성 기술의 상세한 내용은 제6장 6.3에서 논한다. LiTaO$_3$의 특징은 LiNbO$_3$에 비해 광손상을 잘 받지 않는다는 것이지만, 융점이 1,650℃로 높고 부(負)의 작은 복굴절이 있을뿐더러, SHG 등에서의 위상정합이 잡히지 않는 등, LiNbO$_3$의 특징을 능가하기에는 난점이 많기 때문에 큰 진전을 보이지 않고 있다. 다만, LiNbO$_3$와 같이 SAW 소자용 기판으로 실용화되고 있다. 광 응용에 관해 LiTaO$_3$는 LiNbO$_3$보다 작은 복굴절을 갖기 때문에 온도특성이 우위에 있다. 또 최근에 양자(proton) 교환을 통한 자발분극의 주기적 반전구조를 사용한 의사위상정합(擬似位相整合)에서는, 소자로는 할 수 없었던 SHG 발진의 실현,[19] 광손상에 강하기 때문에 Nd를 도핑한 전기광학 고체 레이저[20](제

4장 4.1.6)의 실온 cw 발진에 이용되는 등 포스트 $LiNbO_3$로서 더욱 주목할 만한 결정이다.

재료적으로 보면 큰 전기광학 계수를 갖는 결정재료, 내광손상성(耐光損傷性)이 높은 비선형광학결정의 탐색이 각국에서 활발히 추진되고 있다. 광손상을 잘 받지 않는 재료의 탐색이 벨(Bell)연구소,[21]~[24] IBM[25]에서 시작되어 내광손상성이 높은 텅스텐브론즈 구조 결정이 발견되었다. 텅스텐브론즈 또는 이와 유사한 구조에서 양이온이 점유하는 위치가 채워져 있는(filled structure) 결정에서는 광손상이 잘 생기지 않는다는 사실이 알려졌고, 그 연구의 일환으로「완전히 채워진 구조 (completely filled structure)」의 텅스텐브론즈 구조를 갖는 복산화물 결정 $K_3Li_2Nb_5O_{15}$(KLN)가 최초로 제시되었다. 그 후 이상적인 것에 가까운 특성을 갖는 결정으로서 선을 보인 것이 $Ba_2NaNb_5O_{15}$(BNN, 통칭 바나나)이다. BNN은 처음부터 우수한 비선형광학결정으로 주목 받았는데, SHG 효율은 $LiNbO_3$에 비해 약 두 배나 크기 때문에 반파장 선압기 사나 평 번조용으로도 유망하다.

BNN의 강유전 전이온도인 퀴리 온도는 560℃이고 상유전상은 점군 D_{4d} - $4/mm$이다. 560℃ 이하 260℃ 이상에서는 점군 C_{4v} - $4mm$ 에 속하고 정방정이지만 260℃ 이하의 실온에서는 사방정계로 구조 전이하여 약간 찌그러져 있어 점군 C_{2v}-$mm2$ 에 속한다. ~260℃의 구조 상전이는 강탄성(ferroelastic) 전이이고 쌍정에 속한다. $NaNbO_3$-$BaNb_2O_6$의 의2원계(擬二元系) 상태도(狀態圖)상에서 BNN은 제법 폭넓은 고용범위(固溶範圍)를 갖고 있다.[26] 융점은 ~1,450℃에서 넓은 의미에서의 콩그루언트 조성이기 때문에 백금 도가니를 이용해 초크랄스키법으로 결정을 육성할 수 있다. 제1장〈그림 1.14〉에 육성 결정의 예를 나타냈지만 매우 벽개성(劈開性)이 강하고, 특히 a축으로

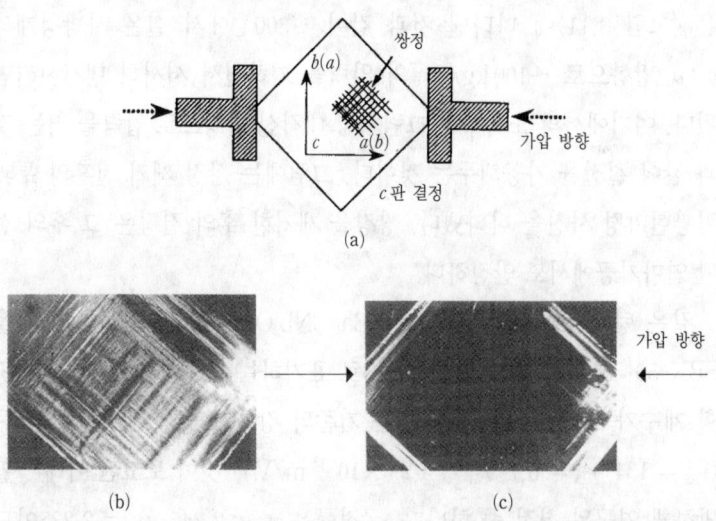

⟨그림 3.11⟩ $Ba_2NaNb_5O_{15}$의 쌍정 제거(detwinning) : (a) 시료의 가압방법, (b) as-grown에 서의 쌍정, (c) 쌍정 제거 후

인상한 대형 결정에는 크랙(crack)이 발생하기 쉽고 육성은 비교적 어렵다. 왜냐하면 열팽창이 큰 이방성 때문이다(그림 3.11). 특히 자발 분극 방향인 c축의 열팽창은 퀴리 온도 전후에서 급격히 변하므로 결정을 육성할 때의 열 비틀림을 이완(弛緩)시키는 육성 관리가 필요하다. 자발분극 P_s는 ~$40\mu C/cm^2$로 비교적 크고 굴절률도 $n_x = 2.326$, $n_y = 2.324$, $n_z = 2.226$(파장 $0.633\mu m$), 전기광학 계수도 $r_{33} = 59$, $r_{13} = 17$, $r_{23} = 13$ ($\times 10^{-12} m/V$)와 같이 크므로 반파장 전압에 관여하는 $n^3 r$ 곱이 우수하다. 그렇지만 실온에서 유전율이 $\varepsilon_{33} = 51$, $\varepsilon_{22} = 246$, $\varepsilon_{11} = 242$로 크기 때문에 고속 소자용으로는 부적당하다.

BNN은 ~260℃에서 정방정계/사방정계의 상전이를 하기 때문에 단분역화 처리(單分域化處理, poling) 후에도 미세한 쌍정(twin crystal)이 발생하는 것은 피할 수 없다. 이러한 쌍정을 제거하는 방법은 〈그림 3.11〉에 나타낸 것과 같이 ~300℃에서 실온 사방정계의 a/b 방향으로 ~100 kg/cm²의 압력을 가하면서 서서히 냉각시키면 된다. 여기에서의 노하우는 그림처럼 대각선 방향으로 압력을 거는 것과 같이 결정을 가공해두는 것이다. 그림에는 쌍정 제거 전후의 투과 편광현미경 사진을 나타냈다. 쌍정을 제거한 후의 결정은 그 후의 절단 연마가공에서도 안정하다.

같은 텅스텐브론즈 구조인 $Sr_xBa_{1-x}Nb_2O_6$(SBN)은 $x=0.5$의 것을 SBN-50, $x=0.75$의 것을 SBN-75로 표기하는 경우가 있는데, 전기광학 계수가 크다. 특히 SBN-75는 기존의 강유전체 중에서는 가장 큰 ($r_{33} = 134, r_{13} = 6.7, r_{51} = 4.2\,(\times 10^{-12}\,\text{m/V})$) 것이 보고된 이래[27] 활발하게 연구된 결정 중 하나다. 굴절률은 $n_o = 2.345, n_e = 2.235$이므로 반파장 전압에 관여하는 $n_e^3 r_{33}$ 은 1490×10^{-12} m/V로서 매우 크다.

그 후 Ce를 도핑한 SBN은 광유기(光誘起)굴절 효과가 극히 현저하고 최대의 광감도를 갖는 것이므로[28] 최근에는 다시 Ce 도핑 SBN 단결정 섬유에 의한 체적 홀로그램 소자 응용의 연구가 활발하다.[29,30,31] 결정 도핑 성장에 관해서는 제5장 5.1의 광유기굴절 결정에서 논의할 예정이다.

더욱이 $Cd_2Nb_2O_7$으로 대표되는 파이로클로어 구조의 결정군이 속속 합성되고 여러 가지 성질이 조사되는 한편, 이들의 산소8면체 구조 결정이 갖는 여러 정수는 결정 구조의 베이시스인 산소8면체의 성질에 따라 거의 규정된다는 재료지침이 세워지기에 이르렀으므로[32,33](제7장 참조), 그 후 광변조를 위한 새로운 전기광학결정의 출현은 없다고 해도 좋을 것이다.

$LiNbO_3$가 단결정 성장이 쉬운 점과 품질·가공·안정성 등에서 가장 우수한 결정이라는 점이 알려지고, 광변조 소자의 특성 한계를 능

가하는 「Integrated Optics」의 개념이 나오자 곧 광섬유 통신에 가장 유효한 파장 1.3~1.55μm 영역에서 LiNbO$_3$의 광손상이 비교적 민감하지 않은 것이 도움이 되어 도파로 변조소자 개발에 대한 원동력이 되었다. 광도파로 결정에도 많은 후보가 올라 있지만 현재로서는 Ti 확산 LiNbO$_3$가 주류다. 최근 다시 액상 에피택셜(liquid-phase epitaxial: LPE) LiNbO$_3$[34,35]가 각광을 받고 있지만 이것은 SHG 등 파장변환용 비선형결정으로서의 자리를 굳혀가고 있다.

3.1.3 광도파로 결정 LiNbO$_3$의 진전

Ti 확산 광도파로에서 가장 많이 이용되고 있는 LiNbO$_3$ 결정에 요구되는 항목은 ① ingot-to-ingot, wafer to wafer 사이에서 결정의 광학적 품질, 구체적으로는 결정의 조성비가 일정할 것, ② 광손상이 없을 것, ③ 광산란 중심이 없을 것 등을 들 수 있다. 1964년 초크랄스키법에 의한 대형 단결정 제작[1]이 보고된 이래 1970년대 후반에 이르기까지 결정 품질을 좌우하는 결정조성과 광학적 성질과의 관계가 상세히 조사되었다(표 3.3). 그 중에도 정상광, 이상광 굴절률이나 SHG 위상정합, 더 나아가서는 광손상 감수율(感受率)이 결정조성에 민감하다는 사실이 밝혀졌다. LiNbO$_3$에 관해 정리된 저서[36,37]가 있으므로, 여기에서는 위에서 지적한 요구조건에 대한 결정기술(結晶技術)에 관해 논의를 한정하겠다.

결정 성장의 나침반 역할을 하는 상태도(狀態圖)는 라이스먼(Reisman)과 홀츠버그(Holtzberg)가 〈그림 3.12(a)〉에 표시한 Li$_2$O-Nb$_2$O$_5$ 2원계의 상태도를 주장하고 있다.[38] 이것에 따르면 Li$_2$O:Nb$_2$O$_5$의 몰(mol)비 1:1의 정비조성(定比組成)인 LiNbO$_3$는 한 선으로 표시되어 있고 융점 ~1,250℃에서 동일 조성의 융액과 고체(결정)가 공존

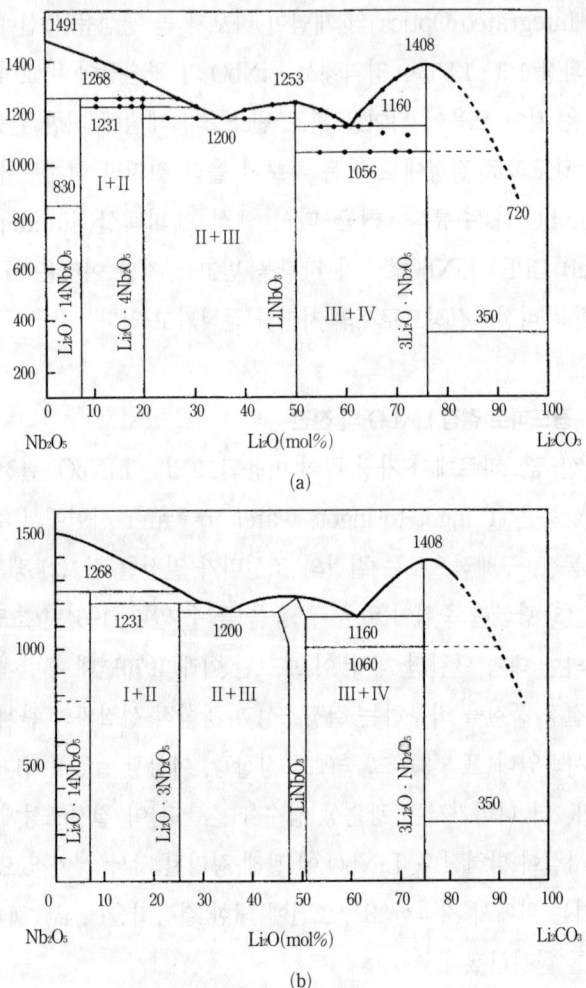

〈그림 3.12〉 Li₂O-Nb₂O₅ 2원소상 평형도 : (a) 라이스먼-홀츠버그의 상태도[38], (b) 서베너드 등의 상세한 상태도[40]

하는 이른바 콩그루언트 용융(溶融)하는 것을 뜻하고 있다. 그렇지만 문헌에 따라 퀴리 온도나 굴절률 등에 일관성이 없고, 광학적 성질이

미묘하게 다르다는 사실이 밝혀짐에 따라 융액조성이 반드시 결정조성과 일치하지 않는 점이 추정(推定)되었다. 이에 명쾌한 답을 주는 것이, 러너(Lerner)[39] 등이 〈그림 3.13(b)〉에 표시한 새 상태도다. 이 상태도는 그 후 서베너드(Svaanard) 등[40]에 의해 완성되었다. 여기에서 중요한 것은, $LiNbO_3$라는 화합물 조성에는 상당한 폭의 고용영역 (固溶領域)이 있다는 것과, 융점에서는 화학량론적 조성이 엄밀하게는 분해용융(分解溶融)하고, 최고 융점에서의 조성은 Nb 리치(rich)인 Li_2O/Nb_2O_5 ~0.94에 있다는 것이다. 이 조성은 좁은 의미에서의 콩그루언트 조성이고 ^{93}Nb의 NMR 해석에서도 확인되었다.[41] 〈그림 3.13〉은 콩그루언트 조성 근방의 확대도이지만, $Li_2O:Nb_2O_5=50:50$의 융액에서는 Li/Nb=1의 결정은 성장되지 않음을 알 수 있다. 즉 화학량론(stoichiometric) 조성 융액에서 성장한 결정은 Nb이 많고, 반복 육성할수록 융액조성은 Li이 많아 결정조성도 변한다. 이 상태도의

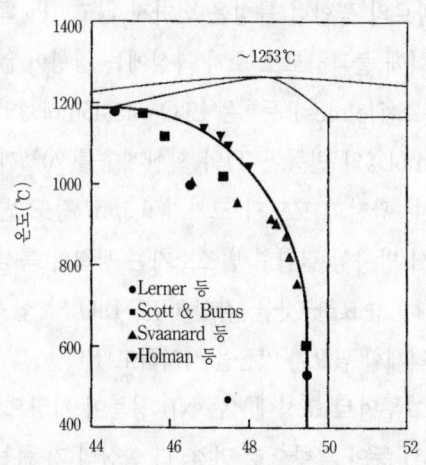

〈그림 3.13〉 콩그루언트 조성 근방의 $Li_2O-Nb_2O_5$ 2원계 상태도[126]

구축(構築)을 통해 문헌에 따라 여러 가지 특성이 달라져 있었다는 것을 전체적으로 이해할 수 있다. 한편 콩그루언트 조성 융액에서는 같은 조성의 결정이 육성되기 때문에 현재로는 거의 콩그루언트 조성으로 되어 있고, SAW 디바이스용 기판(基板)을 포함한 시판되는 대부분의 결정도 이에 준하고 있다.

결정 성장에서 인상 중에 생기는 조성의 변화, 즉 굴절률 변동에 관한 해석은 제6장 6.3.1에서 같은 계의 $LiTaO_3$에 관해 기술하겠지만, 콩그루언트 조성에서는 조성 변화가 억제되므로 광학적 균질성이 확보된다. 바이어(Byer) 등[42]은 $Li_2O/Nb_2O_5=48.6/51.4$의 융액조성에서 결정 중의 복굴절 변동은 4×10^{-6}이고, 원래의 화학량론적 조성융액으로부터 얻어진 결정보다 한 자릿수 이상 좋다는 것을 보고했다.

Ti 확산 도파로 형성에서 이들 결정조성이 미치는 영향에 관해서는 상반된 보고가 있는 것을 묵과할 수 없다. 실바(Silva) 등[43]은 콩그루언트 조성 근방의 조성범위 $Li_2O=48.50\sim48.60mol\%$에서 $0.2mol\%$의 변동으로는 도파로의 광학적 특성은 변하지 않고, Ti 확산 정수는 겨우 $5\sim10\%$의 변화에 불과하므로 소자 특성에는 영향이 없는 것으로 보고 있다. 한편 홈스(Holmes) 등[44]은 $Li_2O=48.45mol\%$의 콩그루언트 조성에서의 $0.2mol\%$의 변동이 Ti의 확산계수를 20%까지 변화시키는 것을 지적하여, 광전파 모드의 크기가 $0.5\mu m$ 정도 변동하는 것을 검출했다. 예로서 방향성 결합형 변조소자는 광결합 특성에 민감한 굴절률 분포가 극히 중요한 것을 감안하면, LiO_2의 산포(散布)를 $0.02mol\%$ 이하로 억제할 필요가 있음을 시사하고 있다.

이 상위점은, 콩그루언트 조성에서는 Nb 성분이 과잉으로 되어 있으므로 빈자리(hole) 등의 결함으로 인한 Ti 확산의 거동(물론 확산조건의 차이도 요인이겠지만) 차이로 판단된다. $LiNbO_3$의 결함에 관해서는 이제까지 몇 가지 모형이 제시되었는데, 크게 나누면 다음과 같다.

(1) 산소 결함 모형 : $[Li_{1-2x}][Nb]O_{3-x}$
(2) Li 사이트 빈자리 모형[39] : $[Li_{1-5x}\square_{4x}Nb_x][Nb]O_3$
(3) Nb 사이트 빈자리 모형[45,46] : $[Li_{1-5x}Nb_{5x}][Nb_{1-4x}\square_{4x}]O_3$

여기에서 □은 빈자리다. 모형(2)와 모형(3)은 Nb가 과잉이 될수록 밀도가 증가하기 때문에「양이온 치환 모형」이라고도 불리고 있다. 이제까지는 (3)의 모형이 정설로 받아들여지고 있었으나, 컴퓨터 시뮬레이션을 이용한 결정 에너지 계산에 따르면 결함의 상호작용을 고려하지 않을 경우 러너 등의「Li 사이트 빈자리 모형」이 에너지적으로 안정하다는 것이 지적되었다.[47]

기타무라(Kitamura) 등은 화학량론 조성, 콩그루언트 조성 및 Nb 과잉조성에서 단결정을 육성시켜 X선 구조 해석과 중성자 회절을 병용하여 결함구조 해석을 했다. 〈표 3.4〉는 두 개의「양이온 치환 모형」의 이론적인 화학식과 치환 사이트의 점유율을 지적함과 동시에 실제 결정의 구조해석 결과를 비교했다. 그 결과는, 조성비가 일정하지 않은 콩그루언트와 Nb과잉 융액의 결정은 Nb 사이트에서는 거의 빈자

〈표 3.4〉 $LiNbO_3$에서 두 개의「양이온 치환 모형」이론값과 해석결과의 화학식(□은 빈자리)

Li/(Li+Nb)	이론식		해석 결과 (화학식)
	「Li 사이트 빈자리 모형」	「Nb 사이트 빈자리 모형」	
0.500	$[Li_{1.0}][Nb_{1.0}]O_3$	$[Li_{1.0}][Nb_{1.0}]O_3$	
0.498	$[Li_{0.994}Nb_{0.0013}\square_{0.004}][Nb]O_3$	$[Li_{0.994}Nb_{0.006}][Nb_{0.996}\square_{0.004}]O_3$	$[Li_{0.996(3)}Nb_{0.005(2)}][Nb_{0.999(3)}]O_3$
0.485	$[Li_{0.951}Nb_{0.0098}\square_{0.0039}][Nb]O_3$	$[Li_{0.951}Nb_{0.049}][Nb_{0.961}\square_{0.039}]O_3$	$[Li_{0.934(4)}Nb_{0.008(2)}][Nb_{0.9844}]O_3$
0.470	$[Li_{0.904}Nb_{0.0192}\square_{0.077}][Nb]O_3$	$[Li_{0.904}Nb_{0.096}][Nb_{0.923}\square_{0.077}]O_3$	$[Li_{0.981(4)}Nb_{0.013(2)}][Nb_{0.992(4)}]O_3$

리가 발견되지 않았고, 또 Nb 농도가 증가해도 점유율이 변하지 않는다는 것이다. 이 결과에서 LiNbO₃에서의 결함모형은 「Li 사이트 빈자리 모형」으로 된다. 중성자선 회절에 의한 리토베르트 해석에서도 Nb 사이트에 빈자리가 없는 모형(2)를 지지하는 결과로 되었다.[49]

상태도에 따르면 화학량론 결정이 광손상, 더 나아가서는 결정결함의 관점에서 주목받고 있는데, 여러 가지 성장연구가 활발해지고 있다. 예를 들면 FZ법에 의한 육성이나 2중 도가니에 의한 키로풀로스(Kyropoulos)법을 들 수 있다. 결함이 없는 화학량론 결정이면 내광손상성이 높아질 것이라는 기대가 있었지만, 현실에서는 화학량론 조성 결정의 광손상이 콩그루언트 조성 결정에 비해 크다는 결과가 나와 있다. 〈그림 3.14〉는 그 결과를 나타내고 있다. 쪼여주는 레이저 광 세기에 따라 이러한 경향이 다르다는 것이 논의된 바 있어[50] 복잡한 현상이라는 것을 짐작할 수 있고, 아직까지 결론에 도달한 것 같지는 않

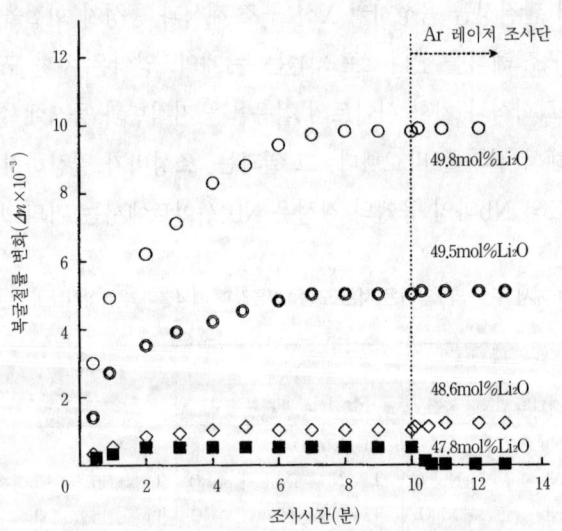

〈그림 3.14〉 광손상도의 결정조성 의존성[50] (조성은 결정의 값)

다. 극히 일반적으로는 산화물 결정에서의 산소 확산이 비교적 빠르다. 따라서 이것은 광 손상의 발생 기구에서 예측되는 단순한 양이온 복합결함만으로는 설명할 수 없고, 산소를 포함한 결함을 고려할 필요가 있음을 시사해준다.

〈그림 3.13〉의 상태도에서 알 수 있는 또 하나의 염려는 확산형 도파로 형성 과정에서의 $LiNb_3O_8$의 석출(析出)이다. 그림을 보면 화학량론에서 Nb이 많은 쪽으로는 $LiNbO_3$의 고용체상(固溶體相)과 $LiNb_3O_8+LiNbO_3$ 공정영역(共晶領域)과의 경계인 고용온도 곡선이 급하게 구부러진다. 콩그루언트 결정은 육성 후의 냉각 과정에서 반드시 이 고용선(固溶線)을 횡단하게 된다. 이 고용선에서의 $LiNb_3O_8$ 석출 속도는 느리다. 그러므로 단결정 육성 후 보통의 냉각 속도에서는 석출이 동결(frozen-in)되지만 결정을 900~1,000℃에서 장시간 설담금한다든지 하면 미소 석출물로 되어 광산란 중심으로 된다. 예를 들어 아메니스(Armenise) 등[51]은 750℃에서 2시간 동안 열처리를 함으로써 섬모양[島狀]의 $LiNb_3O_8$ 석출물을 관찰했는데, 그 농도가 750~800℃에서 최대로 되며 900℃ 이상에서는 소멸하는 것을 알았다. 따라서 Ti 확산 조건과 처리 종료시에 이 석출을 어떻게 억제하는가가 중요하다.

콩그루언트 조성 결정은 조성적으로 균질하다고 하지만 화학량론 융액에서의 결정에 비하면, 그 결정성은 우수하다.[52] 〈그림 3.15〉는 3인치 지름의 결정에서 얻은 (001) c판의 X선 정밀사진(topograph)이지만 회절면을 바꾸어도 서브그레인(sub grain)은 확산되지 않는다(결정 메이커에 따라서는 X선 정밀사진을 첨부하고 있지만, 회절면을 바꾸면 서브그레인이 나타나는 수가 있으므로 주의를 요한다).

결정성장에서의 또 하나의 큰 진전은 Mg를 도핑한 $LiNbO_3$ 결정의 상태도가 완성된 일일 것이다. $LiNbO_3$ 결정의 최대 결점인 광손상에

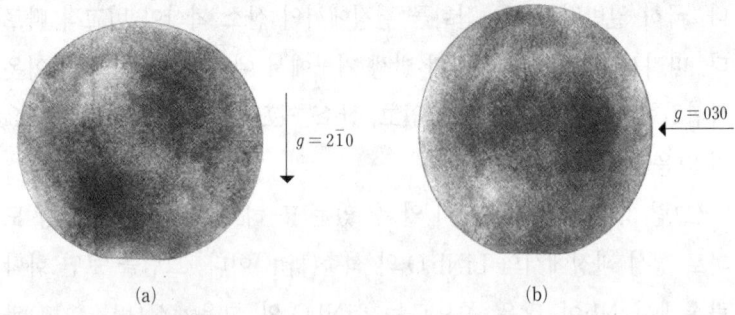

〈그림 3.15〉 콩그루언트 LiNbO₃ (001) 웨이퍼의 X선 정밀사진(野澤敏矩 제공) : (a)는 $g=2\bar{1}0$, (b)는 $g=000$의 회절면

관한 원인으로는, 불순물로 들어간 Fe가 광조사에 의해 이온화하여 전하이동으로 내부 전기장에 의한 전기광학효과를 유기시켜 복굴절 변화를 일으키기 때문이라는 것이 정설(定說)로 되어 있다. 이 때문에 결정 성장용 원료나 노재(爐材)에는 Fe 함유량을 억제하는 노력이 매우 중요한 일이라고 한다. 환원 분위기에서 육성한 결정을 산화 분위기에서 열처리하면 손상이 작은 결정이 된다는 결과도 보고되어 있지만,[53] MgO를 도핑하면 광손상이 극단으로 억제된다는 사실에서[54] MgO : LiNbO₃ 결정 육성을 검토한 것이 진전된 성과를 가져왔다.

그라브마이어(Grabmeier) 등[55]이 Mg 도핑을 한 상태도의 변화를 상세히 조사한 결과 MgO를 도핑해도 콩그루언트 조성 Li₂O = 48.6 mol%는 변하지 않았다. 한편 구마가이(熊谷) 등[56]은 DTA를 갖고 상세히 조사하여 〈그림 3.16〉에 표시한 것과 같이 5 mol% MgO 도핑에서는 콩그루언트 조성(48.6 mol% Li₂O)은 도핑하지 않은 것에 비해 47.5 mol%와 Nb 리치로 되어 있다는 것을 보고했다. 광손상의 억제에는 5 mol% 이상에서만 효과가 없지만(약함) MgO의 LiNbO₃에 대한 편석계수(偏析係數) k_{eff}는 1보다 크기 때문에 결정 속에는 Mg의

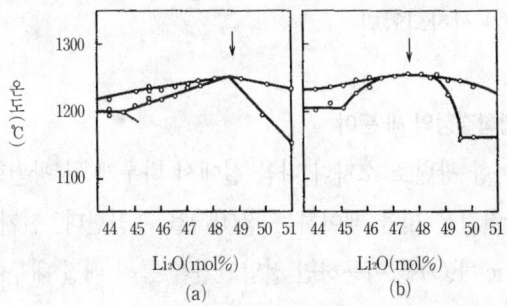

〈그림 3.16〉 DTA에서 구한 LiNbO₃ 근방의 상태도[56] : (a) 도핑 Li₂O-Nb₂O₅계, (b) MgO 5 mol% 도핑한 Li₂O-Nb₂O₅계. 화살표는 콩그루언트 점을 가리킨다.

농도기울기가 도입되어 균질한 MgO 도핑 결정의 성장에 어려움이 있다. 그리고 MgO 도핑에 의해 상유전-강유전 상전이 온도(퀴리 온도) T_c가 높아져 융점에 가까워지고, 또 반전분역벽(反轉分域壁)에 큰 전기적 비틀림이 집중하는 것[57] 등에서 폴링(단분역처리)이 어려워진다. T_c의 상승에 따라 복굴절률도 당연히 변하고 Mg의 함유량에 관해서는 약 1.1×10^{-3} mol% MgO가 보고되었다.[58] MgO 대신에 ZnO나 In을 도핑하여 내광손상(耐光損傷)을 향상시킨 것도 보고되었지만[59,60] MgO와 같이 편석계수가 1보다 크다. 어느 것이나 강한 스트레인(strain)이나 서브그레인이 쉽게 생기는 문제가 있다.

〈그림 3.1〉과 3.1.2에서 개관한 것과 같이, 전기광학결정은 여러 가지 변천을 반복해왔지만 현 시점에서 살아남아 있는 것은 강유전체인 LiNbO₃만이라고 해도 과언이 아니다. 그 요인은, 강유전체의 발견 이래 산소8면체 구조가 우수한 특성을 갖고 있다는 결정화학에 기인하지만, 새 결정재료의 탐색지침을 이것에서 구축(構築)할 필요가 있다. 비선형광학으로 주목받는 KTiOPO₄(KTP)의 강유전성, 새로운 강유전체인 LaBGeO₅(lanthanum borogermanate)[61]가 주파수 자기체배

결정으로 연구가 시작되었다

3.1.4 전기광학결정의 새 분야

앞 절에서 논한 광변조 소자나 다음 절에서 다루게 될 광편향 소자에서 전기광학결정은 빛을 제어하는 장(場)을 제공한다. 전기광학효과(electro optic : EO)를 이용하면 전압인가를 통해 매질 내부에 굴절률 분포가 만들어지므로 렌즈 작용도 갖게 할 수 있다. 따라서 전압을 이용해 초점거리를 연속적으로 변화시킬 수 있어 흥미 있는 응용이 기대된다. 전기광학효과를 교묘하게 이용하는 벌크 결정을 필요로 하는 영역이다. 역으로 전기장의 미묘한 변화를 전기광학효과, 즉 굴절률 변화를 통해 빛 전파의 변화를 얻는 것이 가능하다. 이 센서로서는 고속동작을 하는 전기광학(EO) 결정을 이용할 수 있다. 여기에서는 EO 렌즈, EO 센서와 초고속 IC 계측 프로브에 관한 최근의 발전을 기술한다.

그 밖에 전기광학결정의 고체 레이저로의 기대도 하고 있다. 전기광학효과를 통한 굴절률 타원체의 변화로 발진광의 우선적 편광면(優先的 偏光面)의 제어를 할 수 있는 가능성에서 전기장 제어형 고체 레이저가 기대되는 것 외에, 반도체 레이저의 파장변환 소자와 변조 기능을 구비한 새 소자의 가능성이 기대된다. 이것은 제4장 4.1.6에서 취급한다.

(1) 초점 가변 렌즈

전기광학효과(EO)를 통해 전압을 걸어주면 결정 내에 굴절률 분포가 생기므로 렌즈 효과가 생기고, 가해준 전압에 따라 초점거리가 연속적으로 바뀌는 것이 분포굴절률형 EO 렌즈[62]다.

EO 렌즈의 동작원리를 〈그림 3.17〉에서 설명한다. 그림과 같이 입방체 모양을 한 전기광학결정의 서로 마주보는 면에 입사(入射)한 레이저 빔(beam)의 광로에 따라 스트립(strip) 모양 전극 A, B를 만든다. 전극 A는 빔 직경과 거의 같은 폭이고, 전극 B는 빔 직경을 감싸는 형으로 서로 마주보는 두 쌍으로 되어 있다. 여기에 전기장을 가하면 y방향의 굴절률 n_y는

$$n_y = n_0 \left\{ 1 - \frac{1}{2} n_0^2 (r_{13} E_x^2 + r_{33} E_y^2) \right\} \tag{3.19}$$

로 되고, $r_{13}E_x^2 \ll r_{33}E_y^2$이 성립할 경우 식(3.19)는 근사적으로

$$n_y = n_0 \left\{ 1 - \frac{1}{2} n_0^2 r_{33} E_y^2 \right\} \tag{3.20}$$

로 된다. 여기에서 n_0는 전기장이 0인 때의 굴절률, r_{ij}는 전기광학 계수다. 〈그림 3.18〉에서와 같이 굴절률은 중심부에서 최대로 되어 입사 빔은 중심을 향해 렌즈 작용으로 집속(集束)하고, 전극 A에서는 편평(扁平)하게 되는 y방향 1차원 렌즈로, 전극 B에서는 세로로 길게 되는 x방향 1차원 렌즈로 되어 출사광(出射光)은 2차원으로 수렴하여 스폿(spot)상(像)으로 된다.

이와 같이 초점 가변 렌즈로의 전기광학효과 응용이 제안된 이래 앞선 아이디어에 따라 가변 2초점 렌즈의 동작[63]을 이용한 광 스위치나

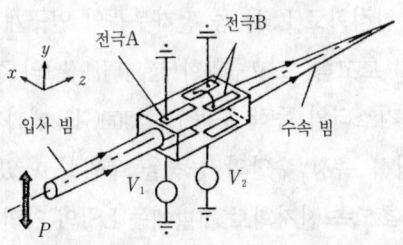

〈그림 3.17〉 EO렌즈의 구성원리[127] : 전극 A는 서로 마주보는 한 쌍, 전극 B는 서로 마주보는 두 쌍이고 각각 y 방향과 x 방향으로 빛이 집속한다.

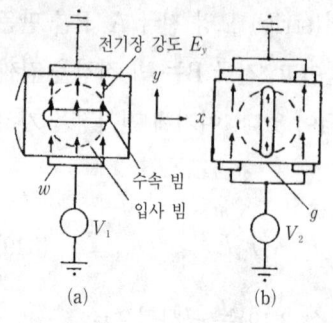

〈그림 3.18〉 1차원 렌즈의 동작원리[127] : (a)가 y방향으로 집속하는 렌즈 효과, (b)가 x방향으로 집속하는 렌즈 효과. 어느 것이나 중심 부근에서 굴절률이 커져서 중심을 향한 렌즈 작용을 한다.

광분파기(光分派器) 등의 응용도 현실적으로 나타났다. 동작 전압의 저감(低減)이나 동작 속도의 향상에는 새 소자 구조의 발상(發想)과 함께 낮은 유전율이면서 전기광학 계수가 큰 재료가 필요하다. 그러나 전기광학결정의 적응 분야로서는 대단히 흥미 있을 뿐만 아니라, 포토리프랙티브 효과에 의한 자기집속(自己集束)과도 서로 통하고 미래 광정보 처리계에서의 검토도 기대된다.

(2) 초고속 IC의 계측 프로브

전기장 센서와 같이 반도체 집적회로의 고장진단이나 초고속 계측용 프로브가 광학결정의 새 분야가 될 것이다.

차세대 초고속 컴퓨터나 대용량 통신 시스템을 지탱하는 각종 반도체 전자 소자나 집적회로(LSI) 등 전자부품의 연구개발은 해마다 치열해지고 있으며, 초고속, 초고주파화(超高周波化)의 경쟁이 반복되고 있다. 이미 트랜지스터의 동작 주파수는 300GHz에까지 이르고 있으며, 현재의 전기적 측정 수단의 능력을 추월하고 있다. 이들 10~100GHz에 걸친 초고속 전자회로 개발에는 LSI의 임의 장소에서의 초고속 전기신호를 같은 정도의 빠르기로 직접 측정할 수 있는 계측방법이 반드시 필요하다. IC의 동작진단, 해석기술에서는 이제까지 IC 내부의 전기신호를 관측하는 유력한 수단으로 전자 빔 테스터가 있었지만, 기껏 수 GHz 정도가 한계이고 수십 GHz 이상에서 동작하는 초고속 트랜지스터로 구성된 IC의 평가에는 적용할 수 없었다. 미래의 초고속 LSI 개발에 확실하게 동작진단을 하는 계측기술의 개발이 요청되는 이유도 여기에 있다.

이와 같은 새로운 필요에 대해 초고속 IC 개발을 위한 계측기술로 떠오르는 것이 전기광학 샘플링(electro-optic sampling : EOS)이다.[64] 이것은 고감도의 전기광학결정을 IC 표면에 근접시켜 회로(微細配線系)에서의 프린지(fringe) 전기장(漏泄電氣場)을 광학적으로 검출하는 것으로서 극단 펄스 레이저 광과 조합한 전기장 센서의 일종이다.

〈그림 3.19(a)〉는 측정 원리를 모델화한 것으로, 프로버 앞 끝의 전기광학결정을 IC에 근접시키면 배선의 신호강도에 따라 공간에 누설(漏泄)된 프린지 전기장에 의해 결정의 굴절률이 전기광학효과를 통해 변한다. IC와 마주보는 결정 끝 면에는 고반사율을 갖는 유전체 거울이 증착(蒸着)되어 있고, 프로브 광인 펄스 레이저는 이 굴절률 변화의 시간적 순간 변화를 포착하여 굴절률 변화에 따르는 편광 상태를 가지고 돌아온다. 돌아오는 레이저 광의 편광 상태 변화는 편광판을 통과함으로써 광 세기의 변화로 얻어지므로, 전기신호에 대한 레이저 광의 타이밍을 변화시킴으로써 배선상의 신호변화를 광 세기 변화로 검출하여 재현(再現)시킬 수 있다. 〈그림 3.19(b)〉에 모형적으로 표시한 것과 같이 피측정 신호를 연속적으로 검출하는 것이 아니고, 펄스 간격으로 신호의 진폭을 잡는「샘플링」인데, 이들 신호를 합성하여 재현시키는 방법이다. 따라서 피측정 파형은 주기적으로 반복되는 신호로 할 필요가 있다. 이 때 레이저 광이 샘플링하는 신호의 시간 분해능

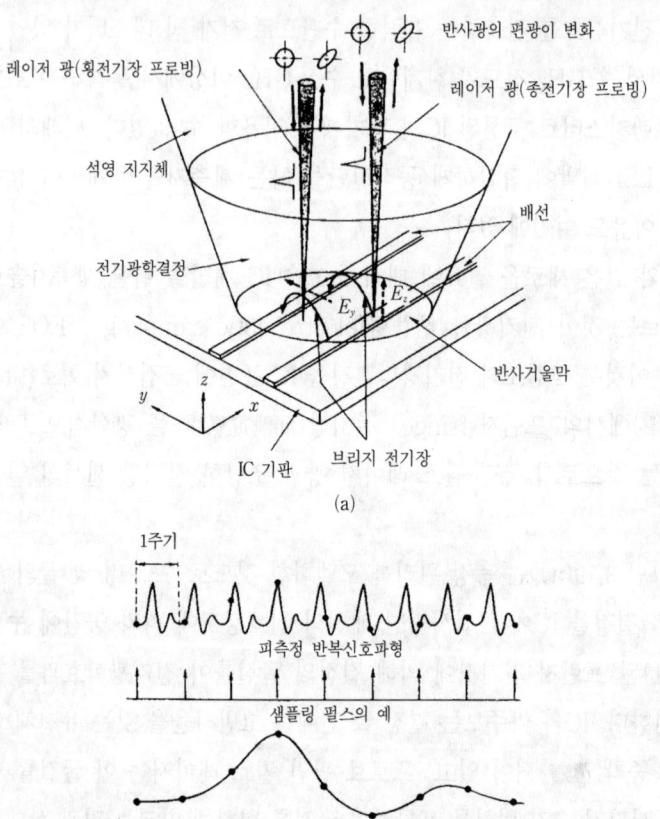

⟨그림 3.19⟩ 외부 EO 샘플링의 원리 : (a) EO 결정을 왕복한 레이저 광의 편광상태가 IC 배선 상의 신호 전기장에 따라 전기광학효과를 통해 변화한다. 배선 사이의 횡전기장 E_y와 배선 바로 위의 종전기장 E_z 중 어느 것을 프로빙할 것인가는 EO 결정의 종류에 따른다. (b) 샘플된 점에 의한 신호의 재현 그림. 그림의 샘플 파형은 피측정 신호파형의 1주기분에 해당(시간축 확대)

(시간폭)은 주로 빛의 펄스 폭과 빛이 결정 안의 전기장이 있는 영역을 통과하는 시간에 따라 정해지고, 전기장에 의한 복굴절률 변화의 응답은 100fsec에 이르는 고속이므로[65] 1psec대($휼$)는 비교적 쉽게 실

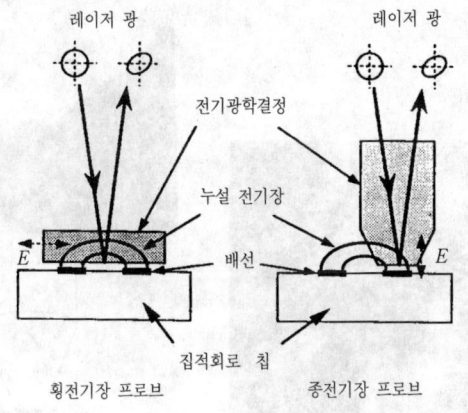

〈그림 3.20〉 집적회로 내부의 파형 계측용 비접촉 프로브 배치

현된다.

〈그림 3.20〉에서 표시한 것과 같이 전기광학 프로브를 배선 바로 위에 둘 때는 전기장의 누설 수직 성분(종전기장 프로빙)을 받게 되고, 배선 사이에 두면 수평 전기장(횡전기장 프로빙)을 받게 되므로 전기광학결정의 선택이 필요하다. 이들 전기광학결정은 〈그림 3.21(a)〉와 같이 약 100μm의 두께를 갖는 석영 막대의 끝부분에 접착시킨 후에 원뿔모양으로 가공되고 끝부분 지름이 50~100μm로 끝맺음되어 있다. 〈그림 3.21(b)〉는 실제로 장치한 IC 칩에 근접시킨 프로브를 나타내고 있다.

〈표 3.5〉는 이제까지 EOS에 이용된 결정광학과 그 특성을 정리한 것이다. 가장 잘 연구된 것은 C_{3v}-$3m$에 속하는 $LiTaO_3$다.[66,67] 이 경우 가장 큰 전기광학 계수는 r_{33}이므로 종전기장은 검출할 수 없다. 그 때문에 ~55° 커트(cut)한 $LiNbO_3$를 사용한 보고가 있다.[68] 횡전기장 프로빙은 공면(共面)선로와 같은 공평면 회로(共平面回路)로 이루어

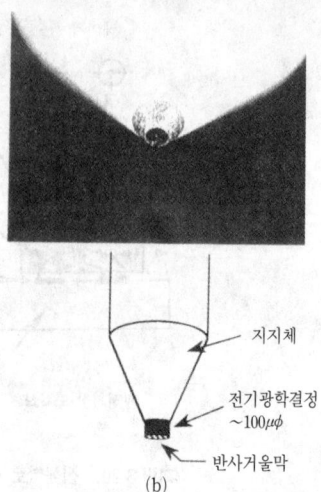

(a)　　　　　　　　(b)

지지체
전기광학결정
~100μφ
반사거울막

〈그림 3.21〉 IC 칩 위에 근접시킨 EO 프로버(永妻忠夫 제공). 삽화는 프로버 끝부분의 구성도

〈표 3.5〉 전기광학 샘플링용 프로브 결정

결정	굴절률 n	전기광학계수* r_{ij}(pm/V)	유전율 ε	파장 ($\geq \mu$m)	검출전기장
LiNbO₃	2.23	30.8 (33)	32	0.4	횡
					종(55° cut)
LiTaO₃	2.14	30.3 (33)	43	0.4	횡
KDP	1.51	10.6 (63)	48	0.2	종
KTiOPO₄	1.83	35	15.4	0.35	횡
					종(z cut)
KTiOAsO₄	1.8	40 (33)	18		
Bi₁₂SiO₂₀	2.5	5.0 (41)	56	0.4	종
Bi₁₂GeO₂₀	2.1	1.0 (41)	16	0.5	종
Bi₁₂TiO₂₀	2.56	5.75 (41)		0.45	종
GaAs	3.5	1.4 (12)	12	0.9	종
ZnTe	3.1	4.3 (12)	10	0.6	종
CdTe	2.8	6.8 (12)	9.4	0.9	종

* ( )는 (ij)

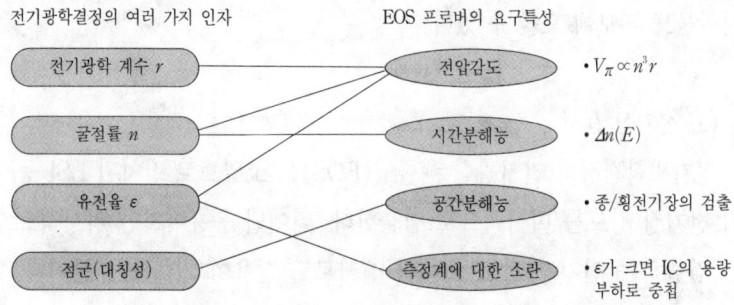

〈그림 3.22〉 EOS 프로버에 요구되는 결정인자

진 MMIC나 인접 배선이 적은 IC에는 적용할 수 있지만, 일반 IC에서는 광학적 혼신(混信)이 생기는 등 공간 분해능이 떨어진다. 종전기장 프로빙은 역으로 회로 표면에 수직인 전기장에는 민감하기 때문에 배선 그 자체의 검출에만 한정되지만 공간 분해능은 우수하다. 산화물 결정으로서는 KD^*P[69]나 $KTiOPO_4$,[70] $LiNbO_3$[71]와 같은 강유전체 전기광학결정과 화합물 반도체인 $GaAs$,[72,73] $CdTe$[74]가 있다. 사용 목적에 따라 결정을 선택해야 할 것이다.

〈그림 3.22〉에 이 EOS 시스템의 특성에 관여하는 프로브 결정의 매개변수(parameter)를 표시했지만, 특히 결정의 유전율은 IC에서 용량성 부하(容量性負荷)에 영향을 미칠 우려가 있다. 그러나 이론적 계산에서는 프로버와 IC 표면이 2μm 정도 떨어져 있으면 문제는 없고, 또 결정 단면(端面)에는 실효 유전율 6 정도의 유전체 다층 반사막을 2μm 정도의 두께로 입혀두었기 때문에 교란은 적어진다. 공간 분해능은 프로브 끝에서 집광한 레이저 빔의 지름 약 2μm 가 되는 것이 현상태에서는 한계다. 따라서 이제부터는 더욱 고감도화, 고공간 분해능화에 있어 단파장 레이저에 대해 큰 전기광학효과를 갖는 종전기장 프로빙용 결정재료가 요청된다. 이런 뜻에서 큰 굴절률을 갖는 실레나이트

화합물도 후보에 오를 수 있다.[76]

(3) 전기장 센서

전기광학결정의 전기광학 샘플링(EOS)은 고밀도로 장치된 LSI 등의 전기장 강도를 미시적으로 검출한다. 뛰어난 응용이지만 거시적으로 검출하는 전기장 강도 계측의 센서로도 실용이 기대되는 분야다. 이미 실레나이트 화합물인 $Bi_{12}SiO_{20}$(BSO)를 이용한 초고전압 송전선의 이상(異常)을 감지할 수 있는 검출기가 실용화되었다.[77] 이는 BSO가 갖는 큰 베르데 정수를 이용한 자기장 감지이기도 하다.

Ti 확산 $LiNbO_3$의 도파로형 광변조기는 전자기장(電磁氣場) 환경의 측정 등에 적용이 진행되고 있다. 특히 초고압 송전선 아래에서 주파수가 3kHz 이하의 저주파 ELF 전기장을 관측한 예가 있다. 3.1.2의 (2)에서 개설한 것과 같이 도파로형 광변조기에는 분기 간섭형(分岐干涉型), 밸런스 브리지형 등 여러 가지 형태가 제안되어 있지만, 분기 간섭형이 현재로는 가장 광대역, 저전압 동작이 가능하다. 아주 약한 전자기장 센서용으로 사용하면 안테나를 제외하고는 모두 산화물 유전체로 집적화할 수 있어 소형, 경량, 고감도, 고대역 소자로서의 실용이 기대된다. 〈그림 3.23〉에 표시한 것과 같은 소자 구조가 제안되었다.[78,79] 전극을 분기된 각 도파로에 설치함으로써 길이 단축이 꾀해지고 있다. 안테나는 $5 \times 15 \times 0.5$mm의 동판이고 그 밖에는 모두 유전체로 되어 있다. 전자기장은 그림에서 아래위 방향으로 된다. 측정 주파수 범위는 30Hz~100kHz이고 $10^{-1} \sim 10^4$V/m의 전기장 측정이 가능하다. 광학결정재료는 도파로 구조의 작성이 거의 완성되어 있는 $LiNbO_3$가 가장 유력하지만, 전기광학효과가 더 큰 것이 바람직하다.

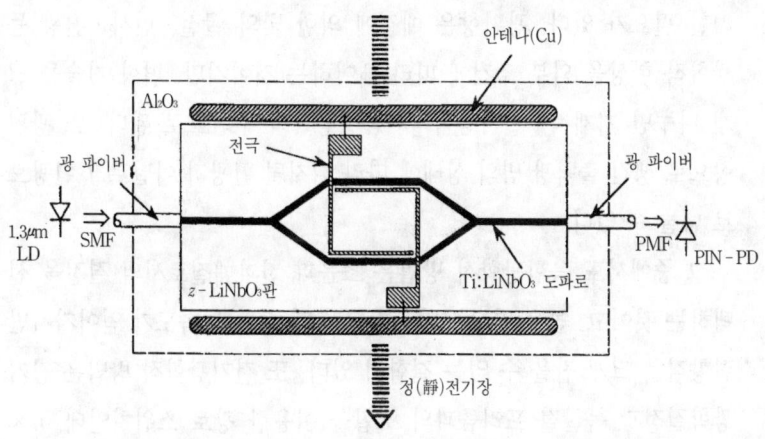

〈그림 3.23〉 Ti 확산 LiNbO3의 분기 간섭형 저주파 전기장 센서의 구성[79]

3.2 음향광학효과 결정과 광편향

광 빔의 진동 방향을 임의로 공간에서 제어하는 광편향 기술은 광 메모리의 기록과 재생, 레이저 프린터, 디스플레이, 그 밖에 비약적으로 증가하는 정보량을 더욱 빠른 속도로 처리하는 고도 정보처리 시스템을 구축하는 데 기본적 수단으로서 중심적인 구성 요소다. 이 광편향 기술은 단순히 정보처리 분야뿐만 아니라 화상전송과 처리, 표시와 같은 광응용의 기간 기술로서 중요하다. 그러나 1970년대 초 이래 연구개발은 정체되어 있다고 할 수 있다. 왜냐하면 실용화를 겨냥한 가격이나 기술적인 과제와 동시에 재료 특성도 큰 요인이 되었고, 액정의 출현으로 큰 진전이 없었다고 해도 과언이 아니다.

광편향 소자에서 요구되는 조건은 고속성(高速性), 빛의 저손실, 광빔의 위상이 흐트러짐이 없을 것, 편광 각도의 정확성·안정성 등이다. 공학적 난점으로는 수평, 수직, 편향(2차원)이 클 것, 동작 주파수 대역, 구동 전력, 편향도(偏向度)의 선형성, 환경에 대한 문제 등도 고려할 필요가 있다. 광편향은 매질에 의한 빛의 굴절·반사·편광 등 광학적 현상을 외부 조건에 따라 제어하는 것이지만, 편향 기술을 크게 나누면 기계적·전기광학적·음향광학적 수단으로 된다. 또 광편향으로 생긴 출력광 빔의 상태에 따라 디지털 편광과 아날로그 편광으로 나눌 수 있다.

그 중에서도 음향광학적 방법은 초음파 전파매질로서의 결정을 선택하는 것이고, 높은 편향 효율, 비교적 빠른 편향 속도가 얻어지지만 편향각을 크게 잡을 수 없는 결함이 있다. 또 전기광학적 방법은 전기광학결정과 복굴절 프리즘과의 조합을 이용한 광로 스위치인데, $n \times m$ 매트릭스가 2차원적으로 빛을 디지털로 편향시킬 수 있지만 크고 균질인 결정이 필요하고, 또 결정재료의 정기광학 계수에 제약을 받아 구동전압이 커야 하는 난점이 있다. 새로운 결정재료가 요구되는 분야다.

이 절에서는 광편향의 기초현상을 재료 관점에서 기술하고 재료탐색의 필요성을 제7장에 연결시킨다.

3.2.1. 음향광학 편향의 원리와 재료 변수

광편향은 음향광학 편향 또는 초음파 광편향이라고도 하며, 투명 매질에 초음파 진동자(transducer)를 접착하여 매질 내에 초음파의 정상파(定常波)를 만들고, 음파의 변형을 통해 매질 굴절률의 주기적 변화(굴절률 grating)를 만들고 이것으로 광을 회절시키는 소자 기술이다.[80~82]

초음파에 의한 변형을 S_{kl}로 하면 굴절률 변화는 제2장 식 (2.12)에 의거해

$$\Delta B_{ij} = \Delta\left(\frac{1}{n_{ij}^2}\right) = p_{ijkl}\, S_{kl} \tag{3.21}$$

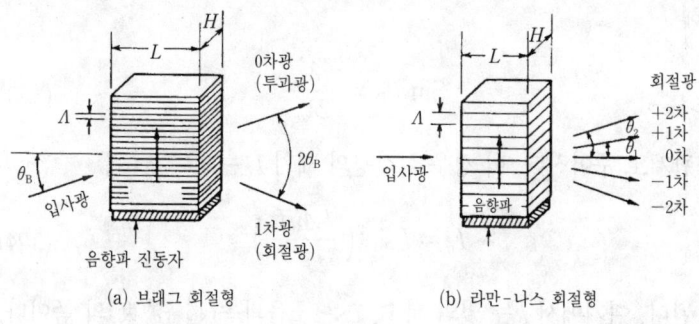

⟨그림 3.24⟩ 기본적인 벌크형 음향광학 회절소자

로 표기된다. 여기에서 p_{ijkl}을 광탄성 상수(elasto-optic constant)라 하고, p_{mn}형의 행렬 표시를 하면 36개로 이루어지는 4계의 텐서 양이다.

⟨그림 3.24⟩에 회절의 원리를 나타냈다. 초음파 진동자에서 발생한 탄성파에 의해 굴절률의 대소(大小)가 형성되고, 이 굴절률 회절격자에 비스듬하게 입사한 빛은 반사 회절한다. 각주파수(角周波數) Ω인 초음파를 x방향으로 진행하는 진행파로 하면 매질 안의 시간적·공간적 굴절률 변화는

$$n(x, t) = n_0 + \Delta n \sin (\Omega t - Kx) \qquad (3.22)$$

로 주어진다. K는 초음파의 파수(波數), n_0는 매질의 굴절률, Δn은 굴절률 변화의 폭이다. 초음파의 주파수가 높은 경우 굴절률의 주기적 변화는 회절격자로 볼 수 있고, 결정격자에 의한 X선 회절과 같은 원리에 따라 1차 회절광이 같은 위상으로 되어 빛의 입사각 θ_B와 같은 각을 갖고 회절(반사)한다. 이것을 브래그 회절이라고 한다. θ_B를 브래그 회절각(Bragg angle)이라 하고 빛의 파장 λ와 초음파의 파장 λ_{ac}에

의해

$$\sin \theta_B = \frac{\lambda}{2\lambda_{ac}} \tag{3.23}$$

의 관계로 주어진다. 이 경우 회절광의 세기 I_d는

$$I_d = I \sin^2\left(\frac{k\Delta nL}{2}\right) \tag{3.24}$$

로 된다. 여기에서 k는 빛의 파수, L은 초음파속(超音波束)의 폭이다. 브래그 회절은 이론적으로는 100% 편향이 된다. 초음파의 주파수가 낮은 경우 빛의 회절은 브래그 반사로 되지 않고 입사각 방향을 중심으로 양쪽에 고차(高次)의 회절이 동시에 생긴다. 이것을 라만-나스 회절이라고 한다.

매질 안의 벌크 음향파는 종파 또는 횡파이고 0이 아닌 변형 텐서 성분 S는 하나이므로 매질을 전파하는 초음파의 단위파속(單位波束) 단면적당(斷面積當)의 초음파 파워 P_a는, 음속을 v_s, 매질의 밀도를 ρ로 하면

$$P_a = \frac{1}{2}\rho v_s^2 SS^* \tag{3.25}$$

로 기술된다.[82] 여기에서 S^*는 S의 공액항이다. 따라서 굴절률 변화의 진폭은 식 (3.21)과 식 (3.25)에서

$$\Delta n = \sqrt{\frac{p^2 n^6}{\rho v_s^3}}\sqrt{\frac{p_a}{2}} \tag{3.26}$$

으로 표기되고(이 식의 유도에 관해서는 문헌 82에 상세하게 해설이 되어 있으므로 여기에서는 결론만 인용한다). 이 식에서 첫 인자(因子)

$$M_2 = (p^2 n^6 / \rho v_s^3) \tag{3.27}$$

를 성능지수(figure of merit)라 하는데, 이는 매질 특성 매개변수의 지침이 되는 중요한 관계식이다.

즉 성능지수가 클수록 같은 파워의 초음파 입력에 의해 큰 브래그 회절광의 세기를 얻는다. 이 높은 편향효율을 얻기 위해서는 재료에서 큰 Δn을 얻을 수 있는 것, 즉 큰 p와 n, 작은 ρ와 v_s가 중요한 성질임을 알 수 있다.

또 초음파 광편향기용 매질의 선택이나 탐색은 이 성능지수를 기준 삼아 이루어지지만, 편향뿐만 아니라 변조대역폭도 고려한

$$M_1 = (p^2 n^7 / \rho v_s) \tag{3.28}$$

그 위에 2차원 편향기의 구성을 고려하여 빔의 지름과 초음파 빔의 높이를 갖게 한 경우의

$$M_3 = (p^2 n^7 / \rho v_s^2) \tag{3.29}$$

도 정의되어 있고, 어느 것이나 재료탐색 지침에서 중요한 지수다. 재료 선택에는 이들 매개변수 외에도 초음파의 전파손실 Γ를 고려할 필요가 있고, $M_i (i=1, 2, 3)/\Gamma$ 가 최종적인 지표(指標)이기도 하다.

광도파로의 진전에 따라 도파형 음향광학 브래그 편향소자도 시험적으로 만들어졌지만, 소자 구성에는 기판 결정, 도파로 형성, 압전성의 초음파 진동자, 광 입출력부 등을 일체화할 필요가 있고, 단일 재료로 이것들을 만족시키는 재료는 소수이며 $LiNbO_3$로서 실현되고 있는 것에 지나지 않는다.

3.2.2. 음향광학결정의 변천

〈그림 3.1〉의 변천에서 보는 것과 같이 광편향 기술은 처음에는 물을

사용해 기초적인 연구가 이루어졌지만, 고체 매질로서 수용성 α-HIO$_3$ 결정의 발견[83]에 힘입어 음향광학결정의 연구가 1960년대에 꽃을 피웠다. 음향광학 매질의 탐색원리[84]에서 시작된 이래 많은 결정이 보고되고 검토되었다. 이제까지 보고된 대표적 광학재료(매질)의 성능지수를 〈표 3.6(a), (b)〉에 수록했다.[82,85]

몰리브덴산염(酸塩) PbMoO$_4$는 탐색원리를 기초로 벨 연구소에서 합성한 매우 충격적인 결정인데, 여러 가지 물성이 활발하게 조사되었다.[86,87] 이 결정의 발견에 대한 경위는 제7장에서 상세히 논한다. 자연 상태로는 울페나이트(wulfenite)라고 알려져 있으나 점군 C_{4h}-4/m에 속하는 시라이트(scheelite) 구조를 갖는다. 콩그루언트 용융하는 것이므로 초크랄스키법으로 단결정을 육성하는 것도 쉽고 4cmϕ×12cm 길이의 대형 결정이 얻어졌다.[88] 이 결정의 특징은 c축 방향으로 전파하는 종파는 정상광과 이상광에 대해 거의 같은 편향 효율을 갖고 있다는 것이다. 초음파 전파 손실도 작고 성능지수 M_2는 36×10^{-18} sec^3/g로 크다. 광파장 0.45~5μm의 넓은 파장대에서 투명하고 약 500MHz까지의 고속편향이 가능한, 우수한 광편향용 결정이다.

2산화 텔루르(tellurum dioxide) TeO$_2$는 1986년 리베르츠(Liebertz)[89]에 의해 처음으로 제작되었고 그 탄성적 성질은 알트(Arlt)와 슈베페(Schweppe)[90]에 의해 조사되었으며, [110] 방향으로의 횡파음파 전파 속도는 616m/sec이고, 유전체로서는 예외적으로 작다. 이 사실에서 횡파에 대한 성능지수가 특히 클 것으로 기대되었고 단결정에서 확인되었다.[91] 기대한 것과 같이 성능지수 M_2는 793×10^{-18}sec^3/g로 매우 크며, 초음파 편향 소자로서 매우 우수한 결정 중 하나로, 피노(Pinnow) 등 벨 연구소의 탐색원리에서는 빠진 결정이다.

TeO$_2$ 결정에는 정방정 루틸(rutile)형 구조인 α-TeO$_2$, 사방정 브루

<표 3.6> 대표적인 음향광학결정과 여러 특성

재료	투과역 (μm)	측정 파장 λ (μm)	밀도 ρ (g/cm³)	초음파			광파		성능지수		
				전파 모드[a]	음속 v (10^5 cm/s)	전파손 Γ (dB/cm·GHz²)	진동 방향[b]	굴절률 n	M_1 (10^{-7}cm²·s/g)	M_2 (10^{-18} s³/g)	M_3 (10^{-11}cm·s²/g)
SiO₂	0.12~4.5	0.589 0.589	2.65	L[001] L[100]	6.32 5.72	2.1 3.0	⊥ [001]	1.544 1.553	9.11 12.1	1.48 2.38	1.44 2.11
ADP	0.13~1.7	0.633 0.633	1.803	L[100] S[100]	6.15 1.83		// arb.	1.58 1.58	16.0 3.34	2.78 6.43	2.62 1.83
KDP	0.25~1.7	0.633	2.34	L[100]	5.50		//	1.51	8.72	1.91	1.45
LiTaO₃	0.4~5	0.633	7.45	L[001]	6.19	0.1	//	2.18	11.4	1.37	1.84
LiNbO₃	0.4~4.5	0.633 0.633	4.64	L[100] S[001]	6.57 3.59	0.15 2.6	c ⊥	2.20 2.29	66.5 9.2	7.0 2.92	10.1 2.4
α-HIO₃	0.3~1.8	0.633 0.633 0.633	5.0	L[001] L[100]	2.44 3.56	10	[100] [010] //	1.986 1.960 1.986	103 93 125	86 80 50	42 38 35
PbMoO₄	0.42~5.5	0.633 0.633	6.95	L[001]	3.63	15	// ⊥	2.262 2.386	108 113	36.3 36.1	29.8 31.3
Pb₂MoO₅	0.4~5	0.633 0.633	7.10	L X^e L Z^e	2.96 3.28	25 50	Y(=b) //	2.183 2.302	242 162	127 65.3	82.0 49.3
TeO₂	0.35~5	0.633 0.633 0.633	6.00	L[001] S[110]	4.20 0.616	15 290	⊥ //	2.260 2.412 2.260	138 109 68.0	34.5 25.6 793	32.8 25.9 110
Pb₅Ge₃O₁₁	0.5~4	0.633 0.633	7.33	L[100]	3.01	150	// [010]	2.116 2.116	42.6 39.9	22.2 20.8	14.1 13.2
Pb₃(GeO₄)(VO₄)₂	0.52~5.5	0.633 0.633	7.15	L[001] L[010]	3.45 3.11	23 19	// //	2.275 2.281	137 78.6	50.6 35.6	39.7 25.3
PbGeO₃	0.32~5	0.633	6.54	L X^e	3.25	50	//	2.02	57.5	27.0	17.7
Sr₀.₅Ba₀.₅Nb₂O₆	0.4~6	0.633	5.4	L[001]	5.5	4	//	2.299	268	38.6	48.8
Sr₀.₅Ba₀.₅Nb₂O₆	0.4~6	0.633	5.4	L[001]	5.5		//	2.273	59.3	8.62	10.8
Bi₁₂GeO₂₀	0.45~7.5	0.633 0.633	9.22	L[110] S[110]	3.42 1.77	2.5	arb. arb.	2.55 2.55	29.5 4.13	9.91 5.17	8.64 2.33
Bi₁₂SiO₂₀	0.45~7.5	0.633	9.2	L[100]	3.83		arb.	2.55	33.8	9.02	8.83
LiIO₃	0.3~6	0.633 0.633	4.5	L[001] L[100]	4.13 4.3	930	⊥ [001]	1.88 1.74	25.7 41.9	8.0 13.0	6.2 9.8
Te	5~20	10.6	6.24	L[100]	2.2	~60	//	4.8	10200	4400	4640

a) L: 종파, S: 횡파, b) //: 초음파 벡터에 평행, ⊥: 초음파 벡터에 수직.

카이트 유사(類似) 구조의 β-TeO_2, 정방정에서 찌그러진 루틸 구조인 γ-TeO_2의 세 가지가 있지만,[92] 인공적으로 육성되는 것은 파라텔루라이트(paratellurite)인 γ-TeO_2이다. 파라텔루라이트 단결정의 제작에서는 단원소 산화물이므로 화학량론의 문제 및 상변태(相變態)가 없으므로 비교적 쉽게 성장되지만, 문제점으로서 (1) 출발 원료, (2)성장 중의 증발, (3) 기포(氣泡)의 개입, (4) 리니지(lineage) 구조의 발생이 당초에 거론되었다.[93,94]

단결정 성장은 수열합성법의 보고[95]도 있지만 초크랄스키법이 간편하다. 융점이 733℃로 산화물로서는 낮으므로 저항가열법[96]과 고주파가열법[93]이 보고되었다. 용융 상태에서의 TeO_2의 증기압이 높으므로 육성 중에 증발이 비교적 심하다. as-grown 단결정은 제1장 〈그림 1.11〉에 표시했다. 결정의 거시적 결함은 기포와 리니지이고, 이 점에 관해서는 제6장 6.2.1에서 개설한다. 결정의 모양은 인상축에 따라 다르고 〈그림 3.25〉와 같다. 결정에는 정벽(晶癖)이 비교적 강한 {110}면이 나타나기 쉽고, 그 밖에도 능상(稜狀)의 돌기(突起)가 보인다. 이것은 성

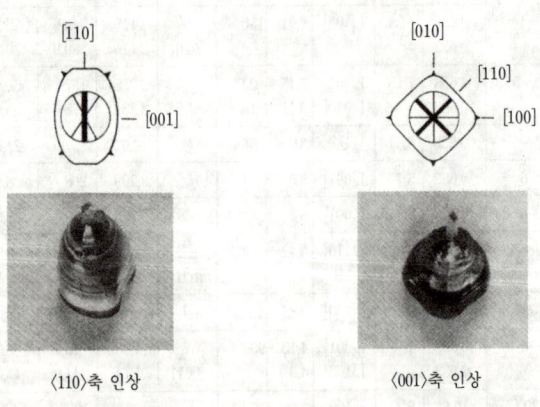

〈110〉축 인상 　　　　〈001〉축 인상

〈그림 3. 25〉 TeO_2 단결정의 성장축 방향에 의한 결정 형상

장능(growth ridge)이라는 것으로 결정 고유의 면(facet)으로 구성되어 있다. TeO_2에서는 {110} 면이 주(主)이고 그 밖에 {101}, {011} 면이 있다는 것이 스테레오 투영도(投影圖)에서 알려졌다. 파라텔루라이트 TeO_2의 여러 가지 성질을 〈표 3.7〉에 수록했다.

몰리브덴 산이염(酸二鉛) Pb_2MoO_5는 $PbMoO_4$와 같은 재료계이고 PbO가 굴절률과 광탄성 상수가 크다는 것에 주목하여 개발된 물질이다.[97] 결정구조는 단사정계이고 점군 C_{2h}에 속한다.[98] Pb 성분이 많아서 굴절률이 크고, 따라서 성능지수 M_2는 $127×10^{-18}sec^3/g$로 크지만 초음파 흡수도 비교적 크다.[99] 〈그림 3.26〉은 as-grown 결정의 예다. 이 밖에도 탐색지침을 근거로 $PbO-GeO_2$계, $Bi_2O_3-M_0O_3$계의 새로운 결정이 키워져, 그 나름대로의 특성을 나타내고 있다(제7장 7.2.2 에 상술).

이제까지의 광편향 결정은 주로 가시(可視) 레이저 파장용이었지만 근적외 파장의 반도체 레이저에 의한 광 시스템의 진전이 현저히 이루

〈표 3.7〉 TeO_2의 여러 가지 성질

결정계	정방정
점 군	D_4-422
융 점	733℃
격자상수	$a = 4.796Å$ $c = 7.626Å$
밀 도	$5.99g/cm^2$
굴절률	$n_o = 2.274(\lambda = 0.5893\mu m)$ $n_e = 2.430$
선광능	$\rho = 103±5°/mm\ (\lambda = 0.5893\mu m)$
음 속	$v_s = 0.616×10^5 cm/sec\ \langle\bar{1}10\rangle$ $v_1 = 3×10^5 cm/sec\ \langle 100\rangle$

〈그림 3. 26〉 as-grown Pb_2MoO_5 단결정

어짐으로써 앞으로의 방향은 역시 근적외 영역에서 큰 음향광학효과가 있는 재료를 찾을 것이다. 산화물 광학결정은 그 굴절률에 파장분산이 있어 장파장(長波長)일수록 굴절률이 작아지므로 성능지수 M은 작아진다. 따라서 굴절률이 더 큰 것을 기대할 수 있는 할라이드 수은 화합물(halide 水銀化合物), 예로서 Hg_2I_2 등이 후보이지만 대형 결정의 육성과 결정성(結晶性)에 과제가 산적해 있는 듯하다. 〈표 3.8〉에

〈표3.8〉 근적외용 음향광학결정의 여러 성질 및 산화물과의 성능 비교[100]

결정재료	초음파 전파방향	음 속 (10^5cm/s)	초음파 전파손 (dB/GHz㎝²)	투과역 (μm)	성능지수 $M_2(10^{-18}s^3/g)$
Silica	long	5.96	12	0.2-4.5	1
TeO_2	[110] shear	0.62	220	0.35-5.0	795
$LiNbO_3$	[100] long	6.5	0.15	0.4-4.5	4.6
$PbMoO_4$	[001] long	3.63	15		36
Hg_2Cl_2	[110] shear	0.347	390	0.35-20	700
Hg_2I_2	[110] shear	0.254	—	0.45-40	3200
Hg_2Br_2	[110] shear	0.273	440	0.40-30	2600
$PbCl_2I$	[001] shear	2.51		0.3-20	136
$PbBr_2$	[010] shear	2.30		0.35-30	550
Tl_3AsSe_3	[001] shear		314	1.0-16	900
Tl_3PSe_4	[010] shear	2.0	150	0.8-9.0	1350
AgTlSe	[101] shear	1.19	15	0.8-35	1000
Tl_3AsS_4	[001] long	2.15	5	0.6-12	416

근적외 영역에서 큰 성능지수를 갖는 재료를 열거했다.

3.3 전기광학 광 스위치와 재료 변수

전기광학효과를 이용한 디지털 광편향 소자는 입력 광 빔의 편향면을 제어하는 광 스위치를 기본 소자로 하고 있다. 이 스위치와 중복 프리즘의 조합에 따라 디지털 편향이 얻어진다. 〈그림 3.27〉은 디지털 편향 소자의 기능을 설명한 구성도를 나타낸다. 이는 직선 편광 입력 빔의 편광면을 광 스위치 소자인 전기광학결정의 전기광학효과에 의해 90° 회전시켜(회전자) 광축면(光軸面)에 대한 입사광의 평광면 각도에 따라 광 빔의 진행방향을 결정하는 복굴절 프리즘(選擇子)과의 조합을 이용해 입사광 빔의 진행방향을 양자택일하는 기능에 따른 것이다.[100] 복굴절 프리즘의 기능은 편파면에 의해 그 출력 방향이 변하는 기능을 갖고 있다.

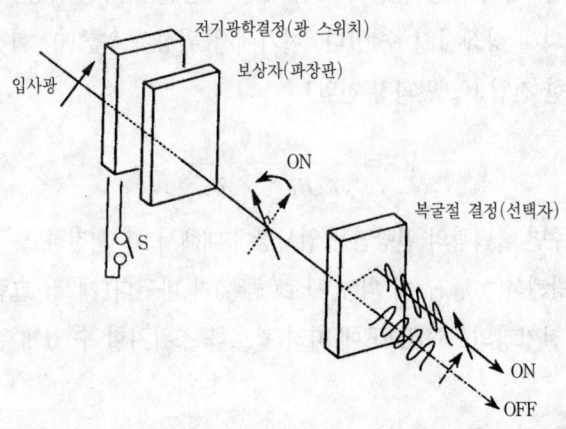

〈그림 3.27〉 편향 스위치의 동작원리 : 광 스위치를 ON하면 빛의 편광면이 90° 회전한다.

이 광 스위치는 전기장과 광 빔의 진행 방향이 직교하는「횡효과(橫效果)형 광 스위치」와 진행 방향에 나란한「종(縱)효과형 광 스위치」로 크게 나누어져 있지만 어느 것이나 광 변조기의 동작과 같다.

(1) 횡효과형 광 스위치의 원리

전기광학효과에 의한 굴절률 변화에 따라 빛의 속도를 변화시켜 결정을 통과하는 동안 빛의 위상이 변하는 위상변조로서 〈그림 3.28(a)〉에 전기광학결정인 $LiTaO_3$ 결정에서의 예를 나타냈다. 길이 l인 결정의 x_2(a 또는 b축) 방향으로 x_3(c축)에 대해 45°기울어진 직선 편광빛(파장 λ)을 입사시키고, x_3 방향에 전압 V를 걸면 결정 안에서는 x_1과 x_3축에 진폭이 같은 편파면이 서로 수직인 두 파로 나누어진다(제2장 그림 2.1, 2.2 참조). 이 두 파 사이의 위상차 δ는

$$\delta = \frac{2\pi l}{\lambda}(n_o - n_e) + \frac{\pi}{\lambda}(r_{33}n_e^3 - r_{13}n_o^3)\frac{l}{d}V \qquad (3.30)$$

으로 된다. 첫째 항은 결정이 갖는 자연 복굴절에 의한 위상차로서, 파장판에 의해 상쇄시킬 수 있다. 여기에서 위상차 δ를 90° 회전시키는 데 필요한 전압 V_π(반파장 전압)

$$V_\pi = \frac{\lambda}{r_{33}n_e^3 - r_{13}n_o^3} \cdot \frac{d}{l} \qquad (3.31)$$

를 걸어주면 출력광의 편광면은 입사광에 대해서 90° 회전하고 복굴절 프리즘인 방해석(方解石)에 의해 광로(光路)가 바뀐다(제2장 그림 2.4 참조). 즉 전기장의 ON/OFF에 따라 광로를 스위치할 수 있게 된다.

(2) 종효과형 광 스위치

전기장 방향과 빛의 전파 방향이 일치하는 경우로서, 〈그림 3.28

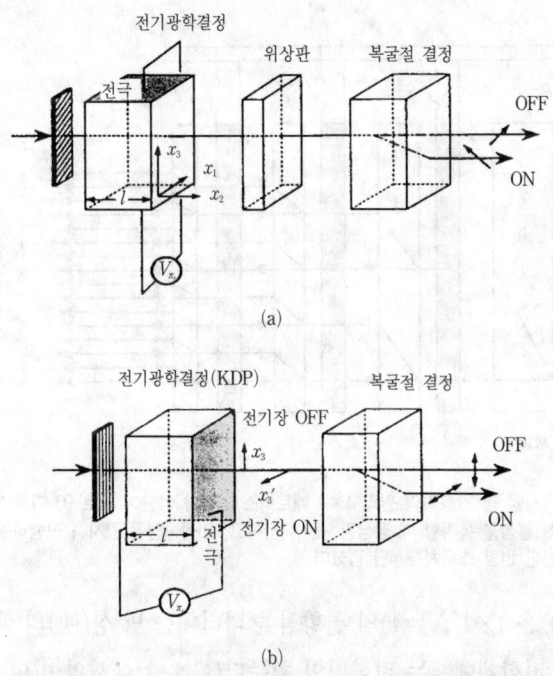

<그림 3.28> 광 스위치의 원리도 : (a) 종형구성, (b) 횡형구성

(b)〉에 그 예를 표시했다. 이 경우에는 $d=l$로 되고 반파장 전압은 소자의 형상(形狀)에 의존하지 않게 되므로 소광비(消光比)를 작게 하기 위해 결정을 얇게 할 수는 있지만 역으로 전압이 높아지는 결점이 있다.

이 한 조(組)의 소자는 광 스위치로서 두 개의 가능한 광로(光路) 중 하나를 선택할 수 있으므로 〈그림 3.29〉에 표시한 것과 같이 $N(n+m)$개 배열(配列), 다단(多段, 그림에서는 4단)으로 함으로써 수평 방향에는 $2n$, 수직 방향으로는 $2m$의 가능한 광로 2^N을 형성하여, 이 중 하나를 선택할 수 있는 2차원 디지털 편향이 가능하게 된다.

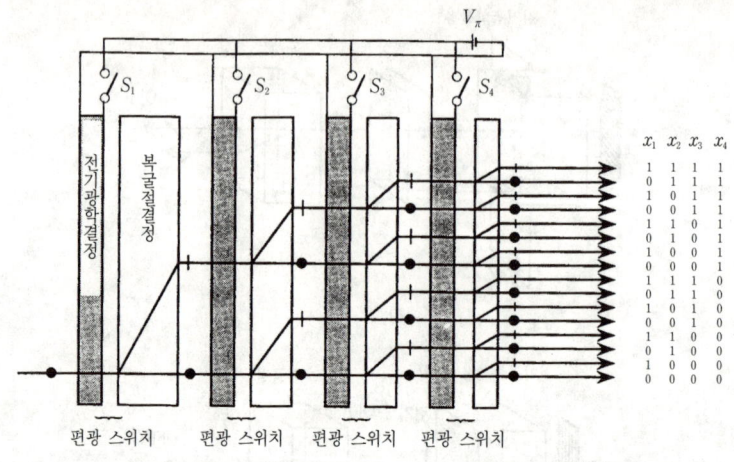

⟨그림 3.29⟩ 디지털 광 편향기의 원리(4×4 매트릭스): 편향 방향이 서로 90° 다른 빛이 복굴절 결정을 통과할 때 정상광선은 직진하고, 이상광선은 경사져 진행하는 것을 이용한 편향 스위치를 4단 겹쳤다.

⟨그림 3.30⟩은 4×4($N=4$)의 편향점을 나타내는 빔 상(像)의 예다. 이 디지털 광 편향계에서는 편향기의 최종단(最終段)에서의 빛의 회절에 의한 흔신(walk off)을 고려한 관계식이 있고, 동특성(動特性)을 규정하는 매개변수는 용량-속도의 곱(capacity/speed product : CSP)으로 된다.[102]

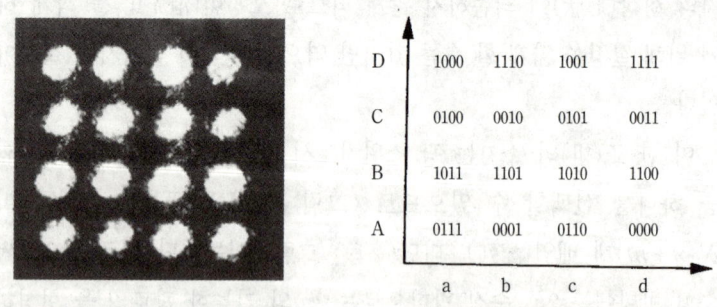

⟨그림 3.30⟩ 광편향기 4단에 의한(그림 3.29) 4×4의 2차원 편향점(NEL 板倉正幸에 의함)

디지털 광편향 소자는 1960년대 초 활발하게 검토되었다. 그러나 실용화의 장벽, 즉 큰 구경의 고품질 결정에 의한 스위치 소자를 여러 개 필요로 하는 것이 기술적으로나 경제적으로 곤란했기 때문에 연구개발은 쇠퇴했다. 광학결정의 품질은 현재 현저하게 향상되었다고는 하지만 이러한 사정은 크게 나아지지 않은 것 같으며, 취급하기 쉽고 저렴한 가격의 액정(液晶)에 대항할 수 없는 상황이 이 분야의 발전을 저해하기도 한다.

3.4 공간 광변조와 결정

 3.1~3.2절에서 취급한 전기광학효과나 음향광학효과는 결정에 외부장(전기장, 변형, 자기장 등)을 가한 경우 굴절률이 변하는 것이지만, 외부장을 제거하면 다시 원상회복을 하는, 말하자면 휘발성(揮發性)이다. 이와 반대로, 예를 들면 전기장을 가하여 결정의 특성을 변화시킨 후 외부장을 제거해도 변화상태가 유지되는 비휘발성 결정재료가 있다. 이 효과를 이용하면 전기적인 방법으로 공간정보를 부여할 수 있어 화상축적(畵像蓄積)이나 광정보 처리, 광 비트 열(列)의 발생 등에 응용할 수 있다. 이와 같은 성질을 갖는 재료를 「공간 광변조(spartial light modulation : SLM)」재료라고 한다. 한때는 이것을 라이트 밸브(light valve : LV)라고 하기도 했다. 공간변조 소자의 기본 기능을 그림으로 표시하면 〈그림 3.31〉과 같다. 외부에서의 입력 정보에 의해 소자에 입사(入射)되는 읽음빛에 변화를 주는 것으로서 ON/OFF 매트릭스 선택, 어두운 화상을 밝은 화상으로 바꾸는 화상(畵像) 증폭, 전기 신호를 위상화상(位相畵像)이나 농담화상(濃淡畵像)으로 바꾸는 전기/화상변환, 화상의 비코히런트/코히런트 변환, 광기억, 기록 광논

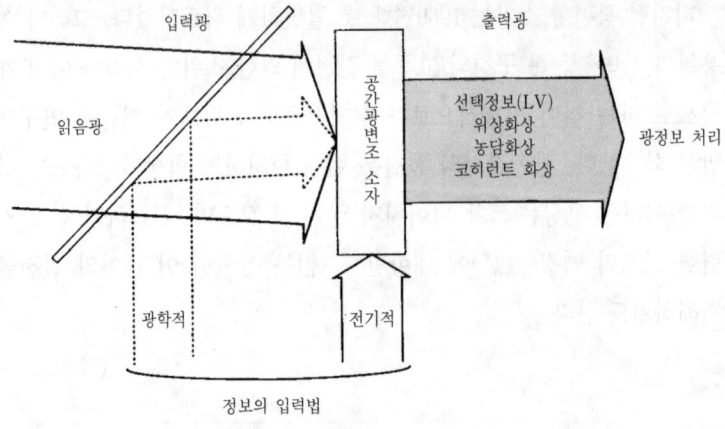

〈그림 3.31〉 공간 광변조기의 기본기능 개념

리연산(光論理演算) 등 실시간기록 소자라고도 할 수 있다.

현재의 광 컴퓨팅이라는 영역에서는 이 공간 광변조 소자는 시계열 데이터를 2차원 패턴으로 변환하기 위한 소자, 광논리연산 소자, 광접속 소자 등에 장래성이 기대되고 있다. 하지만 현시점에서는 강유전성 액정이 많이 연구개발되어 있어 광학결정은 그것에 가려 있는 셈이다.

산화물 결정은 다양한 성질과 효과를 갖고 있지만 이와 같은 결정 재료의 발견은 탐색지침조차 확립되어 있지 않다. 말하자면 준비된 우연성을 기다리지 않으면 안 된다.

더욱이 La을 도핑한 $Pb(Zr,Ti)O_3$(PLZT) 기판 위에 실리콘 전기회로와 수광 소자 및 PLZT의 광변조기를 조합시킨 Si-PLZT공간 광변조 소자가 소개되어, 산화물과 반도체의 집적 소자에 대해 기대를 갖고 있다.[103]

오래 전부터 광정보 처리용으로 광전도성(光電導性)을 갖는 전기 광학결정인 $Bi_{12}SiO_{20}$(BSO)는 PROM(Pockels Read-out Optical

Modulator)으로 개발되고 있지만,[104] 여기에서는 복굴절의 부호가 전기장에 의해 반전(反轉)하는 성질을 갖는 몰리브덴 산염($Gd_2(MoO_4)_3$), 선광능의 부호가 전기장에 의해 반전하는 성질을 갖는 오연산게르마늄($Pb_5Ge_3O_{11}$)에 관해 기술한다. 어느 것이나 강유전체이고 특이한 성질을 지니고 있어, 이들 성질을 이용한 공간변조 동작의 원리와 단결정 성장에 대해 언급하겠다.

3.4.1 강유전 강탄성 결정 : $Gd_2(MoO_4)_3$

강유전 강탄성 결정(GMO)은 1963년 발견되었고, 그 당시로서는 레이저의 호스트 결정으로 연구된 최초의 강유전체였다.[105] 융점은 약 1,157°C로 콩그루언트 용융을 한다.[109] GMO는 850°C에서 고온상(高溫相)인 정방정(점군 D_{2d}^3)β-GMO에서 저온상(低溫相)인 사방정(C_{2h}^6)계 α-GMO로 상변태(相變態)를 하지만 전이 속도는 매우 느리며, β상은 열역학적으로 안정한 상이다. 그 밖에 약 150°C의 준안정 β상은 강유전상인 사방정(C_{2v}^8) β'상으로 상전이를 한다. 실용 면에서 중요한 이 β'상도 열역학적으로는 준안정이지만 실온에서 $\beta' \rightarrow \alpha$의 전이에는 ~$10^4$년 이상이 필요하리라는 추정이 있으므로 안정상(安定相)으로 보아도 무방할 것이다. 또 응력에 의해 결정축의 회전이 생긴다. 즉 「강탄성(ferroelastic)」체†로 강탄성의 존재가 이론적으로 추정된 후 실증된 최초의 결정이기도 하다.[106] 가장 특이한 성질은 자발(自發) 포켈스 효과인데, 자발분극의 반전에 따라 자발 복굴절률의 부호가 반전하는 것으로 광 셔터, 색상 변조기, 공간 변조기 등의 응용이 검토되었

---

† 결정이 갖는 배향상태(결정축방위)가 적당한 응력을 가함으로써 다른 배향상태로 천이하는 성질을 강탄성이라고 한다. 전기장에 의해 분극반전을 하는 강유전성, 자기장에서 자극(磁極)이 반전하는 강자성(强磁性)을 함께 묶어서 「ferroric」 결정이라고 한다.

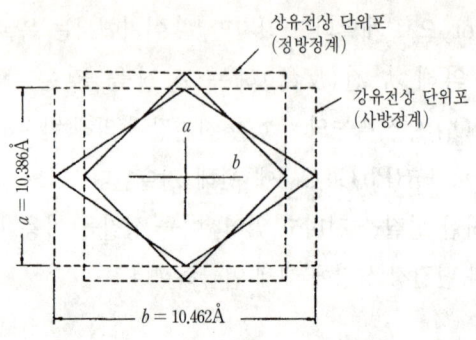

⟨그림 3.32⟩ c축에서 본 $Gd_2(MoO_4)_3$의 단위포

다.[107] 단결정 육성은 강탄성의 검증이 계기가 되어 집중적으로 이루어졌지만 애석하게도 실용적인 결정은 육성되지 않았다. 공간변조의 원리는 다음과 같다.

실온에서의 격자 정수는 $a = 10.388Å$, $b = 10.462Å$이며 ⟨그림 3.32⟩에 표시한 것과 같이 고온에서의 상유전상 격자를 기준으로 실온에서 강유전상의 격자가 결정된다. 강유전상의 격자는 면밀림 χ_6만을 갖는 것이 특징이다. ⟨그림 3.33(a)⟩에 표시한 것과 같이 상유전상 격자의 (100)을 평행으로 한 채로 $+\chi_6$를 생기게 한 경우(A), $-\chi_6$를 생기게 하는 경우(B) 및 상유전상의 (010)을 평행으로 유지한 채 $+\chi_6$를 생기게 하는 경우(C), $-\chi_6$를 생기게 하는 경우(D)의 네 가지 격자면 변형이 가능하다. 여기에서 (A)와 (B)의 변형에 있어서는 c축에 나란한 자발분극의 부호는 서로 반대 부호로, (C)와 (D)에서도 같은 양상이고 (A)와 (B)의 분역벽은 (C)와 (D)의 분역벽에 직교하는 관계가 있다. (110)면을 끝면으로 하는 c판에 전극을 붙여 전압을 걸면 ~3kV/cm의 전기장에서 분극반전을 한다. GMO는 사방정계이기 때문에 광학적 2축성이고 광축면은 (010)b면이므로 분극반전에 의해 a

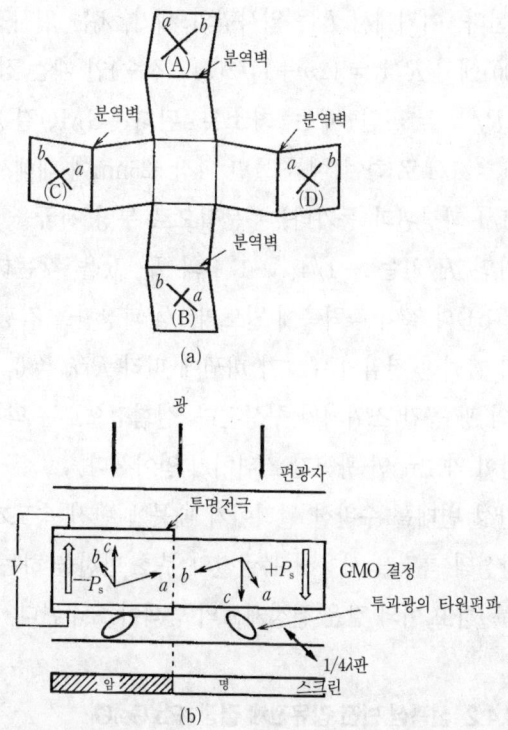

〈그림 3.33〉 Gd$_2$(MoO$_4$)$_3$의 공간변조 동작원리 : (a) Gd$_2$(MoO$_4$)$_3$의 분극과 자발변형의 관계, (b) 공간변조기의 구성

축과 b축이 서로 바뀌므로 광축이 90° 회전하는 것으로 된다. 이 원리를 활용한 것이 공간 광변조기다.

복굴절률 Δn을 갖는 결정에 직선 편광이 입사하면 결정의 두께 d에 비례하는 위상차 $R = \Delta n \cdot d$가 생긴다. 따라서 직교하는 편광판의 사이에 이 복굴절 결정을 두면 투과광의 세기 I는

$$I = I_0 \sin \frac{R}{\lambda_0} \pi \qquad (3.32)$$

로 된다. 여기에서 I_0는 입사광의 세기, λ_0는 입사광의 파장이다. 식 (3.30)에서 $R/\lambda_0 = (2m+1)/2(m:정수)$인 때는 강도 I는 최대로 되고 $R/\lambda_0 = m$인 때는 최소로 된다. GMO결정의 c판을 두께 $R/\lambda_0 = 1/4$로 하여(예를 들면 파장 525nm에 대해서는 0.31mm로 하면 1/4 파장판과 등가다) 부분적으로 투명 전극을 붙여 분극 반전을 시키면 R/λ_0는 $+1/4$, $-1/4$의 두 값을 갖는다. 따라서 〈그림 3.33(b)〉와 같이 출력측에 별도의 1/4 파장판을 검광자로 삽입하면 결정에 가해진 전압의 부호가 바뀜에 따라 $R/\lambda_0 = 0$, 1로 되어 명암(明暗)의 광 공간 스위치가 구성된다. 실험적으로는 약 100V에서 스위칭 시간이 약 1ms인 광공간 스위치가 얻어졌다.

탄성 변태를 수반한 원리이기 때문에 반전 속도가 늦지만 강유전-강탄성의 특징을 사용해 복굴절의 부호 반전을 하는 재료로서는 특이(特異)하고 이와 같은 결정재료의 탐색이 요구된다.

3.1.2 선광성 반전 강유전체 결정 : $Pb_5Ge_3O_{11}$

이 결정은 $PbO-GeO_2$ 2원계에서 발견된 Ge을 포함하는 최초의 강유전체이자 점군 3에 속하는 최초의 강유전체이기도 하다. 그 자발분극의 반전에 수반(隨伴)하여 선광성의 부호(우선성, 좌선성)가 반전(enanthiomorphic transition)하는 특이한 결정이다.[110] 강유전체에서의 선광능은 $NaNO_2$,[111] $LiH_3(SeO_3)_2$,[112] 로셀염,[113] $Ca_2Sr(C_2H_2COO)_6$[114]에서 관찰되었지만 어느 것이나 전기장으로 인해 그 부호(符號)가 바뀌지 않는다.

결정구조 해석에 따르면 $Pb_5Ge_3O_{11}$은 〈그림 3.34〉에 표시한 것과 같이 산소의 4면체 배위로 된 GeO_4와 Ge_2O_7의 그룹이 단위격자에 같은 수만큼 있다.[115] 〈표 3.9〉는 결정의 여러 성질을 수록한 것이고, 이 계

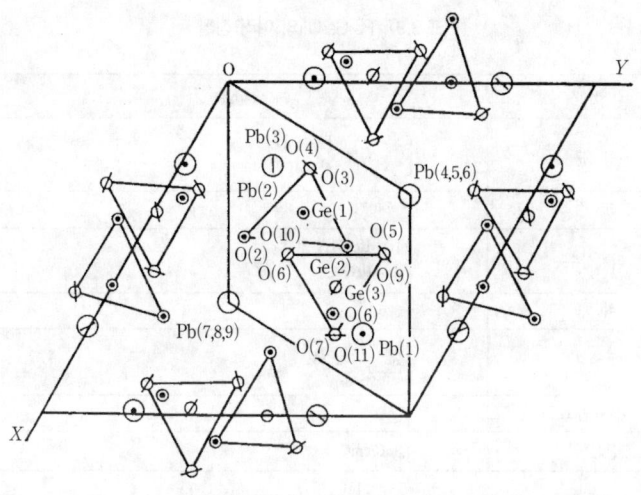

〈그림 3.34〉 $Pb_5Ge_3O_{11}$의 결정구조(c면 투영)[115]

열로서는 $Pb_5(GeO_4)(VO_4)_2$가 있다.[116]

 단결정의 성장은 초크랄스키법이 가장 적합하다.[117] 저항가열방식, 고주파유도 가열방식도 다 좋지만, 전자에서는 성장로 내의 온도 분포, 특히 경방향(徑方向)의 온도 분포가 후자에 비해 작아지기 쉽기 때문에 직경이 큰 결정을 얻는 것은 앞의 방식이 좋다. 다만, 성분에 있는 PbO가 휘발하기 쉬우므로 그 대책이 필요하다. 도가니 재료로서는 백금이 가장 적합하다. 출발 원료로서는 4N 이상의 PbO와 GeO_2를 몰비 5 : 3으로 측량하여 혼합하고 약 650℃에서 4~5시간 소성한다. 융점은 740℃다. 제1장의 〈그림 1.12〉에 성장결정의 예를 나타냈지만 지름 15~25mm, 길이 50mm 정도의 단결정이 얻어진다. c축, a축 방향으로 다 같이 쉽게 성장되지만 강한 결정벽(結晶癖)이 나타나므로 결정 지름을 크게 한 경우에는 혼합결정이 만들어지기 쉬워 주의를 요한다. 결정 결함에 관해서는 제3장에 기술되어 있다.

⟨표 3.9⟩ Pb$_5$Ge$_3$O$_{11}$의 여러 성질

결정계	육방정
점 군	$C_{3h}^1 - P_3$ (강유전상) $C_{3h}^1 - P_{3/m}$ (상유전상)
융 점	$\sim 740\,℃$
격자상수	$a_H = 10.251\,\text{Å}$ $c_H = 10.685\,\text{Å}$
비 중	7.326
유전율	$\varepsilon_1^T = 22$ $\varepsilon_3^T = 41$ (실온)
퀴리 온도	177℃
자발분극	$4.8\,\mu C/cm^2$
굴절률	$n_o = 2.116$ $n_e = 2.151$ ($\lambda = 0.633\,\mu m$)
선광능	$5°\,35'/mm$ ($\lambda = 0.633\,\mu m$)

 강유전 분극의 극성 판정은 부식액(腐蝕液)이 아직 보고되지 않았기 때문에 단일분역화(單一分域化)의 확인은 자발분극의 방향에서 선광능(旋光能)의 부호가 달라지는 것을 이용하는 코노스코프(conoscope)상 관찰이 좋다(제2장 그림 2.16 참조). 단일 분역화에는 필드-쿨링(field-cooling)법이 간편하다. c면을 연마하여 금전극(gold electrode)을 증착시킨 후 실리콘 유(油) 속에 담그고 185~190℃에서 150V/mm의 직류 전기장을 걸어두고 약 120℃까지 서냉(徐冷)한다. 걸어준 전압이 너무 높으면 결정이 검게 착색하는 경우가 있기 때문에 주의를 요한다. ⟨그림 3.35⟩는 두께가 1.8mm인 결정에서 분극 반전의 양상을 본 것으로 직교 니콜(crossed nicols)의 위치에서 검광자(analizer)를 (a) $+10°$ 회전시킨 경우, (b) $-10°$ 회전시킨 경우, (c) 직교 니콜 상태의 경우를 나타낸다. 명암의 대조가 깨끗이 얻어지고

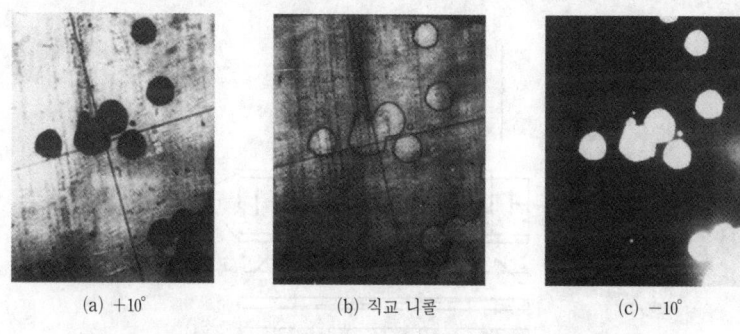

 (a) +10°   (b) 직교 니콜   (c) −10°

〈그림 3.35〉 $Pb_5Ge_3O_{11}$의 도메인(domain) 관찰 : (a) 직교 니콜 위치에서 검광자를 +10°, (c)는 −10° 회전시킨 것이다. 선광성으로 강유전 도메인이 관측된다.

있다. (c)에서는 반전 경계만 관측된다.
 이 결정의 공간 광변조는 일종의 라이트 밸브이고 그 원리는 다음과 같다. 자발분극의 반전에 필요한 전기장은 약 3.5kV/cm이고, 자발분극 방향은 c축 방향이므로 직선 편광을 c축에 나란하게 입사시키면 선광능에 의해 편향면이 회전한다. 〈그림 3. 36〉에서 편파면의 회전각이

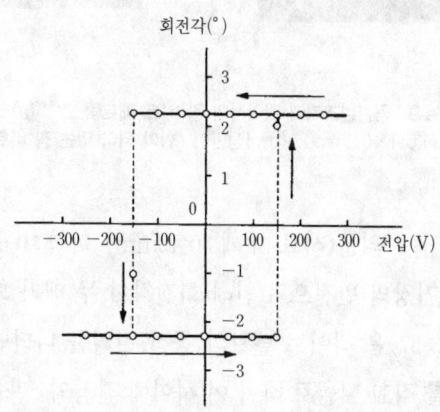

〈그림 3. 36〉 $Pb_5Ge_3O_{11}$의 선광능의 전압 의존성[110] ($d = 0.43$mm, $\lambda = 0.633\,\mu$m)

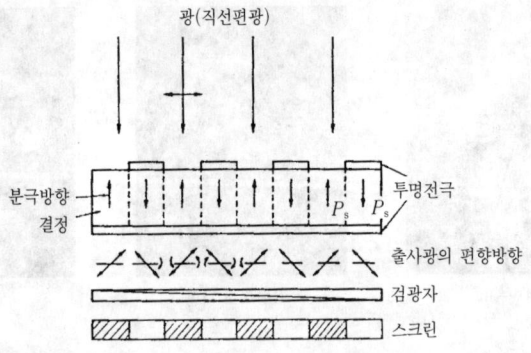

〈그림 3. 37〉 $Pb_5Ge_3O_{11}$ 분역 반전에 의한 광 밸브 구성

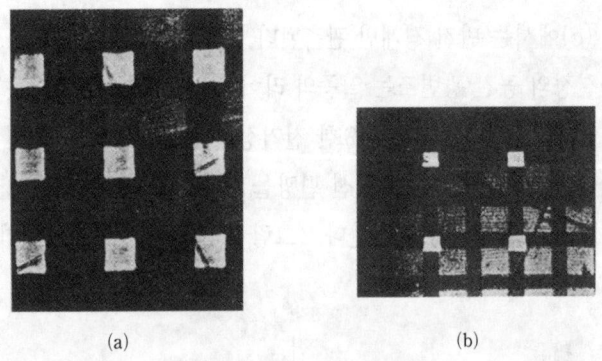

〈그림 3.38〉 $Pb_5Ge_3O_{11}$ 공간변조기에 있어서의 광 비트 매트릭스[118] : (a) 교차 전극부 모든 점이 ON($0.1 \times 0.1 mm^2$), (b) 4점만이 ON이 되어 있는 광 비트의 선택

걸어준 전기장에 의존(시료 두께 : 0.43mm, 파장 : 0.633μm)한 것을 표시했다. 전기장의 반전으로 인해 회전각이 두 배가 되는 것을 알 수 있다. 〈그림 3.37〉은 라이트 밸브의 동작 원리를 나타낸 것인데, 편광자와 검광자를 직교 니콜로 하여 이 사이에 결정의 c판을 삽입한다. 입사광이 지면에 대해 수직 상방이라고 하면 우선성(右旋性)인 경우에

는 $+\rho°$ 회전한 실선 방향의 편광광이 나오고, 전기장을 걸어서 분극반전을 시키면 좌선성(左旋性)이 되어 $-\rho°$ 회전한 점선 방향의 편파광이 된다. 따라서 그림과 같이 검광자를 직교 니콜의 위치에서 $±\rho°$ 회전시켜두면 출사광은 차단된다. 시료는 투명 전극을 매트릭스 상(狀)으로 붙이고 전기장을 ON/OFF하면 명암의 매트릭스가 얻어진다. 〈그림 3. 38(a)〉에 표시한 것과 같이 결정 양면에 교차 전극을 붙이면 명암 매트릭스 또는 광 비트(bit) 열(列)을 만들 수 있다. 이 경우 비트 선택성은 펄스 폭, 펄스 세기의 곱에 한계값이 있으므로 (b)와 같이 제어할 수 있기 때문에 홀로그램의 위상 합성기로의 기초적 검토가 이뤄졌다.[18] 그러나 강유전체의 분극반전은 이온 변위에 의한 분극반전의 눈[芽]의 형성과 성장에 의한 분극벽 이동이므로 스위칭 속도가 비교적 늦어 수 ms 정도를 넘지 못한다.

3.5 자기광학효과 결정과 광비상반

광통신 시스템이나 고도의 광파통신에서는 광대역, 다중화(多重化)를 꾀하며, 레이저 광원의 안정화가 꼭 필요하다. 레이저 광원은 그 빛이 반사 주입(注入)되면 레이저 공진기의 광자가 증가하여 여기 전자와의 에너지 교환시에 생기는 이완 현상 때문에 레이저의 발진이 불안정해진다. 따라서 반사광의 귀환(歸還)을 저지하는 아이솔레이터나 쌍방향 통신 등에서는 입출력 광을 분리하는 서큘레이터(circulater)와 같은 광비상반(非相反) 소자가 요구되고 자기광학결정이 이용된다. 또는 소형 광도파로가 개발 대상이 되어 있는데, 이것에 대한 결정재료로서 대표적인 것은 $Y_3Fe_5O_{12}$(YIG)이다.

3.5.1 아이솔레이터(광비상반)의 원리

투과광에 대한 자기광학효과를 일반적으로 패러데이 효과라 한다. 유리와 같은 반자성체(反磁性體)나 상자성체(常磁性體)의 패러데이 정수는 작고, 1G의 자기장에 둔 유리의 패러데이 회전은 약 0.02분/cm(파장 ~580nm)이다. 이에 비해 강자성체에서는 자릿수가 매우 크다. 매질 안에 입사한 직선 편광의 전기장 벡터는 진폭과 회전 속도가 같은, 우선과 좌선의 전기장 벡터, 즉 좌우 원편광으로 분해된다. 자기장 안의 매질이 이 오른손원편광[右圓偏光]과 왼손원편광[左圓偏光]에 대해, 예를 들어 전기장 벡터의 회전 속도차, 흡수의 차 등이 다른 응답을 할 때 자기광학효과가 생긴다. 자기광학효과가 생기는 물리적

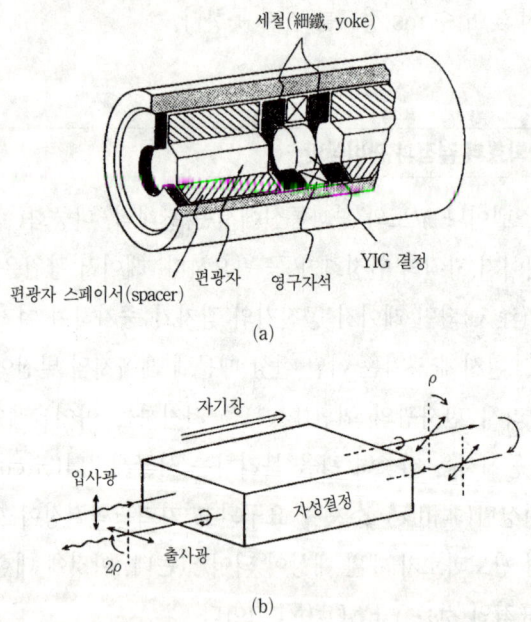

〈그림 3. 39〉 광 아이솔레이터의 기본구성(a)과 동작원리(b)

해석은 자성체의 전자 구조에서 설명하지 않으면 안 되므로 여기에서는 문헌만을 소개하겠다.[119]

(a) 벌크형

〈그림 3. 39(a)〉는 아이솔레이터의 구성 예를 나타낸 것이다. YIG 패러데이 회전 소자에 자기장을 걸 때는 자력이 강한 SmCo가 이용된다. (b)는 그 원리도 원리이지만 입사광의 편파면은 ρ만큼 회전하고 그 반전에서는 2ρ의 회전으로 되는, 말하자면 비상반성(非相反性)이다. 45° 회전 글랜-톰슨 프리즘(Glan-Thompson prism) 편광자 사이에 YIG를 삽입하면 되돌아오는 빛은 90° 회전하므로 저지할 수 있다. 선광성(되돌아오는 빛의 편파면 회전은 0으로 된다)과는 물리 현상이 전혀 다르다. 광 다중(多重)을 생각하면 광 아이솔레이터의 광대역 가능성도 중요하지만 YIG의 파장 분산에 가까운 석영제(石英製)의

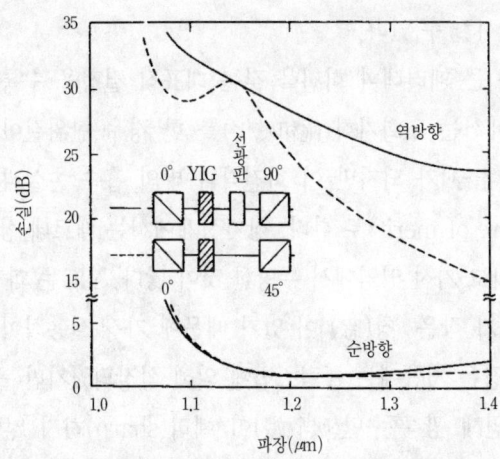

〈그림 3. 40〉 YIG 광 아이솔레이터의 파장 특성 : 선광판을 넣으면 역방향의 S/N 비(比)가 광대역에서 향상된다.

〈표 3.10〉 여러 가지 물질의 패러데이 효과

(a)

재 료	파장(μm)	베르데 정수(분/cm·O_e)
SF-6 유리	0.633	0.093
	1.06	0.028
SFS-6 유리	0.7	0.071
$Tb_3Al_5O_{12}$	0.4~0.67	2.51~0.26

(b)

재 료	파장(μm)	패러데이 회전각 ρ_F(도/cm)	성능지수(도/dB)
$GdPr_2Fe_5O_{12}$	1.064	−1125	24
$Gd_2BiFe_5O_{12}$	1.1	2860	275
$Y_3Fe_5O_{12}$	1.064	280	7.4
	1.20	240	800

선광성 회전자를 삽입함으로써 〈그림 3.40〉의 실선과 같이 광대역에서 S/N비를 향상시킬 수 있다.

〈표 3.10〉은 큰 패러데이 회전을 갖는 대표적 결정을 수록한 것이다. 강자성체에서는 포화자화(飽和磁化)를 한 경우 단위길이당 회전각 ρ_F가 지표(指標)가 되지만 이 회전각과 빛의 흡수 손실과의 비를 성능지수(figure of merit)로 한다. 상자성체에서는 베르데 상수가 크기의 지표로 되고 가시 영역에서 투명한 것이 많다. YIG는 파장 1.1~5μm에서 흡수가 작은 「창(窓)」이 있기 때문에 가장 실용적이기도 하다. YIG 단결정은 처음에는 플럭스법에 의해 성장되었지만 플럭스의 혼입 등으로 인해 광 흡수단(吸收端)이 예리(sharp)하지 않아 그리 오래 이용되지 못했다. 그 후 TSFZ법을 이용해 균질하고 흡수단 특성이 좋은 결정을 양산할 수 있게 되었다.

(2) 박막 도파로형

박막 도파로 안을 전파하는 빛의 기본 모드에는 전기 벡터 E가 도파로면에 나란한 TE파와 수직인 TM파가 있고, 자성박막에서는 자기광학 효과에 의해 두 모드가 결합하여 모드 변환이 생긴다. 이 모드 변환에 기여하는 자기광학효과로서는 패러데이 효과와 코튼-뮤턴 효과가 있다. TE-TM 변환이 생기기 위해서는 모드 사이의 위상정합이 중요하다. 자성체 결정은 일반적으로 빛에 대해서는 등방체이고 복굴절이 없으므로 각 모드의 등가 굴절률 (β/k_0)과 막의 두께 관계에서, 어떤 두께에서 위상정합의 조건인 $n_{TE} = n_{TM}$을 꾀하기 위해서는 기판과의 격자 부정합(不整合)으로 생기는 응력 유기 복굴절률을 이용한다. 예를 들어 기판에는 비자성(非磁性)인 $Gd_3Ga_5O_{12}$(gadolinium gallium garnet : GGG)를 이용할 경우, $Y_3Fe_5O_{12}$(yttrium iron garnet : YIG) 박막에서는 격자 부정합이 ~1×10^{-3}Å 있으면 응력 복굴절은 ~1.4×10^{-5} 정도로 되어 위상정합이 가능하다.

어느 경우에서든 좀더 큰 패러데이 회전능을 갖는 고품질의 자성체가 요청될 뿐만 아니라 Bi로 치환한 YIG[120]가 주목되며, 박막에 수직으로 빛을 통과시키는 형태도 검토되고 있다.

3.5.2 재료와 특성

광통신에 사용되는 파장은 0.9~1.6μm로서 자성박막(磁性薄膜)은 이 파장영역에서 투명할 필요가 있다. 이제까지 자성체로서는 $YFeO_3$, $FeBO_3$, FeF_3, YIG 등이 알려져 있지만 가닛(garnet) 구조인 YIG 이외에는 결정구조로 인해 굴절률이 크고 실용적이지 못하다. 〈그림 3.41〉에 자성, 비자성 가닛 결정의 굴절률과 격자상수의 관계[121]를 수록했지만, 그림에서 파선(破線)이 GGG의 격자상수이고 비자성 기판 결

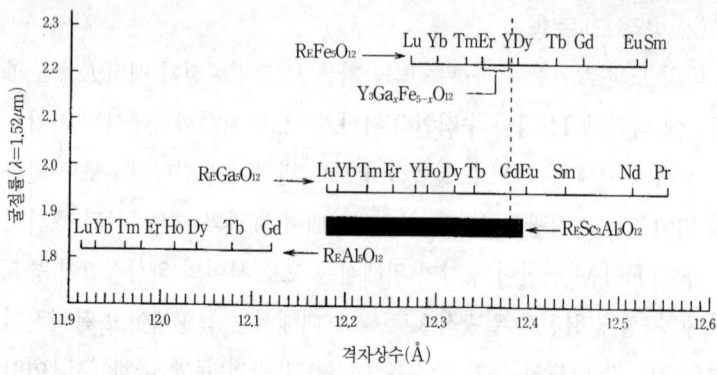

〈그림 3.41〉 각종 가닛 결정의 격자상수와 굴절률[121]

정에 의해 자성박막 재료의 선택지침으로 된다. 아이솔레이터의 패러데이 회전 재료는 사용하는 광파장에 대해 흡수가 작고 회전각이 큰 것을 필요로 하는 것은 당연한 일이다. $Y_3Fe_5O_{12}$(YIG)를 대표로 하는 희토류 가닛은 파장 $0.7\mu m$보다 긴 근적외선 이상에서는 투명하고, 큰 회전각을 갖고 있으므로 가장 잘 이용되고 있다. 그 성능 지수(단위길이당 회전각을 단위길이당 빛의 감쇠량으로 나눈 값)는 $0.8\mu m$에서 약 $2°/dB$이다.

YIG의 희토류 사이트를 Bi로 치환하면 Bi 치환량과 함께 직선적으로 회전각이 증가하고 성능지수가 좋아진다.[122] 예로서 $Gd_{1.8}Bi_{1.2}Fe_5O_{12}$에서는 $44°/dB$과 같이 매우 크다. 완전치환의 $Bi_3Fe_5O_{12}$가 만들어지면 YIG의 약 80배인 $\sim 6.2 \times 10^4 deg/cm$의 커다란 θ_F가 얻어진다. 단결정에서는 Bi에 의한 완전치환이 실현되지 않지만, 박막으로는 성공하고 있다.[123] 또 Ce 치환 YIG 등도 시도되고 있다.

YIG의 흡수 스펙트럼은 〈그림 3.42〉에 표시한 것과 같이 가닛 구조 내에서의 Fe^{3+} 이온 사이트(제2장 2.5.2 참조)에서 결정장(場) 고유의 흡수가 있고 $0.7\mu m$ 이하 파장 영역에서의 투과율은 매우 작다.[124] 광

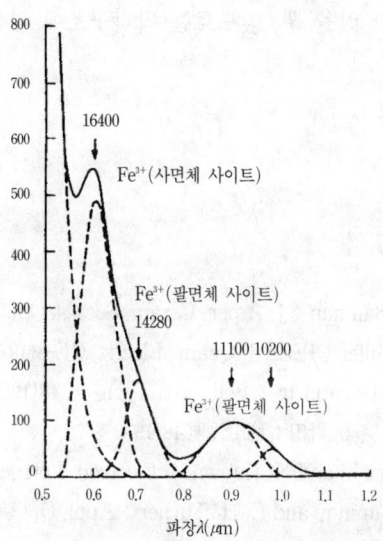

〈그림 3.42〉 $Y_3Fe_5O_{12}$(YIG)의 O→Fe^{3+}의 전하(電荷)이동에 의한 흡수 스펙트럼[124]

통신의 고도화에 따라 더욱 소형이고 소광비(消光比)가 큰 재료가 요구되어왔으며 60dB 이상의 높은 아이솔레이션 비가 요구되고 있다.

이러한 요구에 따라 되도록이면 가시영역에서 투명한 재료가 최근 활발하게 탐구되고 있으며, 반자성 반도체(semimagnetic semiconductor)로서 대표적인 것이 $Cd_{1-x}Mn_xTe$이다. 흡수단에서의 여기자(exciton)의 지먼(Zeeman) 효과가 전도 전자와 Mn 이온과의 교환 상호작용에 의해 매우 커지고, 큰 패러데이 회전능을 나타낸다.[125] 극히 최근에는 CdMnTeHg에서 $0.98\mu m$ 파장 대용에 지름 4mm인 세계에서 가장 작은 아이솔레이터가 실용화되었다.

자기광학결정은 자기 버블 메모리의 연구개발에 힘입어 개화했다고 보아도 무방하다. 그러나 반도체 메모리 LSI의 발전에 따라 그 역할을 마치고, 산화물 광학결정은 YIG 결정만이 광 아이솔레이터로서 시판되어 실용화되고 있을 뿐, 앞으로는 박막구조에 의한 소자 개발이 주류를 이룰 것이다.

참고문헌

1) A. A. Ballman ; J. Amer. Ceram. Soc., 48(1965)112.
2) S. E. Miller ; IEEE J. Quant. Electr., QE-8(1972)199.
3) E. A. Marcatili Jr. ; Bell Syst. Tech. J., 48(1969)2071.
4) 예로서, 宮澤, 野田 ; 應用物理 48(1979)867.
5) K. Noguchi and K. Kawano ; Electron. Lett., 28(1992)1759.
6) I. P. Kaminov and E. H. Turner ; Appl. Opt., 5(1966)1612.
7) J. S. Chen ; Proc. IEEE, 58(1970)1440.
8) K. Noguchi, H. Miyazawa and O. Mitomi ; Electron. Lett., 30(1994)949.
9) T. Yamada ; Appl. Phys. Lett., 23(1973)213.
10) M. E. Linea and A. M. Glass ; *"Principles and Applications of Ferroelectrics and Related Materials"* (Clarendon Press, Oxford, 1977).
11) A. Linz Jr. ; Philips Tech. Report, 191(1964)27.
12) W. H. Zachariasen and Skr. Norske Vid. -Ada ; Mat. Naturv., No. 4(1928).
13) B. Y. Matthias and J. P. Remeika ; Phys. Rev., 76(1949)1886.
14) 宮澤 ; 日本結晶成長學會誌, 20(1993)250.
15) A. Ashkin, G. D. Boyd, J. M. Dziedzic, R. G. Smith, A. A. Ballman, H. J. Levinstein and K. Nassau ; Appl. Phys. Lett., 9(1966)72.
16) Gi-Guo Zhong, J. Jian and Z-K. Wu ; Proc. 11th Int. Quantum Electron. Conf., (June 1980, IEEE) p. 631.

17) Y-F. Zhou, J-C. Wang, P-L. Wang, L-A. Tang, Q-B. Zhu, Y-A. Wu and H-R. Tan ; J. Cryst. Growth, 114(1991)87.
18) S. Miyazawa and H. Iwasaki ; J. Cryst. Growth, 10(1971)276.
19) K. Yamamoto, K. Mizuuchi and T. Taniuchi ; Appl. Opt. Lett., 16(1991)1156.
20) S. Miyazawa and K. Kubodera ; Chinese-MRS Int. 1993(Beijing, China, June 18-22, 1993)D 12.
21) L. G. van Uitert et al., Mat. Res. Bull., 3(1968)47.
22) J. J. Rubbin et al., J. Cryst. Growth, 1(1967)315.
23) A. A. Ballman and H. Brown ; J. Cryst. Growth, 1(1967)311.
24) W. A. Bonner, W. H. Grodbiewicz and L. G. van Uitert ; J. Cryst. Growth, 1(1967)318.
25) E. A Giess et al., IBM Res. Rep., RC-2002(1968).
26) B. A. Scott, E. A. Giess and D. F. O'kane ; Mat. Res. Bull., 4(1969)107.
27) P. V. Lenzo, E. G. Spencer and A. A. Ballman ; Appl. Phys. Lett., 11(1967)23.
28) K. Megumi, H. Kozuka, M. Kobayashi and Y. Furuhata ; Appl. Phys. Lett., 30(1977)631.
29) L. Hesselink and S. Redfield ; Opt. Lett., 13(1988)877.
30) J. K. Yamamoto and A. S. Bhalla ; Mat. Res. Bull., 24(1989)761.
31) Y. Sugiyama, I. Hatakeyama and I. Yokohama ; J. Cryst. Growth, 134(1993)255.
32) M. DiDomenico Jr. and S. H. Wemple ; J. Appl. Phys., 40(1969)735.
33) S. H. Wemple and M. DiDomenico Hr,. J. Appl. Phys., 40(1969)720.
34) S. Miyazawa, S. Fushimi and S. Kondo ; Appl. Phys. Lett., 26(1975)8.
35) S. Kondo, S. Miyazawa and H. Iwasaki ; Mat. Res. Bull., 15(1980)243.

36) A. Rauber ; in *"Current Topics in Materials Science,"* Vol. 1(ed. by E. Kaldis, North-Holland, 1978) p. 48137.

37) A. M. Prokhorov and Yu S. Kuz'minov; *"Physics and Chemistry of Crystalline Lithium Niobate"* (Adam Hilger, Bristol and New York, 1990).

38) A. Reisman and F. Holtzberg ; J. Amer. Chem. Soc., 80(1958)6503

39) P. Lerner, C. Legras and J. P. Duman ; J. Cryst. Growth, 3/4(1968)231.

40) L. O. Svaased, M. Eriksrud, G. Nakken and A. P. Grande ; J. Cryst. Growth, 22(1974)230.

41) G. E. Peterson and J. R. Carruthers ; J. Sol St. Chem., 1(1969)98.

42) R. L. Byer and J. F. Young ; J. Appl. Phys., 41(1970)2320.

43) W. J. Silva and C. H. Bulmer ; SPIE 578(1985)19.

44) R. J. Holmes and W. J. Minford ; Ferroelectrics, 75(1987)63.

45) G. E. Peterson and J. R. Carruthers ; J. Chem. Phys., 56(1972)4848.

46) S. C. Abrahams and P. Marsh ; Acta Crystallogr., B 42(1986)61.

47) H. Donnerberg, S. M. Tomlinson, C. R. A. Catlow and O. F. Schirmer ; Phys. Rev., B 40(1989)11909.

48) K. Kitamura, J. K. Yamamoto, N. Iye and T. Hayashi ; J. Cryst. Growth, 116(1992)327.

49) N. Iye, K. Kitamura, F. Izumi, J. K. Yamamoto, H. Hayashi, H. Asano and S. Kimura ; J. Sol. Sta. Chem., 101(1992)340.

50) Discussions in European-MRS 1994 Spring Meeting (May 24-27, 1994, Strasbourg, France)Symposium C.

51) M. N. Armenise, C. Canali, M. DeSario, A. Carnera, P. Mazzoldi and G. Celotti ; J. Appl. Phys., 54(1983)6223.

52) K. Sugii, H. Iwasaki, S. Miyazawa and N. Niizeki ; J. Cryst. Growth, 18(1973)159.

53) T. Fujiwara, A. Terashima and H. Mori ; Appl. Phys. Lett., 55(1989)2718.
54) Gi-Guo Zhong, J. Jian and Z-. K. Wu ; Proc. 11th Int. Quant. Electr. Conf., (1980)631.
55) B. R. Grabneier and F. Otto ; J. Cryst. Growth, 79(1986)682.
56) 熊谷, 田邊 ; 第93回應用物理學會結晶工學分科會硏究會テキスト (1990)p. 39.
57) 宮澤, 杉井, 近藤 ; 伏見 ; 電氣材料硏究會(1973. 11. 28, 電氣學會) 資料 EFM-73-8.
58) 古川, 佐藤 ; 日本結晶成長學會誌 17(1990)277.
59) T. R. Volk, V. I. Pryalkin and N. M. Rubinina ; Opt. Lett., 15(1990)996.
60) Y. Kong, J. Wen and H. Wang ; Appl. Phys. Lett., 66(1995)280.
61) 上江洲, 小野寺 ; 固體物理 28(1993)478.
62) M. B. Chang ; Appl. Opt., 24(1985)1256.
63) T. Tatebayashi, T. Yamamoto and H. Sato ; Appl. Opt., 31(1992)2770.
64) K. J. Weingarten, M. J. W. Rodwell and D. M. Bloom ; IEEE J. Quant. Electron., QE-24(1988)198.
65) D. H. Auston and M. C. Nuss ; IEEE J. Quant. Electron., QE-24(1988)184.
66) J. A. Valdmanis ; Electron. Lett., 23(1987)1308.
67) J. M. Wiesenfeld, A. J. Taylor, R. S. Tucker, G. Eisenstein and C. S. Burrus ; in "*Characterization of very high speed semiconductor devices and integrated circuits*" Ed. by R. K. Jain (SPIE Vol. 795, 1987)339.
68) S. Aoshima, H. Takahashi, T. Nakamura and Y. Tsuchiya ; Proc. SPIE, 1155(1989)49.
69) J. F. Whitaker, J. A. Jackson, K. B. Bhasin, R. Romanofsky and G. A. Mourou ; 1989 IEEE MTT-S Digest(1989)221.
70) T. Mizuta and T. Sugiyama ; Proc. IEICE Spring-Conference

'92, C-350(1992)4-392.
71) S. Aoshima, H. Takahashi, T. Nakamura and Y. Tsuchiya ; Proc. SPIe, 1155(1989)499.
72) M. Shinagawa and T. Nagatsuma ; Electron. Lett., 26(1990)134.
73) M. S. Heutmaker, G. T. Harvey and P. F. Bechtold ; Appl. Phys. Lett., 59(1991)146.
74) T. Nagatsuma, M. Uaita and M. Shinagawa ; Proc. IEICE Fall-Conference '92, C-310(1992)4-337.
75) T. Nagatsuma ; IEICE Trans. Electron., E76-C(1993)55.
76) K. de Kort and J. J. Vrehen ; Proc. of 3rd EOBT-'91(1991)291.
77) M. Imaeda, T. Ohbuchi, S. Toyoda, Y. Osugi and Y. Kozuka ; OPTRONICS, 3(1991)76.
78) C. H. Bulmer, Proc. SPIE, 517(1984)177.
79) 尹藤 他, 信學技報 EMCJ 90-96.
80) E. I. Gordon ; Appl. Optics, 5(1966)1629.
81) R. W. Dixon ; J. Quant. Electr., QE-3(1967)85.
82) N. Uchida and N. Niizeki ; Proc. IEEE, 61(1973)1073.
83) D. A. Pinnow and R. W. Dixon ; Appl. Phys. Lett., 13(1968)156.
84) D. A. Pinnow ; IEEE J. Quant. Electron., QE-6(1970)223.
85) I. C. Chang ; Opt. Eng., 24(1985)132.
86) D. A. Pinnow, L. G. Van Uitert, A. W. Warner and W. A. Bonner ; Appl. Phys. Lett., 15(1969)83.
87) G. A. Coquin, D. A. Pinnow and A. W. Bonner ; J. Appl. Phys., 42(1971)2162.
88) W. A. Bonner and G. J. Zydzik ; J. Cryst. Growth, 7(1970)65.
89) J. Liebertz ; Kristal und Technik, 4(1969)221.
90) G. Arlt and H. Schweppe ; Sold State Commun., 6(1968)783.
91) N. Uchida and Y. Ohmachi ; J. Appl. Phys., 40(1969)4692.
92) R. W. G. Wyckoff ; *"Crystal Structure"* Vol. 1(Interscience Publ., John Wiley, New York, 1963).
93) S. Miyazawa and H. Iwasaki ; Jpn. J. Appl. Phys., 9(1970)441.

94) S. Miyazawa and S. Kondo ; Mat. Res. Bull., 8(1973)1215.
95) E. D. Kolb and R. A. Laudise ; Mater. Res. Bull., 8(1973)1123.
96) W. A. Bonner, S. Singh, L. G. Van Uitert and A. W. Warner ; J. Electron. Mater., 1(1972)1.
97) S. Miyazawa and H. Iwasaki ; J. Cryst. growth, 8(1971)359.
98) W. P. Binnie ; Acta Cryst., 4(1951)471.
99) Y. Ohmachi and N. Uchida ; J. Appl. Phys., 42(1971)521.
100) R. Mazelsky and D. K. Fox ; Materials Science Forum, 61(1990)1.
101) Y. Ninomiya ; IEEE J. Quant. Electr., QE-9(1973)791.
102) S. K. Kurtz ; Bell Syst. Tech. Jour., 45(1966)1209.
103) S. H. Lee, S. C. Esener, M. A. Title and T. J. Drabik ; Opt. Eng., 25(1986)250.
104) S. L. Hou and D. S. Oliver ; Appl. Phys. Lett., 18(1971)325.
105) H. J. Borchrdt and P. E. Bierstedt ; Appl. Phys. Lett., 8(1966)50.
106) K. Aizu, A. Kumada, H. Yamamoto and S. Ashida ; J. Phys. Soc. Jpn., 27(1969)511.
107) 熊田芳男 ; 應用物理 38(1969)833.
108) 古畑 ;「試料の作成と加工」(中村輝太郎, 中田一郎 共編, 實驗物理學講座 13,(共立出版, 昭56年 7月) p.385.
109) K. Megumi, H. Yumoto, S. Ashida, S. Akiyama and Y. Furuhata ; Mater. Res. Bull., 9(1974)391.
110) H. Iwasaki, K. Sugii, T. Yamada and N. Niizeki ; Appl. Phys. Lett., 18(1971)444.
111) Mao-Jin Chern and R. A. Philips ; J. Opt. Soc. Amer., 60(1970)1230.
112) H. Futama and R. Pepinsky ; J. Phys. Soc. Jpn., 17(1962)725.
113) E. W. Washburn, ed., "International Critical Table(McGraw-Hill Book Co., New York, 1930)" p.353.
114) J. Kobayashi and N. Yamada ; J. Phys. Soc. Jpn., 17(1962)876.

115) Y. Iwata, H Koizumi, N. Koyano, I. Shibata and N. Niizeki ; Jpn. Phys. Soc. Jpn., 35(1973)314.

116) T. Yano, Y. Nabeta and A. Watanabe ; Appl. Phys. Lett., 18(1971)570.

117) K. Sugii, H. Iwasaki and S. Miyazawa ; Mat. Res. Bull., 6(1971)503.

118) Y. Itoh, T. Yamada, H. Iwasaki and S. Miyazawa ; Proc. 5th Int. Conf. Solid State Devices(Tokyo, 1973) 4-8 ; Suppl. J. Jpn. Appl. Phys., 43(1974)154.

119) 佐藤勝昭,「光と磁氣」(朝倉書店, 1988).

120) P. Hanse and J. P. Krumme ; Thin Solid Films, 114(1984)94.

121) P. K. Tien, J. R. Martin, S. L. Blank, S. H. Wemple and L. J. Varnerin ; Appl. Phys. Lett., 21(1972)207.

122) H. Takeuchi ; Jpn. J. Appl. Phys., 14(1975)1905.

123) 佐藤, 奧田, 山元, 小野寺, 中道 ; 日本應用磁氣學會誌 12(1988)187.

124) D. L. Wood and J. P. Remeika ; J. Appl. Phys., 38(1967)1038.

125) 小柳, 中村, 山野, 松原 ; 日本應用磁氣學會誌 12(1988)187.

126) R. J. Esdaille ; J. Appl. Phys., 58(1985)1070.

127) 芝山, 船戶 , 應用物理 63(1994)61.

4 고체 레이저와 파장변환 결정

이 장에서는 고출력 반도체 레이저, 고체 레이저 결정 및 비선형광학결정의 조합에 따라 여러 가지 파장변화가 이루어지고 있는 현상 가운데 주로 고체 레이저 결정과 제2고조파(SHG)에 의한 파장변환 결정에만 초점을 맞추어 기술한다. 고체 레이저, 광 비선형 현상에 관한 전반적인 저술을 예시하겠지만[1,2] 새 분야로서 기대되는 전기광학 고체 레이저 결정이나, 아이 세이프 레이저, 반도체 레이저, 여기고체 레이저와 비선형 결정을 이용한 전고체화(全固體化) 가시(可視) 레이저의 재료도 언급하겠다.

고체 레이저는 빛의 여기를 통해 코히런트 광을 발생하는 것으로서 일종의 파장변환이다. 이제까지 고체 레이저의 발진은 제논 램프(xenon lamp) 등에 의한 광여기가 있었지만, 과거 10년 동안 GaAs/AlGaAs계 반도체 레이저의 고출력화와 긴 수명화가 진행되었는데, 이것을 여기 광원으로 하는 전고체화가 실용화 단계에 이르고 있다. 더욱이 가시영역 고체 레이저의 개발을 목표로 반도체 레이저 광의 파장변환으로서 비선형광학결정을 호스트 결정으로 한 주파수 자기체배 고체 레이저도 앞으로의 산화물 결정 방향으로 되어 있다.

비선형광학효과는 강한 레이저 광의 전자기장(電磁氣場)과 매질과의 상호작용으로 생기는 현상인데, 오늘날 반도체 레이저 광의 가시화를 꾀하는 고조파 발생을 통한 파장변환으로서 응용 소자의 개발이 활발하다. 이 분야에서는 비선형 광학에 기초를 둔 제2고조파 발생(Second Harmonic Generation : SHG)을 활용하는데, 그 원리로부터 산화물 결정에서 반도체 광소자 특성을 요구할 수 있는 유일한 분야라고도 할 수 있다.

1991년 II-VI족 화합물 반도체인 ZnCdSe계[3] 및 ZnMgSeS계[4] 초격자 헤테로(hetero) 구조에 의한 청록색(靑綠色, ~500nm) 레이저 발진의 성공과 1993년에 이르러 실용적인 청색 발광 다이오드(InGaN계)의 출현[4,5]으로 반도체 레이저는「청색 시대」를 맞이하고 있다. 그러나 전자의 장수명화 과제와 후자의 전류 주입(注入)에 의한 레이저 발진의 관계를 생각하면, 현시점에서 코히런트인 청색 레이저 광을 얻기 위해서는 비선형광학결정에 의한 파장변환이 가장 유력한 수단이기도 하다. 따라서 반도체 여기를 통한 전고체 단파 레이저 개발에 매우 치열한 경쟁이 벌어지고 있다. 또한 장래에는, 반도체로서는 불가능한 근자외 레이저가 비선형광학결정의 활로이기도 하다.

또 고체 레이저는 가시광을 적~근적외광으로 변환시키는 에너지의 가시적외파장 하방변환(可視赤外波長下方變換, down conversion)이지만, 역으로 적외광을 가시광으로 변환하는 가시적외파장 상방변환(可視赤外波長上方變換, up conversion)의 연구도 활발하다.

4.1 광원으로서의 고체 레이저 결정

1954년 암모니아 분자선을 이용해 마이크로파를 발생시키는 메이저(Microwave Amplication by Stimulated Emission of Radiation : MASER)가 발견되었고, 1958년 샤블로프(Schawlow)와 타운스(Townes)가 광여기에 의해 발진하는 레이저(Light Amplification by Stimulated Emission of Radiation : LASER)의 가능성을 이론적으로 제시했으며, 1959년에 이르러 메이먼(Maiman)이 $0.6943 \mu m$에서 발광하는 루비 레이저($Cr:Al_2O_3$)를 발명했다. 이것이 고체 레이저의 최초였으며, 이것을 계기로 여러 가지 고체 레이저의 발진이 확인되었다. 특히 1964년에는 실온에서 YAG 레이저($Nd:Y_3Al_5O_{12}$)의 연속 발진이 확인[7]되어 YAG 레이저는 고체 레이저의 대명사처럼 되었으며, 그 우수한 특성과 제조의 용이성 덕에 지금도 통신 분야의 실험뿐 아니라 가공기 등에 폭넓게 이용되고 있다. 고체 레이저는 한 마디로 결정 또는 유리 안의 레이저 활성이온을 외부에서 광여기함으로써 코히런트 광을 발진시키는 레이저이고, 반도체 레이저, 플라스틱 레이저는 고체 레이저라고 하지 않는다.

원래부터 램프 여기에 의한 Nd : YAG 레이저는 발진 효율이 높고 열 전도도 좋기 때문에 가장 우수한 레이저 결정으로서 다방면에 이용되고 있지만, 반도체 레이저가 여기광원으로도 기대되어 이제까지 실용화의 대상에서 제외되었던 레이저 호스트 결정의 새로운 재료로 주목받기 시작했다. 또 비선형성 광결정이나 전기광학결정을 레이저의 모결정(母結晶)으로 한 레이저 발진 연구도 수행되어왔기에 이들의 동향에 관해서도 설명하겠다.

4.1.1 고체 레이저의 발진 원리

레이저 발진이 정상적으로 이루어지기 위해서는 고체 내의 레이저 활성이온은 적어도 세 개의 에너지 준위를 가질 필요가 있다. 보통 3준위 또는 4준위로서 〈그림 4.1〉에 표시한 것과 같이 외부 광에 의해 여기되어 좀더 높은 에너지 상태로 된 후에 이것이 격자진동에 의해 에너지의 일부를 잃고 낮은 에너지 상태로 되는 비복사천이 과정과 특정 에너지 준위 사이에서 그 에너지 차에 해당하는 광자(光子)를 방출하면서 낮은 에너지 상태로 천이하는 유도방출 과정(유도방출:레이저 발진)을 거쳐 원래의 바닥상태로 돌아가는 것이 기본적인 구도다. 특히 연속발진을 일으키기 위해서는 광여기(光勵起)의 확률이 레이저 발진의 확률보다 높아야 한다. 이것을 에너지의 반전 분포(population inversion)라고 한다. 따라서 효율이 좋은 광여기는 활성이온 자신의 광흡수 스펙트럼 폭이 넓고, 여기 광원의 파장이 이것에 합치되어야 한다.

3준위 레이저에서는 〈그림 4.1(a)〉 과정과 같이 발광효율이 좋다. 대표적인 예는 루비 레이저($Cr:Al_2O_3$)로 활성이온은 Cr^{3+}이다. 〈그림 4.2〉는 루비 레이저의 에너지 준위와 레이저 천이 준위(R_1, R_2)를 나타내지만 R_1은 0.6943μm, R_2는 0.6929μm(어느 것이나 실온)의 파장이다. 결정, 여기광원, 냉각방법 등에 따라 루비 레이저는 1kW 정도의 여기광 입력이 필요하고 원리적으로 3준위 레이저는 실온에서의 연속 발진이 어려워 대부분 펄스 발진이다. 연속 발진에는 발진 임계치(臨界値)가 낮은 4준위 레이저가 적합하다〔그림 4.1(b)〕. 4준위 레이저는 활성이온으로 Nd^{3+}를 도핑한 $Y_3Al_5O_{12}$(YAG) 레이저로 대표되는 일련의 Nd 도핑계 고체 레이저다. 〈그림 4.3〉에 에너지 준위와 대표적인 레이저 천이를 표시했다.

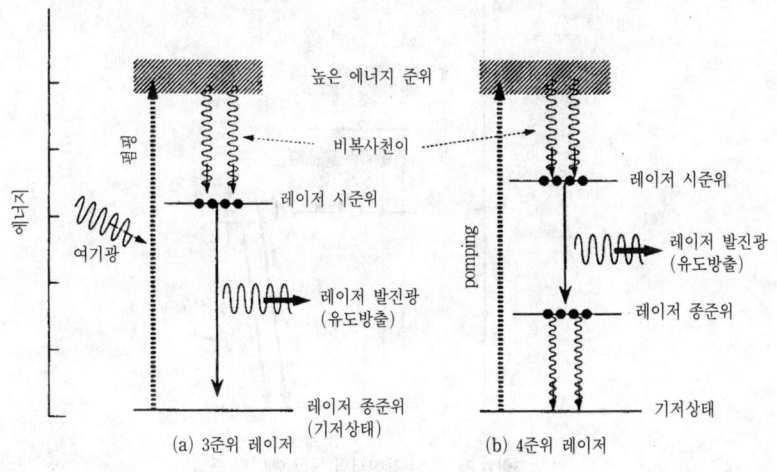

〈그림 4.1〉 고체 레이저 발진 원리

처음 준위와 끝 준위와의 조합을 통해 몇몇 군의 발진파장이 얻어지지만 특히 $^4F_{3/2} \rightarrow {}^4I_{11/2}$ 천이에서 $1.0648\mu m$의 발광이 강하다. 레이저 공진기의 구성에 의거해 $^4F_{3/2} \rightarrow {}^4I_{13/2}$ 천이에서 파장 $1.341\mu m$가 얻어지고 석영계(石英系) 광섬유의 저손실 파장대와 일치하는 것에서 이 적외선 발진 레이저가 활발하게 개발되고 있다. 이와 같은 레이저 매질을 빛 공진기(optical cavity : 기본적으로는 Fabri-Perot Ethalon 효과) 안에 두게 되면 발광한 전자파가 두 공진기 거울 사이를 왕복할 때마다 증폭 작용이 생긴다. 증폭이 반사경에서의 불완전한 반사나 레이저 매질 내의 산란 등으로 인한 손실보다 클 때 이득(利得)의 포화와 함께 정상발진 상태로 된다. 일반적으로 공진기의 출력단(出力端) 거울은 발진파장에 대해 근소하게 반사율을 떨어뜨린다. 즉 투과율을 높임으로써 발진광을 이끌어낸다. 파장 선택이나 발진 모드의 제어는 공진기 구성에 의해 이루어진다.

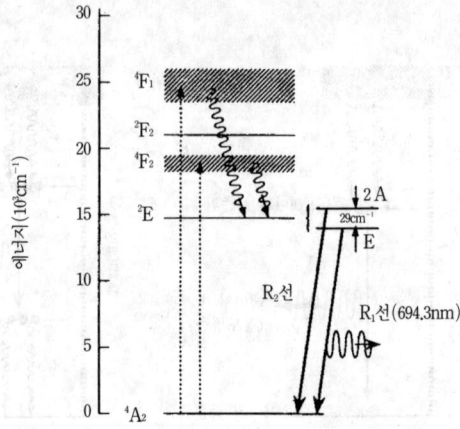

〈그림 4.2〉 루비 레이저의 동작 에너지 준위

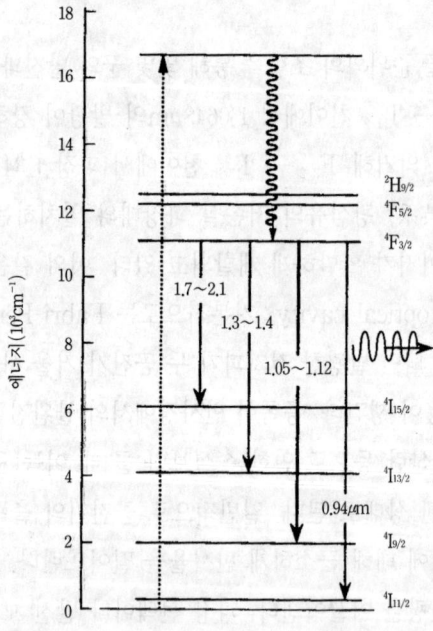

〈그림 4.3〉 Nd:YAG 레이저의 발진 에너지 준위

4.1.2 고체 레이저 결정의 성능지침

앞 절에서 고체 레이저의 발진원리에 관해 간단히 기술했지만, 레이저 발진이 되기 위해서는 활성이온의 레이저 천이에 관여하는 두 에너지 준위 사이에 부온도 상태(負溫度狀態, population inversion : 반전분포라고도 한다), 즉 위 준위에 여기된 이온의 수가 아래 준위에 있는 이온의 수보다 많은 상태를 만들 필요가 있다. 따라서 4준위 동작은 부온도 상태를 만들기가 쉬우며, 발광에 기여하는 4f 전자는 바깥쪽에 있는 $(5s)^2(5p)^6$의 전자보다 정전기적(靜電氣的)으로 차폐(screen)되어 결정장의 영향을 받기 어렵기 때문에 활성이온으로서는 Nd^{3+}와 같은 희토류 원소가 적합하다. 〈표 4.1〉은 대표적인 희토류 이온의 천이 등을 정리하여 수록한 것이다. 표에서 아래 준위는 레이저 발진 천이로 되는 두 준위의 아래 준위와 바닥상태 사이의 에너지 차이고, 실온 발진의 가부(可否) 판단의 기준이 되는 양이다.

일반적으로 연속 발진동작을 할 경우 레이저 매질 중의 광증폭 이득

〈표 4.1〉 고체 레이저에서의 활성이온과 발진파장

활성이온	호스트 결정	하위준위 (cm^{-1})	여기파장 (μm)	천 이	발진파장 (μm)	특성 등
Nd^{3+}	$Y_3Al_5O_{12}$(YAG) $Gd_3Ga_5O_{12}$(GGG) $YLiF_4$(YLF) 유리	2000	0.81	$^4F_{3/2} \rightarrow {}^4I_{9/2}$ $\rightarrow {}^4I_{11/2}$ $\rightarrow {}^4I_{13/2}$	0.9 1.06 1.35	실온에서 고효율 발진 ※가장 잘 이용된다.
Er^{3+}	$Y_3Al_5O_{12}$(YAG) $YLiF_4$(YLF) CaF_2, Al_2O_3	50~525	0.98 0.80	$^4I_{13/2} \rightarrow {}^4I_{15/2}$ $^4I_{11/2} \rightarrow {}^4I_{13/2}$	1.53 ~1.65 2.94	아이 세이프 의료 메스 등 통신에서의 광증폭 이온
Ho^{3+}	$Y_3Al_5O_{12}$(YAG) 등	~250	0.79	$^5I_7 \rightarrow {}^5I_9$	2.1	저온(77K) 대기를 고투과
Tm^{3+}	$Y_3Al_5O_{12}$(YAG) $YLiF_4$(YLF) 등	~400	0.785	$^3F_4 \rightarrow {}^3H_6$	2.02	아이 세이프 대기를 고투과

(gain) g는

$$g = \frac{P_{\text{abs.}}}{h\nu_p}\tau\sigma \qquad (4.1)$$

로 주어진다. 여기에서 $P_{\text{abs.}}$는 단위 시간당 펌프(pumping) 광의 흡수광량, h는 플랑크 상수, ν_p는 여기(pumping) 광의 주파수, τ는 형광 수명(螢光壽命), 그리고 σ는 활성이온의 레이저 천이 단면적이다. 즉 $P_{\text{abs.}}/h\nu_p$는 단위 시간당 흡수된 광자 수를 뜻하고, τ는 광자(photon)를 흡수한 활성이온이 어느 정도 레이저의 처음 준위에 머물러 레이저 발광에 기여하는가를 나타내고, σ는 여기광자를 흡수한 활성이온이 레이저 발진을 할 때 어느 정도의 광량(발광면적)을 복사하는가를 표시한다. 레이저 발진은 식 (4.1)에서 주어지는 이득이 레이저 공진기 내의 손실[공진기를 구성하는 거울의 반사율, 회전손실, 레이저 매질 내의 전파손실(傳波損失 등)]을 상회할 때 일어난다. 식 (4.1)의 σ는

$$\sigma = \frac{\lambda}{4\pi^2 n^2 \Delta\nu} A \qquad (4.2)$$

로 표시된다. 여기에서 λ는 레이저 발진파장, n은 굴절률, $\Delta\nu$는 형광의 선폭(線幅), A는 첫 준위에서 최종 준위로의 천이 확률이다. 형광의 스펙트럼이 한 선(線)으로 된 경우에는 $A = 1/\tau$로 주어지지만 일반적으로는 결정장의 영향으로 첫 준위, 최종 준위 모두 몇 개의 레벨로 분리되어[이것을 슈타르크(Stark) 효과라고 한다] 몇 개의 선으로 분열되어 있고, 또 최종 준위 이외의 다른 준위로 천이하는 것도 있으므로 $A = \beta/\tau$로 쓰지 않으면 안 된다. 따라서 식 (4.1)은

$$g = \frac{P_{\text{abs.}}}{h\nu_p} \cdot \frac{\lambda}{4\pi^2 n^2 \Delta\nu} \beta \qquad (4.3)$$

로 된다. 같은 양의 여기광에 대해 $P_{abs.}$는 활성이온 수(濃度)에 비례하게 된다.

식 (4.3)은 얼핏 보면 형광수명 τ에 의존하지 않는 것처럼 보인다. 그러나 식 (4.1), (4.3)이 동시에 성립하기 위해서는 첫 준위로 여기된 활성이온은 반드시 형광을 방출한다는 조건이 필요하다. Nd계 레이저를 예로 든다면 Nd이온 농도가 높아질수록 여기된 이온에서 여기되지 않은 이온으로 에너지가 이동(energy migration)하여 결정의 결함에 붙들려(trap) 에너지가 손실(impurity quenching)되든지, $^4F_{3/2}$(첫 준위) → $^4I_{15/2}$(중간 준위)와 $^4I_{9/2}$(바닥준위) → $^4I_{15/2}$의 동시천이(cross relaxation), $^4F_{3/2}$의 두 개의 여기 이온이 결합하여 $^2G_{9/2}$의 여기대로 천이하여 그 후 비복사천이 과정을 거쳐 $^4F_{3/2}$로 여기 이온 한 개가 되돌아가든지(Auger relaxation) 하여 여기 이온이 감소한다. 이 같은 경우 형광수명은 활성이온 농도와 함께 현저히 감소하여 형광의 세기도 작아진다. 이것을 농도소광(濃度消光, self-quenching) 현상이라고도 한다.

아우젤(Auzel)[8]은 농도소광의 재료 의존성을 해석했다. 이에 따르면 농도소광이 생기는 비율을 $R_q = 1/\tau_{non}$이라고 하면 〈그림 4.4〉에 표시한 것과 같이 Nd 농도가 증가함에 따라 R_q는 농도의 1제곱에 비례하는 ($R_q \propto N_0$) 결정과 2제곱에 비례하는 ($R_q \propto N_0^2$) 결정재료로 분류된다. 여기에서 τ_{non}은 형광수명 중에서 비복사 천이에 의한 항이고 비복사 천이가 없는 재료에서는 $1/\tau_{non} = 0$으로 둘 수 있다. Nd 도핑 YAG나 $NaLa_{1-x}Nd_x(WO_4)_2$에서는 2제곱에 비례하는 농도소광이 생기기 쉬우나, 이른바 직접 화합물(直接化合物) 레이저 결정 (stoichiometric laser crystals)인 NdP_5O_{14}(Neodymium Ultra-Phosphate : NdUP)나 $Na_2Nd_2Pb_6(PO_4)Cl_2$(CLAP)에서는 1제곱에

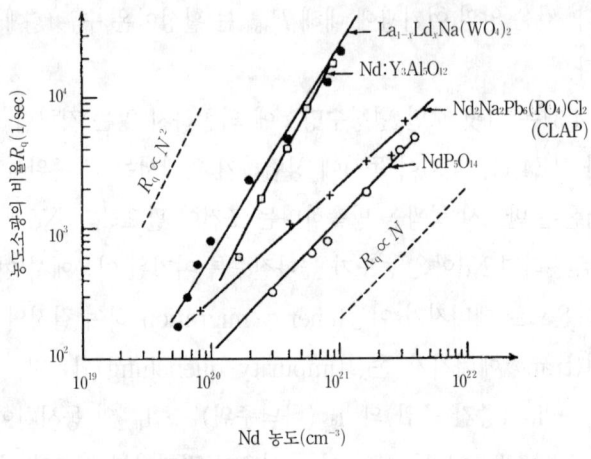

⟨그림 4.4⟩ Nd 농도에 대한 농도소광의 비율

비례하는 농도소광이 생기기 어렵다는 것을 알 수 있다.

이 농도소광이 생기는 이유는 Nd 이온의 예에서 나타낸 ⟨그림 4.5⟩의 활성이온 사이에서의 두 교차이완(cross relaxation) 과정으로 설명할 수 있다. 하나는 (a)에 표시한 것과 같이 여기 상태 $^4F_{3/2}$에 있는 Nd 이온 ①이 바닥 상태 $^4I_{9/2}$로 천이함과 동시에 공명적(共鳴的)으로 그 근방에 있는 Nd 이온 ②가 $^4F_{3/2}$로 여기되는 과정이고, 이 과정에서는 $R_q \propto N_0$로 되고 농도소광 효과는 적다. 또 하나의 과정은 (b)와 같이, 예를 들면 $^4F_{3/2}$에 있는 이온 ①이 몇 개 중간 준위($^4I_{15/2} \sim \, ^4I_{11/2}$)로 천이할 때, $^4I_{9/2}$에 있는 다른 이온 ②가 중간 준위로 공명여기(共鳴勵起)되어 곧바로 $^4I_{15/2}$ 준위에 있는 이온 ①, ②가 다 같이 비복사(non-radiative)적으로 $^4I_{9/2}$로 떨어져 가는 과정이다. 이 경우에는 $R_q \propto N_0^2$로 되고 강한 농도소광 효과로 된다. 어느 재료가 N_0비례형이 되는가, N_0^2비례형이 되는가는 (b)의 과정이 생기기 쉬운 정도에 따라 결정된다. 어느 것이나 자기 흡수(自己吸收) 과정이고 첨가물(dopant)

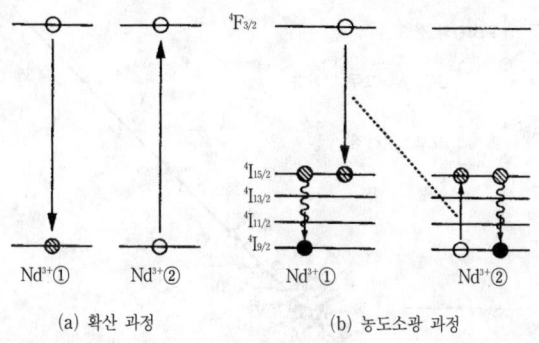

〈그림 4.5〉 Nd 이온에서의 에너지 준위 사이의 교차이완과 농도소광 과정

농도가 클수록 흡수가 커지기 때문에 농도소광이 쉽게 생기게 된다.

농도소광에 관한 과정 (b)가 더 잘 생기느냐 여부는 활성이온 주위의 결정장 변형의 대소로 이해된다. 결정장의 변형이 클수록 중간 준위의 각 에너지 레벨의 슈타르크 퍼짐이 커져 농도소광이 커지는 것이 이론적 계산에서 제시되었다. 〈그림 4.6〉은 결정장의 크기를 나타내는 매개변수인 $N_v(\text{cm}^{-1})$와 바닥상태 $^4I_{9/2}$의 슈타르크 퍼짐의 최대값 ΔE를 여러 가지 결정재료에 대해 나타낸 것이다.[8] $\Delta E = 470\text{cm}^{-1}$에 해당하는 $N_v = 1800\text{cm}^{-1}$보다 작은 결정재료에서 농도소광은 $R_q \propto N_0$ 과정으로 되어 생기기가 어렵고, 이것보다 큰 재료에서는 $R_q \propto N_0^2$ 과정에서 생기기가 쉽다는 것을 이해할 수 있다. 예로서 가장 실용적인 Nd:$Y_3Al_5O_{12}$(Nd:YAG)에서는, ΔE가 약 850cm^{-1}이고 농도소광이 생기기 쉽다. 그러나 NdP_5O_{14}(NdUP)에서는 약 300cm^{-1}로 농도소광이 작다는 것을 알 수 있다. 이와 같이 결정장의 크기에 따라 〈그림 4.5〉의 활성이온 농도에 의한 농도소광 발생을 설명할 수 있다.

결정의 분해용융 온도를 포함한 융점 T_m도 결정장 매개변수 N_v와

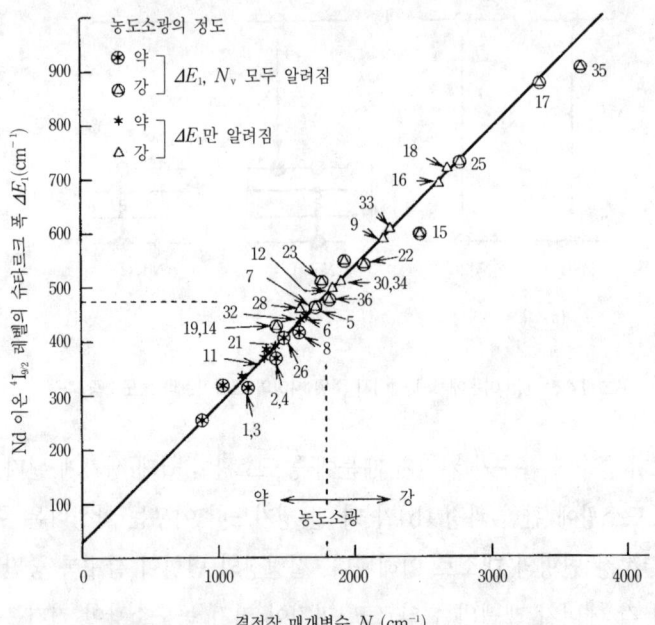

〈그림 4.6〉 결정장 매개변수 N_v와 Nd 이온의 바닥 준위 $^4I_{9/2}$ 슈타르크 퍼짐폭 ΔE_1의 관계[8]
1. NdP$_5$O$_{14}$, 2. LiNdP$_4$O$_{12}$, 3. CLAP, 4. Nd$_5$Na(WO$_4$)$_4$, 5. Na(La,)(WO$_4$)$_2$, 6. K$_9$Nd(WO$_4$)$_4$, 7. K$_5$Nd(MoO$_4$)$_4$, 8. NdAl$_3$(BO$_4$)$_3$[NAB], 9. NaNd(BO$_3$)$_7$, 11. (Nd,La)Ta$_7$O$_{19}$, 12. LiNdNbO$_4$, 14. Nd$_2$O$_2$S[LOS], 15. CaF, 16. (La,Nd)AlO$_3$, 17. (La,Nd)$_3$Al$_5$O$_{12}$, 18. Ba$_2$MgGe$_2$O$_7$, 19. NdNb$_5$O$_{14}$, 21. (Gd,Nd)(MoO$_4$)$_3$, 22. Li(Y,Nd)F$_4$, 23. (Nd,La)F$_3$, 25. Ca$_5$(PO$_4$)$_3$F[FAP], 26. KY$_3$F, 28. YVO$_4$, 29. PbMoO$_4$, 30. LiNbO$_3$, 32. KY(MoO$_4$)$_2$, 33. CaAl$_4$O$_7$, 34. La$_2$O$_3$, 35. Nd:LaOF, 36. CaWO$_4$

$$T_m = 0.48N_v + 300 \qquad (4.4)$$

의 관계가 〈그림 4.7〉과 같이 정리되고,[8] $T_m < 1,200\,^\circ\text{C}$의 재료에서 농도소광은 작다. 그리고 결정의 모스(Mohs) 강도 H와도 관계가 정리되어 있다. 여러 가지 결정재료에 대한 H, 결정의 응집 에너지 U, 활성이온 주위의 배위결합수(配位結合數) z, N_v, T_m의 값을 〈표 4.2〉에 수록했다. 재료의 경도는 U/z에 따라 정해지고 $U/z < 500\,\text{kcal/mol}$

에서 농도소광이 작다는 것을 〈그림 4.4, 4.7〉에서 도출할 수 있다.

이상과 같이 함부로 활성화 이온 농도를 높이면 레이저 발진 효율은 거꾸로 떨어지는 결과가 초래되므로, 최적 농도로 도핑하는 것이 중요하다. 또 활성이온끼리 어느 정도 떨어져 있는 결정 사이트를 필요로 한다. 즉 모결정(母結晶, host 결정)의 결정 구조가 결정적 역할을 한다. 농도소광이 생기기 어려운 결정재료는 결정장의 변형이 작고, 직접 화합물 레이저 결정과 같이 결합 수를 여러 개 갖고 융점이 비교적

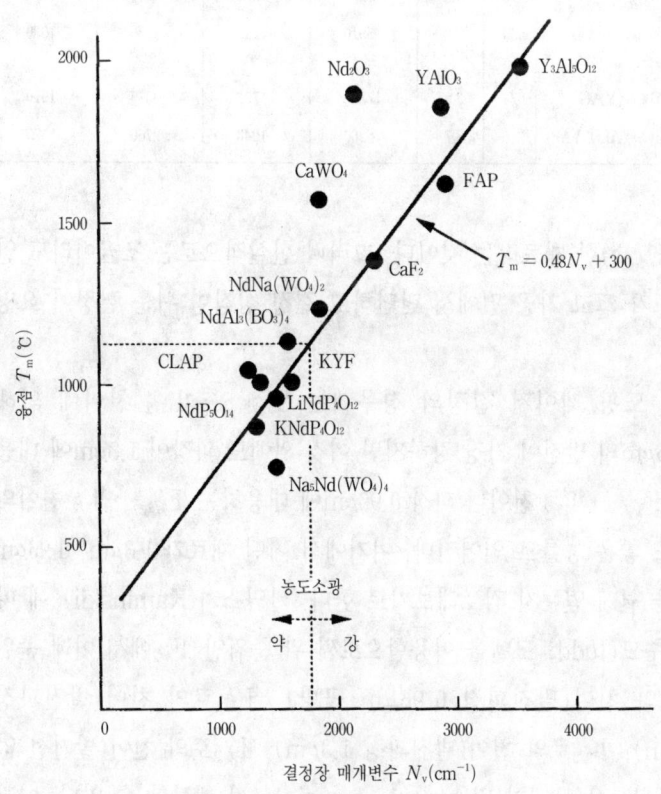

〈그림 4.7〉 결정장 매개변수 N_v와 융점 T_m의 관계[9]

⟨표 4.2⟩ 농도소광이 작은 Nd 레이저 결정의 결정장[9] (그림 4.7 참조)

결정	배위 결합수 Z	모스 경도 (Mohs)	응집 에너지 (kcal/mol)	U/z (kcal/mol)	결정장 인자 N_v(cm^{-1})	융점 (분해온도) T_m(℃)
Nd$_2$O$_3$	6	5	4500	750	2200	1900
NdP$_5$O$_{15}$(NdPP)	28	6	11507	411	1406	1000
LiNdP$_4$O$_{12}$(LNP)	24	5	7627	318	1474	975
NdAl$_3$(BO$_3$)$_4$(NAB)	24	8	14094	587	1630	1170
NaNd(WO$_4$)$_2$	16	5	8014	501	1820	1250
KNd(WO$_4$)$_2$	16	4.5	5620	351	1390	1075
Na$_2$Nd$_2$Pd$_6$(PO$_4$)$_6$Cl$_2$ (CLAP)	50	3	5910	118	1236	1030
Nd:Y$_3$Al$_5$O$_{12}$(YAG)	24	8.25	17350	723	3575	1970
Nd:YAlO$_3$(YALO, YAP)	6	8.7	6260	1043	2760	1875

낮은 연(軟)한 재료라는 것이다. 그러나 현실적으로는 조금이라도 열전도도가 크고 가공 면에서 단단하고 결정 성장이 쉬운 결정이 요망된다.

Nd 도핑 레이저 결정의 경우에는 $^4F_{3/2} \rightarrow {}^4I_{11/2}$ 천이에 의해 ~1.06μm의 발진이 가장 강하지만 이것 외에도 파장이 1.3μm에 대응하는 $^4F_{3/2} \rightarrow {}^4I_{13/2}$ 천이나 파장 0.96μm에 대응하는 $^4F_{7/2} \rightarrow {}^4I_{9/2}$ 천이의 발진도 좋은 능률로 얻어진다. 여기에서 어떤 재료가 1.3μm, 0.96μm 발진을 쉽게 얻는지 검토해보기로 한다. 카민스키(Kaminskii)[9]에 따르면 주드(Judd) 모델을 이용함으로써 위 준위인 $^4F_{3/2}$에서 아래 준위 $^4I_{9/2}$로의 천이(발진파장 0.96μm 근방), $^4I_{11/2}$로의 천이(발진파장 1.06μm), $^4I_{13/2}$로의 천이(발진파장 1.3μm), $^4I_{15/2}$로의 천이(발진선 없음)의 확률은 브랜칭 비(branching ratio)로써 계산할 수 있다. 이것을 ⟨그림 4.8⟩에 표시하면 종축은 위 준위인 $^4F_{3/2}$에서 아래 준위인 각 I

준위로 천이할 경우의 브랜칭 비 $\beta_{JJ'}$(J는 위 준위, J'는 아래 준위 I이 고 J→J'로의 천이를 뜻한다), 횡축 X는 분광학적 특성인자 (spectroscopic quality parameter)라 일컫는 무차원(無次元) 수이고

$$X = \frac{1.23\,S(^4I_{9/2} \to {}^2P_{1/2})}{S(^4I_{9/2} \to {}^4I_{13/2})} \tag{4.5}$$

로 표시되는 준위 사이의 흡수 스펙트럼 비에서 분광학적으로 구할 수 있다.[9] 여러 가지 Nd계 결정에 대한 X를 정리하면 〈표 4.3〉과 같다. YAG나 YAlO$_3$에서는 $X=0.3$, Gd$_3$Ga$_5$O$_{12}$(GGG)에서는 0.41, YScO$_3$ 에서는 최대 1.5로 된다. 이들 값과 〈그림 4.8〉에서 0.96μm 근방의 발 진을 강하게 하기 위해서는 $\beta_{J(9/2)}$를 크게 하면 되고, X가 1.2 이상인 어떤 재료를 선택하면 1.06μm 발진보다 강한 발진이 얻어질 것이다.

그렇지만 현실에서는 이 형광천이(螢光遷移)의 세기 외에도 3준위 레이저 천이인지, 4준위 레이저 천이인지를 생각할 필요가 있다. 즉

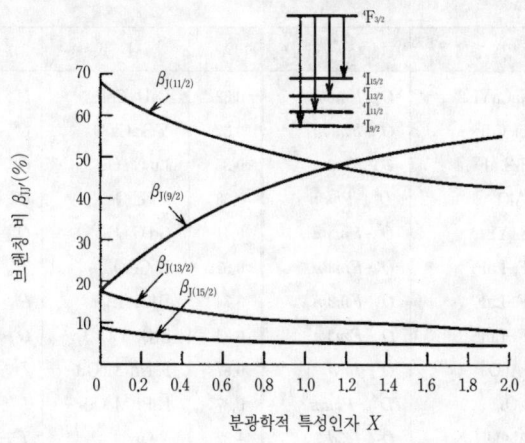

〈그림 4.8〉 분광학적 특성인자 X와 Nd 이온의 $^4F_{3/2}$에서 각 I 준위로의 천이에 대한 브랜칭 비 $\beta_{JJ'}$의 관계.[9] $\beta_{J(11/2)}$는 J($^4F_{3/2}$)에서 J'($^4I_{11/2}$)의 천이를 나타낸다.

실온에서는 $^4F_{3/2} \to {}^4I_{11/2}$로의 천이가 4준위이고, $^4F_{3/2} \to {}^4I_{9/2}$는 3준위이며, $^4I_{9/2}$ 준위의 에너지대(帶)가 결정장에 의한 슈타르크 효과로 인해 크게 퍼져 있고, 적어도 4준위 레이저 천이에 가까운 의4준위(擬四準位)로 되어 있는 재료를 찾는 것이 중요하다. 이것은 〈그림 4.6〉에서 표시한 것과 같이 이 이상 큰 ΔE를 갖는 것은 LaOF밖에 없으며, 0.96μm를 실온에서 발진시킬 수 있는 재료가 그리 많지 않다는 것을 시사하고 있다. 따라서 결정 성장의 어려움이나 양자효과(量子效果)의 문제가 있기 때문에 벌크 결정에서 0.96μm대(帶)를 실온 발진시키는 실용적 결정은 YAG로 한정되어 있다. 한편 1.3μm대(帶)의 발진에는 〈그림 4.8〉로부터 $\beta_{J(13/2)}$가 커지는 X가 작은 재료를 선택하면 된다는 것을 알 수 있다. 〈표 4.3〉에서도 현실적으로는 역시 YAG로 대표되는 $R_{E3}Al_5O_{12}$나 $YAlO_3$로 대표되는 $R_EAlO_3(R_E$: 희토류 원소)가 적당할 것이다. 최근에 $TbAlO_3$의 레이저 특성이 보고되어[10] 매우 흥미를 끌

〈표 4.3〉 각종 Nd 결정과 분광학적 특성인자 X [9]

X	결 정	대칭성(공간군)	X	결 정	대칭성(공간군)
0.22	α-NaCaYF$_6$	O_h^5-$Fm3m$	0.32	BaU$_2$-CeF$_3$	O_h^5-$Fm3m$
0.22	CaF$_2$-CdF$_3$	O_h^5-$Fm3m$	0.32	Y$_3$Sc$_2$Ga$_3$O$_{12}$	O_h^{10}-$Ia3d$
0.24	SrF$_2$-LaF$_3$	O_h^5-$Fm3m$	0.35	Lu$_3$Ga$_5$O$_{12}$	O_h^{10}-$Ia3d$
0.265	LuAlO$_3$	D_{2h}^{16}-$Pbnm$	0.38	Y$_3$Ga$_5$O$_{12}$	O_h^{10}-$Ia3d$
0.27	SrF$_2$-YF$_3$	O_h^5-$Fm3m$	0.41	Gd$_3$Ga$_5$O$_{12}$	O_h^{10}-$Ia3d$
0.27	CaF$_2$-LaF$_3$	O_h^5-$Fm3m$	0.51	Bi$_4$Ge$_3$O$_{12}$	T_d^6-$I43d$
0.27	BaF$_2$-LaF$_3$	O_h^5-$Fm3m$	0.74	HfO$_2$-Y$_2$O$_3$	O_h^5-$Fm3m$
0.29	BaF$_2$-LuF$_3$	O_h^5-$Fm3m$	0.84	ZrO$_2$-Y$_2$O$_3$	O_h^5-$Fm3m$
0.29	Lu$_3$Al$_5$O$_{12}$	O_h^{10}-$Ia3d$	0.87	K$_5$Nd(MoO$_4$)$_4$	D_{3d}^5-$R\bar{3}m$
0.3	YAlO$_3$	D_{2h}^{16}-$Pbnm$	0.87	K$_5$Bi(MoO$_4$)$_4$	D_{3d}^5-$R\bar{3}m$
0.3	Y$_3$Al$_5$O$_{12}$	O_h^{10}-$Ia3d$	1.32	Y$_2$O$_3$	T_h^7-$Ia3$
0.32	Y$_3$Sc$_2$Al$_3$O$_{12}$	O_h^{10}-$Ia3d$	1.5	YScO$_3$	T_h^7-$Ia3$
0.32	Gd$_3$Sc$_2$Al$_3$O$_{12}$	O_h^{10}-$Ia3d$			

고 있다.

　이상과 같은 대체적인 검토에서 알 수 있는 것과 같이 레이저 결정에 요구되는 분광학적인 조건으로는 다음과 같은 사항을 들 수 있다.
　① 형광 수명이 길고 형광이 강할 것
　② 형광선 폭이 좁을 것(예리할 것)
　③ 레이저 발진기의 분기율(branching ratio)이 클 것
　④ 활성이온 농도가 클 것
　⑤ 활성이온 사이트가 서로 차폐되어 있을 것

　이들 조건 중 특히 ②에 관해서는 호스트 결정(laser host crystal) 중의 포논(phonon)이 깊이 관여하고 있는 것을 지적할 수 있다.[11] 형광 스펙트럼의 선폭은 결정 변형에 따른 기여를 제외하면 불순물 이온과 포논의 상호작용으로 정해지고 실온 부근에서는 특히 라만(Raman)형 산란이 개입하여 kT 정도의 에너지를 갖는 포논의 영향이 현저하다. 따라서 선폭이 좁아지기 위해서는 포논-불순물 상호작용이 작고, 관여하는 포논 밀도가 작아야 한다. 이 조건을 만족하려면 음속(音速)이 크지 않으면 안 된다. 음속이 큰 것일수록 디바이(Debye) 온도가 높아 실온에서 여기된 포논 밀도가 작고, $h\nu \sim kT$에서 정해지는 포논 진동수 ν에서는 음속이 클수록 파장이 길고 포논 불순물 상호작용이 작아지기 때문이다. 결정의 탄성 스티프네스(stiffness)를 c, 밀도를 ρ로 하면 음속은 $(c/\rho)^{1/2}$로 주어진다. 일반적으로 탄성 스티프네스 c는 결정 중의 이온 결합력에 비례하고, 결합력이 큰 결정일수록 높은 융점을 갖는다. 레이저 모결정으로서는 융점이 높고 가벼우며 단단한 것일수록 좋다는 결론이 나온다.
　사실 이제까지 탐색·개발된 많은 레이저 모결정(host 결정)은 앞

에서 말한 여러 조건을 거의 만족하는 결과인 것 같다.

4.1.3 고체 레이저 결정

레이저 발진의 원리에서 논한 것과 같이 고체 레이저의 발광 중심이 되는 것은 Cr^{3+}, Ni^{3+} 등의 철족원소, Nd^{3+}, Pr^{3+} 등의 희토류 원소, U^{3+} 등의 악티나이드(actinide) 원소 이온으로서, 고체 내에서는 가시(可視)에서 근적외(近赤外)의 파장 영역에 걸쳐 예리한 형광선을 나타낸다. 이들 원소 이온을 고체 내에서 농도소광(quenching)이 생기지 않도록(발광중심 사이의 상호작용이 작을 정도로) 분산 도핑시키면 레이저 결정이 얻어진다. 예를 들면 루비 레이저에서는 Cr^{3+}가 $1.6 \times 10^{19}/cm^3$ 정도 도핑된 Al_2O_3 결정이고, YAG 레이저에서는 Nd^{3+}가 $1.4 \times 10^{20}/cm^3$ 도핑된 $Y_3Al_5O_{12}$ 가닛 결정이다. 〈그림 4.9〉는 레이저 결정의 변천(제1장 그림 1.3 발췌)을 보였으며, 〈표 4.4〉에 대표적인 레이저 호스트 결정과 그 레이저로서의 특징을 요약했다.

YAG 결정은 가장 잘 알려진 고체 레이저 결정으로서, 이미 실용화되어 있다. 처음에는 수냉장치(水冷裝置)였지만 지금은 공냉식(空冷式) 장치도 시판되고 있다. 레이저 발진광은 무편파(無偏波)인 것에서 직선 편파광이 얻어지는 $Nd:YAlO_3$(YALO)가 알려져 있다. 이것은 사방정 페로브스카이트 구조를 한 광학적 이방성을 갖고 있는 것에 기인한다. 모결정의 $YAlO_3$에는 쌍정이 개재하지만 Nd를 도핑하면 쌍정 발생이 억제된다는 장점이 있다. 이와 같은 레이저 활성이온을 미량 도핑한 레이저 결정에 대해서는 좀더 발광 효율이 높은 레이저 재료의 개발·연구가 이루어졌다. 1972년에 Nd가 화합물의 구성 원소이고, 또한 Nd-Nd 사이의 상호작용이 작은 결정구조를 갖는, 말하자면 화학량론 조성 레이저(stoichiometric laser, 또는 희토류 직접 화합물

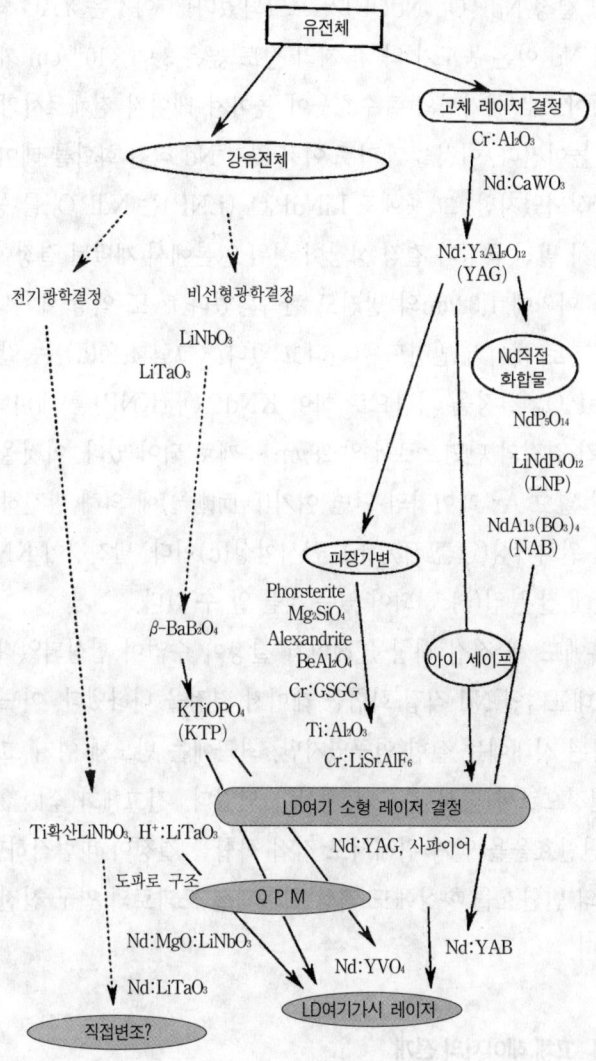

〈그림 4.9〉 고체 레이저 결정의 변천

4. 고체 레이저와 파장변환 결정

레이저) 결정 NdP$_5$O$_{14}$(NdUP)가 보고되었다.[12] 이것은 YAG 레이저에 비해 Nd 이온 농도가 약 한 자리 정도 높은 $3.96 \times 10^{21}/cm^3$까지 되는 결정이므로 여기광의 흡수효율이 높아져 레이저 전체로서의 발광효율이 높아진다. 이것을 계기로 여러 가지 Nd 직접 화합물 레이저 결정이 합성되었지만, 그 중에도 LiNdP$_4$O$_{12}$(LNP)는 NdP$_5$O$_{14}$를 능가하는 레이저 발진 특성과 결정 성장이 쉬워 일본에서 개발된 결정이다.[13] 1.05μm 이외에 1.32μm의 발진도 관측되었다.[14] 또 액상 에피택셜에 의한 도파로 레이저 발진도 실현되고 있다. 〈그림 4.10(a)〉는 같은 계의 KLaP$_4$O$_{12}$ 결정을 기판으로 하여 KNdP$_4$O$_{12}$(KNP)를 에피택셜로 성장시킨 결정의 단면으로서 약 28μm 두께로 되어 있다. 이것을 공진기 안에 넣고 Ar 레이저의 단면 여기(斷面勵起)에 의해 발진하고 있는 것이 원시야상(遠視野像)(b), 근시야상(c)이다. 발진광이 KNP 도파로 안에 잘 봉입(封入)되어 있는 것을 알 수 있다.[15,16]

그 후에도 새 직접 화합물 레이저 결정이 수없이 합성되었다. 〈표 4.5〉에 대표적인 Nd 직접 화합물 레이저 결정을 나타냈다. 어느 것이나 합성된 시대에는 실험 연구였지만, 최근에는 반도체 여기 고체 레이저 결정으로서 다시 주목의 대상이 되었다. 전고체화(全固體化)에는 큰 변환효율을 얻기 위해서도 직접 화합물 결정이 바람직하며, 여기광과의 변환효율 향상에도 액상 에피택셜 도파로의 연구 진전을 기대해본다.

4.1.4 고체 레이저의 전개

고체 레이저는 반도체 레이저에서는 실현이 어려운 영역에서 전개되고 있지만, 반도체 레이저보다 우수한 좁은 파장 스펙트럼을 얻을 수 있다는 것이 장점이다. 〈그림 4.11〉은 반도체 레이저와 비교한 고체

〈표 4.4〉 대표적인 레이저 결정의 여러 특성

결 정	결정계 (구조)	융점 (℃)	열팽창 계수 (10^{-6}/K)	열전도도 (W/cmK)	활성이온 농도 (at %)	형광 수명 (1sec)	발진파장 (nm)
Cr:Al$_2$O$_3$	육방정 (corumdum)	2040			0.05		693.4
Nd:CaWO$_3$	정방정	1570			1.0		1061
Nd:Y$_3$Al$_5$O$_{12}$	입방정 (Garnet)	1970	8.3	0.13	1~1.3 (1.4×10^{20}/cm^3)	230	1064 1320 946
Nd:Ca$_5$(PO$_4$)$_3$F (FAP)	육방정	1700					1062.9
Nd:YAlO$_3$ (YALO, YAP)	사방정 (perovskeite)	1875	4.2 3.9	0.11	~6.5 (5.7×10^{20}/cm^3)	175	1340 1079 1064 1663 (펄스)
Nd:Gd$_3$Ga$_5$O$_{12}$ (GGG)	입방정	1750		0.09	~4wt%	250	1062
Nd:Gd$_3$Sc$_2$Ga$_3$O$_{12}$ (GSGG)	입방정	1850	7.0	0.06	1.65 (2.0×10^{20}/cm^3)	240	1061
Cr:GSGG	입방정				~2		740~842
Nd:Gd$_3$Sc$_2$Al$_2$O$_{12}$ (GSAG)	입방정	1900			0.6	280	1060
Cr:GSAG					0.6		
Cr:BeAl$_2$O$_4$ (Alexandrite)	사방정	1870		0.23	~1.8	260	701~818
Nd:YVO$_4$ (YVO)	삼방정 (실라이트)	1790	2.3	0.01	2.0	92	1064 1340
Nd:LaMgAl$_{11}$O$_{19}$ (LKMA, LNA)	육방정 (마그네토프 란바이트)	1910			~10	320	1054
Nd:La$_2$Be$_2$O$_5$ (BEL)	단사정	1361	7~10	0.05	1.45 135	130~ 1365	1070
Nd:YLiF$_4$ (YLF)	삼방정 (실라이트)	819	8~13	0.06	1~2	500	1053 1321

4. 고체 레이저와 파장변환 결정

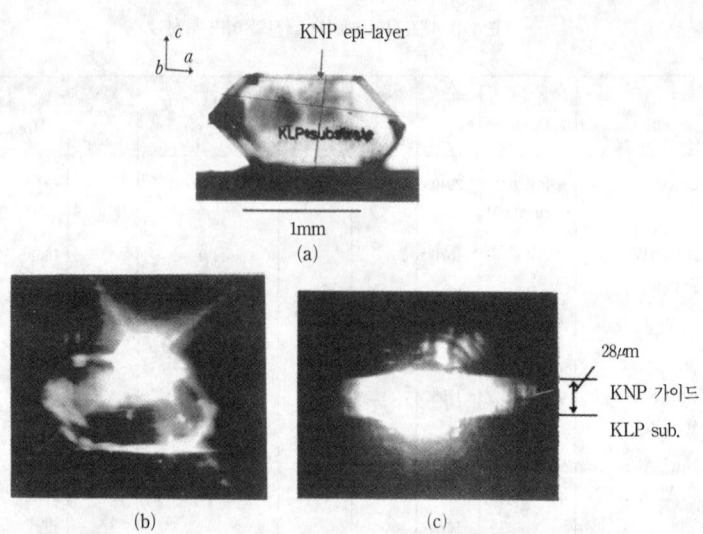

〈그림 4.10〉 LPE 성장 KNdP₄O₁₂(KNP) 도파로 레이저[15] : (a) 도파로 결정의 단면, (b) 발진의 원시야(far field) 상(像), (c) 발진의 근시야(near field) 상(像)

〈표 4.5〉 대표적 직접 화합물 레이저 결정과 특징

결 정	발진파장 $k(\mu m)$	Nd 농도 $N_0(10^{21}/cm^3)$	여기단면적 $\sigma(10^{-19}cm^2)$	형광수명 τ_f(lsec)	성능지수[*] $N_0 \sigma \tau_f$
NdP₅O₁₄ (NdPP)	1,051	3.96	1.13	115	9
Nd$_x$La$_{1-x}$P$_5$O$_{15}$		(x=0.3)		120	10
LiNdP₄O₁₂ (LNP)	1,048	4.37	1.7	120	17
NaNdP₄O₁₂ (NNP)	1,051	4.24	1.7	110	13
KNdP₄O₁₂ (KNP)	1,052	4.08	0.9	100	6
NdAl₃(BO₃)₄ (NAB)	1,064	5.43	8.0	19	11
Nd$_x$Y$_{1-x}$Al$_3$(BO$_3$)$_4$		0.22 (x=0.04)	10.0	60	40
Na₅Nd(WO₃)₄	1.06	2.6		85	
Nd:Y₃Al₅O₁₂ (YAG)	1,064	0.14	1.84	230	1

* Nd:YAG를 1로 하여 규격화했다.

레이저의 발진 스펙트럼 선폭을 비교한 것이지만,[17] 몇 자리 정도 선폭이 좁으며 장래의 광원으로 기대를 갖게 한다. 고체 레이저는 고출력을 얻을 수 있으며 집광성이나 안정성이 뛰어나기 때문에, 최근의 화합물 반도체 레이저 실용화와는 또 다른 기대의 대상이 되고 있다. 특히 반도체 소자의 미세가공(微細加工)이나 레이저 의료 분야에서의 응용이 급속히 확대되고 있으며, 나아가 레이저 설달금, 레이저 CVD, 레이저 계측, 레이저 화학, 레이저 핵융합 등으로의 실용화가 기대되고 있다. 이와 같은 적용 분야의 가능성과 확대에 호응하여 고체 레이저용 단결정 개발은 대출력화, 고효율화, 파장 가변과 파장 영역의 확대와 같은 방향으로 발전되어왔다. 특히 반도체 레이저를 여기 광원으로 한 고체화 소형 레이저가 주목받고 있다.

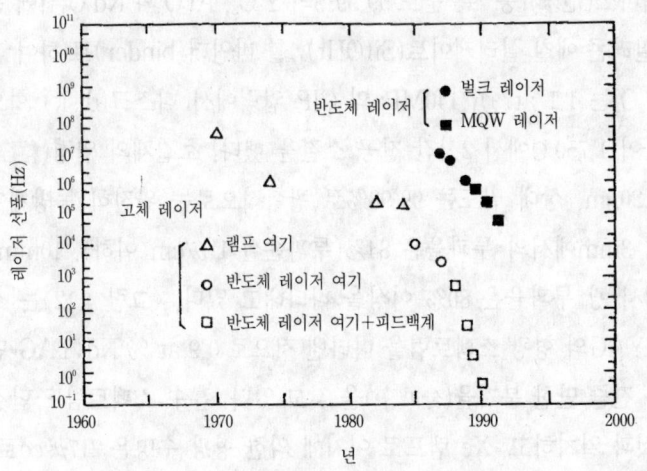

〈그림 4.11〉 고체 레이저와 반도체 레이저의 선폭비[17]
(300THz ~ 1µm에 상당)

(1) 대출력화

고체 레이저의 출력 증대는 고체 레이저의 대명사격인 Nd:$Y_3Al_5O_{12}$ (YAG) 결정의 고품질·대형성장과 새로운 고효율 고체 레이저 결정의 연구·개발이라는 두 가지 방향에 달려 있다.

고품질인 YAG 결정의 대구경(大口經) 성장에는 YAG에 특유한 코어(core) 발생 억제나 스트라이에이션(striation)을 적게 하는 등 고도의 성장 기술이 요구된다. 현재까지는 지름 8mm, 길이 152.4mm의 Nd:YAG 로드(rod) 네 개를 직렬로 나열하여 1.9kW의 피크 출력과 함께 Nd 농도가 1.1 at %, 지름 10mm, 길이 152mm의 로드 한 개로 최대 출력 565W, 효율 3.9%가 보고되었다.[18]

극히 최근에 고상소결법(固相燒結法)에 따라 투명 세라믹스(ceramics) YAG 레이저가 등장하여 단결정 YAG 레이저와 같은 정도의 레이저 발진 특성을 갖게 되어 단결정 레이저를 위협하고 있다. 이케마쓰(池末) 등[19]은 순도 99.99%의 Y_2O_3, Al_2O_3와 Nd_2O_3위에 분말을 실리콘 에칠 실리케이트($Si(OHt)_4$)를 바인더(binder)로 하여 혼합(Nd_2O_3는 1.1 at%), 140MPa의 CIP 압력에서 디스크(disk) 형으로 만들어 1,750℃에서 2시간 진공 소결을 했다. 소결체의 입경(粒徑)은 50±20μm, 상대 밀도는 99.98%로 광학적으로는 완전히 등방체이고 두께 3mm에서의 투과율은 84%(투과손실 1%/cm 이하), 10mm 이상에서 광 투과율은 80% 이상을 나타내고 있다. 〈그림 4.12〉는 소결 Nd:YAG의 형광 스펙트럼을 나타낸 것으로 0.9 at % Nd:YAG 단결정과 견줄 만한 분기율(分岐率)을 갖고 있다. 흡수 스펙트럼도 단결정의 것과 일치하고, Xe 램프로 여기에 의한 형광 수명은 217μsec로 단결정의 것과 같으며 굴절률은 단결정의 1.810에 비해 1.808로 나타났다. 파장 808nm, 출력 600mW의 반도체 레이저에 의한 단면(端面)여

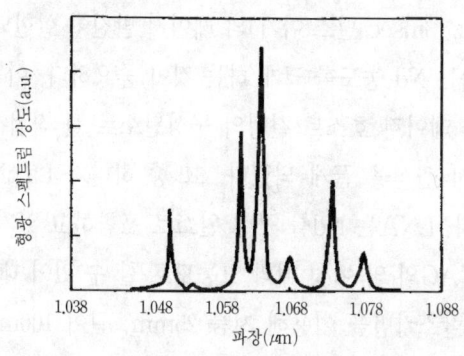

〈그림 4.12〉 Nd:YAG 소결체의 형광 스펙트럼(LD 여기)

기 레이저 발진 실험에서는 단결정과 거의 같이 실온 연속발진 특성이 확인되었다.

다결정임에도 단결정 정도의 레이저 입출력 특성이 얻어졌다는 것은 입계(粒界, grain boundary)에 의한 산란 손실이나 단면 난반사 손실(端面亂反射損失)이 극히 작았음을 뜻한다. 소결 세라믹스에서는 지름을 크게 하는 것도 쉽고, 열전도도 또한 단결정 수준이기 때문에 앞으로의 실용화가 기대된다.

새로운 대출력 고체 레이저로 주목받는 것으로는 $Nd:Gd_3Ga_5O_{12}$ (GGG)가 있다. Nd^{3+} 이온이 치환하는 Gd^{3+} 이온의 이온 반경(1.06 Å)이 YAG에서의 Y^{3+} 이온의 이온반경(1.02Å)보다 크기 때문에 Nd 이온 치환에 의한 격자 변형이 작고, Nd 이온을 4 at %로 YAG보다 약 세 배 정도 고농도로 도핑할 수 있는 특징이 있다. 또 단결정 육성의 면에서도 YAG와는 달리 코어가 생기지 않으므로 대형 슬래브 (slab) 결정이 얻어지고, 슬래브 레이저에 의한 대출력화가 검토되고 있다. 결정 안에서 광로를 지그재그로 함으로써 굴절률 변동이나 복굴절률 효과를 평균화할 수 있다. 현재까지 9×35×192mm의 슬래브로

230W(10Hz, 3msec 펄스 여기)의 레이저 발진이 실현되었다.[20]

대출력화는 Nd 농도를 크게 하는 것이 중요하다. 이 때문에 레이저 활성이온을 레이저 호스트 결정의 구성원소로 한 직접 화합물 레이저 결정이 다시 관심을 끌게 되었다. 그 중 하나가 $La_{0.9}Nd_{0.1}MgAl_{11}O_{19}$ (LNA)이다. LNA는 Nd를 구성 원소로 포함하고 있기 때문에 그 농도를 Nd:YAG의 약 여섯 배의 고농도로 할 수 있어 대출력화에 유리하다. 초크랄스키법을 이용해 지름 25mm, 길이 100mm의 단결정이 얻어지고 있다.

(2) 고효율화

Nd:YAG 레이저의 효율은 2~3%로 낮다. 그 이유 중 하나는 Nd^{3+} 이온 자체에 의한 흡수 스펙트럼이 매우 좁고 선스펙트럼이라는 것이다. 이것을 개선할 목적으로 흡수 스펙트럼 선폭이 넓은 Cr^{3+} 등을 증감제(增感劑)로 함께 도핑한 $Nd:Cr:Gd_3Sc_2Ga_3O_{12}$(GSGG), $Nd:Cr:Gd_3Sc_2Al_3O_{12}$(GSAG)가 있다. GSGG는 YAG보다 격자 상수가 크고, Nd의 편석계수(偏析係數)가 0.77, Cr의 편석계수가 1에 가까우므로 결정 성장 속도를 1~5mm/hr로 크게 할 수 있는 장점이 있다. 레이저 발진의 슬로프(slope) 효율은 YAG 레이저의 약 두 배이지만,[21] 열전도도가 YAG의 약 1/2인 0.06W/cm·K로 작고, 열 렌즈 효과가 강하므로 레이저 출력이 포화하는 문제점이 있다.

GSAG는 화학량론 조성에서의 결정 인상법에 의한 육성이 가능하고 코어가 안 생기며 컬러 센터(color center)가 적은 양질의 단결정을 얻을 수 있어 고효율 고체 레이저로서 기대된다.

기타 Nd도핑 결정은 〈표 4.6〉에 수록했다.

⟨표 4.6⟩ 대표적인 고효율 Nd 도핑 레이저 결정과 특징

결정	발진파장 $\lambda(\mu m)$	Nd 농도 N_0(wt %)	유도방출 단면적 $\sigma_e(10^{-19}cm^2)$	형광수명 $\tau_f(\mu sec)$	흡수계수 $\alpha(cm^{-1})$	성능지수* $\sigma_e \tau_f$
Nd:Y$_3$Al$_5$O$_{12}$ (YAG)	1,064	1	6.5	230	8.5	1
Nd:YVO$_4$ (YVO)	1,064	1.1 1.78 2.02	20	90 50 47	31.4 54.4 71.5	1.2
Nd:CaGdAlO$_4$ (CGA)	1.08	~1	15.1	110	12	1.1
Nd:La$_2$O$_2$S (LOS)	1.075	1.13	21	95	13	1.33
Nd$_x$Y$_{1-x}$Al$_3$(BO$_3$)$_4$ (NYAB)		($x=0.04$)	10.0	60	8.0	0.4

* Nd:YAG를 1로 하여 규격화했다.

(3) 파장 가변

파장 가변(可變) 레이저는 레이저 화학, 레이저 치료, 원격 감지(remote sensing), 동위체 분리 등에 이용할 수 있고, 레이저 응용의 새 분야로서 장래성이 기대되고 있다. 파장 가변은 포논(phonon) 종준위(終準位)를 이용한 것과 컬러 센터를 이용한 것이 있지만, 주목의 대상이 되는 것은 전자로서 포논과의 상호작용을 통한 발광 스펙트럼의 퍼짐을 이용하는 것이다. ⟨표 4.7⟩에 대표적인 파장 가변 레이저를 정리했다.

이들 레이저 중에서도 사방정계 알렉산드라이트(Cr : BeAl$_2$O$_4$)가 실용화되고 있다. 이 결정은 처음에 루비 대신으로 연구된 것이지만 R선 이외의 파장에서의 레이저 파장이 얻어졌다.[22] 발진파장 영역은 701~818nm이다. 알렉산드라이트는 열전도도가 YAG보다 약 두 배 정도 크고 평균 출력이 높으므로 레이저 가공기용(加工機用)으로 용도

가 열려 있다. 이 파장 동기 발진(同期發振)은 철족 이온의 광활성인 3d 궤도의 전자가 최외각을 구성하므로 음이온인 산소이온과 쿨롱(Coulomb)력으로 인해 강하게 결합하여, 광 흡수/방출에 의한 천이 때 결정 격자진동의 흡수/방출을 수반하기 때문이라고 설명한다. 이러한 상태를 〈그림 4.13〉에 나타냈다. 이 알렉산드라이트의 레이저 발진에 대해 산화물 결정 중에서 치환된 철족 이온의 광활성과 결정장의 이론으로부터,

〈표 4.7〉 파장가변 레이저 결정의 여러 특성

활성원소 (여기 이온 계)	호스트 결정	발진파장 가변역 (nm)	발진 모드	여기원
Ti^{3+} $3d^1$	Al_2O_3	680~1180	cw	레이저
		675~1178	펄스	레이저, 램프
	$BeAl_2O_4$	730~950	펄스	레이저
Cr^{4+} $3d^2$	Mg_2SiO_4	1167~1350	펄스	레이저, 램프
	$Y_3Al_5O_{12}$	1360~1530	cw	레이저, 램프
Cr^{3+} $3d^3$	$BeAl_2O_4$	730~810	cw	레이저
		701~830	펄스	레이저, 램프
	$Be_3Al_2Si_6O_{18}$	720~840	cw, 펄스	레이저, 램프
	$ZnWO_4$	980~1050	cw	레이저
	$Gd_3Sc_2Ga_3O_{12}$	745~842	cw, 펄스	레이저
	$La_3Ga_5SiO_{10}$	862~1107	cw	레이저
	$LiCaAlF_6$	720~840	cw, 펄스	레이저, 램프
	$LiSrAlF_6$	760~920		
Co^{2+} $3d^7$	MgF_2	1500~2300(77K)	cw	레이저
		1750~2500(실온)	cw	
	$KZnF_3$	1650~2070	cw	레이저
Ni^{2+} $3d^8$	MgO	1310~1410	cw, 펄스	레이저
	MgF_2	1610~1740	cw	레이저
Tm^{3+} $4f^{13}$	$Y_3Al_5O_{12}$	660~1180	cw	레이저
Ce^{4+} $4f^1$	$YLiF_4$	720~840	cw, 펄스	레이저

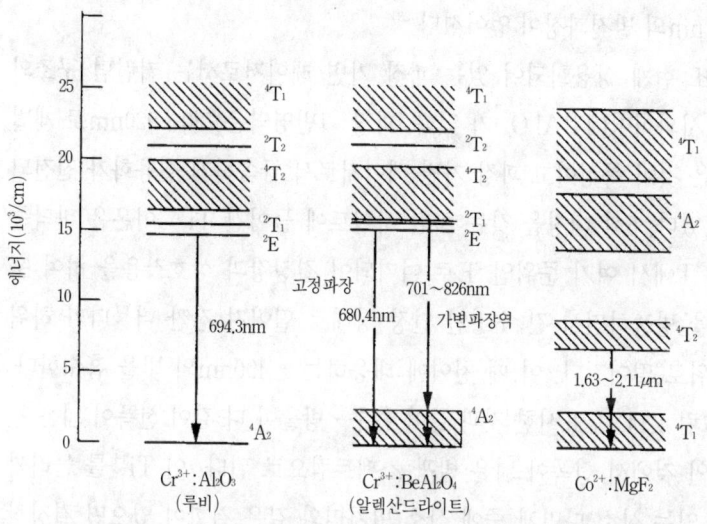

〈그림 4.13〉 파장 가변 레이저 발진의 에너지 천이

① 같은 Cr^{3+} 이온이라도 결정장의 크기와 치환 사이트의 대칭성이 다르면 Cr^{3+}는 주위 결정장의 세기에 따라 에너지 준위가 변하므로 호스트 결정에 의해 발진 파장이나 축적 에너지가 변한다.
② 3d 전자 수가 다른 이온의 첨가에 따라 전에는 없었던 파장 영역에서의 레이저 발진이 가능하다.

라는 사실에서 새 결정의 개발이 성행하고 있다.

철족 이온의 호스트 결정으로는 철족 이온에 의한 흡수·발광 파장에서 투명할 것, 이온에 대해서는 안정하게 치환 격자점을 가질 것 등의 요건이 있다. 가닛 결정을 호스트로 한 경우에는 Cr^{3+} 주위의 결정장을 바꿀 수 있으므로 여러 가지 가닛 결정이 파장 가변 레이저로 검토되고 있으며 Cr:GSGG에서는 745~820nm, Cr:GSAG에서는 765~

801nm의 발진파장이 얻어졌다.[23]

또 현재 상용화되어 있는 파장 가변 레이저로서는 커런덤 구조의 Ti 사파이어(Ti:Al$_2$O$_3$)가 있다. 파장 가변영역은 720~920nm로 제법 넓은 것이 특징이고 파장 가변 레이저로서 급속하게 실용화가 진전되고 있다. 6회 대칭을 갖는 치환 사이트에 들어간 Ti^{3+} 이온은 바닥준위 ^{2}T에서 여기 준위인 ^{2}E로 여기되어 결정장과 상호작용을 하여 포논을 방출하면서 긴 수명인 안정 상태로 떨어져 잠깐 머물다가 하위 준위로 떨어진다. 이 때 천이에 대응하는 ~490nm의 빛을 흡수한다. 〈그림 4.14〉에 표시한 것과 같이 흡수·방출이 다 같이 선폭이 넓은 천이인 것에서 선폭이 넓은 발광 스펙트럼으로 된다. 이 Ti^{3+}를 둘러싸고 있는 산소 다면체 중에 산소 빈자리와 같은 결함이 있으면 결정장의 변형을 일으켜 Ti^{3+} 이온의 3d 준위는 분리된다. 이로 인해 흡수단이 좀더 장파장 쪽으로 이동한다. 존스(Jones) 등은 산화·환원의 가역과정(可逆過程)을 논하고 있다.[24] 이와 같은 가역 평형에서는 빈자리가 필요하고 다음과 같이 기술될 것이다.

$$Al_{(2-4x)} \square_{Alx} Ti^{4+}_{3x} O_3 \rightarrow Al_{(2-4x)} \square_{Alx} Ti^{3+}_{3x} O_{(3-3/2x)} + 3/4 O_2$$

여기에서 $\square_{Alx}$은 Al의 빈자리다. Ti^{4+}의 도입은 아마도 결정성장 중의 분위기와 고온에서의 산화 알루미늄 분해로 인한 것일 것이다. 이 Ti^{4+}는 결함이 일으킨 불순물이라고도 할 수 있으며, 사파이어 중의 Ti농도 증가와 함께 빛의 손실은 증가하게 된다. 초크랄스키법으로 성장된 단결정은 성장 후에 Ti^{4+} 이온의 혼입을 제거하기 위해 고온에서 설달금된다. 이미 LD여기의 YAG 레이저를 SHG 변환하여 여기하는 Ti:Al$_2$O$_3$의 전고체화 레이저도 출현했다.[25]

앞으로의 파장 변환 레이저는 더욱 단파장 쪽으로 향하고 색소(色

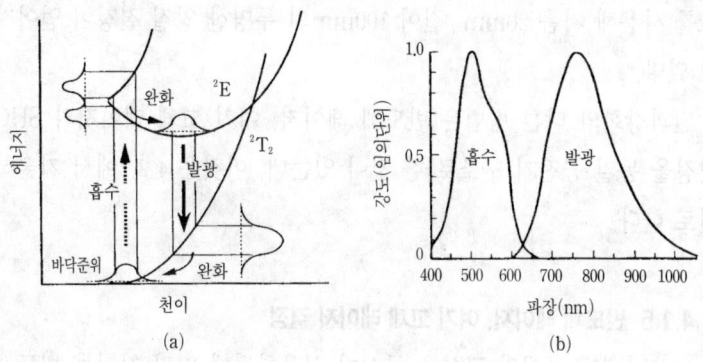

〈그림 4.14〉 Ti:Al₂O₃의 빛 흡수와 레이저 발광 : (a) 에너지 천이도, (b) 흡수·발광 스펙트럼

素) 레이저로 대체되는 전고체 근자외 영역 레이저를 목표로 할 것이다. 왜냐하면 반도체 LSI 프로세스에서의 극미세 패턴 포토리프랙티브 광원으로서 경제화가 기대되기 때문이다.

(4) 단파장화

고출력·안정성을 특징으로 하는 고체 레이저는 레이저 유기(誘起) 화학반응이나 초미세 가공으로의 응용이 기대되고 레이저 발진 파장의 단파장화가 특히 최근에 검토되어 개발이 요구되어왔다. 최근 주목 받고 있는 결정은, 산화물은 아니지만 $LiYF_4$(YLF)가 있다. YLF는 정방정(正方晶) 실라이트 구조의 광학적 일축성 결정인데, 여러 가지 희토류 이온을 도핑함으로써 발진 파장을 근자외에서 근적외까지 얻을 수 있다. 그 중에서도 Ce^{3+}를 도핑하면 0.325nm의 최단파장이 얻어진다. 불화물(弗化物)이기 때문에 대기중에서의 취급은 배려가 필요하지만 열 팽창률과 굴절률의 온도 변화가 상쇄되므로 열(熱) 렌즈 효과가 매우 작은 것이 특징이다. 존 정제(zone 精製)한 다결정의 원

료를 사용해 지름 20mm, 길이 100mm의 투명한 양질 결정이 얻어지고 있다.[26]

단파장화의 다른 방법은 반도체 레이저, 여기 고체 레이저와 SHG 결정을 동일 공진기 구조로 한 것이 있는데, 이것은 4.2.2에서 기술하기로 한다.

4.1.5 반도체 레이저, 여기 고체 레이저 결정

1980년대에 들어와 광섬유 통신이 실용화됨에 따라 화합물 반도체 레이저(laser diode : LD)의 발전은 눈부시게 진행되고 있다. 때문에 고체 레이저는 그늘에 가려 있는 감이 있으나 반도체 레이저의 고출력화와 장수명화가 비약적으로 발전했기 때문에 이것을 광여기 광원에 이용한 LD여기 고체 레이저의 연구개발에 관심이 집중되었다. 이 동향에 대해 스탠퍼드 대학의 바이어(Beyer)는 「고체 레이저의 르네상스」라고까지 칭했다.[27] 반도체 레이저에서는 출력 광의 공간적 형상(화합물 반도체의 굴절률이 공기의 1에 비해 비교적 크기 때문에 출력광 빔이 큰 방사형으로 된다)이나 시간적인 주파수 요동(搖動) 등의 난점을 해결할 수 있고, 고품질의 레이저 광을 얻을 수 있으므로 기대가 커졌다.

LD여기 고체 레이저의 특징을 들면 다음과 같다.[28]

(1) 소형, 경량
(2) 고효율, 저소비 전력
(3) 냉각의 용이성
(4) 긴 수명(LD의 수명)
(5) 단일 모드를 얻기 쉽다(종,횡 다 같이).
(6) 출력 및 주파수의 안정성이 좋다.
(7) 저잡음(低雜音)

(8) 고출력화 가능
(9) 발진파장이 가변(可變)인 재료계

일반적으로 정상파형 공진기에서는 레이저 매질 내의 이득 분포에 조밀(粗密)이 생기는 공간적 홀 버닝 효과 때문에 다중(多重)의 종 모드 발진으로 되어 모드 사이의 경합에 따라 발진 주파수나 진폭이 불안정해진다. LD 여기에 의한 소형 고체 레이저에서는 공진기의 길이를 짧게 함으로써 (5)~(7)이 해결된다. (1)~(3), (8), (9)는 고체 레이저 매질 자체에 의한 것이고 각종 재료와 형태가 제안되고 있다. 또 다수가 LD의 집적화(集積化)를 통한 고출력화가 가능하고, 그 위에 고체 레이저의 에너지 축적을 이용한 Q 스위치 동작에 의한 고출력 펄스를 얻을 수 있는 것도 반도체 레이저에는 없는 특징이라고 할 수 있다.

LD 여기용 고체 레이저를 구조적인 측면에서 대별해보면 (a) 마이크로칩 레이저(micro-chip laser)계, (b) 고출력 레이저계, (c) 파장가변 레이저계로 나뉜다. 이들은 소자구성과 구조가 다르기 때문에 사용된 호스트 결정도 달라지지만, 결정재료로서는 LD 발진 파장에 맞는 ~800nm 전후에서 강한 흡수대를 갖는 Nd:YAG나 Nd:YVO$_4$가 주목을 받고 있다. 또 (1), (2), (9)를 적극적으로 살린 직접 화합물 레이저 결정도 개발이 진행되고 있다.

마이크로칩 레이저에서는 결정이 여기광에 대해 큰 흡수율을 갖는 결정 길이 1mm 이하의 구조, 또는 여기 광밀도를 높이는 구조로 된 도파로(단결정 사파이어를 포함) 구조로 된다. 따라서 흡수계수가 큰 레이저 결정을 사용함으로써 결정 길이를 짧게 할 수 있다. 결정 길이를 짧게 함으로써 제2종 모드의 발진 이득을 적게 할 수 있고 단일 종

모드 발진이 쉽게 되는 이점이 생긴다. 사용하는 레이저 결정의 형광
강도(螢光强度)를 I라고 하면

$$I = \sigma \tau_f \eta_{abs}. \tag{4.6}$$

로 된다. 여기에서 σ는 유도방출 단면적, τ_f는 형광수명, η_{abs}는 여기
광에 대한 흡수 효율이다. 결정 길이가 매우 짧다고 하면 η_{abs}≒
$\sigma_{abs}.N_o l$로 둘 수 있으므로

$$I \propto \sigma \tau_f \sigma_{abs}.N_o l \tag{4.7}$$

로 된다. 여기에서 σ_{abs}는 흡수 단면적, N_o는 활성이온(Nd) 농도다.
따라서 효율이 좋은 재료를 선택하기 위해서는 형광강도가 큰 것이 중
요하므로 레이저 결정으로서는 σ, τ_f, $N_o \sigma_{abs}$의 곱한 값이 커야 한다.
흡수 효율을 크게 하기 위해서는 첨가하는 활성이온 농도를 높이면
되지만 형광의 농도소광이 생겨 비복사 천이가 커지므로 농도를 높이
는 데도 제한이 있다. 농도를 희석한 직접화합물 레이저도 후보가 될
수 있다.

Nd:$Y_3Al_5O_{12}$(YAG)는 고체 레이저로서도 가장 많이 보급되어 있
는 결정이지만 농도소광 때문에 Nd 농도를 1 at % 이상으로는 할 수
없다. 때문에 흡수계수는 7.1cm^{-1} 정도이므로 LD광을 좋은 효율로 흡
수하기 위해서는 결정길이를 수 mm 이상으로 할 필요가 있다. 또 결
정구조가 가넷 구조이고 대칭성이 높기 때문에 흡수 피크가 예리하고,
809nm에서의 피크폭은 약 2nm로 매우 좁기 때문에 LD 파장을 정확
하게 조정할 필요가 있다.

한편 Nd:YVO_3은 정방정계에 속하고, Nd 농도는 2.2 at % 정도까
지 고농도로 할 수 있고 c축 방향의 여기 편광 빔에 대한 흡수계수는

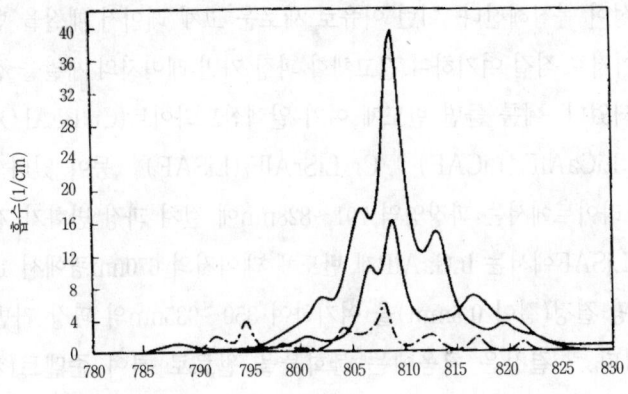

〈그림 4.15〉 YAG(쇄선)와 비교한 Nd:YVO₄의 흡수 스펙트럼

72.4cm^{-1}라는 큰 특징이 있다.[29] 4.1.2에서 기술한 것과 같이 Nd:YVO₃는 N_v<1800cm^{-1}로 결정장의 변형은 그리 크지 않으며 농도 소광이 작은 결정에 속한다. 〈그림 4.15〉는 Nd:YAG와 비교한 Nd:YVO₃의 흡수 스펙트럼이지만 GaAs계 반도체 레이저의 파장(~810nm)에 대한 흡수계수는 YAG에 비해 크고 또한 퍼져 있다. 이 때문에 결정의 길이가 1mm 이하에서도 고효율의 레이저가 실현되는 것이다. 단결정 성장은 여러 가지 방법으로 검토된 적이 있지만, 양질 결정의 육성은 성분인 V₂O₅가 분해하여 증발하기 때문에 어려움이 있고, 초크랄스키법을 이용한 검토와 실용화가 진행되고 있다.[30]

파장 가변 레이저로서의 Ti:Al₂O₃는 넓은 대역(帶域)에서 파장 변화가 되고 또 극단 펄스 발생도 가능하다는 이점이 있다.[31] 반면에 여기 광원은 주로 Ar 레이저가 이용되고 있으며, 여전히 다루기가 쉽지 않아 전고체화(全固體化)가 요청되고 있다. 그 때문에 LD여기 Nd:YAG 레이저를 여기광원으로 바꾸는 것도 시도되고 있지만 전체

의 구성이 복잡해진다. 이런 이유로 새로운 고체 레이저 매질을 반도체 레이저로 직접 여기하여 전고체화 파장 가변 레이저의 개발을 검토하게 되었다. 예를 들면 반도체 여기 알렉산드라이트(Cr:BeAl$_2$O$_4$)[32]나 Cr:LiCaAlF$_6$(LiCAF),[33] Cr:LiSrAlF$_6$(LiSAF)[34] 등이 있다. 알렉산드라이트에서는 파장영역 701~828nm에 걸쳐 파장 변화가 가능하다. LiSAF에서는 InGaAlP계 반도체 레이저의 670nm광에서 10% Cr 도핑 결정(길이 0.5mm)을 여기하여 850~935nm의 파장 가변이 얻어졌다.[35] 결정은 처음에는 불화물을 원료로 하여 존멜트(zon melt)법으로 육성했지만, 현재로는 초크랄스키법으로 키운 결정이 시판되고 있다. 기계적 강도에 문제가 있어 취급에는 주의를 요한다.

4.1.6 전기광학결정 고체 레이저

LiNbO$_3$의 대형 단결정이 육성된 이래 희토류 원소를 도핑한 강유전체 결정의 분광학적 연구는 매우 많으며,[36~38] 큰 전기광학효과나 비선형광학효과를 아울러 갖는 기능 레이저로의 기대가 크다. 그렇지만 LiNbO$_3$의 레이저 발진의 검토에서는 광손상이 현저하기 때문에 강한 여기광에 의한 광손상으로 레이저 발진이 곧 떨어지는 것이 보고되었다.[39] 그 후 MgO 첨가를 통한 내광손상성의 향상이 시도되어 코르도바-플라자(Cordova-Plaza) 등이 Nd와 MgO를 함께 도핑한 결정을 반도체 레이저의 여기에 의해 처음으로 실온 연속 레이저 발진을 보고했으며,[40] 뒤이어 Nd:MgO:LiNbO$_3$ 기판에 Ti를 확산시켜 만든 광도파로에서의 실온 연속 발진의 성공도 보고되었다.[41] 이들이 즐겨 사용한 기판 결정(基板結晶)은 중국제였다. 광섬유의 극저손실(極低損失) 파장대인 1.55μm와 일치되는 광원의 개발이 활발해져, 최근에는 Er^{3+}를 확산시킨 후 Ti를 스트라이프(stripe) 상으로 확산시킨 도파로 형태로서 1.56μm대(帶)의 cw 발진에 대한 보고도 있다.[42] 최대 3mW의 출력이 얻어지고, 슬로프 효율이 3% 정도다.

LiNbO$_3$와 같은 계인 LiTaO$_3$는 내광손상성이 높기 때문에 Nd 도핑을 통한 레이저 발진이 기대된다. 여기에서는 Kr 레이저 여기에 의한 실온 cw 레이저 발진, 그리고 이 경우에는 Nd:LiTaO$_3$ 결정의 단분역(single domain) 처리가 중요하다는 점을 간단히 기술해두겠다.

레이저 호스트 결정의 필요조건은 4.1.2에서도 논한 것과 같이 결정의 광학적 성질이다. 결정 내의 광손상을 제외한 흡수, 산란, 굴절률 변동 등에 의한 모든 손실이 레이저 발진의 이득보다 작아야 한다. 단결정 육성은 콩그루언트 조성[45]에 Nd$_2$O$_3$를 0.4wt% 첨가한 원료에서의 인상 속도 ~3.5mm/hr, 결정 회전속도 30~35rpm으로 〈001〉 c축 인상했다. Nd$_2$O$_3$ 1.0wt% 첨가 용융액에서는 완전히 투명한 단결정은 얻을 수 없고, 0.4wt% 용융액에서는 투명하고 광학적으로 결함이 없는 담자색(淡紫色) 양질의 결정이 얻어졌다. 성장 결정의 화학적 분석에서 Nd 농도는 $5.0 \times 10^{19}/cm^3$ 정도로 추산되었다. 이 값은 Nd:YAG 결정의 1/2~1/3 정도다. 〈그림 4.16〉에 육성결정의 예를 나타냈다(화살표는 레이저 실험에 이용한 결정 시료).

성장된 Nd:LiTaO$_3$의 흡수 스펙트럼은 Nd:LiNbO$_3$의 스펙트럼과 매우 비슷하며, Kr레이저(0.7525nm)에 대한 흡수계수는 π편광에서 2.20_8 cm^{-1}, σ편광에서는 5.02_2cm^{-1}로 구해졌다. 〈그림 4.17〉은 고압 수은 램프로 여기한 77K에서의 형광 스펙트럼이지만 이들의 발광은 $^4F_{3/2} \rightarrow ^4I_{11/2}$의 천이에 대응하는 것이다. 형광의 선폭이 비교적 넓은 것은 Nd 이온의 사이트가 Li와 Ta의 두 사이트에 있다는 것을 시사한다. 가장 강한 형광 파장인 1.0819μm의 π광과 σ광의 최고치 세기의 비 I_π/I_σ는 ~2.7이다. 이 최고치 비는 결정품질, 특히 결정 안의 맥리

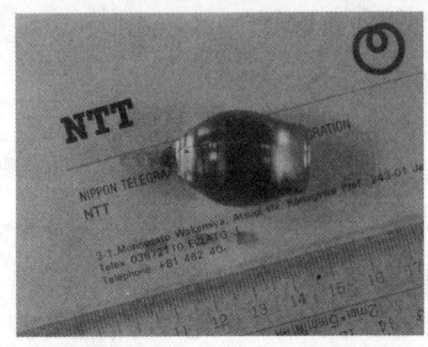

〈그림 4.16〉 Nd를 도핑한 LiTaO₃ 단결정

(脈理), 비틀림이나 산란중심에 의해 그 값이 작아지는 것이 Nd:LiNbO₃에서 지적되었지만,[46] ~2.7이라는 큰 값은 Nd:LiTaO₃결정의 품질이 좋다는 것을 뜻한다. 또 π편광의 $1.081_9 \mu m$ 형광의 분기율이 비교적 크다. 이 현상은 발광 에너지의 집속도(集束度)가 좋다는 것을 뜻하고, σ편광의 발광 스펙트럼에서는 2~3개의 피크로 분리되어 있는 것에서 π편광의 레이저 발진 형광수명은 임계값이 낮다는 것을 짐작할 수 있다. 형광수명은 $100 \pm 5 \mu sec$이다. Nd:LiNbO₃에서의 값은 $85 \pm 5 \mu sec$,[47] 0.15wt% Nd도핑 MgO:LiNbO₃에서는 $102 \mu sec$, 0.20wt% 도핑 MgO:LiNbO₃에서는 $102 \mu sec$가 보고되었다[48]는 것에서 이 결정에서는 자기소광이 일어나고 있다는 두려움이 생겨, 좀더 적절한 Nd 도핑 양(量)을 확립할 필요가 있다.

〈그림 4.18〉은 파장 $0.7525 \mu m$의 Kr레이저를 단면(端面)에서 여기하여 얻은 입출력 특성을 나타낸다. 위쪽의 횡축은 결정 단면에서의 여기광 파워, 아래쪽 횡축은 흡수 계수에서 구한 흡수광 파워를 표시한다. 레이저 발진은 실온 cw이고, π편광 TEM_{00} 단일 모드이고, 연속 6시간에 걸친 발진 실험에서도 광손상에 의한 효율저하는 관측되지 않았다. 이 경우의 발진 임계값(threshold)은 흡수광 파워로

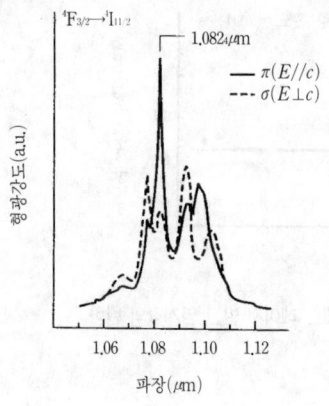
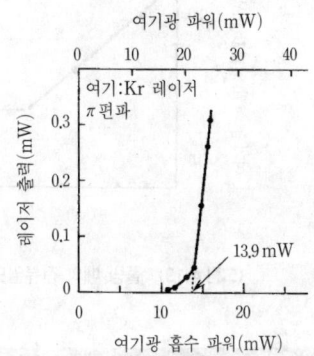

〈그림 4.17〉 Nd 도핑(0.4wt%) LiTaO₃의 77K에 있어서의 형광 스펙트럼

〈그림 4.18〉 Nd 도핑 LiTaO₃의 cw 발진 입출력 특성(Kr레이저 여기에서, 레이저 발진 광은 π편파)

10.6mW, 준임계값(sub-threshold)은 13.9mW이고, 슬로프 효율은 약 12%다. 발진 임계값은 시료 결정의 단분극화 처리(單分極化處理: poling) 조건에 의존한다는 것이 알려졌다. 결정의 단분극화 처리는 700℃에서 직류 전기장을 걸어둔 채 냉각하는 필드 쿨링(field cooling)법이지만 전기장을 걸었을 때 전류밀도 I_p가 증가할수록 발진 임계값이 떨어지고, 〈그림 4.19〉에서 표시한 것과 같이 약 500μA/cm² 이상에서는 포화한다.[44] 이 때의 발진 임계값은 9mW(흡수광 파워)다. 한편 단분역처리를 하지 않은 결정에서는 광손상이 생겨 레이저 발진을 확인할 수 없었다. 레이저 발진 실험에서의 캐비티(cavity) 구조가 다르기도 하고 Nd:LiNbO₃ 레이저의 발진 임계값 23mW의 보고[49]가 있었지만, 임계값이 14mW란 것은 결정성이 매우 좋다는 것을 나타낸다.

폴링(poling) 효과에 관해 살펴보자. 〈그림 4.20〉은 as-grown의

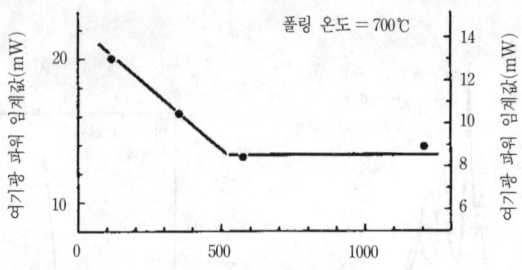

〈그림 4.19〉 폴링 때의 전류밀도에 대한 레이저 발진 임계값의 변화

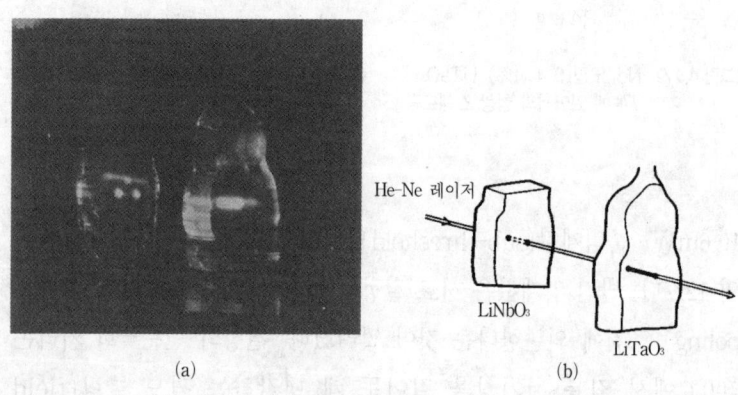

〈그림 4.20〉 as-grown LiNbO₃(a)와 LiTaO₃(b) 결정의 0.6328μm 광산란 모습

$LiNbO_3$와 $LiTaO_3$의 단결정에 He-Ne 레이저 광을 통과시킨 모습을 보인 것으로, 왼쪽의 $LiNbO_3$에서는 결정 내의 광로가 관찰되지 않지만, 오른쪽의 $LiTaO_3$에서는 명백히 광로가 보인다. 이것을 현미경으로 관찰한 것이 〈그림 4.21〉이고, 극히 작은 광산란 중심(光散亂中心)이 있다는 것을 알 수 있다. 이 결정을 폴링하여 같은 방법으로 관찰하면 사진 촬영의 노광시간(露光時間) 약 3시간에서 처음으로 (c)와 같이 극히 작은 산란 중심을 산견(散見)하게 된다. 이 사실에서 $LiTaO_3$

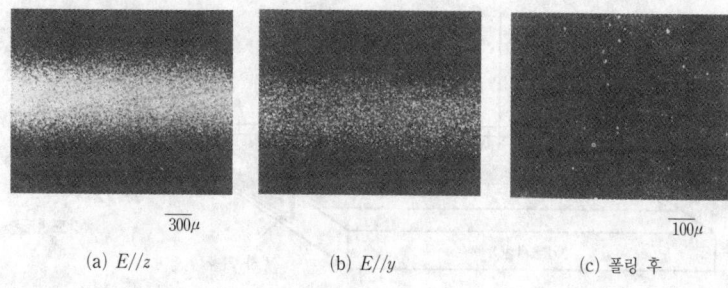

(a) $E//z$ (b) $E//y$ (c) 폴링 후

〈그림 4.21〉 LiTaO₃ 중의 광산란 현미경 관찰 : (a), (b)는 as-grown 시료(노광시간 ~2분), (c)는 폴링 후의 단분역 시료(노광시간 ~1.5시간)

의 강유전 분역은 LiNbO₃의 그것에 비해 몇 자리 수로 작고, 아마도 산란체의 크기는 파장 정도일 것이라는 사실을 레일리(Rayleigh) 산란에 가까운 것에서 확인할 수 있다.[50] 한편 LiNbO₃에서는 결정을 성장할 때 들어간 약간의 조성 변동이 분역 발생의 핵(核)으로 작용하여 폴링을 해도 광학적 변형이 남는 수가 많다.[51] 따라서 임계값의 차이는 남아 있는 광학적 변형의 차이, 임계값의 I_p 의존성은 잔류 반전 분극(殘留反轉分極)의 정도 등이라고 짐작된다. 전기광학결정을 레이저 호스트 결정으로 사용할 경우에는 좀더 완전한 단분역화와 as-grown에서의 분역벽의 광학적 변형을 작게 하는 결정의 성장 관리가 중요하다는 것을 입증하고 있다.

최근에는 Nd:LiTaO₃ 레이저 특성에 관한 실험보고도 있다.[52] Nd:LiTaO₃ 레이저에서는 발진광이 π편향(c축에 나란)이지만 외부 전기장에 의해 굴절률 타원체가 변형하는 것에서, π편광과 σ편광을 서로 바꿀 수 있다. 편광판을 사용하면 발진광의 세기를 가변(可變)할 수 있을 것이라는 기대를 할 수 있고, 직접 변조 고체 레이저가 실현될 것이다. 〈그림 4.22〉는 그 구성 예를 제안한 것이다. 반도체 레이저의 여기에 의해 TE 모드를 발진시켜 외부 전압을 통해 TE/TM 하이브

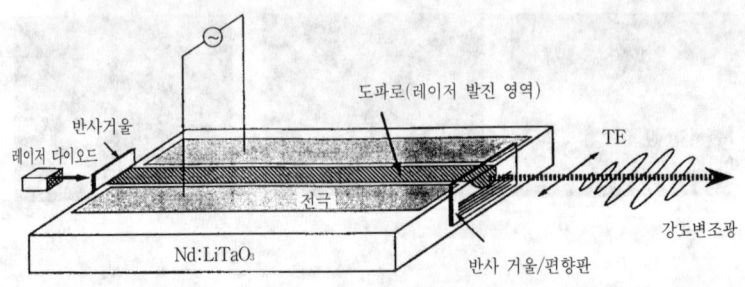

〈그림 4.22〉 LD여기 Nd:LiTaO₃ 도파로에 의한 직접변조 레이저 발진기의 구성

리드 모드(hybrid mode) 발진을 시키면 편향판(偏向板) 거울에 의해 강도 변조가 실현된다. Nd:LiTaO₃ 레이저의 연구는 이제 겨우 시작되었지만 광도파 구조로 할 수 있는 것에서 발진 임계값을 작게 한다든지, 직접 변조 동작 소자, 의사위상정합(擬似位相整合 : QPM) 구조에 의한 파장 변환·변조도 기대할 수 있다.

4.1.7 눈에 안전한 레이저

「눈에 대한 안전」이란 관점에서 아이 세이프티 레이저(Eye-Safety Laser) 개발이 지난 몇 년 간 새로운 고체 레이저로서 급속하게 진전되었다. 가장 새로운 레이저 호스트 결정이 아니라 활성이온의 종류가 새롭다는 표현이 정확할 것이다. Er^{3+}, Ho^{3+}, Tm^{3+}가 불순물로서 적합하다. 1960년에 액체 질소에서 냉각한 Ho:CaWO₄의 4준위 레이저의 동작이 확인되어 있지만,[53] 1987년에 보고된 반도체 레이저 여기로 Ho:YAG 레이저의 2μm광 cw발진이 계기가 되어 개발이 활발하게 되었다.[54]

「눈에 대해 안전」한 파장은 사람의 눈의 조성, 구조나 기능과 밀접

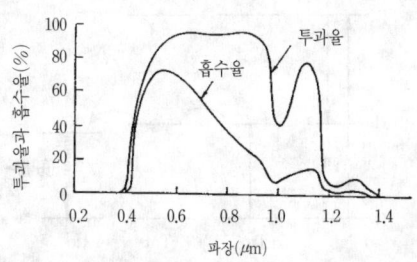

⟨그림 4.23⟩ 안구의 빛 투과율 및 안저 흡수율과 빛의 파장과의 관계

하게 관련되어 있다. 안저(眼底)에 도달한 빛의 대부분은 망막 내부의 맥락막(脈絡膜)에 흡수되므로 레이저 광에 의해 망막이 파괴된다. 이 조직은 재생력이 없고, 따라서 영구히 시각기능이 떨어지게 된다. ⟨그림 4.23⟩은 안구의 광 투과율과 안저의 흡수율 파장 의존성을 나타낸 것이다.[55] 파장 1.4μm 이상에서는 이 두 가지가 모두 0에 가까워지는 것을 알 수 있다. 1.4μm 이상의 빛은 눈물에 흡수되어 안저 깊숙한 곳까지 도달할 수 없으므로 망막의 장애를 최소한으로 줄일 수 있다. 파장 1.7μm의 Er:YLF 레이저가 유명하지만 Tm를 도핑한 레이저 결정은 발진 파장이 약 2μm여서 맨눈에 안정하다는 것이 알려져 있다.[56] 또 인체의 80% 이상의 세포를 점유하고 있는 물이 1.94μm에 강한 흡수대(吸收帶)를 갖고 있다는 점에서 의료기술 측면에서도 주목을 받았고, 1.9~2.5μm대에서 발진이 가능한 레이저의 개발이 진행되고 있다. 그것에는 Tm:Ho를 함께 도핑한 YLF, YAG, YALO, TYAG, GSGG, YSGG 등 많은 결정이 검토되고 있다.

여기에서 Tm:Ho:YAG 레이저의 2.1μm 발진 원리에 관해 간단히 설명해둔다. ⟨그림 4.24⟩는 간략화한 Tm:Ho:YAG 레이저의 에너지 준위를 표시한 것이다. 0.78μm 광에 의한 Tm^{3+}의 $^3H_6$준위에서 $^3F_4$으로의 여기 후, 다중(多重) 포논 완화(緩和)에 의해 $^3H_4$ 준위가 개입한

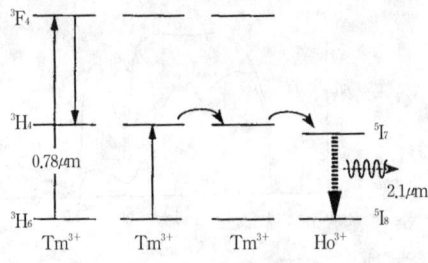

〈그림 4.24〉 Tm:Ho:Y₃Al₅O₁₂(YAG) 레이저의 발진 에너지 천이

에너지 이동 과정을 거쳐 최종적으로 Ho^{3+}의 $^5I_7 \rightarrow {}^5I_8$ 천이에 의해 눈에 안전한 $2.1\mu m$의 파장이 발진한다. 이 레이저에서는 Ho^{3+}의 위 준위의 수명이 3~9.8msec로 길고, 펄스 동작에서는 비교적 큰 출력을 얻을 것으로 기대된다. 또 Tm^{3+}의 천이인 $^3H_6 \rightarrow {}^3F_4$의 파장대에서는 흡수계수가 비교적 크다는 사실에서 반도체 레이저를 사용할 수 있는 것도 하나의 매력이다. 한편 Tm:YAG보다도 LD여기에 적합한 것이 Tm:YVO₃다.[57] 최대 흡수 파장은 797.5nm와 Tm:YAG의 785nm보다도 긴 파장 쪽에 있어 흡수대도 약 두 배 넓은 특징이 있다.

「눈에 안전하다」는 것은 고출력 펄스 광을 대기중에 전파시켜도 안전하다는 것을 뜻한다. 파장 $2\mu m$ 영역에서는 지구환경 관측용으로서 위성 탑재(搭載) 레이더 레이저의 광원으로 Tm:YAG(또는 YLF), Tm:Ho:YAG(YLF)에 미국 NASA가 가장 많은 힘을 쏟고 있다. 이를 통해 대기중의 미량 성분 검출, 레이더 감지(sensing)가 이루어지고 있다. 레이더 감지의 최근 관심사는 풍속과 풍향측정용 레이저 레이더 개발에 관한 것이다. 이것은 송신 레이저 파장과 수신 파장의 대기에 의한 도플러(Doppler) 변위를 헤테로다인(heterodyne) 검파(檢波)하여 측정하려는 것이다. 종래에는 파장 ~$10\mu m$의 탄산가스 레이저를 사용했지만 속도 분해능 향상에는 단파장이 유효하기 때문에 2μm대의 눈에 안전한 고체 레이저에 기대를 걸고 있다.[58] 풍속의 측정 정확도는 200nsec 펄스 폭의 경우 약 11cm/sec라는 높은 정확도를 갖는다. 또 항공기의 이착륙시에 큰 장애로 되는 하강기류와 상승기류의 반전현상(反轉現像, windshear)의 검출 경고장치로서도 눈에 안전한 코히런트 레이더에 큰 기대가 모아지고 있다.

또 물은 3μm 부근에서의 광학적 두께가 약 0.75μm로 짧기 때문에 레이저 조사부(照射部) 이외의 세포 조직에 대한 영향을 최소한으로 억제할 수 있고, 역으로 환부(患部) 세포와의 상호작용이 크기 때문에 의료용 메스(mess)로서 무혈 수술이나 치료와 같은 레이저 수술 분야에 큰 잠재력이 기대되고 있다. 2.8μm 발진의 Er 도핑 YSGG, YLF, GGG, YLAO, YAG 등이 있다. 그러나 2.5μm 이상에서는 레이저 메스로의 전송용 석영계 광섬유의 손실이 크므로 ~3μm 영역인 Er^{3+}보다는 2μm대에서 발진하는 Tm^{3+}나 Ho^{3+}의 레이저, 특히 Ho:$YAlO_3$이 연구되고 있다.

4.2 파장변환과 비선형광학결정

현재 실용적인 레이저 가운데 녹색에서 청색, 나아가 근자외의 파장 영역에서 발진하는 것은 Ar, Kr, He-Cd 레이저와 같은 가스 레이저와 ArF나 KrF와 같은 엑시머 레이저가 주류를 형성하고 있다. 각종 전자기기와 조합이 가능한 화합물 반도체 레이저에서는 He-Ne가스 레이저 대용으로 적색광 광섬유 통신의 실용화를 이룩한 1.3μm, 1.55μm 광까지가 실용화되었다.

포토닉스 기술의 확대 진전과 함께 광제어 기능을 갖는 비선형광학

재료의 역할은 중요할뿐더러 꼭 필요하다는 인식은 이미 오래 전부터 형성되었다. 포토닉스 분야에서는 광 정보처리, 디스플레이(display), 광 계측 등에서 소형, 경량(輕量), 그리고 긴 수명, 경제성이 있는 우수한 단파장 가시영역(可視領域)이나 자외선 영역의 광원이 강하게 요구된다. 또 X선 리소그래피, 레이저 의료, 레이저 가공(加工), 레이저 핵융합(核融合) 등 폭넓은 분야에서 강력한 단파장~자외선 영역의 코히런트한 광원의 필요성이 높아지고 있다. 또한 광 화학반응이나 레이저 동위원소 분리 등의 분야에서 파장 가변, 즉 튜너블(tuneable) 광원이 요구되고 있다. 이제까지의 비교적 수명이 짧고, 부피가 클뿐더러 유지(維持)에도 큰 노력을 필요로 하는 엑시머 레이저나 가스 레이저를 대신하여, 안정한 고체 레이저의 파장을 변환하는 비선형광학 재료의 개발, 특히 고출력 반도체 레이저와의 조합을 통한 청색 · 녹색 등 단파장 레이저 광원으로서의 응용 분야에 두드러진 진전을 보이고 있다. 여기에서 비선형광학 효과에 의한 제2고조파 발생(SHG)에 의한 파장 변환이 중요한 역할을 한다. 특히 의사위상정합(quasi-phase matching : QPM)[59]이 실현되어 이 분야의 발진이 더욱 빠르게 진행되고 있다. 이 장에서는 특히 SHG용 비선형광학에 관해 기술하겠다.

4.2.1 비선형광학 현상

비선형광학 현상이란 강한 레이저 광이 전자기장과 매질과의 상호작용에 따라 생기는 현상으로서, 강한 빛에 대한 매질의 응답이 비례(선형)하지 않는, 즉 비선형성이 나타나는 것이다. 이 때문에 고조파 발생, 광혼합파(光混合波) 발생, 파라메트릭 발진 등과 같은 비선형성, 바꾸어 말하면 파장 변환이 생긴다.

매질을 전기장 내에 두면 매질 안에 전기분극 P가 생기고, 전기변위 벡터 D는

$$D = \varepsilon E + P \qquad (4.8)$$

로 정의된다. 빛의 주파수대(帶)에서는 이온의 운동이 빛의 전기장에 따르지 못하기 때문에 전자의 응답이 지배적으로 된다. 이 때 입사 전기장 E에 의해 진동하는 전자 분극률 P는 전기장이 약한 경우 보통의 매질에서는

$$P = \chi E \qquad (4.9)$$
$$D = \varepsilon_0 E + \chi E = \varepsilon E \qquad (4.10)$$

와 같이 선형의 관계를 갖고 매질의 분극률 χ, 유전율 ε이 주어지는 것은 잘 알려져 있다. 그러나 입사 전기장 E가 커지면 분극의 비선형 진동 부분(振動部分)을 무시할 수 없고, 이 선형에서의 벗어남이 현저하게 되어 비선형 분극 P_{NL}을 고려하여

$$\begin{aligned} P &= \chi E + P_{NL} \\ D &= \varepsilon E + P_{NL} \end{aligned} \qquad (4.11)$$

와 같이 묘사하지 않으면 안 된다. 빛의 전자기장에 대한 매질의 응답은 전자 분극 P로 표시되고, 이 P는 일반적으로 E의 멱(冪)급수로 전개하여

$$P = \varepsilon_0 [\chi^{(1)} E + \chi^{(2)} EE + \chi^{(3)} EEE + \cdots\cdots] \qquad (4.12)$$

와 같이 기술된다. 제1항을 선형분극이라 하고 제2항 이하를 비선형 분극이라 하는데

$$P_{NL} = \chi^{(2)} EE + \chi^{(3)} EEE + \cdots\cdots$$
$$= P^{(2)} + P^{(3)} + \cdots\cdots \tag{4.13}$$

로 표시할 수 있다. 이 각 항의 계수 $\chi^{(n)}$ ($n \geq 2$)를 비선형 감수율(nonlinear susceptibility)이라 한다. 그리고 $\chi^{(n)}$을 포함하는 항에 관계하는 효과를 n차의 비선형광학효과라고 한다. P_{NL}은 E의 고차항이므로 계수인 $\chi^{(2)}$, $\chi^{(3)}$ 등은 $\chi^{(1)}$에 비해 작고 보통 조건에서는 무시할 수 있다. 즉 E가 매우 큰 경우에만 비선형 효과가 나타나고, 특히 제2항은 입사광의 두 배 진동의 분극파(分極波) $P^{(2)}$가 두 배의 진동수를 갖는 빛을 발생시키므로 응용 면에서 매력 있는 현상이다.

〈그림 4.25〉는 광주파수 영역의 전기장(광전기장)이 가해졌을 때 분극파의 관계를 나타낸다. 선형 결정에서는 (a)와 같이 선형 분극파로 되지만 비선형 결정에서는 (b)와 같이 비대칭적인 파형이 그려진다. 이 비선형 분극파는 푸리에(Fourier) 해석에서 분극 기본파 ω에 제2고조파 성분 2ω와 부(負)의 직류 성분이 겹친 것으로 되어 있다.

비등방적 매질에서는 식 (4.9)의 χ는 텐서로 되고, $P_L = \chi^{(1)} E$ 는

$$P_L = \chi_{ij} E_j = \begin{bmatrix} \chi_{11} & \chi_{12} & \chi_{13} \\ \chi_{21} & \chi_{22} & \chi_{23} \\ \chi_{31} & \chi_{32} & \chi_{33} \end{bmatrix} E_j \tag{4.14}$$

로 표시할 수 있지만 비선형 분극 P_{NL}은 벡터 E의 고차(高次)이므로 식 (4.12)에서도 알 수 있는 것과 같이

$$P_{NL}^{(2)} = \chi_{ijk} E_j E_k \tag{4.15}$$
$$P_{NL}^{(3)} = \chi_{ijkl} E_j E_k E_l \tag{4.16}$$

로 된다.

식 (4.16)은 3차 비선형광학효과이지만 이하에서는 식 (4.15)의 2차 비선형광학효과에 관해서만 개설하는 것으로 그친다. 이제 매질 내의 각 주파수 ω_1(파수 k_1), ω_2(파수 k_2)의 빛이 있을 경우 각각의 빛의 전기장을 E_1, E_2라고 하면

$$E = E_1 + E_2$$
$$E_1 = E_{01} \cos(\omega_1 t - k_1 r + \psi_1) \qquad (4.17)$$
$$E_2 = E_{02} \cos(\omega_2 t - k_2 r + \psi_2)$$

로 표기되고

$$\begin{aligned}
E \cdot E &= (E_1 + E_2) \cdot (E_1 + E_2) \\
&= E_{01}^2 \cos^2(\omega_1 t - k_1 r + \psi_1) \\
&\quad + 2E_{01} E_{02} \cos(\omega_1 t - k_1 r + \psi_1)\cos(\omega_2 t - k_2 t + \psi_2) \\
&\quad + E_{02}^2 \cos^2(\omega_2 t - k_2 r + \psi_2) \\
&= \frac{1}{2} E_{01}^2 \{1 + \cos(2\omega_1 t - 2k_1 r + 2\psi_1)\} \\
&\quad + 2E_{01}E_{02} \cdot \frac{1}{2}[\cos\{(\omega_1 - \omega_2)t - (k_1 - k_2)r + \psi_1 - \psi_2\} \\
&\quad + \cos\{(\omega_1 + \omega_2)t - (k_1 + k_2)r + \psi_1 + \psi_2\}] \\
&\quad + \frac{1}{2} E_{02}^2 \{1 + \cos(2\omega_2 t - 2k_2 r + 2\psi_2)\} \qquad (4.18)
\end{aligned}$$

와 같이 전개되고 2차 비선형 분극 $P^{(2)} = \chi^{(2)} EE$는 주파수 성분 0(직류성분)과 $2\omega_1$, $\omega_1 - \omega_2$, $\omega_1 + \omega_2$, $2\omega_2$로 분해할 수 있다. 2ω는 ω_1, ω_2의 제2고조파 발생, $\omega_1 + \omega_2$는 합주파 발생(sum frequency generation : SFG), $\omega_1 - \omega_2$는 차주파 발생(difference frequency generation : DFG)의 분극이다.

〈그림 4.26〉에 모형적으로 표시한 것과 같이 에너지 준위 간격보다 작은 에너지의 광자(photon)를 몇 개 동시에 흡수하는 경우가 있고,

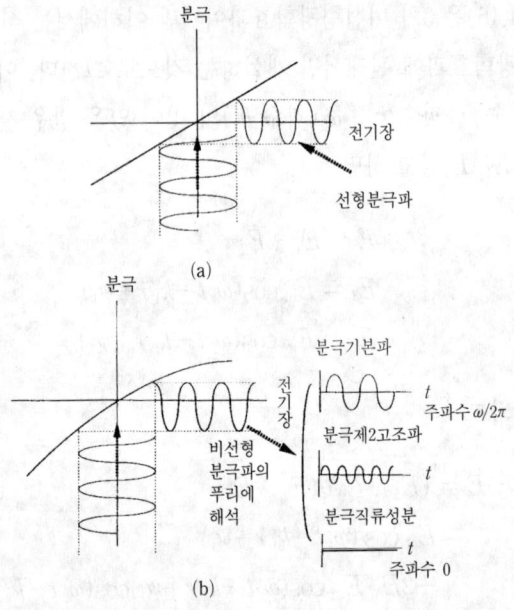

⟨그림 4.25⟩ 가해준 전기장과 그로 인한 분극의 변화 : (a) 선형(중심대칭성) 결정의 경우, (b) 비선형(중심대칭성) 결정의 경우. 비선형 분극파는 기본파, 제2고조파, 직류 성분의 중첩으로 되어 있다.

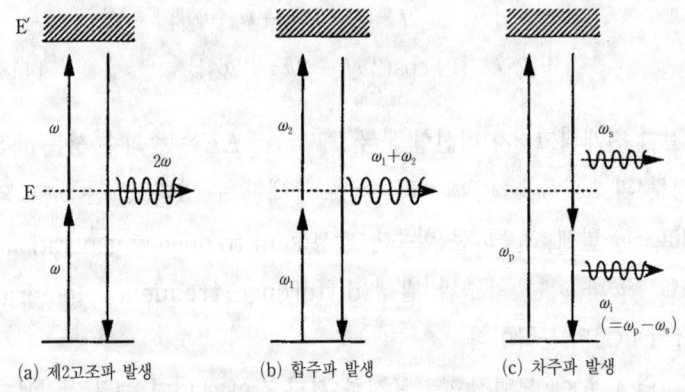

⟨그림 4.26⟩ 다광자(多光子) 흡수와 방출(발진)의 에너지 천이과정

제2고조파나 합, 차주파의 발생은 이 다광자(多光子) 흡수와 방출 과정에서 생긴다. (a)는 제2고조파 발생의 경우이고, 에너지 준위 사이에 해당하는 주파수보다 작은 주파수 ω의 광자를 두 개 흡수하여 2ω의 광자를 한 개 방출한다. (b)는 ω_1과 ω_2의 광자를 한 개씩 흡수하여 $\omega_1+\omega_2$의 합주파수의 광자를 방출한다. (c)는 파라메트릭 발진의 예로서 펌핑 주파수 ω_p의 광자 한 개를 흡수하여 신호광 주파수 ω_s와 아이돌라(idola) ω_i의 광자 한 개씩을 방출하여 $\omega_p - \omega_s$의 차주파(差周波)를 발생한다. 이 중에서 특히 제2고조파 발생은 파장변환 소자로의 응용에 중요하다.

(1) 제2고조파 발생의 원리

제2고조파 발생을 고찰하기로 한다. 〈그림 4.27〉은 앞에서 기술한 광자 모델을 설명하는 것으로서, 입사광 ω인 광자 두 개가 비선형광학 효과에 의해 한 개의 2ω 광자로 변환하여 제2고조파의 발생으로 된다 (여기에서 출력광은 기본파 ω와 체배파 2ω가 공존하고 있는 것에 주

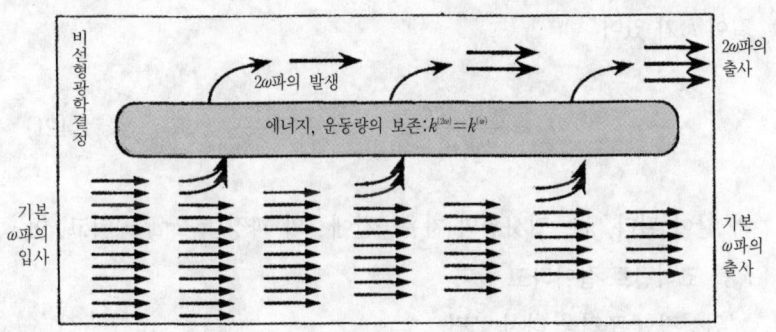

〈그림 4.27〉 제2고조파 발생의 광자 모델: 주파수 ω의 입사광자(한 개의 화살표)는 비선형 광학효과에 의해 두 개가 한 쌍으로 「소멸」하고 대신에 주파수 2ω의 새로운 광자 한 개가 발생하여 ω, 2ω의 두 빛이 방출된다.

의). 이제 비선형 매질 내의 빛이 주파수 ω_1만 있는 경우 $E = E_1 + E_1$으로 되고 2차의 분극률 $P^{(2\omega)}$는

$$P^{(2\omega)} = \frac{\chi^{(2\omega)} E_0^{\ 2}}{2} \{1 - \cos(2\omega_1 t - 2k_1 l)\} \qquad (4.19)$$

로 된다. $2\omega_1$는 입사광의 2배 주파수이고, 2배파인 제2고조파의 발생이다. 제2고조파의 세기는

$$I^{(2\omega)} = |E^{(2\omega)}|^2 \propto \sin^2 \frac{l}{2} \frac{(2k_\omega - k_{2\omega})}{(2k_\omega - k_{2\omega})^2} \qquad (4.20)$$

$$\propto \sin^2 \frac{l\omega}{2} \frac{(n_1 - n_2)}{(n_1 - n_2)^2} \qquad (4.20')$$

로 된다. 여기에서 k_ω, $k_{2\omega}$는 입사광 및 제2고조파의 파수 벡터이고 $k_i = n_i \omega_i / c$, n_1과 n_2는 각각의 파장에 대한 굴절률, l은 결정의 길이다. 이 식에서 $\Delta k = 2k_1 - k_2 = 0$, 또는 $\Delta n = n_1 - n_2 = 0$인 때에는 강도 $I^{(2\omega)}$는 광로인 결정 길이 l과 함께 증가하는 것을 알 수 있다. $\Delta k = 0$의 경우 위상정합(phase matching) 또는 「정합조건을 만족한다」고 한다. $\Delta k \neq 0$의 경우 세기는 주기적으로 변동하고 최대로 되는 길이 l_c가 있어

$$l_c = \frac{\pi c}{2\omega(n_1 - n_2)} = \frac{\lambda}{2(n_1 - n_2)} \qquad (4.21)$$

과 같이 된다. λ는 입사광의 자유공간에서의 파장($= 2\pi c/\omega$)이고, 이 l_c를 코히런트 길이라고 한다.

위상정합 조건을 다시 쓰면

$$\Delta k = k_1^\omega + k_1^\omega - k_2^\omega = 0$$

$$= \frac{n^{\omega}(\omega)}{c} + \frac{n^{\omega}(\omega)}{c} - \frac{n^{2\omega}(2\omega)}{c} = 0 \qquad (4.22)$$

$$\therefore n^{\omega} = n^{2\omega}$$

로 되고 기본광과 SHG광의 굴절률이 일치하면 된다. 그러나 일반 매질에서는 굴절률의 파장분산이 있으므로 $n^{(\omega)}$와 $n^{(2\omega)}$는 같지 않으며, 따라서 Δk는 0이 아니다. 즉 기본광과 SHG광이 같은 진동 방향의 편광일 경우에는 위상정합조건이 만족되지 않는다. 그런데 광학적으로 이방성(異方性)인 일축성 결정에서 정상광선(ordinary ray)은 등방적이지만 이상광선(extraordinary ray)에서는 이방적으로 편광의 선택법에 따라

일축성 정(正)결정의 경우 : $k_{2\omega}^{(o)} = 2k_{\omega}^{(e)}$, $k_o^{(2\omega)} = n_e^{(\omega)}$

일축성 부(負)결정의 경우 : $k_{2\omega}^{(e)} = 2k_{\omega}^{(o)}$, $n_o^{(\omega)} = n_e^{(2\omega)}$

의 위상조건을 만족시킬 수 있다. 〈그림 4.28〉은 광학 일축성 결정에서의 위상정합을 굴절률 타원체로 설명한 것이고 광축과 각도 θ_m인 방향에서 $\Delta n = 0$의 정합이 이루어지는 것을 알 수 있다. 이것은 또 「각도정합」이라고도 한다.

일축성 부(負)결정의 경우를 예로 들어보면 위상정합 각 θ_m은

$$\sin^2 \theta_m = \frac{(n_o^{(\omega)})^{-2} - (n_o^{(2\omega)})^{-2}}{(n_e^{(2\omega)})^{-2} - (n_e^{(2\omega)})^{-2}} \qquad (4.23)$$

로 주어진다. 빛의 포인팅 벡터(poynting's vector)의 방향은 굴절률 곡면의 법선 방향이므로 제2고조파는 입사광에 대해 각도 ρ의 방향으

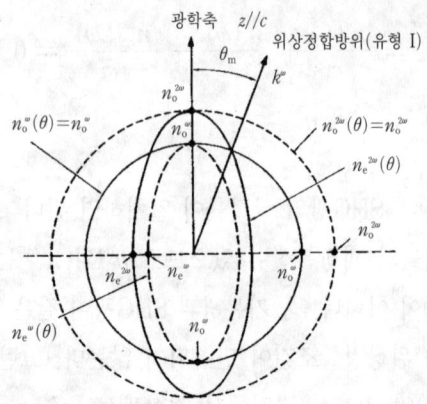

⟨그림 4.28⟩ 부의 일축성 결정의 법선속도면의 단면도(유형 I의 위상정합을 나타낸다). 유형 II의 위상정합 방향을 구하기 위해서는, 그림에서 안쪽의 원 (n_o^ω)와 타원 $n_e^\omega(\theta)$의 평균궤적의 타원을 그리고 그것과 외부의 타원 ($n_e^{2\omega}(\theta)$)와의 교점을 구하면 된다. 교점과 중심을 연결한 방향이 정합의 k방향이다.

로 진행한다. 이 복굴절 효과를 피하기 위해서는 $\theta_m = \pi/2$이 실용적 소자에서는 요구된다. 굴절률은 온도에 따라서도 변하는 것이므로 온도 바이어스에 의해 $\theta_m = \pi/2$의 정합조건을 만족시키는 것도 일반적으로 하고 있다. 이것을 「온도정합」이라고도 한다. 광축으로부터 삭도 θ만큼 기울어진 이상광선의 굴절률은

$$n_e(\theta) = (\cos^2\theta/n_o^2 + \sin^2\theta/n_e^2)^{-1/2} \qquad (4.24)$$

로 되고 일축성 부의 결정의 법선 속도면(法線速度面)의 단면을 생각하면 각도 θ_m은

(1) 유형 I : 기본파를 n_o, SHG파를 n_e라 할 때,
$$n_e^{(2\omega)}(\theta_m) = n_o^{(\omega)} \qquad (4.25)$$
(2) 유형 II : 기본파를 n_o와 n_e, SHG파를 n_e로 하여

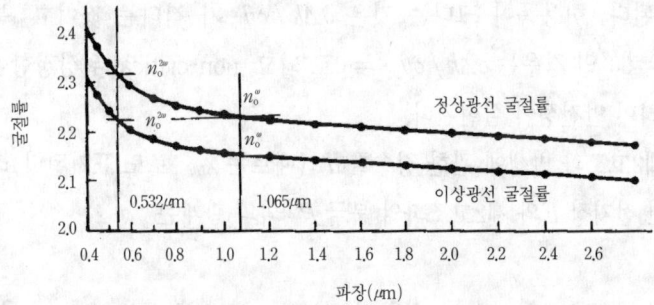

〈그림 4.29〉 굴절률의 파장분산에 의한 위상정합의 설명 : LiNbO₃의 예에서 파장 1.065μm의 굴절률은 $n_o^\omega = 2.231$, $n_e^\omega = 2.152$이고, 제2고조파의 파장 0.532μm에서 $n_o^{2\omega} = 2.320$, $n_e^{2\omega} = 2.230$에서 $n_o^\omega = n_e^{2\omega}$의 정합이 된다.

$$n_e^{(2\omega)}(\theta_m) = \frac{1}{2}\{n_e^{(\omega)}(\theta_m) + n_o^{(\omega)}\}$$

의 두 가지가 있다. 2축성 결정에 관해서도 같은 방법으로 두 종류의 위상정합이 가능하다. 〈그림 4.29〉에서는 굴절률의 파장 분산에서 설명한 것이고, 파장 λ_ω의 입사에 의해 파장 $\lambda_{2\omega}$의 제2고조파 광과 정합하는 것을 나타내고 있다.

실용면에서는 위상정합 조건이 만족되어도, 안정성 면에서 사용할 수 없는 경우가 있다. 위상정합 조건의 안정성을 나타내는 지표로서 허용폭이라는 것이 있다. 위상정합에는 굴절률을 일치시키는 것이 기본이라는 사실에서 굴절률의 변동 요인인 입사각, 온도, 파장에 대해 각각 각도 허용폭, 파장 허용폭을 지표로 삼는다. 예로서 각도 허용폭을 유형 I에 대해 구하면

$$\Delta k = 2\omega/c \cdot \{n_e^{(2\omega)}(\theta_m) - n_o^{(\omega)}\} \quad (4.26)$$

$$\frac{\delta \Delta k}{\delta \theta_m} = \frac{\omega}{c} n_e^3(\theta_m)\left(\frac{1}{n_e^2} - \frac{1}{n_o^2}\right)\sin^2\theta_m \quad (4.27)$$

로 된다. 허용폭이 크다는 것은 $\delta\Delta k / \delta\theta_m$ 가 작다는 것이고, 특히 $\theta_m = 90°$인 경우는 $\delta\Delta k / \delta\theta_m = 0$로 되고, non-critical 위상정합이라고 하며 안전성이 실현된다.

제2고조파 발생에 관한 정수를 d_{ijk}(때로는 $\chi_{ijk}^{(2)}$로도 표기된다)라고 하면 전기장 E와 제2고조파의 분극 $P^{(2)}$와의 관계는

$$P_i^{(2\omega)} = \Sigma d_{ijg} E_j E_k \quad (i=1,2,3) \qquad (4.28)$$

이 성립한다. 중심대칭을 갖는 매질에서는 제2고조파 발생의 비선형 분극률이 0이 되므로 제2고조파 발생 매질로서는 32점군 중 대칭중심을 갖지 않은 20의 점군에 속하는 결정, 다시 말해 압전성 결정이 아니면 안 된다(제2장 2.5.1). 압전효과의 경우에는 응력 텐서 X_{jk}와 그 응력에 의해 생기는 분극 P_i와의 사이에는

$$P_i = \Sigma d_{ijk}(p) X_{jk} \qquad (4.29)$$

가 성립하므로 관습적인 비선형 계수는 압전 상수와 같이 d가 사용된다. 텐서의 관습적인 취급에 따르면 $d_{ijk}(p)$에서는 $d_{ijk} = d_{ij}(jk \to j)$로 하므로 제2고조파 발생의 d텐서는 3행 6열의 행렬

$$\begin{bmatrix} d_{11} & d_{12} & d_{13} & d_{14} & d_{15} & d_{16} \\ d_{21} & d_{22} & d_{23} & d_{24} & d_{25} & d_{26} \\ d_{31} & d_{32} & d_{33} & d_{34} & d_{35} & d_{36} \end{bmatrix}$$

와 같이 표시된다. 이 18개의 성분 중에서 대부분은 매질인 결정이 속하는 점군에 의해 0이든지 서로 부호가 다른 같은 값이 되든지 한다. 예로서 광학적 부(負)의 일축성 결정에서 큰 비선형광학 계수를 갖는

점군 $3m$에 속하는 $LiNbO_3$의 d텐서는

$$\begin{bmatrix} 0 & 0 & 0 & 0 & d_{15} & d_{16} \\ d_{21} & d_{22} & 0 & d_{24} & 0 & 0 \\ d_{31} & d_{32} & d_{33} & 0 & 0 & 0 \end{bmatrix}$$

이고 $d_{22} = -d_{21} = -d_{16}$, $d_{31} = d_{32} = d_{15} = d_{24}$이므로 독립 계수는 d_{22}, d_{31}, d_{33}의 세 개다.

(2) 의사위상정합

강유전체 결정으로 대표되는 비선형결정의 자발 분극의 방향을 180° 교대로 반전시킨 교번구조(交番構造)에 의한 의사위상정합 (QPM)법은 교번의 주기 길이에 의해 동작파장 영역을 설정할 수 있는 자유도가 있다. 그러므로 최근에는 $LiNbO_3$ 등의 단결정 기판도파로(基板導波路)에 주기 구조를 만들어 넣는 SHG 소자의 개발이 성행하고 있다. 이 원리는 1962년에 암스트롱(Armstrong) 등[59]에 의해 제안된 것이지만, 결정 내에 미크론 정도 크기의 분극반전 주기를 형성하는 기술이 없었기 때문에 최근까지 별로 알려지지 않고 있었다. 광도파로의 연구가 활발해진 이래, 그 형성 기술로서 Ti확산 $LiNbO_3$ 도파로가 주목을 받았고, 동시에 재료적인 문제점도 지적되었다.[60] 이 중에서 $+c$면에 Ti를 확산하면 확산 영역만 그 자발분극의 부호가 반전하는 것이 알려진[61] 후 곧 이 현상을 이용하여 주기적 분극 반전에 의한 SHG 소자가 개발되어, 반도체 레이저를 사용한 청색 레이저 변환 소자로 활발하게 개척되었다.

일반적으로 비선형 결정의 굴절률은 파장 분산이 있기 때문에 기본파의 속도와 제2고조파의 속도가 같지 않으므로 위상차가 생긴다. 이

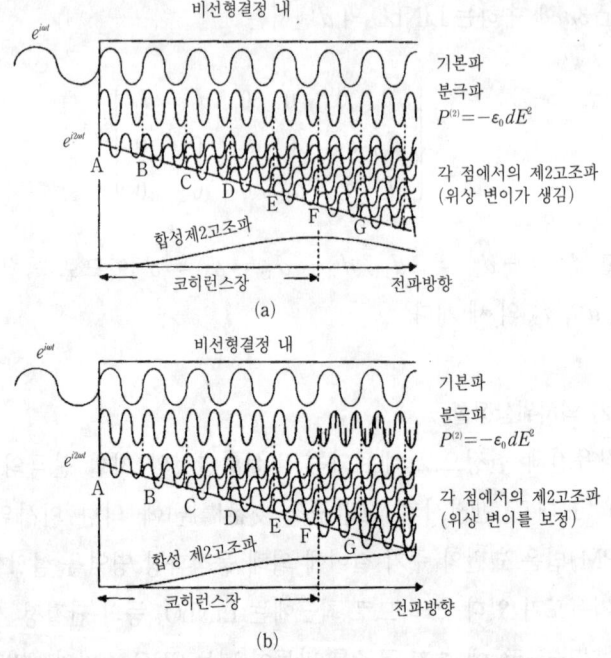

〈그림 4.30〉 결정 내에서의 제2고조파 모습[62] : (a) 균일한 매질의 경우, (b) d를 반전시킨 경우

때문에 결정 내에서는 광로에 따라서 발생하는 제2고조파의 합성파가 주기 함수로 된다. 이 모양을 〈그림 4.30〉에 표시했다.[62] 결정 안에 입사한 기본파 $E = e^{i\omega t}$는 결정 안을 전파함에 따라 비선형 분극파 $P^{(2)}$를 여기한다. 이 $P^{(2)}$에 의해 결정 안의 각 점에 발생한 제2고조파는 각 고조파 사이에서 위상 차를 생기게 한다. 그림에서는 간단하게 하기 위해 $P^{(2)}$와 제2고조파의 위상차를 0으로 했다. 즉 점 A, B, C…에서 발생한 제2고조파는 조금씩 다른 각각의 위상을 갖고 전파(傳播)하고 결정의 끝 A에서 발생한 제2고조파와 어떤 거리 F에서 발생한 제2고조파 사이에 위상차는 π로 된다. 이 F까지의 거리가 코히런트 길이 l_c이

지만, l_c를 넘어서면 합성 고조파의 세기는 감소하여 이 주기로 증감을 반복한다.

암스트롱 등[59]의 아이디어는 이 l_c의 주기마다 분극파 $P^{(2)}$의 위상을 반전시키는, 말하자면 비선형광학 계수 d의 부호를 반전시키면 된다는 제안이고 강유전체의 자발분극 반전에 의해 극성 텐서 d의 부호도 반전하는 것이 된다. 〈그림 4.30(b)〉는 그 모양을 표시한 것이고 점 F에서는 제2고조파의 위상이 반전하므로 l_c에서의 합성 제2고조파의 위상을 보상하는 형식으로 되므로 세기가 떨어지지 않고 가산(加算)되게 한다. 이 상황을 요약하면 〈그림 4.31〉과 같다.[62] 빛의 전파 방향에 따라 코히런트 길이 l_c의 주기로 정수 d의 부호 반전 영역, 즉 자발분극 P_s의 반전영역을 주기 $2l_c$로 하는 것에서 제2고조파의 진폭(세기)이 커지게 된다.

종래의 제2고조파 발생에서는 기본파와 분극파 사이의 위상을 정합

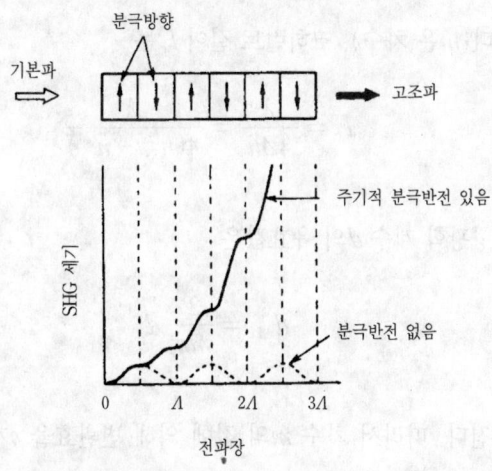

〈그림 4.31〉 의사위상정합(QPM)법에서 SHG 세기의 변화 : $\Lambda = 2ml_c$에서 차수 m이 1에 가까울수록 SHG 세기는 커진다.

시키기 위해서는 복굴절이 큰 결정을 사용하는 한편, $n^{(2\omega)}$와 $n^{(\omega)}$를 같게 하는 굴절률 정합법을 사용했다. 이 때는 모든 점에서 발생한 제2고조파가 같은 위상으로 전파한다. 이에 대해 길이 l_c마다 주기적으로 분극반전을 시킨 경우 비선형 분극파는 상쇄되지 않고 위상을 맞추게 되므로 「의사위상정합」이라고 불리는 것이다. 이 특징은 비선형광학 계수의 최대 성분을 사용할 수가 있고, 또 복굴절률이 작은 결정도 이용할 수 있다는 점이다. 예로서 LiNbO$_3$의 최대 d는 d_{33}이지만 벌크 결정에서 위상정합을 성취하기 위해서는 d_{31}를 이용하지 않을 수 없지만 QPM에서는 d_{33}을 이용할 수 있다. 부(負)의 일축성 결정인 LiTaO$_3$의 벌크 결정에서는 위상정합이 이루어지지 않지만 QPM에서는 d_{33}에서 실현할 수 있는 이점이 주목되고 있다.

이 QPM이 성립하기 위해서는 분극반전 주기 Λ가

$$\Lambda = 2ml_c \tag{4.30}$$

인 경우이다(m은 차수). 코히런트 길이 l_c는

$$l_c = \frac{\lambda}{4\Delta n} = \frac{\lambda}{4(n^{(2\omega)} - n^{(\omega)})} \tag{4.31}$$

또 비선형광학 계수 d의 유효값은

$$d_{\text{eff}} = \frac{2}{m\pi} d_{33}$$

로 주어진다. 따라서 차수 m의 값에 의해 변환효율 η가 달라진다. 보통 m은 기수차(奇數次)가 이용되고, 분극반전 영역은 대칭적으로 된다. 일반적으로 LiNbO$_3$의 c판에서 $m=1$의 주기 길이 Λ는 기본파를

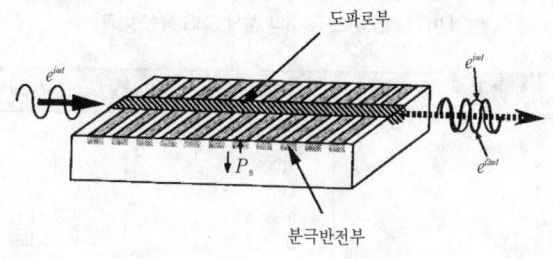

〈그림 4.32〉 도파형 의사위상정합 SHG 소자의 기본구조

$1.06\mu m$로 하면 약 $6.7\mu m$다.

식 (4.20)에서 SHG의 변환효율은 기본파의 세기에 비례하고 고효율화를 위해서는 강한 기본파를 사용하게 되므로 광도파로에 직각으로 분극반전 구조를 만들어 넣는 것이 연구개발되어 있다. 이것은 광도파로 내에서의 파워 밀도를 높이고, 또한 긴 상호작용 길이를 갖게 하여 변환효율을 크게 하는 것으로서, 예를 들면 〈그림 4.32〉와 같은 구조로 된다. 광도파로 내의 높은 파워 밀도에 의해 광손상이 생기지 않는 결정재료가 꼭 필요하고, $LiNbO_3$ 대신에 내광손상성이 높은 $LiTaO_3$가 주목받는 것도 이 이유에서다. 〈그림 4.33(a)〉는 $LiNbO_3$(LN)에 Ti를 확산, 또는 Li를 외방확산(out-diffusion)시켜

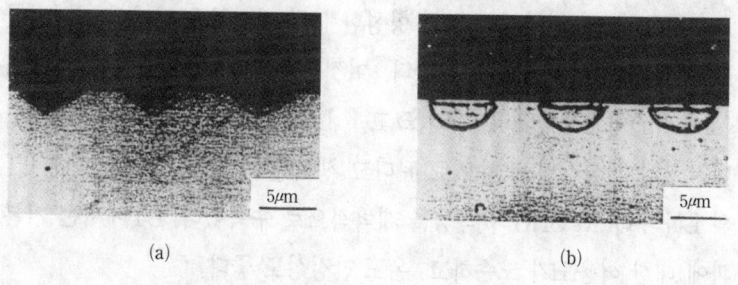

〈그림 4.33〉 QPM의 분역반전 구조 단면[63] : (a) Ti 확산 $LiNbO_3$, (b) 프로톤 교환 $LiTaO_3$

〈표 4.8〉 LiNbO₃, LiTaO₃의 청색 SHG 특성 비교

구 분	LiNbO₃	LiTaO₃
점 군	C_{3v}-$3m$	C_{3v}-$3m$
결정계	삼방정	삼방정
퀴리 온도(℃)	1150	610
투명영역(μm)	0.33~4.5	0.28~4.5
굴절률(1.064μm)	$n_o = 2.232$	$n_o = 2.137$
	$n_e = 2.156$	$n_e = 2.141$
비선형 정수($\times 10^{-12}$m/V)	$d_{22} = 4.0$	$d_{22} = 2.8$
	$d_{31} = d^{15} = -6.5$	$d_{31} = -1.7$
	$d_{33} = -35$	$d_{33} = -26$
SHG 위상정합		
• 복굴절률		
각도허용도(mRad·cm)	0.7(20℃)	—
온도허용도(℃·cm)	0.7	—
파장허용도(nm·cm)	0.1	—
• QPM*		
반전 분역 형성	Ti 확산, 기타	프로톤 교환
반전 분역 깊이 (μm)	1.5	2.7
도파로 손실(dB/cm)	2.9	0.9
온도 허용도(℃·cm)	1.6	2.5
파장 허용도(nm·cm)	0.1	0.1
SHG 변환효율(%/W)	6	18
광손상(굴절률 변화)	$2 \times 10^{-1}(3\mu W)$	—

* 의(사)위상정합(quasi-phase matching)

형성시킨 경우의 분극 반전부를 나타내고, (b)는 LiTaO₃(LT)에서의 프로톤 교환 및 열처리에 의해 형성한 분극 반전부를 나타낸 것이지만 LT에서의 형상이 LN보다 좋다. 이것은 LT의 강유전 분극 도메인 (domain)이 LN보다 몇 자리 크고,[50] LN의 도메인 벽은 {112}면에서 반전경계가 삼각형 모양으로 된다고 생각할 수 있다. 〈표 4.8〉에 LT 와 LN의 QPM-SHG의 특징을 개략적으로 수록했다. LT에서는 기본파에 대한 허용도가 느슨하고, 온도 안정성도 좋다.

분극반전 기술은 LiNbO₃의 +c면에 Ti를 확산하면 확산 영역에서

만 그 자발분극의 부호가 반전하는 것이 발견된 이래,[61] 그 반전 기구에 대한 고찰[64]이나 여러 가지 반전방법이 발견되었다. 처음에는 고온처리를 필요로 하고 있었지만, 전자선(電子線)을 LN의 $-c$면에 조사(照射)하는 것에서 300~500μm 두께의 기판 전체에 걸쳐 분역반전이 생긴다는 것도 보고되어 있다.[65] 최근에는 $KTiOPO_4$(KTP) 등 많은 강유전체에서도 도파로형(導波路型)에서 분극반전 기술을 이용한 SHG 발광이 검토되고 있다.[60]

(3) 광 파라메트릭 효과

광 파라메트릭 효과(optical parametric effect)는 일종의 광혼합 현상이지만 본질적으로 다른 것은, 광혼합의 경우에는 두 종류의 입사광이 있지만 파라메트릭 효과에서는 입사가 일정하다는 것과 발진현상을 수반하기 때문에 임계값이 존재한다는 것이다. 즉 주파수 ω_p의 입사광(pumping 주파수)과 매질 내에서 두 종류로 된 증폭되는 주파수 ω_s의 신호파와 $\omega_i = \omega_p - \omega_s$의 주파수를 갖는 아이돌라파의 세 종류의 혼합 현상으로 취급된다[그림 4.26(c)]. ω_s와 ω_i은 원리적으로는 물질 고유의 주파수에는 관계가 없으며, 공진기나 위상정합은 외부 조건에 따라 결정된다.

이제 이 세 종류의 파를 z 방향으로 진행하는 진행파라고 생각하고 각각을

$$E_p = E_0 \sin(\omega_p t - k_p z)$$
$$E_s = E_0 \sin(\omega_s t - k_s z) \qquad (4.32)$$
$$E_i = E_0 \sin(\omega_i t - k_i z)$$

의 혼합 현상에 의해 신호파 E_s의 거동을 생각해보자. 이 세 파의 중첩은 $E = E_p + E_s + E_i$이 전체의 전자기장 세기로 되고 2차의 비선형 분극은

$$P_{NL}{}^{(2)} = \chi^{(2)} E \cdot E$$
$$= P^{(2\omega_i)} + P^{(2\omega_s)} + P^{(2\omega_p)} + P^{(\omega_i - \omega_s)} + P^{(\omega_s - \omega_p)}$$
$$+ P^{(\omega_p - \omega_i)} + P^{(\omega_i + \omega_s)} + P^{(\omega_s + \omega_p)} + P^{(\omega_p + \omega_i)} \quad (4.33)$$

와 같은 아홉 개의 각 주파수 성분을 포함하게 된다. 특히 $\omega_i + \omega_s = \omega_p$의 경우를「파라메트릭 효과」라고 하고, 위상정합 조건은 $\Delta k = k_p - k_s - k_i = 0$가 만족될 때(즉 운동량보존의 조건) 양자(兩者)가 동시에 공진하는 공진기를 사용하면 파라메트릭 발진이 얻어진다. 펌핑 에너지에서 신호 에너지로의 변환효율은 각 주파수에 비례하므로 ω_p가 크고 ω_s가 작으면 ω_p 모드에서 ω_s 모드로의 에너지 변환도 작게 된다. 양자역학적 표현을 하면, 파라메트릭 효과는 펌핑 각 주파수 ω_p의 광자가 소멸하여 ω_i과 ω_s의 광자가 생성하는 과정이므로

$$h\omega_p = h\omega_i + h\omega_s \quad (4.34)$$

가 성립하지 않으면 안 된다. 이 때 레이저 발진과 같이 이득이 결정에서의 손실을 능가할 필요가 있다는 것은 말할 필요가 없다.

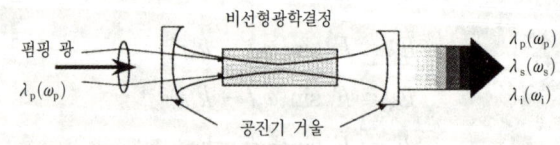

〈그림 4.34〉 광 파라메트릭 발진기의 기본 구성($\omega_i + \omega_s = \omega_p$가 성립한다)

〈표 4.9〉 단공진기형 파라메트릭 발진의 결정례

결 정	여기광파장 $\lambda_0(\mu m)$	위상정합법	발진파장 $\lambda(\mu m)$	발진임계값 (MW/cm²)	펄스 폭 (nsec)	변환효율 (%)	결정 길이 (mm)	문헌
KTiOPO₄ (KTP)	1.06 0.53	90° 각도(II)	3.0~3.2 1.04~1.09	80 650	12 0.07	30	15 6	67) 68)
β-BaB₂O₄ (BBO)	0.53	각도 (15.5~22°)	0.94~1.22	278	12		9	69)
	0.355	각도 (24.5~34.4°)	0.412~2.55	15~36	6	24	12	70)
	0.308	각도 (35.5~37°)	0.422~0.477	~100	12	10	7	71)
LiB₃O₅ (LBO)	0.355	90° (-35~100℃)	0.47~0.487		10	7	12	72)
LiNbO₃	0.473, 0.526 0.561, 0.859 1.06	90° (130~340℃) 각도 (44.5~50°)	0.548~3.65 1.4~4.4	130~700 0.15	46 20	15	50 50	73) 74)

〈그림 4.34〉는 파라메트릭 발진기의 기본 구성을 나타낸 것이지만, 파장 λ_s(주파수 ω_s, 파수 k_s)와 λ_i(주파수 ω_i, 파수 k_i)의 양쪽을 발진시키는 쌍공진기형(雙共振器型, double resonant oscillation : DRD)과 어느 한쪽을 발진시키는 단공진기형(single resonant oscillation : SRO)이 있다. 비선형광학결정으로의 입사각, 또는 결정의 온도를 변화시킴으로써 위상정합 조건을 만족시키는 k_s, k_i이 변하는 것을 이용하면 파장 가변도 할 수 있다. 〈표 4.9〉에 SRO형 파라메트릭 발진 실험에 대한 최근의 보고들을 수록했다. 파라메트릭 발진의 기초에 관해서는 문헌 4), 5)를 참조하기 바란다.

4.2.2 반도체 여기 가시 레이저 광 발진과 결정

반도체 레이저(LD)의 빛을 청·녹 영역 레이저 광으로 변환하는 연구개발이 활발하다. LD 여기 파장 변환 레이저에서는 고체 레이저의 cw 발진 피크 파워가 낮으므로 고체 레이저 결정과 비선형광학결정을 동일 공진기 내에 둔 내부공진형 SHG(intra-cavity type SHG) 방식이 적합하다. 4.2.1에서 기술한 것과 같이 SHG 발진의 효율은 입사 기본파의 세기의 제곱에 비례한다. 따라서 공진기 내부의 강한 고체 레이저 발진 강도를 그대로 사용할 수 있으므로, 공진기 밖에 SHG 결정을 두는 외부 공진기형(extra-cavity type)보다 변환효율이 크다. 또 반도체 레이저의 공간 패턴이 약간 나빠도 고체 레이저에 의해 기본파 모드(TEM_{00})가 얻어지므로 모드 변환기 역할도 한다.

〈그림 4.35〉는 대표적인 내부 공진기형 LD 여기 SHG 레이저의 기본 구성을 나타낸다. 어느 것이나 반도체 레이저는 활성이온 Nd^{3+}의 $0.8 \mu m$ 대의 흡수를 이용한 발진파장으로 된다.

(a)에서는 $Nd:YVO_3$를 여기 쪽 반사거울 겸 고체 레이저로 하고, 출력 쪽 거울은 LD단면(端面) 여기 $Nd:YVO_3$의 발진광에 대한 반사율 100%로 한 반오목 거울형〔半凹面鏡形〕으로서 공진기를 구성하고, 비선형 결정인 KTP를 공진기 안에 둔다. 발진광 $1.064 \mu m$를 SHG에 의해 파장 변환하여, 532nm의 녹색광을 이끌어내는 전고체가시(全固體可視) 레이저의 구성을 나타낸다. $Nd:YVO_4$의 1mm 두께 마이크로 레이저는 LD의 760nm 또는 809nm의 여기로 $1.06 \mu m$를 발진시켜 발진광을 SHG 변환하여 단일 모드로 약 16mW의 $0.53 \mu m$ 녹색광을 얻고 있다. 이 구조는 장치 전체를 간결하게 구성할 수 있고 종 모드(縱 mode), 횡 모드(橫 mode)를 모두 단일화할 수 있는 특징이 있다. 마이크로 레이저는 Nd:YAG를 이용해도 좋지만 $Nd:YVO_4$가 여기 LD광에 대한 흡수가 강할 뿐만 아니라 스펙트럼의 균일 퍼짐이 우수하다.

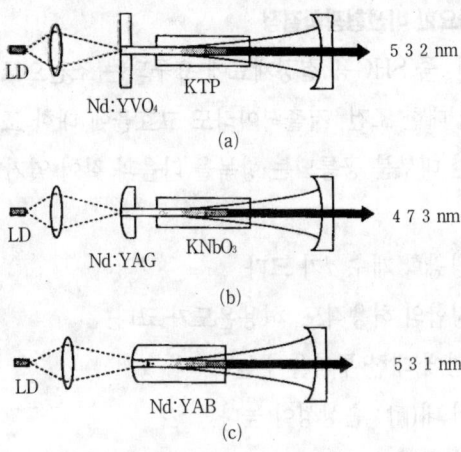

〈그림 4.35〉 내부 공진기에 의한 반도체 레이저의 파장변환 예

　(b)는 Nd:YAG 레이저를 입사측(入射側) 거울 겸 레이저로 하여 $KNbO_3$를 공진기에 넣은 것으로 860nm의 LD로 여기된 Nd:YAG 레이저의 946nm 발진광을 473nm의 SHG 발진광으로 이끌어낸 것이다.

　(c)는 Nd:YAB를 거울 겸 고체 레이저 발진과 SHG 발진에 이용한 것으로 자기 주파수(自己周波數) 체배형(遞倍形) 고체 레이저라고 할 수 있다. LD의 여기로 $1.062 \mu m$ 광을 체배한 531nm의 녹색 레이저 광을 만들어낸다. 여기에서는 자기주파수 체배형 고체 레이저 결정에 앞서 직접 화합물 레이저로 합성된 $NdAl_3(BO_3)_4$(NAB)[75]의 Nd를 Y로 희석(稀釋)한 것을 사용한 것으로, 5mm 길이의 $Nd_{0.04}Y_{0.96}Al_3(BO_3)_4$에 LD의 입력 360mW에 대해서 20mW 이상의 cw 녹색광이 얻어진다. 이제부터는 이와 같은 자기 주파수 체배가 가능한 고효율 고체 레이저 결정, 즉 대칭중심이 없는 레이저 결정이 기대된다.

4.2.3 중요한 비선형광학결정

파장변환, 즉 SHG용 결정재료에 요구되는 조건으로는 목적에 따라 고출력광에 대한 조건, 저출력이라도 고효율에 대한 조건이 다소 다르기는 하지만 대부분 공통되는 항목을 다음과 같이 열거할 수 있다.

① 비선형광학 계수 d가 크다.
② 위상정합의 허용각도, 허용온도가 크다.
③ SHG광에 대한 투과율이 높다.
④ 레이저 내(耐) 손상성이 높다.
⑤ 광학적 품질이 우수한 대형 단결정이 얻어진다.
⑥ 화학적으로 안정하다.
⑦ 가공이 쉽다.
⑧ 값이 싸다.

이들 여러 조건을 모두 만족하는 결정재료는 없다고 해도 과언이 아니겠지만, 사용 목적에 부응하는 재료의 선택이 필요하고, 새 재료의 탐색이 요구되는 재료 분야다.

〈그림 4.36〉은 결정재료의 개발을 개관한 것이다(제1장 그림 1.7에서 발췌). 무기(無機) 비선형광학결정은 앞에서 기술한 것과 같이 분자 내 속박전자의 비선형성을 이용하는 것인데, 결정 개발의 역사는 길다. 분자 내의 본드(bond)로서 P-O, I-O, Nb-O 등의 결합종(結合種)을 갖는 재료는 비선형광학효과가 크고, 특히 Nb-O 결합을 중심에 갖는 산소8면체구조(酸素八面體構造) 결정에서는 큰 비선형성이 통계적으로 정리[76]되어 있다. 예로서 P-O 결합으로서의 KH_2PO_4(KDP)족, I-O 결합인 α-$LiIO_3$, Nb-O 결합인 $LiNbO_3$, $KNbO_3$,

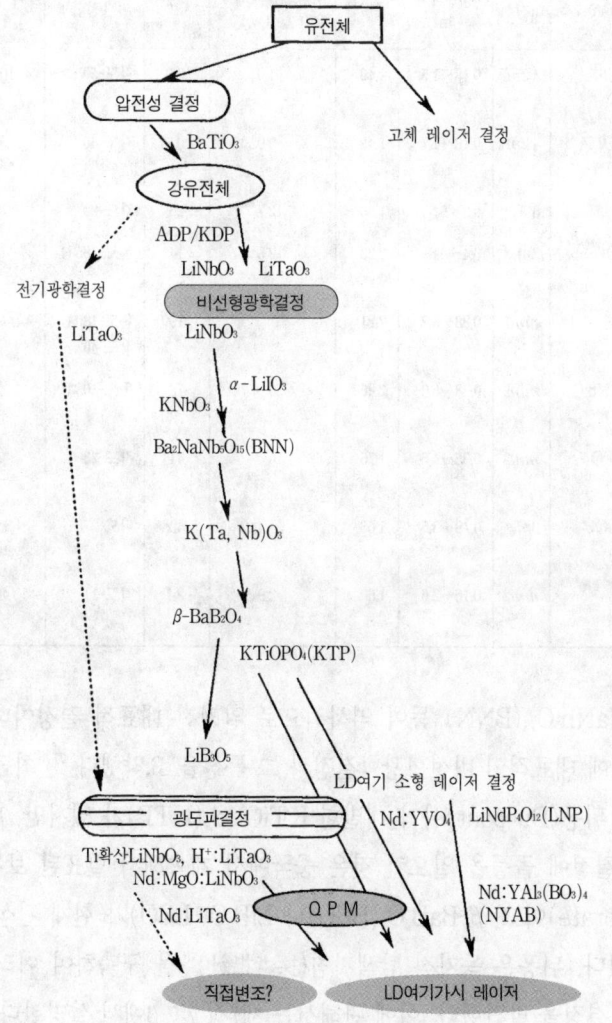

〈그림 4.36〉 비선형광학결정의 변천

〈표 4.10〉 벌크 비선형광학결정과 그 특징(a)

결 정	대칭성	광투과역 (μm)	굴절률	비선형광학계수 (d/d_{KDP})	성능지수 (d^2/n^3)	위상정합법	파장허용폭 (Å·cm)
KH_2PO_4 (KDP)	$\bar{4}2m$	0.18~1.5	1.49	1.0	0.3	각도-50°	106
KD_2PO_4 (DKDP)	$\bar{4}2m$	0.18~1.7	1.49	0.92	0.27	각도-40°	32
$LiIO_3$	6	0.3~5.5	1.86	12.7	25	각도-30°	3.2
$LiNbO_3$ (LN)	$3m$	0.4~4.5	2.23	12.5	14	온도-165℃	2.3
$KNbO_3$	$mm2$	0.38~5.2	2.21	37	190	온도-180℃ 각도-40°	
$Ba_2NaNb_5O_{15}$ (BNN)	$mm2$	0.38~6.0	2.26	30	78	온도-105℃	
$KTiOPO_4$ (KTP)	$mm2$	0.35~4.5	1.76	15	41	각도-23°	5.6
β-BaB_2O_4 (BBO)	$3m$	0.19~3.5	1.66	4.4	4.2	각도-21°	9.8
LiB_3O_5 (LBO)	$mm2$	0.16~2.6	1.60	2.9	2.1	각도-11°	

$Ba_2NaNb_5O_{15}$(BNN) 등이 역사적으로 알려진 대표적 결정이다. 〈표 4.10〉에 대표적인 비선형광학결정과 그 특성을 요약했다.[77] 최근 10년 동안 뒤퐁(Du-pont)사가 개발한 $KTiOPO_4$(KTP)가 있지만, 비선형 광학결정에 돌풍을 일으킨 것은 중국에서 계속해서 발표된 보론화합물(borate)이고, β-BaB_2O_4(BBO)나 LiB_3O_5(LBO)가 현재 관심을 끌고 있다. 뒤퐁은 독자적 탐색지침(探索指針)[78]을 구축하여 이러한 비선형 결정을 발견했다. 이에 관해서는 제7장 7.7.3에서 설명한다. 한편 $AgGaS_2$ 등의 칼코피라이트(chalcopyrite)족에는 큰 비선형광학 계수를 갖는 것이 있는데, 밴드 갭(band gap)이 좁기 때문에 근적외~적

<표 4.10> 벌크 비선형광학결정과 그 특징(b)

결 정	각도허용폭 (mrad·cm)	온도허용폭 (℃·cm)	내광손상성 (GW/cm²)	결정육성법	특 징
KH₂PO₄ (KDP)	1.0	11.5	0.2	용액성장	조해성, 대형결정 육성가능
KD₂PO₄ (DKDP)	1.7	6.7	0.5	용액성장	조해성, 대형결정 육성 가능
LiIO₃	0.3		0.05	증발법	균질결정 육성 어려움
LiNbO₃ (LN)	50	0.6	0.3	CZ	균질대형결정 육성 용이 내광손상성 어려움−LiTaO₃의 QPM이 유리
KNbO₃	38	0.3	0.35	TSSG	균질대형결정 육성 어려움
Ba₂NaNb₅O₁₅ (BNN)	50	0.6	0.04	CZ	대형균질결정 육성 어려움
KTiOPO₄ (KTP)	15~60	25	0.4	플럭스	안정, 강유전체
β-BaB₂O₄ (BBO)	1.5	55	5	TSSG CZ	자외선 SHG에 적합
LiB₃O₅ (LBO)	15~57		25**	플럭스	안정, 자외선 SHG 가능

* 파장 1.064μm, 10nsec에서의 값. ** 파장 1.064μm, 0.1nsec에서의 값

외영역에서의 적용이 연구단계에서 이용되기는 하나, 결정성이 나쁜 것이 결점이기도 한다.

SHG 결정은 용도에 따라 ① 저출력고효율 변환용, ② 고출력용으로 크게 나누어진다. 앞의 것은 주로 광 디스크 메모리(disk memory)에서의 고밀도화를 위한 광원, 컬러 디스프레이(color display) 등, 녹~청색 영역의 작고 긴 수명을 갖는 레이저 광원에 쓰인다. 원(元) 레이저 광원에는 반도체 레이저를 이용하지만 현재의 반도체 레이저에서 적색 고출력 레이저로는 출력이 ~100mW 정도 되는 것에서 파

장변환 후의 청색광 출력은 수 mW, 변환효율이 수 % 이상 되는 결정재료가 기대되고 있다. X선 리소그래피(lithography)나 레이저 의료(醫療)에서는 고반복(高反復, ≥ 10 pulses/sec), 높은 에너지(수십~1mW)의 출력이 요구된다. 재료로서는 열이나 기계적으로 강하고 물에 녹지 않는 것이 필수적이고, 또한 변환효율이 커야 한다. 1μm대의 파장변환에서는 KTP가, 근자외 영역에서는 BBO, LBO가 적합하다.

$LiNbO_3$는 가장 대표적인 결정이고 비선형광학 계수도 크지만 보통의 각도 위상정합(角度位相整合)에는 최대계수인 d_{33}을 쓸 수 없고, d_{13}를 이용하게 된다. 그러나 광도파로를 만들어 세렌코프(Cerenkov) 복사형으로 하면 d_{33}를 이용하여 SHG 변환효율 약 1%에서 0.42μm의 청색광이 실용적인 소자 구성으로 얻어지고 있다.[79] 단 세렌코프 복사형에서는 출력광의 빔(beam)이 타원 모양으로 되는 등 실용적으로 문제가 있다. 그 후 강유전성 분역의 주기적 반전을 형성한 의사위상정합법(QPM)이 확립되어 고효율 변환이 실현되고 있다.

$LiNbO_3$의 결점은 위상정합에 대한 허용온도폭이 약 0.7°로 작은 데 있고, 광손상이 생기기 쉽기 때문에 강한 여기광을 사용할 수 없으며, 수 mW 이상의 출력광을 얻는 데는 어려움이 있다. 광손상에 강한 같은 족(族)의 $LiTaO_3$에서 광도파로에 의한 의사위상정합에서는 벌크 $LiTaO_3$에서 실현할 수 없었던 SHG가 가능하게 되어 현재로서는 $LiNbO_3$보다 양호한 청색 변환광이 얻어지고 있다.[80] 벌크 $LiTaO_3$에서는 Nd 도핑에 의한 광손상이 없을 뿐 아니라 레이저 발진도 할 수 있기 때문에[43,44] QPM 구조화에 의한 새로운 기능 소자가 기대되고, 앞으로 포스트(post) LN으로서 $LiTaO_3$ 결정의 고품질화가 요망된다.

$KNbO_3$는 비선형광학 계수의 d_{32}가 매우 커서(18×10^{-12} m/V^2) 고

효율 변환에 적합하여 관심을 끌고 있는 결정이다. 길이가 5.74mm의 결정을 사용하여 90°정합이 잡히게 여기광원의 AlGaAs 레이저의 여기파장을 Al 농도로 제어함으로써 파장 430nm의 실온 90°정합(유형 I) SHG가 얻어진 것이 보고되었다.[81] 이 결정은 콩그루언트 용융이 아니므로 결정 육성이 $LiNbO_3$에 비해 쉽지 않아, 큰 양질의 결정은 고가(高價)다. 텅스텐 브론즈 구조인 $Ba_2NaNb_5O_{15}$(BNN)은 비선형 광학결정으로서 광손상성에 강한 재료탐색에서 합성된 것이고 $KNbO_3$보다 큰 비선형광학 계수를 갖는다. 다만 고품질의 단결정을 육성하는 것이 어렵고, 각도정합의 허용온도폭이 작기 때문에 거의 사용되지 않고 있다.

일반식 $MTiOXO_4$(M=K, Rb, Tl, Cs, X=P, As)로 표시되는 한 무리 중에서 $KTiOPO_4$(KTP) 결정은 뒤퐁사가 개발한 우수한 비선형 광학결정[82]인데, KTP에 관한 종합적 보고가 있다.[83] 안정상(安定相)은 점군 $mm2$에 속하지만 같은 계(系)의 $CsTiOPO_4$는 큐빅(cubic)상으로 된다. KTP의 결정 성장은 처음에는 초고압, 고온의 방법을 사용했지만 최근에는 1기압, 1,000℃ 전후에서 플럭스법을 통한 육성법이 확립되었다.[84] 〈그림 4.37〉은 오사카(大阪) 대학에서 육성한 31×42×84mm^3의 대형 단결정 예다. 육성에는 K6 플럭스($K_6P_4O_{13}$)를 사용하고, 960℃에서 약 30일 간에 걸쳐 온도를 낮추면서 성장시킨 것이다.[85]

$KTiPO_4$(KTP)는 허용온도폭도 넓고, 허용각도도 비교적 크며 내광손상성이 높은 이점 등이 있어 주목을 받고 있다. 대출력용으로도 유용한 결정이지만, 투과파장 영역은 0.35μm까지 이르는 반면 1μm보다 짧은 파장에 대해서는 위상정합이 되지 않는 결점이 있다. 또 단결정 성장은 플럭스법이므로 큰 단결정을 얻는 데 많은 시간이 걸리고,

〈그림 4.37〉 플럭스 성장 as-grown KTiOPO₄(KTP) 단결정(大阪大學 佐佐木孝友 교수 제공)

비선형광학 계수가 다른 결정에 비해 작은 결점이 있다. 그러나 최근에 이르러 분역반전에 의한 의사위상정합법이 실현되어[66] 분역반전 주기 4μm, 길이 5mm의 구조에서 0.85μm의 반도체 레이저 여기에 의해 2mW의 청색 SHG광이 보고되었는데,[87] 앞으로의 결정에 대한 평가가 기대된다.

한편 β-BaB₂O₄(BBO)는 0.2μm를 차단하는 파장 약 190nm의 자외영역에서 3.5μm의 적외영역까지 무색투명하며 자외광을 파장 변환시킬 수 있는 결정으로, 1984년 IQEC 국제회의에서 처음으로 중국의 푸젠성(福建省) 물질연구소가 보고한 이래 많은 연구가 이루어지고 있다.[88] BBO의 특징은 π전자계 육원환[六員環(B₃O₆)$^{-3}$]을 기본구조로 한, 큰 비선형광학효과를 나타내는 것으로 최근 관심을 끌고 있다.[77] (제7장 7.3 참조) 격자정수는 a=12.532Å, c=12.717Å이고 공간군은 $R3$ 또는 $R3c$일 것이라는 논의가 있었지만, $R3c$가 받아들여졌다.[89] BBO 결정의 이점은 큰 복굴절률과 비교적 작은 파장분산을 가지며, 1.5μm에서 189nm까지의 폭넓은 SHG 위상정합이 가능하고, 허용온도폭은 23℃·cm(ΔT=55℃)로 넓고, 내광손상성의 크기는 파장 1.06μm에서 13.5J/cm²가 된다고 한다. 비선형광학 계수 d_{eff}는 KDP

에서의 유형 I의 4.4배 정도로 그 값이 크다. 한편 허용각도는 KDP의 약 반(半) 정도이지만 발산광이 큰 레이저나 고반복(高反復) 레이저로는 변환효율이 떨어진다. BBO 결정에 힘입어 지금까지 200nm를 차단하는 초단파장 광(VUV광)의 발생,[90] 광 파라메트릭 발진에 의한 고대역(高帶域) 레이저 파 발생 등의 보고가 이어지고 있다.

〈그림 4. 38〉은 $Ba_2O - B_2O_3$ 2원계 상태도[92]를 나타낸 것으로 $Ba_2O : B_2O_3$의 몰비 1 : 1의 화학량론 조성에서 콩그루언트로 ~1,105℃에서 용융한다. 925±5℃에서 고온상(高溫相)으로부터 저온상으로 구조전이를 한다. 고온상은 비선형성을 나타내지 않는 α-BBO(α상, $R3c$)이고, 925℃ 이하의 저온상이 대칭중심이 없는 β-BBO(β상 $R\overline{3}c$)이다. α상은 안정상이고, β상으로의 전이는 긴 시간이 필요하기 때문에 비선형성 β상 단결정의 육성은 상전이 온도인 ~925℃ 이하에서 성장시킬 필요가 있다.[93] 이것은 강유전체 $BaTiO_3$ 단결정 성장과 같다. 따라서 결정성장에 관해서는 톱시드(top-seeded solution growth : TSSG)법, 용매이동 부유대(溶媒移動浮遊帶, traveling solvent floating zone : TSFZ) 법이나 플럭스법 등에 의해 성장온도를 전이온도 이하로 하여 성장시키는 것이 일반적인 방법이다. 성장에 사용되는 도가니는 Pt가 일반적이고, 대기중에서 육성된다. BBO의 α, β상은 X선 회절에 의해 명료하게 식별된다.[94] β-BBO의 전반적 해설에 관해서는 문헌[95]을 참고하기 바란다.

플럭스 성장법에는 Na_2O계, $Na_2B_2O_4$계, $BaCl_2$계, $BaO - B_2O_3 - BaF_2$계, Li_2O계 등 셀프 플럭스법으로 이루어지는 것이 일반적이다. 플럭스법에 의한 육성에서는 때로는 플럭스가 결정 중에 들어가 빛의 산란의 원인이 되거나 광손상의 임계값을 떨어뜨릴 우려가 있다. TSFZ법에서는 Pt제의 스트립 히터(strip heater)를 사용하고, 용융

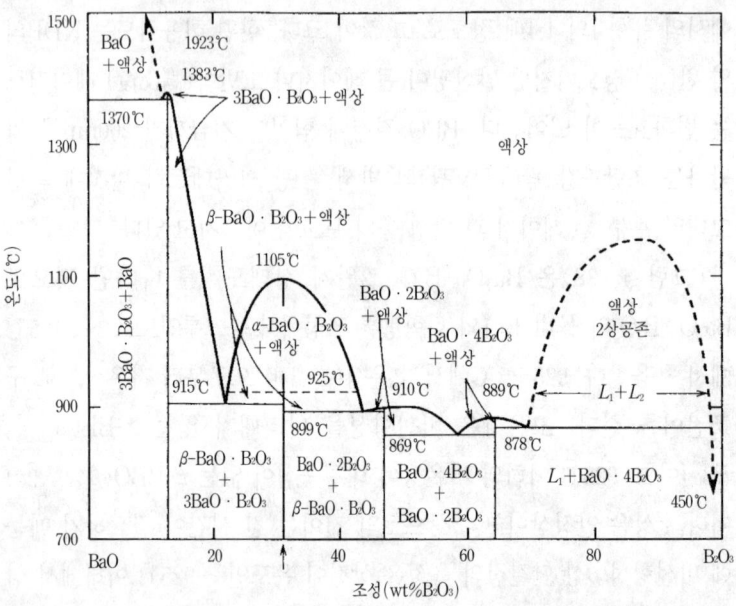

〈그림 4.38〉 BaO-B_2O_3계의 상도[92] : BaB_2O_4(BaO : B_2O_3=1:1)는 1100℃에서 조화융해하고 925℃에서 상전이를 일으킨다. 저온상이 2차 고조파 발생용으로 이용된다.

대(溶融帶)의 처음 조성으로는 BaO : B_2O_3 : Na_2O = 75 : 90 : 25mol%, 원료막대에는 75 : 100 : 25 mol%를 사용하며, 10mmϕ ×16mm$l$의 β 상(相) 단결정을 육성한 보고가 있다.[96]

그 후 원료의 엄선과 융액의 환경 제어를 통해 화학량론 BaB_2O_4 조성 융액에서 직접 인상법으로 β상을 육성할 수 있다는 것이 화제가 되었다.[97] 안정평형에서는 α상 BaB_2O_4 단결정이 얻어지지만, 저온상의 β-BaB_2O_4가 직접 성장되는 것은 흥미 있는 일이다. 직접 인상(直接引上) 성장 결정에서는 불필요한 플럭스의 혼입이 적으므로 양질의 결정을 얻을 것으로 기대된다.

LiB_3O_5(LBO)도 중국에서 일련의 탐색연구를 통해 만든 것으로

160nm~2.6μm까지의 광범위한 파장영역에 걸쳐 투명한 결정이다.[98] 비선형광학 계수 d_{eff}는 KDP의 약 2.5배, 허용각도는 KTP와 거의 같은 정도이고 160nm까지 투명하지만, 555nm의 여기 파장까지만 위상 정합이 한정된다.

보레이트계의 비선형결정 탐색(제7장 7.3)에서 합성된 LBO는 투과 파장 영역이 넓고, 내광손상성이 높다. 또한 다른 종류의 결정 정도의 비선형광학 계수 d_{eff}를 갖고 있으며, β-BBO에 비해 위상정합의 허용각이 크므로 최근에는 성장과 특성 제어가 이루어지고 있다. 273℃에서 0.95μm부터 -9℃에서 1.34μm까지 폭넓은 온도정합을 할 수 있는 것이 특징이다.[99] 이 단결정 성장 연구는 이제 막 시작한 것에 불과하지만, 상태도에 따르면 콩그루언트 용융이 아니므로 셀프 플럭스에 의한 TSSG로 육성하게 된다. 최근의 보고에서는 출발 조성을 80mol% B_2O_3/20mol% Li_2O로 하고 〈001〉 종자(seed) 결정으로 인상속도 1~2mm/일(日), 융액 온도를 0.3℃/일로, 결정회전은 20~30rpm으로 회전반전법(accelerated crystal rotation technique : ACRT)을 이용해 ~20×25×30mm의 대형 결정을 얻었다.[100]

참고문헌

1) W. Koechner ; *"Solid-State Laser Engineering"* (Springer-Verlag, Berlin, 1989).
2) A. Yariv ; *"Introduction to Optical Electronics"* (Holt, Rinehart and Winston, Inc., 1971) 多田, 神谷 공역「光エレクトロニクスの基礎」(丸善, 1974. 7).

3) M. A. Haase, J. Qiu and J. M. Depuydt ; Appl. Phys. Lett., 59(1991) 1272.

4) A. Salokatve, H. Jeon, J. Ding, M. Movienen, A. V. Nurmikko, D. C. Grillo, Lihe, J. Man, Y. Fan, M. Ringle, R. L. Gunshor, G. C. Hug and N. Oysuja ; Electr, Lett., 29(1993)2192.

5) S. Nakamura, M. Senoh and T. Mukai ; Appl. Phys. Lett., 62(1993)2390.

6) H. Amano, T. Tanaka, Y. Kunii, S. T. Kim and I. Akasaki ; Appl. Phys. Lett., 64(1994)1377.

7) J. E. Geusic, H. M. Marconi and L. G. Van Uitert ; Appl. Phys. Lett., 4(1964)182.

8) F. Auzel ; *"Spectroscopy of Solid-State Laser Materials"* (Edt. by B. Di. Bartolo, Plenum Press, 1987) p.293.

9) A. A. Kaminskii ; *"Laser Crystal"* (Springer-Verlag, 1981) p.163.

10) M. Sekita, Y. Miyazawa, S. Morita, H. Sekiwa and Y. Sato ; Appl. Phys. Lett., 65(1994)2380.

11) 櫛田 ; 應用物理, 38(1969)985.

12) H. G. Danielmeyer and H. P. Weber ; IEEE J. Quant. Electron., QE-8(1972)805.

13) T. Yamada, K. Otsuka and J. Nakano ; J. Appl. Phys., 45(1974)5096.

14) K. Otsuka, S. Miyazawa, T. Yamada, H. Iwasaki and J. Nakano ; J. Appl. Phys., 48(1977)2099.

15) K. Kubodera, S. Miyazawa, J. Nakano and K. Otsuka ; Opt. Commun., 27(1978)345.

16) S. Miyazawa and K. Kubodera ; J. Appl. Phys., 49(1978)6197.

17) 久保寺 ; 私信.

18) 前田 他, 電子情報通信學會技術研究報告, 86-90(1986)p.59.

19) 池末, 木下, 吉田, 鎌田 ; 第55回應用物理學會 1994年秋期講演會(1994. 9. 20)矛稿集 No. 1, p. 219, 20a-ME-10.

20) L. D. Schearer M. Leduc, D. Vivien, A-M. Lejus and J. Thery ;

IEEE J. Quant. Electron., QE-22(1986)59.

21) T. Driscoll et al., Tech. Digest of *"Topical Meeting on Tunable Solid-State Lasers*(1986, Oregon, USA)" FB 526.

22) J. C. Walling, O. G. Peterson, H. P. Jenssen, R. C. Morris, and E. W. Odwell ; IEEE J. Quant. Electron., QE-16, 1302(1980).

23) J. Drube et al., Tech. Digest of CLEO '86(1986, USA)p. 242.

24) T. P. Jones, R. L. Coble and G. J. Mogab ; J. Smer. Ceram. Soc., 52(1969)331.

25) J. Harrison, A. Finch, D. M. Rines, G. A. Rines and P. F. Moulton ; Opt. Lett., 16(1991)581.

26) 上谷 他, レーザ研究 13(1985)64.

27) R. L. Beyer ; Science, 239(1988)742.

28) T. Y. Fan and R. L. Beyer ; IEEE J. Quant. Electron., 24(1988)895.

29) R. A. Fields, M. Birnbaum and C. L. Fincher ; Appl. Phys. Lett., 51(1987)1885.

30) 桑野, 齋藤 ; レーザ研究, 18(1990)616.

31) 石田祐三 ; 應用物理 60(1991)883.

32) R. Scheps, B. M. Gately, J. F. Myers, J. S. Krasinski and D. F. Maller ; Appl. Phys. Lett., 56(1990)2288.

33) R. Scheps ; IEEE J. Quant. Electron., 24(1991)1968.

34) R. Scheps, J. F. Myers, H. B. Serreze, A. Rosenberg, R. C. Morris and M. Long ; Opt. Lett., 16(1991)820.

35) Q. Zhang, G. J. Dixon, B. H. T. Chai and P. N. Kean ; Opt. Lett., 17(1992)43.

36) L. F. Johnson and A. A. Ballman ; J. Appl. Phys., 40(1969)297.

37) N. F. Eclanova, A. S. Kovalev, V. A. Koptsik, L. S. Kornienko and A. M. Prokhorov ; JETP Lett., 5(1967)291.

38) A. A. Kaminski ; Sov. Phys.-Crystallogr., 17(1972)198.

39) I. P. Kaminov and L. W. Stulz ; IEEE J. Quant. Electron., QE-11(1975)306.

40) A. Cordova-Plaza, T. Y. Fan, M. J. F. Digonnet, R. L. Byer and H. J. Shaw ; Opt. Lett., 13(1988)209.
41) E. Lallier, J. P. Pocholle and M. Papuchon ; IOOC-'89 (Kobe)Abstract 20PDB-1, p.38.
42) P. Becker, R. Brinkman, M. Dinand, W. Sohler and H. Suche ; Appl. Phys. Lett., 61(1992)1257.
43) S. Miyazawa and K. Kubodera ; Abstract of Chinese-MRS Int. '90(June 18-22, 1990, Beijing)D12.
44) 宮澤, 久保寺；日本結晶成長學會誌, 20(1993)281.
45) S. Miyazawa and H. Iwasaki ; J. Cryst. Growth, 10(1971)276.
46) L. F. Johnson and A. A. Ballman ; J. Appl. Phys., 40(1969)297.
47) N. F. Evlanova, A. S. Kovalev, V. A. Kpotsik, L. S. Kornienko and A. M. Prokhorov ; JETP Lett., 5(1967)291.
48) T. Y. Fan, A. Cordova-Plaza, M. J. F. Digonnet, R. L. Byer and H. L. Shaw ; J. Opt. Soc. Amer., B, 3(1986)140.
49) L. D. Schearer, M. Leduc and J. Zachoronski ; IEEE J. Quant. Electron., QE-23(1987)1996.
50) S. Miyazawa and H. Iwasaki ; Met. Res. Bull., 13(1978)511.
51) K. Sugii, H. Iwasaki, S. Miyazawa and N. Niizeki ; J. Cryst. Growth, 18(1973)159.
52) K. S. Abedin, 佐藤, 伊藤, 福田 ; 第55回應用物理學會學術講演會(1994.9)講演予稿集 No.3, p.900, 22a-E-1.
53) L. F. Johnson, G. D. Boyd and K. Nassau ; Proc. IRE, 50(1962)87.
54) T. Y. Fan, G. Huber, R. L. Byer and P. Mitzscherlich ; Tech. Digest of CLEO(Washington, 1987)Vol. 14, FL 1.
55) W. J. Geeraets and E. R. Berry ; Amer. J. Ophthalmol., 66(1968)15.
56) 桑野, 内藤, 山中, 中塚, 中井；レーザー學會研究會報告, RTM-90-41.
57) H. Saito, S. Chaddha, R. S. F. Chang and N. Djeu ; Opt. Lett., 17(1992)189.

58) S. W. Henderson, C. P. Hall, J. R. Magee, M. J. Kavaya and A. V. Huffaker ; Opt. Lett., 16(1991)773.
59) J. A. Armstrong, N. Bloembergen, J. Duccing and P. S. Pershan ; Phys. Rev., 127(1962)1918.
60) 宮澤, 野田 ; 應用物理 48(1979)867.
61) S. Miyazawa ; J. Appl. Phys., 50(1979)4599.
62) 栗林 ; 固體物理 29(1994)75.
63) K. Yamamoto, K. Mizuuchi, K. Takeshige, Y. Sasai and T. Taniuchi ; J. Appl. Phys., 70(1991)1947.
64) L. Huang and N. A. F. Jaeger ; Appl. Phys. Lett., 65(1994)1763.
65) A. C. G. Nutt, V. Gopalan and M. C. Gupta ; Appl. Phys. Lett., 60(1992)2828.
66) C. J. van Poel, J. D. Bierlein and J. B. Brown ; Appl. Phys. Lett., 57(1990)2074.
67) J. T. Lin and J. L. Montgomery ; Opt. Commun., 75(1990)315.
68) M. Ebrahimzadeh, G. J. Hall and A. I. Ferguson ; Opt. Lett., 16(1991)1744.
69) Y. X. Fan, R. C. Eckardt, R. L. Byer, C. T. Chen and A. D. Jiang ; IEEE J. Quant. Electron., QE-25(1989)1196.
70) Y. X. Fan, R. C. Eckardt and R. L. Byer ; Appl. Phys. Lett., 53(1988)2014.
71) W. R. Bosenberg, W. S. Pelouch and C. L. Tang ; Appl. Phys. Lett., 55(1989)1952.
72) F. Hanson and D. Dick ; Opt. Lett., 16(1991)205.
73) R. W. Wallace ; Appl. Phys. Lett., 17(1970)497.
74) R. L. Herbst, R. N. Fleming and R. L. Byer ; Appl. Phys. Lett., 25(1974)520.
75) H. Y-P. Hong and K. Dwight ; Mat. Res. Bull., 9(1974)1661.
76) M. Jr. DiDomenico and S. H. Wemple ; J. Appl. Phys., 40(1969)720, 735.
77) 佐佐木孝友 ; レーザ研究 17(1989)804, 18(1990)599.

78) C. T. Chen, B. C. Wu, A. D. Kiang and G. M. You ; Sci. Sinica, B 28(1985)235.
79) 谷內哲夫, 山本和久 ; 應用物理 56(1987)1637.
80) K. Yamamoto, K. Mizuuchi and T. Taniuchi ; Opt. Lett., 16(1991)1156.
81) P. Gunter, P. M. Asbeck and S. K. Kurtz ; Appl. Phys. Lett., 35(1979)461.
82) F. C. Zumsteg, J. D. Bierlein and T. E. Gier ; J. Appl., 49(1979)4980.
83) J. D. Bierlein and H. Vanberzeele ; J. Opt. Soc. Amer., B 6(1989)622.
84) P. F. Bordui, J. C. Jacco, G. M. Loiacono, R. A. Stolzenberger and J. J. Zola ; J. Cryst. Growth, 84(1987)403.
85) A. Miyamoto, T. Sasaki, S. Nakai and A. Yokotani ; J. Cryst. Growth, 1993/1994.
86) C. T. van der Poel et. al., CLEO '90(1990)CPDP33.
87) J. D. Bierlein, H. Vanberzeele and A. A. Ballman ; Appl. Phys. Lett., 54(1989)783.
88) D. Eimerl, L. Davis and S. Velsko ; J. Appl. Phys., 62(1987)1968.
89) J. Liebertz and S. Stahr ; Z. Krist., 165(1983)91.
90) 加藤 ; レーザ研究 18(1990)3.
91) Y. X. Fan, R. C. Eckardt, R. L. Byer, C. T. Chen and A. D. Jiang ; IEEE J. Quant. Electron., QE-25(1989)1196.
92) E. M. Levin and H. F. McMurdie ; J. Res. Natl. Bur. Stand., 42(1949)131.
93) K. L. Cheng, W. Bosenberg, F. W. Wise, I. A. Walmsley and C. L. Tang ; Appl. Phys. Lett., 52(1988)519.
94) T. Katsumata, H. Ishijima, T. Sugano, M. Yamagishi and K. Takahashi ; J. Cryst. Growth, 123(1992)597.
95) A. M. Prokhorov and Yu S. Kuz'minov ; *"Ferroelectric Crystals for Laser Radiation Control"* (The Adam Hilger Series on Optics

and Optoelectronics) p.260.
96) R. O. Henge and F. Fisher, J. Cryst. Growth, 114(1991)656.
97) 伊東, 丸茂, 森川, 桑野；日本セラミック協會年會(1989)2 A 01/固體物理, Vol. 25, No.6(1990)406.
98) C. Chen, Y. Wu, S. Jiang, B. Wu, G. You, R. Li and S. Lin；J. Opt. Soc. Amer., B 6(1989)616.
99) B. Wu, F. Xie and C. Chen；J. Appl. Phys., 73(1993)7108.
100) S. A. Markgraf, Y. Furukawa and M. Sato；J. Cryst. Growth, 140(1994)343.

5 광-광 상호작용 기능과 결정

홀로그래피(holography)에서 시작된 체적 다중 홀로그래피는 정보의 기록·재생을 2차원적으로 하므로 전송속도의 고속화, 정보의 기록을 매질 내에 3차원적으로 하여 고기록·고밀도화가 기대되는 포토리프랙티브 효과에 의한 기록·재생으로 전개되어왔다. 1990년대 들어와 반도체 광기술의 진보에 따라 대용량의 정보가 전달되고 종래의 대형 컴퓨터를 이용한 처리를 능가할 것으로 기대된 광 컴퓨팅 분야가 관심을 끌었다. 이 분야에서는 이 포토리프랙티브 효과를 통해 매질 중에 홀로그램(hologram)을 형성하여 위상공액파(位相共軛波), 광증폭, 광연상 기억(光連想記憶) 등 광정보 처리에 매력적인 기능을 발현시키는「장」으로서 다시 결정의 연구개발이 활발해지게 되었다. 또 홀로그램을 실시간에 연속적으로 기록하는 광 홀 버닝(photo-hole burning) 효과도 유기재료, 유리와 함께 새로운 산화물 결정에 힘입어 실현되었는데 고속동화상 기록의 수단으로 장래가 기대된다.

멀티미디어(multimedia) 시대라고도 할 수 있는 앞으로의 세계는 대용량의 광정보를 고속으로 처리하는 광정보 처리 시스템의 실현이

숙제인데, 광-광 상호작용을 통한 기능소자의 실현이 기대되는 이유가 여기에 있다. 이 장에서는 홀로그램 형성을 광-광 상호작용 기능 면에서 파악하여 포토리프랙티브와 광 스펙트럼 홀 버닝의 기능 실현의 장인 광학결정재료에 관해 설명한다.

5.1 포토리프랙티브와 결정

포토리프랙티브(photorefractive : PR)[1]란 결정에 강한 빛을 쪼이면 결정 내부에 전하 분포가 생겨서 굴절률이 변하는 현상이고, 「광유기 (복)굴절효과」라고 번역된다. 이 현상은 1960년대에는 「광손상(optical damage)」이라고 불렀는데, 강유전체 전기광학결정인 $LiNbO_3$에서 처음으로 발견[2]된 후 여러 가지 전기광학결정이나 비선형광학결정에서도 관측되었는데, 이는 결정 응용에 매우 심각한 문제였다(제3장 3.1.2 참조). 이 현상을 적극적으로 이용한 체적위상(體積位相) 홀로그램의 형성이 보고되어 (사진 필름에서의) 현상이 불필요한 실시간 홀로그램 기록 매질로 관심을 끌었다.[3] 때마침 홀로그래피가 광기술로서 각광을 받은 시기여서 체적형 축적 홀로그램 매질로서 주목을 받았다. 그 후 이른바 홀로그램 기록 그 자체의 실용화는 진행되지 않고 개발 중에 있던 반도체 레이저를 이용한 광 디스크의 실용화에 가려 모습을 감추었다.

1980년대 들어 강유전체 전기광학결정인 $BaTiO_3$를 이용한 저출력 레이저로 위상공액파 발생이 발견된 이래[4] 비선형광학 소자로의 새로운 단계가 전개되었다. 현재로는 단순한 홀로그램 기록 매질뿐만 아니라 위상공액파, 다광파혼합(多光波混合)에 의한 코히런트 광의 증폭, 광연산, 광연산 기억 등 광에 의한 광제어 기능 재료로서의 가능성이

재인식되어 광정보처리, 즉 광 컴퓨팅 분야를 지탱하는 소자 재료로서 기대를 받고 있다.[5] 그 응용으로서 파면 변형의 보정을 할 수 있는 계측기술, 위상변형을 자동적으로 보정하는 화상전송(畵像傳送) 등 매력적인 제안이나 실험이 이루어지고 있다. 광에 의해 매질 자체의 물성(굴절률)이 점차 변하기 때문에 필자는 전자-광 상호작용에 의한 「자율응답 기능재료」라고 부르고 있으나, 고도정보처리 시스템 구축을 목표로 한 광 중추(neural) 기능 재료로서의 전개도 기대된다.

이 장에서는 오래 되고도 새로운 포토리프랙티브에 관해 개략적으로 설명할 생각이다. 이에 관해 잘 정리된 저술[6]은 끝에 수록했다. 최근에는 특집이 학술지[7]에 게재되고 있다. 또한 전문 국제회의[8]도 활황을 보이고 있는데, 광학결정에서 앞으로도 기대되는 분야다.

5.1.1 포토리프랙티브 현상의 원리

여러 가지 첨가물(dopant)이나 새로운 결정재료의 개발도 이루어졌지만, 포토리프랙티브의 원리 해석이 몇 가지 보고되었다.[9] 광손상 현상은 광조사(光照射)로 인해 F-센터(center) 같은 결함에서 전자가 여기되어 광을 조사하지 않은 영역으로 이동(drift, 또는 확산)하고, 전자농도 분포를 형성하여 공간 전기장을 결정 내부에 생기게 함으로써 결정이 갖고 있는 전기광학효과를 개입(介入)시켜 굴절률이 변하는 것으로 이해되고 있다. 포토리프랙티브 효과는 비선형광학효과 중 하나이지만 빛의 세기가 아니라 빛의 에너지(光量)에서 결정된다는 점이 보통의 광 비선형성과 다르다. 따라서 1) 미약한 광흡수에서도 mW 정도의 레이저 광으로 큰 비선형 굴절률 변화가 얻어진다. 2) 가시(可視)에서 근적외 영역으로의 비공명적(非共鳴的) 효과다. 3) 굴절률 변화가 광세기분포(光強度分布)에 대해 위상변위(位相變位)가 있는 비국소적(非局所的) 효과라는 특징이 있다.
 포토프랙티브 결정이 구비할 조건은 다음과 같다.
 ① 큰 전기광학효과(1차 포켈스 효과, 또는 2차 커 효과)를 가질 것
 ② 깊은 트랩(trap) 준위, 또는 광조사(光照射)에 의해 캐리어 (carrier)를 방출할 수 있는 불순물[즉 다른 전자가(電子價)를 갖는 불순물] 또는 결함을 가질 것

트랩 준위는 천이금속 등의 불순물, 결정의 점결함, 다른 전자가(電子價) 상태를 가질 것, 즉 이온화하는 것 등이 필요하다.
 〈그림 5.1〉은 반도체에서 이용되는 에너지 밴드 그림이자, 포토리프랙티브 효과를 설명하는 그림이다. 아래쪽에는 실공간에서 설명하는 구도를 첨가했다. 트랩 준위는 에너지 밴드 갭의 깊은 곳, 즉 깊은 준위(deep level)에 있고, kT에 의한 열여기는 거의 없으나 빛을 흡수함으로써 캐리어를 생성하고 이온화된다. 여기된 캐리어는 결정 안에서 이동하여 다른 이온과 재결합한다. 이 사실은 이온화한 트랩 준위가 결정 안을 공간적으로 이동한 것을 뜻한다. 따라서 결정 안에 공간전하의 분포를 형성하게 되고 내부전기장을 발생하게 하여 전기광학효과(주로 1차 포켈스 효과이고, 가끔 2차 커 효과)에 의해 굴절률 변화를 일으킨다. 빛의 명암에 따라 굴절률의 주기적 변동(grating)이 생기게 된다.
 앞에 기술한 것이 포토리프랙티브 효과에 대한 간단한 기구(機構)의 현상론적 해석이다. 이 기구가 생기기 위해서는 초기상태(빛을 쪼이지 않은)에서 이온화된 트랩 준위가 반드시 있어야 한다. 즉 깊은 트랩 준위가 도너(donor)이면 얕은 억셉터(acceptor)가 있어 이온화되어 비로소 처음으로 효과가 생긴다. 예로서 강유전체 전기광학결정

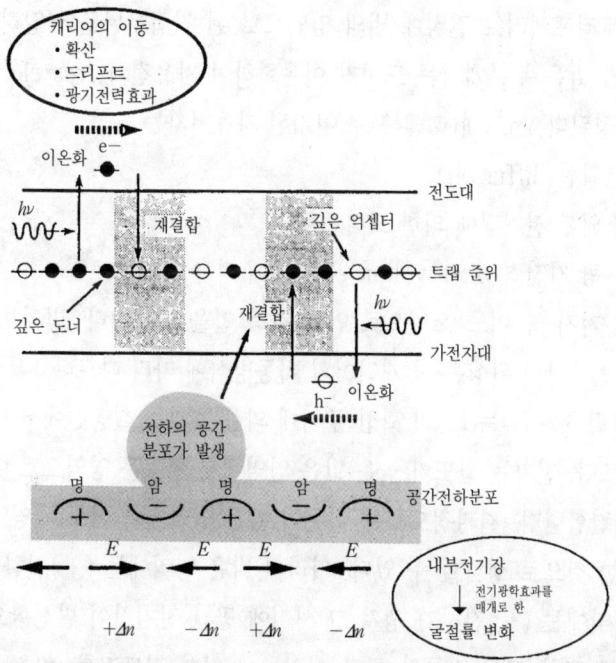

〈그림 5.1〉 포토리프랙티브 현상의 원리 : 광조사에 의해 깊은 준위의 전자 홀이 이온화되어 전도대로 이동하여 재결합한다. 그 결과 결정 안에 전하의 분포가 생겨 내부 전기장을 만들어 전기광학효과에 의해 복굴절의 농담(濃淡)이 생긴다.

인 $LiNbO_3$에서는 주로 철이 도핑되어(또는 잔류 불순물로 혼입), Fe^{2+}가 도너 준위를 형성하고 있다. 또 반절연성(半絶緣性) GaAs에서는 깊은 준위의 복합결함인 EL2(Ga 사이트를 치환한 $As:As_{Ga}$)가 이온화하는 것에서 포토리프랙티브 효과가 생긴다. 이와 같이 밴드 갭 안의 깊은 준위가 이 효과의 중요한 역할을 담당하고 있기 때문에 유전체, 반도체 공통의 재료기술인「deep-level engineering」이라 한다. 캐리어가 홀이라도 같은 양상이기 때문에 지금부터는 캐리어를 전자라고 하여 현상을 간단히 설명한다.

포토리프랙티브 결정에 빛의 명암으로 된 간섭무늬를 균일하게 쬐였다면 밝은 부분에서는 도너가 이온화하여 자유전자(free electron)가 생성된다. 전도대(傳導帶)로 여기된 자유전자는
 (1) 확산(diffusion)
 (2) 외부 전기장에 의한 드리프트
 (3) 광 기전력(photovoltaic effect)에 의한 드리프트
의 세 가지 중 어느 요인으로 인해 결정 안을 이동한다. 빛의 명암과 공간 전기장의 위상은 이 캐리어의 이동방식에 따라 다르다.

〈그림 5.2(a)〉는 (1)의 확산 주기에 의한 효과를 실공간에서 나타낸 개념도. 전자는 밀도가 높은 밝은 영역에서 어두운 영역으로 이동하여 재결합한다. 결과적으로는 이온이 밝은 영역에서 어두운 영역으로 이동한 것으로 생각할 수 있다. 따라서 밝은 영역에는 (+)전하, 어두운 영역에는 (−)전하가 생겨 그 사이에 공간 전기장이 발생함으로써 이동에 의한 확산 전류와 공간 전기장에 의한 전도전류(傳導電流)가 평형을 이루는 곳에서 정상상태로 된다. 그 전기장 E_d는

$$E_d = \frac{k_B T}{e} \cdot \frac{2\pi}{\Lambda} \tag{5.1}$$

로 주어진다. 여기에서 k_B는 볼츠만(Boltzmann) 정수, T는 온도, e는 전자의 전하, Λ는 간섭무늬의 주기다. 이 E_d는 물질에 의존하지 않고, 간섭무늬의 간격에 의존한다는 점에 주의할 필요가 있다. $T=300\,℃$, $\Lambda=1\mu m$로 하면 $E_d=1.6\ kV/cm$로 된다.

이 확산 기구에서 주의해야 할 점은 그림에서도 알 수 있듯이 공간 전하 분포의 피크 위치가 공간적으로 빛의 명암 피크 위치와 일치하므로, 그것에서 유기된 전기장의 피크 위치는 밝은 영역과 어두운 영역의 중간에 오게 된다는 것이다. 따라서 전기광학효과를 매개(媒介)한

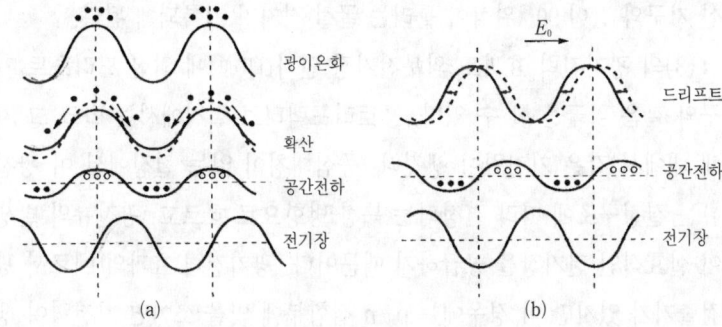

〈그림 5.2〉 포토리프랙티브 현상의 실공간 설명 : (a) 확산에 의한 공간전하 분포의 형성과정─빛을 받은 위치에서 캐리어가 여기되어, 농도차에 의해 캐리어가 확산함으로써 빛을 받지 않은 위치에서 재결합한다. 공간전하 분포가 형성되어, 내부전기장이 발생하여 전기광학효과를 매개하여 굴절률이 변한다. (b) 드리프트에 의한 공간전하 분포의 형성과정─광조사에 의해 여기 캐리어는 외부 전기장에 따라 균일하게 드리프트한다. 드리프트의 하류(下流)에서는 더 많은 재결합이 생겨 공간 전기장 전하 분포가 형성된다. 그 결과, 내부 전기장이 생기고 전기광학효과를 매개하여 굴절률이 변한다. (a)의 확산과정에 비해 전기장 분포가 1/4 파장 달라진다.

굴절률 변화도 명암 영역의 중간에서 최대가 되기 때문에 빛의 간섭무늬와 굴절률 무늬(굴절률 격자)는 90° 만큼 위상이 이동한다. 이것을 비국소응답(non-local response)이라고 한다. 이 이동은 뒤에서 언급하는 두 광파혼합에 의한 광증폭 작용에서 본질적인 역할을 하게 된다. (2)의 드리프트 기구에서는 〈그림 5.2(b)〉에 표시한 것과 같이 전자 분포는 일정 방향으로 약간 이동해 있다. 이 변위량이 작으면 공간전하 분포가 빛의 세기 분포에 대한 미분(微分)으로 주어지고, 공간전하 분포는 빛의 간섭무늬와 같은 위상으로 된다. 따라서 간섭무늬와 굴절 격자는 같은 위상으로 된다. 드리프트 거리가 간섭무늬 간격과 같은 정도 이상으로 될 만큼 강한 전기장이 가해진 경우 전자분포는 전체적으로 평균화되므로 남은 이온에 의한 공간전하 분포가 생겨, 확산 기구와 같이 90° 위상이 틀리는 굴절 격자가 기록되게 된다.

(3)의 광기전력 효과도 외부전기장 인가(印加)에 의한 드리프트 기구와 같은 취급을 할 수 있다. 포토리프랙티브 결정에서는 벌크 그 자체 내에서 같은 기전력이 생긴다. 중심대칭이 없는 결정에서 이 광전류는 결정구조에 따라 결정되는 특정 방향으로 흐르고, 광전류의 발생이 실효적인 전기장을 공급하기 때문이다. 광기전력 효과의 예로서 광검출기가 있지만 이 경우에는 p-n 접합부에 빛을 쪼이면 기전력이 생기는 것과는 다르다.

이상에서 개설한 것과 같이 공간전하 분포의 기원은 초기상태에서 균일하게 분포하고 있던 중성 도너와 이온화된 도너가 빛의 조사로 인해 재분포하는 데 있다. 초기상태에서 전하의 중성 조건을 고려하면 이온화된 도너 밀도는 억셉터 밀도와 같다. 따라서 캐리어 밀도를 N이라고 하면 공간전하 분포의 최대값은 eN으로 주어지므로 광조사에 의한 격자간격 Λ로 주기적으로 분포한 경우의 전기장 E_q는,

$$E_q = \frac{eN}{\varepsilon} \cdot \frac{\Lambda}{2\pi} \qquad (5.2)$$

로 된다. 이것이 앞에서 논한 정상상태에서의 최대 전기장이다. 이것을 한계전기장 또는 임계전기장(trap density limited space-charge field)이라고 한다. 여기에서 N은 $N_a(N_d-N_a)/N_d$ (N_a:엑셉터 농도, N_d:도너 농도)로 주어지는 등가(等價) 트랩의 실효 밀도다. 공간 전기장은 격자간격이 큰 곳에서는 확산전기장과 같고, 간격이 작은 곳에서는 이 최대 전기장과 같다. 이 두 전기장이 같아지는 격자 간격 Λ_e는, 따라서

$$\Lambda_e = 2\pi \sqrt{\frac{\varepsilon k_B T}{e^2 N_a}} \qquad (5.3)$$

이고, 이 경우 공간전기장은 최대값을 갖는다.

그런데 공간전기장 E_{sc}는 세 가지 요소로 이루어진다. 그것은 여기된 캐리어의 확산에 의한 이동에 따라 형성된 확산 전기장 E_d, 도너의 실효밀도로 제약되는 임계전기장 E_q, 외부전기장 E_0에 의해서

$$E_{sc} = \frac{E_q(E_0 + iE_d)}{E_q + E_d - iE_0} \tag{5.4}$$

로 되고, E_d와 E_q는 간섭의 명암 주기 Λ에 의해

$$E_d = \frac{k_B T}{e} \cdot \frac{2\pi}{\Lambda}$$
$$E_q = \frac{eN}{\varepsilon} \cdot \frac{\Lambda}{2\pi} \tag{5.5}$$

로 된다. 이 공간전기장 E_{sc}에 의해 굴절률 변화 Δn은

$$\Delta n = \frac{1}{2} n^3 r E_{sc} m \tag{5.6}$$

로 된다. m은 두 광파가 간섭할 때의 변조도이고 $m = 2\sqrt{(I_1 + I_2)/I_0}$ [I_1, I_2는 두 광파의 세기, I_0는 전체 빛의 세기(全光强度)]로 주어진다. 외부전기장이 없을 경우 굴절률의 격자 주기 Λ와 전기장의 관계는 모형적으로는 〈그림 5.3〉과 같이 된다. 그림에서 $E_d = E_1$으로 되는 주기가 있고, Λ가 그보다 클 경우에는 $E_{sc} = E_d$, 충분히 작을 경우에는 $E_{sc} = E_1$으로 된다. 이 사실에서 Δn은 $n^3 r$과 $n^3 r/\varepsilon$에 비례하는 경우가 생겨 Λ의 크기에 의존한 두 가지 성능지수가 있게 된다. 즉 확산전기장에 의한 굴절률 변화는 r에 비례하고, 한계전기장에 의한 굴절률 변화는 r/ε에 비례하게 된다.

많은 결정재료에서는 이 r/ε비가 거의 어떤 값에 머물게 되어, 재료

에 크게 의존하지 않는 것으로 알려져 있다. 〈그림 5.4〉는 성능지수를 유전율에 대해 그린 것인데,[10] □는 주로 강유전체, △은 상유전체, ●은 화합물 반도체다. (a)와 같이 성능지수 n^3r은 유전율과 더불어 증가하고 있지만, (b)에서는 성능지수 n^3r/ε은 재료에 크게 의존하지 않고 1~10(pm/V) 사이에 있는 것을 알 수 있다. 예로서 $BaTiO_3$의 r_{42}는 GaAs의 r_{41}보다 1,000배 이상 크지만 r/ε 값은 겨우 다섯 배밖에 차이가 없다. 굴절률의 차이를 고려할 경우 억셉터 밀도가 같다고 하면 한계전기장에 의한 굴절률 변화는 거의 같은 정도다. 사실 확산으로 인한 GaAs의 포토리프랙티브 효과는 $BaTiO_3$에 비해 매우 작지만 외부 전기장을 가하면 강한 포토리프랙티브 효과를 얻을 수 있다. 이 사실은 결정재료가 갖는 전기광학 계수의 대소(大小) 그 자체가 포토리프랙티브성의 대소를 결정하는 것으로 된다는 뜻이다.

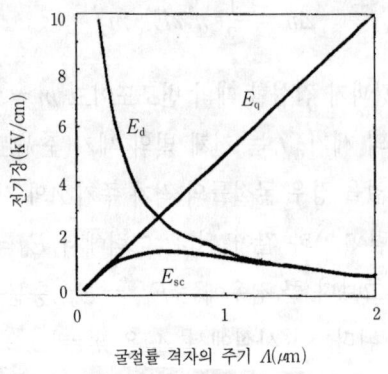

〈그림 5.3〉 굴절률 격자의 주기 Λ와 전기장과의 관계. E_d:확산전기장, E_q:한계전기장, E_{sc}:공간전기장

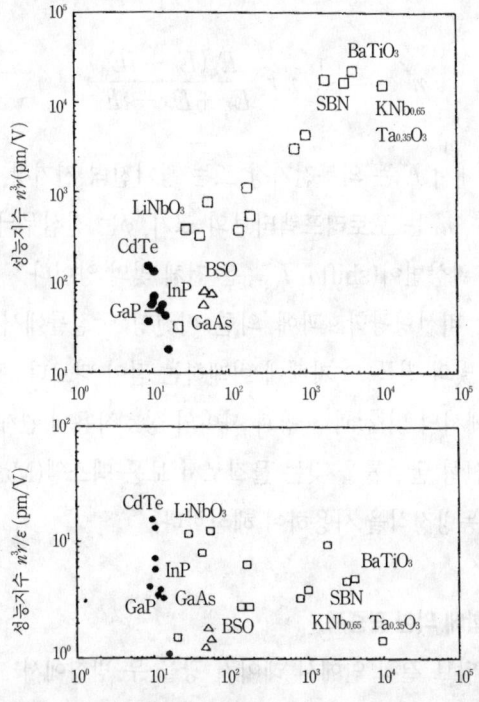

〈그림 5.4〉 유전율과 성능지수의 관계[10]

5.1.2 비선형 굴절률

포토리프랙티브 효과는 보통의 비선형광학효과와 다르고, 식 (5.6)에 표시한 것과 같이 굴절률 변화의 크기는 빛의 세기에 의존하지 않고 빛의 양(量), 즉 간섭무늬의 변조도에 비례한다. 쿠크타레프(Kukhtarev) 등[11]의 이론에 따르면 간섭무늬를 만드는 두 입사광 I_1, I_2에 의한 굴절률 변화 Δn은

$$\Delta n = \frac{1}{2} n^* e^{i\phi} \frac{I_1 I_2^*}{I_{\text{total}}} + \text{c.c.}$$

$$n^* e^{i\phi} = \frac{1}{2} n^3 r_c \frac{E_q(E_0 + iE_d)}{E_q + E_d - iE_0} \tag{5.7}$$

로 된다. 여기에서 E_0는 외부전기장 또는 광기전력 전기장, r_c는 실효 전기광학 계수, n^*는 포토리프랙티브의 크기, ϕ는 간섭무늬와 기록된 위상격자와의 위상변이(shift), I_{total}은 전체 빛의 양이다.

보통 3차의 비선형광학효과에 의한 비선형 굴절률에서는 분모의 I_{total}은 없고, 빛의 진폭 그 자체에 비례하는 점이 다르다. 포토리프랙티브 결정 중에서의 빛 전파나 광파 사이의 상호작용에 관해서는 앞에서 기술한 비선형 굴절률을 갖는 물질로서 보통 맥스웰(Maxwell) 방정식, 또는 파동방정식을 사용하여 해석한다.

5.1.3 광혼합에 의한 광증폭

포토리프랙티브 결정 안에서 레이저 광을 두 방향에서 교차시키면 간섭무늬가 위상격자를 형성하여 기록된다. 이 때 입사파는 위상격자에 의해 브래그 회절을 하여 회절파로 되어 입사파와 코히런트로 겹쳐 그 위상과 강도가 변해간다.[12] 그 결과 위상격자가 원래의 그것과는 달라져 간다. 바꾸어 말하면 위상격자의 기록과 위상격자에 의한 회절이 다이내믹(dynamic)하게 연속적으로 전개된다. 시료결정은 두께가 있으므로 비국소적 응답(非局所的應答)의 경우 회절파는 입사파에 대해 $90°\pm\phi$의 위상차가 생긴다. $\phi=90°$에서 한편은 같은 위상, 다른 한편은 역위상(逆位相)으로 되므로 회절파에서는 진폭이 커지고 입사파에서는 진폭이 작아진다. 앞의 것을 신호광(信號光), 뒤의 것을 펌핑 광이라고 하면 펌핑 광에서 신호파로 일방적인 에너지의 흐름으로 되고, 신호파가 점차 커지면 그에 따라 굴절률 변화도 커져 회절파가

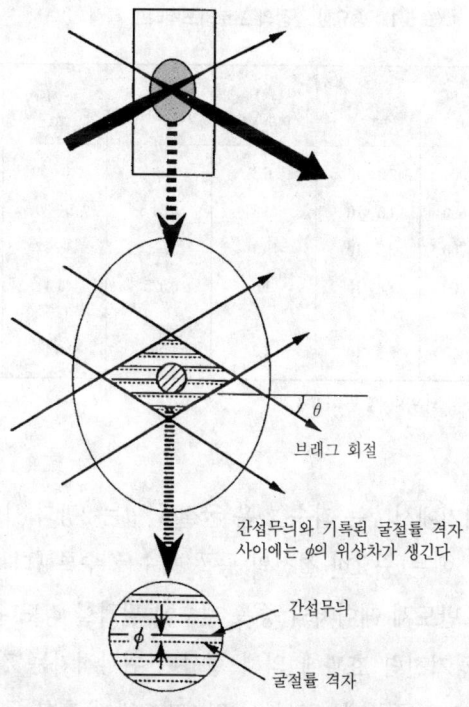

〈그림 5.5〉 2광파 혼합에 의한 광증폭 : 코히런트인 빛의 중첩에 의한 간섭무늬와 포토리프랙티브 효과에 의한 굴절률 격자

커진다. 이 모양을 감각적으로 표현하면 〈그림 5.5〉와 같고, 신호파에 비례한 증폭이 얻어진다.

포토리프랙티브의 비선형 굴절률이 빛의 세기가 아니라 변조도만으로 결정되므로, 증폭 계수는 펌핑 광의 세기에는 의존하지 않는 결정의 고유값이 된다. 증폭 계수 Γ는 굴절률 변화 중에서 90°위상이 변동한 성분에 의해서만 결정되므로,

$$\Gamma = \frac{k\,n\sin\phi}{\cos\theta} \tag{5.8}$$

〈표 5.1〉 중요한 결정의 포토리프랙티브 특성

결정	파장역 λ (nm)	$n^3 r_{ij}$ (pm/V)	성능지수 Q (pm/Vε_o)	r/Λ^*	증폭계수 Γ (cm^{-1})	응답시간 τ_{min} (sec)
BaTiO$_3$	400~900	2.3×10^4	6.3	1.40	10~30	2×10^{-3}
SBN(-75)	400~650	1.6×10^4	4.8	0.34	5~30	6×10^{-3}
LiNbO$_3$	400~700	3.3×10^2	10.3	—	4~12	~10^1
BSO	400~700	7.8×10^1	1.5	0.025	1.4 12**	2×10^{-3}
GaAs	900~1500	5.5×10^1	4.7	1.06	0.4	45×10^{-6}

*Λ(회절격자) $= \lambda/2\sin\theta$, **외부전기장을 가했을 때

로 주어진다. 여기에서 k는 파수, n은 굴절률, θ는 2광파 사이의 교차각이다. 〈표 5.1〉에는 중요한 결정의 증폭 계수를 수록했다. 강유전체의 증폭 계수는 반도체 레이저의 증폭 계수에 필적할 정도다. 한편 외부전기장이나 광기전력 효과에 의해 형성된 위상격자는 간섭무늬와 같은 위상이 되므로 증폭에는 영향이 없지만 4광파 혼합 등에서는 유효하게 작용한다.

포토리프랙티브 결정은 큰 증폭률을 가지므로 결정 내부에서 산란한 빛이 입사광을 펌프하여 증폭되는 현상이 생긴다. 이것을 「빔 패닝(beam fanning)[13]」이라 하고, BaTiO$_3$와 같은 증폭률이 큰 결정에서는 광이 수 mm 진행하는 동안 입사광의 대부분이 산란된다. 산란광 중에서는 입사광과 편광 상태가 다른 것도 포함되어 있으므로, 입사광과의 직접 상호작용은 없어도 빔 패닝에 의해 이미 형성되어 있는 위상 격자로 인해 증폭이 생긴다. 다만 결정에는 복굴절이 있으므로 어떤 특정 방향만 브래그 회절 조건을 만족하는 것에서 입사광과 편광이 다른 성분은 고유 패턴을 그리게 된다. 이 빔 패닝의 직접적인 응용에

관해서는 강한 코히런트 광을 커트(cut)하여 인코히런트 광만을 통과시키는 필터 또는 양자(兩者)의 변화만을 검출하는 새로운 필터가 연구되고 있다.

5.1.4 광혼합에 의한 위상공액파 발생

위상공액파(phase conjugate wave)는 광파를 복소표시(複素表示)할 때 공간 부분의 위상이 반전(反轉)한 파로서, 시간을 반전한 파라고도 할 수 있다. 위상공액파는 입사파가 거친 경로를 정확하게 되돌아간다. 위상공액파의 발생은 4광파 혼합[14]을 이용하는 것이 유력하고 〈그림 5.6〉은 그 개념을 나타낸 것이다. 포토리프랙티브에서는 2광파 혼합을 2조(組)의 파에 대해 동시에 시행하여 실질적으로 광파의 결합을 실현한 것인데, 신호광과 참조광(參照光) 1을 갖고 홀로그램을 기록하고, 기준광 1과 반대방향인 기준광 2로 읽어내는 것으로 신호파의 복소공액파(홀로그램에서의 실상)를 재생하는 것이다. 포토리프랙티브 결정에는 증폭 작용이 있으므로 신호파만을 입사시키면 기록과 읽어내는 기준파가 레이저 발진처럼 스스로 일어나 위상공액파를 발생하는 자기 펌프형 위상공액 거울(self-pumped, phase conjugated mirror), 위상공액파 쪽이 신호파보다 강한 위상공액 거울(phase conjugated mirror : PCM)이 실현된다.

위상 물체를 통과한 빛을 위상공액 거울에서 반사시켜 같은 위상 물체를 통과시키면 위상 비틀림이 보정되는 위상보상작용(位相補償作用)이 있다. 이 작용의 응용은 특징 추출(特徵抽出)을 할 수 있는 것에 있다. 즉 대화면(大畵面)에서 특징적인 미소결함(微小缺陷)만을 강조하여 검출하거나, 대기의 요동을 상쇄할 수 있는 거리 계측 및 이동 물체의 자동 추적 등을 할 수 있다. 또 화상통신에서는 무변형(無變形)

직접화상 전송에 적용할 수 있다. 그 밖에 공간영역, 시간영역에서의 상호작용을 통한 2광파의 승산기능(乘算機能)이 가능하므로 광연산이나 패턴 인식에 활용된다. 또한 스퀴즈드(squeezed) 광의 발생을 이용해 무잡음 광증폭(無雜音光增幅), 양자통신(量子通信)에 이용할 수 있을 것 같다. 여하튼 현재의 과제는 재료 특성의 개설에 있고, 특히 전기광학 계수가 크고 대형 균질인 고품질 결정이 요망된다. 이 재료 분야는 벌크 결정이 없어서는 안 될 영역으로서, 광학결정의 장래를 담당할 포토닉스(photonics) 재료 개발을 위해 노력해야 할 것이다.

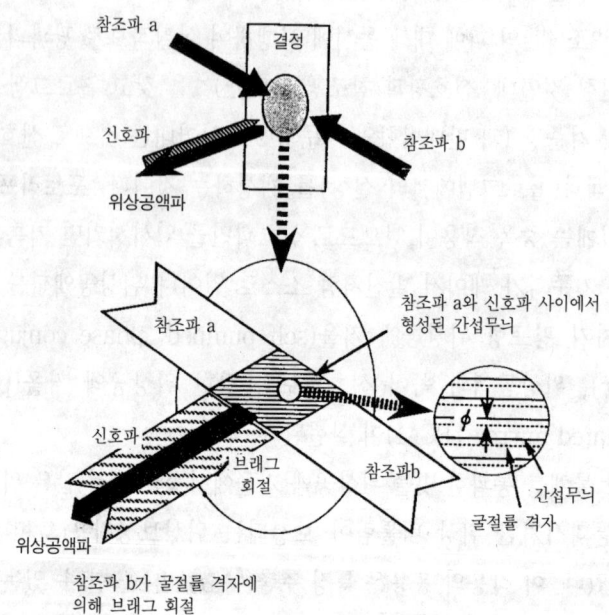

〈그림 5.6〉 4광파 혼합에 의한 위상공액파의 발생 : 참조파 a와 b는 정반대로 진행하는 평면파이고, a와 신호파로 형성되는 회절격자에서 b가 브래그 회절하여 위상공액파가 발생한다.

5.2 중요한 포토리프랙티브 결정재료

포토리프랙티브(PR) 결정은 지금까지 유전체 결정을 중심으로 이루어졌지만, 최근 반도체 양자 우물구조[15]나 유기재료[16]에서도 PR 효과가 발견되었다. 또 단결정 섬유에 의한 PR 소자[17]의 검토가 시작된 이래 다시 유전체 결정이 주목을 받고 있다.

포토리프랙티브 효과를 갖는 결정은 다음과 같이 분류된다.
① 1차 전기광학효과를 갖는 강유전체〔주로 산소8면체 구조 복합산화물(複合酸化物)〕
② 1차 전기광학효과를 갖는 상유전체(주로 실레나이트 화합물)
③ 반절연성의 화합물 반도체(II-VI, III-V족)

〈표 5.2〉에 대표적인 결정의 포토리프랙티브 효과에 관여하는 여러 가지 물질과 그 특성을 수록했다. 재료의 성능지수 Q는 표에도 있는 것처럼 n^3r와 n^3r/ε로 주어진다(n은 굴절률, r은 1차 전기광학 계수, ε은 유전율). 일반적으로 산소8면체 구조 강유전체는 큰 전기광학 계수를 갖지만 시정수(時定數)가 길다. 상유전체나 화합물 반도체는 역으로 전기광학 계수는 작지만 응답 속도는 크다. 광조사에서 굴절률 격자가 형성될 때까지의 시간인 응답속도는 재료를 평가하는 지침이기도 하다. 응답속도 τ_{eff}는 근사적으로

$$\tau_{eff} = \frac{\varepsilon}{\sigma} \tag{5.9}$$

로 표시되고 유전 이완(弛緩)시간과 같다. σ는 $\sigma = e\mu n$ 로 주어지는 전기 전도도이고, 광의 세기가 충분히 큰 경우의 여기된 캐리어 밀도 n은

<표 5.2> 포토리프랙티브 재료의 여러 가지 계수

결 정	점 군	밴드 갭 E_g(eV)	전기광학 계수 r_{ij}	굴절률 n_i	유전율 ε_i	$n_i^3 r_{ij}$ (pm/V)	$n_i^3 r_{ij}/\varepsilon$ (pm/V)
LiNbO$_3$	$3m$	3.2	$r_{33}=32.2$	2.27	32	320	11
KNbO$_3$	$4mm$	3.2	$r_{33}=64$	2.23	55	690	14
BaTiO$_3$	$4mm$	~3.3	$r_{51}=1640$	2.40	3600	11300	4.9
			$r_{33}=28$		135	387	2.9
SBN-75	$4mm$	3.2	$r_{33}=1.34$	2.23	550	690	14
Bi$_{12}$SiO$_{20}$	2 3	~4.0	$r_{41}=5$	2.54	47	82	1.8
GaP	$\bar{4}3m$	2.26	$r_{41}=1.07$	3.45	12	44	3.7
GaAs	$\bar{4}3m$	1.42	$r_{41}=1.2$	3.5	13.2	43	3.3
InP	$\bar{4}3m$	1.35	$r_{41}=1.45$	3.29	12.6	52	4.1
ZnSe	$\bar{4}3m$	2.68	$r_{41}=2.0$	2.66	9.1	38	4.1
ZnTe	$\bar{4}3m$	2.27	$r_{33}=4.45$	3.1	10.1	133	13
CdTe	$\bar{4}3m$	1.56	$r_{41}=6.8$	2.82	9.4	152	16
CdSe	$6mm$	1.70	$r_{33}=4.3$	2.54	10.65	70	6.6
CdS	$6mm$	2.47	$r_{33}=4.0$	2.48	10.33	61	5.9

$$n = \tau_{rec} \frac{\alpha \phi}{h\nu} I_0 \qquad (5.10)$$

으로 된다. 여기에서 τ_{rec}는 전하의 재결합 시간, α는 흡수계수, ϕ는 여기 캐리어의 생성효율인 양자(量子)효율이다. 따라서 재료 특성으로는 유전율이 작고 빛의 흡수나 양자효율, 그리고 이동도(移動度)가 크다. <그림 5.7>은 여러 재료의 응답 속도와 유전율의 관계를 구한 것으로,[10] 반도체나 상유전체에서는 1msec 이하로 빠르지만 강유전체에서는 수(數)~수백 msec로 늦다. 기록광(記錄光)의 흡수 에너지 밀도에 대한 굴절률 변화로 정의한 포토리프랙티브 감도는 비교적 작으므로 응답시간이 길다.

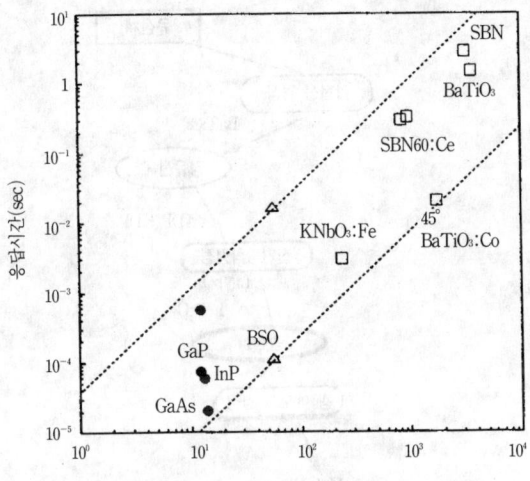

〈그림 5.7〉 유전율과 응답시간의 관계[10]

〈그림 5.8〉은 홀로그램 작용(포토리프랙티브)을 갖는 결정재료의 변천(제1장 그림 1.7 참조)을 나타낸 것이다. 또 〈그림 5.9〉에는 대표적인 결정의 사용가능한 파장대(波長帶)를 수록했다. 강유전체나 상유전체의 복합산화물은 가시영역에서 투명하므로 다가(多價) 이온의 도핑 등으로 중앙부에서 감도를 갖게 하고 조사광으로는 일반적으로 청~녹의 Ar 레이저가 이용된다. 〈표 5.2〉에서는 대표적인 광학결정의 포토리프랙티브 특성을 정리했다. 반도체 레이저를 활용하기 위해서는 근적외영역에 고감도를 갖는 재료탐색이 지금부터의 과제이고 「청색 $BaTiO_3$」[18,19]나 새로운 비선형광학결정인 $KTiOPO_4$(KTP)[20] 등 최근 몇 가지가 보고되어 있다. 화합물 반도체는 근적외영역에 감도가 있다. 이들 감도영역은 결정 고유의 흡수단과 더불어 첨가된 이온의 종류와 양(量), 또는 깊은 준위 농도, 그 밖에 산화-환원 등의 처

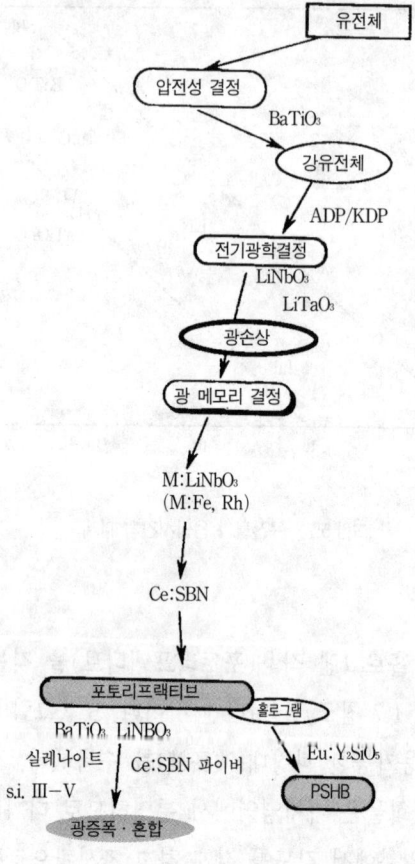

〈그림 5.8〉 홀로그램 작용 결정의 변천

리 조건에 강하게 좌우된다.

5.2.1 강유전체 결정

포토리프랙티브 효과는 강유전체 결정에서 처음으로 발견된 이래 많은 재료가 합성되었다. 이들 재료에는 $LiNbO_3$, $LiTaO_3$[32]를 비롯해 $BaTiO_3$,[21] $Ba_2NaNb_5O_{15}(BNN)$,[22] $KNbO_3$,[23] $KTa_{1-x}Nb_xO_3$

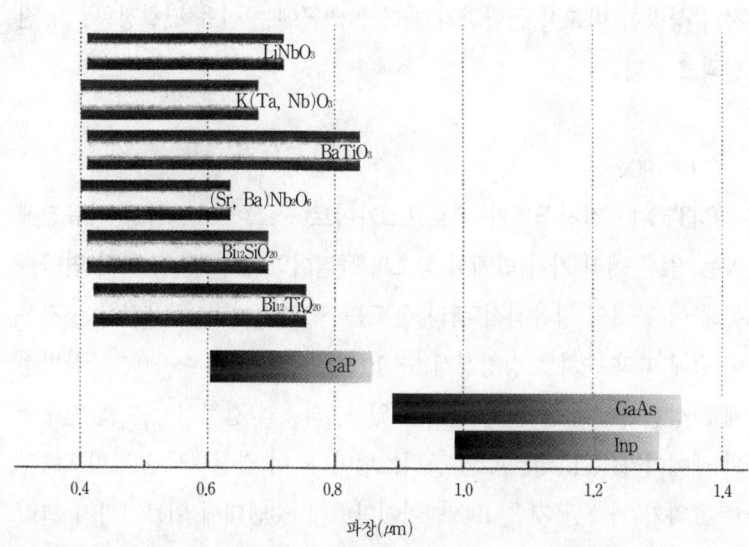

〈그림 5.9〉 대표적인 결정의 포토리프랙티브가 가능한 파장범위 : 산화물 결정은 첨가물에 의해 장파장 쪽으로의 확장이 가능

(KTN),[24] $Sr_{1-x}Ba_xNb_2O_3$(SBN),[25] 최근에는 $Ba_{1-x}Sr_xK_{1-y}Na_yNb_5O_{15}$(BSKNN)[26]이 있다. 어느 것이나 결정구조는 여러 가지지만, 몇 가지 공통적인 성질을 갖고 있다. 예를 들면 산소8면체 구조를 기본 구조로 갖고 있으므로 빛의 흡수단은 ~350nm 부근에 있고, 4.5μm 정도까지 투명하고, 강유전체이기 때문에 특유의 선형, 비선형 유전 특성을 갖고 있다.

$BaTiO_3$는 입방정 페로브스카이트이기 때문에 활성이온의 도핑에 한계가 있다.[27] 한편 텅스텐 브론즈 구조 화합물에서는 이른바 완전히 채워진(full-filled) 구조 이외의 것에서는 원자의 점유율이 낮기 때문에 불순물은 격자 위치에 들어가기 쉽다. 스토이키오메트리의 조정으로 포토리프랙티브성을 제어하는 것도 가능하지만, 대형 고품질 단결

정의 성장이 비교적 곤란하기 때문에 최근에는 섬유 단결정화[17]가 진전되고 있다.

(1) BaTiO₃

BaTiO₃는 결정구조가 페로브스카이트 구조이고 변위형 강유전체라는 점 등 여러 가지 면에서 최초의 물질이었다. 그 후 집중적 연구를 통해 이 물질의 강유전적 퀴리 온도는 ~120℃이고, 강유전상은 저온이 됨에 따라 순차로 정방정계(5~10℃), 사방정계(~-80℃), 삼방정계로 상전이를 하는 것이 알려져 있다. 최초의 결정성장은 벨 연구소의 레메이카(Remeika)[28]의 플럭스법이다. 이 결정에서 포토리프랙티브 효과가 관측된 것은 1969년이지만,[29] 1980년대에 이르기까지 그리 주목받지 않았다.[30,31] 다시 주목을 끌게 된 것은 위상공액파 발생용 매질로서 외부에서 여기광(pumping light)을 공급하지 않고도 발생되는, 이른바 자기 여기형(self-pumping) 매질이라는 것이 보고[13]된 이후의 일이다.

단결정 성장은 플럭스법에 의한 특징적인 나비(butterfly) 모양의 것에서 1965년에 이르러 MIT의 린츠(Linz) 등[32]에 의해 처음으로 TSSG법으로 벌크 단결정을 성장시켰다. BaO-TiO₂ 2원계 상태도는 〈그림 5.10〉에 표시한 것과 같이,[33] ~1618℃에서 콩그루언트 용융을 한다. 그러나 융점 바로 밑에서 정출(晶出)하는 고상(固相)은 예외 없이 육방정이고, 저온에서도 강유전상인 입방정으로 상전이를 하지 않는다. ~1,460℃ 이하에서 합성되었을 때만 입방정 BaTiO₃가 얻어진다. TiO₂ 리치(rich)의 용융액에서는 상태도에서 알 수 있는 것과 같이 입방정 BaTiO₃와 액상이 공존하는 것에서 ~65 mol% TiO₂ 용융액에서 단결정이 성장된다. 인상속도 ~0.3mm/hr, 회전수 50~

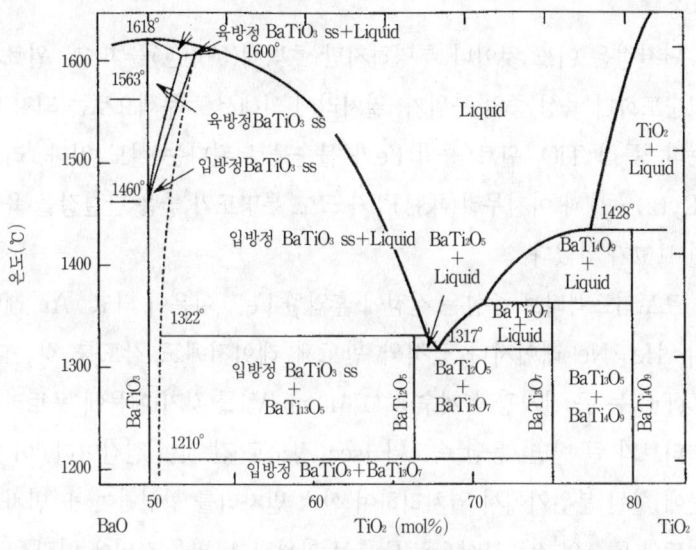

〈그림 5.10〉 BaO-TiO₂계 상평형도(相平衡圖)[33]

60rpm, 온도 강하율 0.5~2℃/hr에서 성장하는 것이 일반적이다.

문제는 이상과 같이 단결정 성장에 시간이 오래 걸리는 것과 입방정→정방정의 전이가 강유전체 전이이고 T_c~120℃에서 약 1%의 격자정수의 비약(飛躍) 때문에 냉각 중에 크랙(crack)이 쉽게 발생한다는 것이다. 또 강유전체상에서는 180°분역(domain)과 90°분역이 공존한다. 앞의 분역은 강유전체에서 흔히 하고 있는 전기장 인가(印加) 냉각에 의해 단분역처리(poling)로 제거할 수 있지만, 뒤의 90°분역은 제거가 꽤 어렵다. 응력(stress)을 가하면서 직각 방향으로 전기장을 가하면서 냉각하는 등의 방안이 필요하고 이들 대책 때문에 단결정은 비싸다. 단결정은 현재 미국의 샌더스사, 일본의 후지구라전선(藤倉電線)에서 순수한(undope) 결정, 천이금속 이온 도핑 결정이 시판되고 있다.

단결정은 어느 것이나 투명하지만 호박색(琥珀色)을 띠고, 원료의 고순도화나 육성 중의 분위기, 열처리에 의해서도 무색으로는 되지 않는다. 특히 TiO_2 원료 중의 Fe가 불순물로 된다는 설도 있다. 리츠(Rytz) 등[34]과 아지무라(味村)[35]가 크고 투명도가 좋은 단결정을 육성한 보고가 있었다.

포토리프랙티브 중심은 결정에 혼입한 Fe^{3+} 이온이 되고, Ar 레이저, He-Ne 레이저나 근적외 반도체 레이저에도 감도를 갖는다. $BaTiO_3$는 큰 전기광학 계수 r_{42}(1,640pm/V)를 갖기 때문에 포토리프랙티브가 큰 반면, 응답 속도가 1sec 정도로 긴 것이 결점이다. 이 때문에 환원 분위기에서 열처리하여 산소 빈자리를 형성하여 + 빈자리 농도와 Fe^{3+}의 전하보상으로 Fe^{2+}로 환원되고, 빛을 쪼임에 따라

$$Fe^{2+} + h\nu \rightarrow Fe^{3+} + e^- \qquad (5.11)$$

의 반응에서 광여기 캐리어 밀도를 증가시켜 응답시간을 짧게 할 수 있는 것으로 추정하고 있다. 사실 $CO + CO_2$의 환원 분위기에서 열처리하면 응답 시간은 1sec에서 0.1sec로 개선된다. 도핑 이온으로는 Co^{3+}도 알려져 있고,[36] 성능지수 $n^3 r/\varepsilon$이 9.5pm/V, 응답속도 20msec라는, ε이 1000을 넘는 재료로서는 최고의 값으로 얻어지고 있다.[37]

극히 최근에 Rh를 도핑한 「청색 $BaTiO_3$」가 근적외영역에서 고감도를 갖는 PR 결정으로 주목받고 있다.[19,20] Rh를 도핑함으로써 〈그림 5.11〉에 표시한 것과 같이 ~640nm에 흡수 피크가 나타나고 결정이 청색으로 되어 「blue $BaTiO_3$」라 불린다. Nd:YAG 레이저의 1.06μm 광에 대한 감도는 다른 불순물 도핑 $BaTiO_3$에 비해 약 10배 정도 좋다는 것이다. 다만, 결정에 따라서는 색조(色調)나 흡수 특성이 다른 경우가 있고, 도핑 농도, 잔류 불순물이나 성장 중의 분위기에 대한 배려

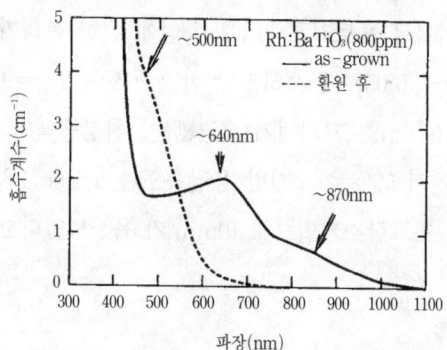

〈그림 5.11〉 Rh 도핑 BaTiO₃의 흡수스펙트럼[20](E//C) : 실선은 as-grown으로 ~640nm에 강한 흡수가 나타나 있다. 점선은 환원처리를 한 경우의 스펙트럼이고, ~500nm에 흡수의 흔적이 있는 것이 보인다.

가 필요하다(필자도 실제 as-grown 결정을 보았지만 제작회사에 따라, 또는 결정 rod에 따라 색조가 다르고, 암청색에서 청녹색까지 다양한 색깔을 띠고 있었다).

이 결정을 환원 분위기에서 처리하면 ~640nm의 흡수는 작아지고 ~500nm 근방의 흡수가 현저해진다. 이것은 Rh:LiNbO₃의 흡수와 일치한다. 결정 중에는 Rh^{2+}는 없고 빛의 조사에 의해

$$Rh^{4+} + h\nu \rightarrow Rh^{3+} + h^+ \tag{5.12}$$

와 같이 홀이 지배적인 전도성으로 되어 PR 효과가 감소하는 것에 대응한다. 이 Rh 이온이 주목을 받아온 것은 Rh 도핑에 의한 LiNbO₃의 홀로그래피 기록감도 향상에 대한 보고[38]가 있은 후이지만, LiNbO₃에서는 ~490nm에 고유의 흡수가 있기 때문에 결정구조로 인한 Rh 이온 결정장(結晶場)의 차이라고 생각된다.

또 중국의 푸젠성 중국과학아카데미에서 Ba를 Sr로 약간 치환한

$(Ba_{1-x}Sr_x)TiO_3$에서 포토리프랙티브 특성에 관한 논의가 있었다. Sr 농도는 $x=0.015\sim0.05$로 근소하지만 퀴리 온도는 $T_c = 110℃$이고 트랩 밀도 $4.7\times10^{16}/cm^3$, 자기여기(自己勵起) 위상공액의 반사 계수는 파장 514.5nm에서 55%로 크지만 응답속도는 $0.5sec(1W/cm^2)$로 느리다. 단결정은 초크랄스키법으로 10mm^{3}가 육성되었다고 한다.

(2) LiNbO₃

강유전체로서 포토리프랙티브 효과가 처음으로 관측된 결정이기도 하다.[2] 제7장에 상세히 기술되어 있지만 LiNbO$_3$의 광조사에 의한 굴절률 변화는 처음에는 광손상(optical damage)이라고 하여 광소자 응용에 큰 과제였지만, 홀로그램 기록 매질로서의 활용이 보고된 이래 많은 연구가 있었다.[6,7]

포토리프랙티브 효과를 높이려면 불순물은 Fe로 대표되는 천이금속 원소로 도핑된다. 그리고 불순물의 가수(價數)는 산화, 환원 분위기에서의 열처리로 제어된다. 고산소 분압(高酸素分壓)에서의 가열은 불순물을 산화시키고(예로서 Fe는 Fe^{3+}가 지배적으로 되고) 역으로 환원 분위기에서는 Fe^{2+}가 지배적으로 된다. 〈그림 5.12〉에 표시한 것과 같이 Fe^{2+}/Fe^{3+}비가 광전도성에 기여하는 전자-홀 농도를 결정한다. 1975년에 Fe 도핑 LiNbO$_3$의 1cm^3 결정에 500 홀로그램의 기록, 정착(定着)을 한 보고[40]가 있지만 이제까지는 최고 5000 화상이 ～ 3cm^{3}의 결정에 축적되었다.[41]

Fe 등의 천이금속 이외에도 일찍부터 Rh를 도핑한 결정이 검토되었고, 천이금속의 유효성이 알려져 있었다.[38,42] 불순물 도핑 결정의 성장에는 성장 중의 온도 변화에 따라 불순물 농도의 불균일 분포(예로서 스트라이에이션, 성장 셀이나 코어의 발생)를 억제할 필요가 있다

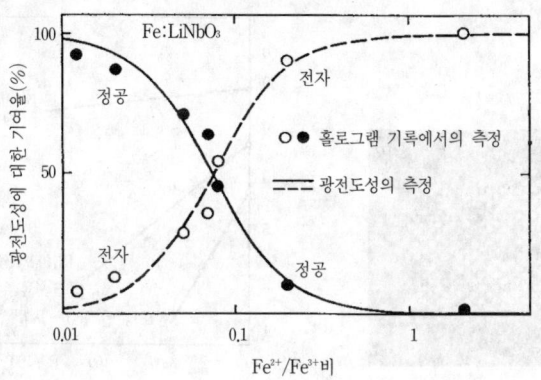

⟨그림 5.12⟩ Fe 도핑 LiNbO₃에서의 광전도성에 기여하는 Fe^{2+}/Fe^{3+}비[39]

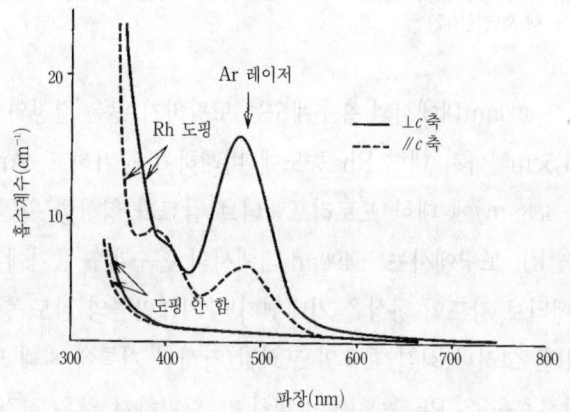

⟨그림 5.13⟩ Rh 도핑 LiNbO₃의 흡수 스펙트럼[38] : 도핑하지 않은 LiNbO₃에 비해 ~490nm에 강한 흡수가 존재한다.

(제6장 참조). ⟨그림 5.13⟩은 광흡수 스펙트럼이지만 Rh에 의한 강한 흡수가 ~490nm에 나타난다. 이 흡수대는 현저한 흡수 2색성, 즉 결정의 c축 방향으로 편광한 광보다 c축에 수직으로 편광했을 때 빛이 강하게 흡수된다. 또한 그림에서 알 수 있듯이 c축 편광에 대한 흡수 스펙트럼에서는 ~490nm 이외에 ~390nm 부근에 약한 흡수대가 나

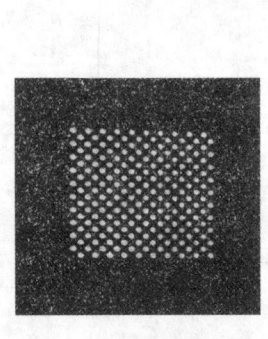 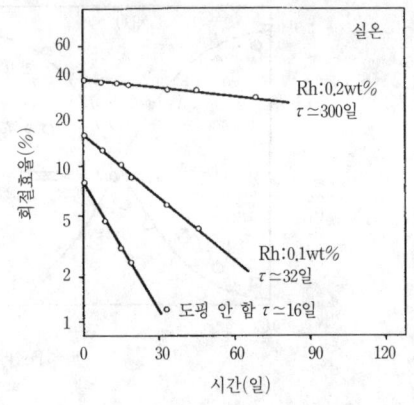

〈그림 5.14〉 Rh 도핑 LiNbO₃의 홀로그램 재생 상(像)⁴²⁾   〈그림 5.15〉 Rh 도핑 LiNbO₃의 홀로그램 소멸

타난다. ~490nm대에서의 흡수계수는 도핑하지 않은 결정의 0.5cm^{-1}에서 44.5cm^{-1}까지 대략 Rh 농도에 비례하여 증가하고, Ar 레이저(파장 0.488nm)에 대한 포토리프랙티브 감도가 향상한 원인으로 되어 있다. Rh 도핑에서는 ~490nm대에서의 흡수계수 증가에 따른 포토리프랙티브 감도의 향상을 기대했지만 기대만큼의 감도 향상을 볼 수 없었다. 그러나 회절 효율의 포화값(장시간 기록에 의해 도달하는 최대 회절효율)은 Rh 농도에 비례하고, 도핑하지 않은 결정에 비해 약 네 배로 되고 지우기가 어려운 것이 특징이다. 〈그림 5.14〉는 홀로그램 기록의 패턴 예다.

　LiNbO₃에 기록된 홀로그램은 자연 방치에 의해 서서히 소멸되지만, 도핑하지 않은 것이나 Fe 도핑한 결정은 이 소멸의 시정수(時定數)가 약 2주 정도인 데 비해, Rh 도핑 결정에서는 1개월에 걸친 매우 긴 시정수를 가지며, 어두운 곳에 보관하면 몇 개월 보존된다. 〈그림 5.15〉에 Rh 농도에 의한 회절효율(참조광의 전 투과율과 홀로그램에 의한 회절광의 강도비)의 감쇠하는 모양을 나타냈다. 첸(Chen)[24]에 의한, 도핑하지 않은 결정의 굴절률 변화 메커니즘에서는 소멸과정이 광조사(光照射)에 의한 강제적인 감쇠이지만, Rh 도핑 결정에서는 열 에너지의 흡수에 의한 이완현상으로도 여겨지고 Rh가 열적으로도 안정한 포획중심(捕獲中心)을 형성하고 있는 것으로 짐작된다. 또 기록된 홀로그램의 정착(定着)에 관해서는 아모데이(Amodei) 등이 열 정착현상을 발견하고 있다.[43,44]

(3) $KNbO_3$

페로브스카이트 구조로서 실온에서 사방정계에 속하고 큰 전기광학계수 r_{42}, r_{51}을 갖고 있다. 이 포토리프랙티브 효과는 1982년 귄터(Günter)에 의해 처음으로 보고되었는데[45] 그 후 많은 연구가 이루어졌다.[46,47] 현재는 $BaTiO_3$나 $LiNbO_3$에서는 달성할 수 없는 빠른 응답 속도가 실험적으로 확인되어, 최근 다시 주목을 끌고 있는 포토리프랙티브 결정이다.

단결정은 $BaTiO_3$와 마찬가지로 TSSG 법으로만 육성할 수 있으며 현재까지도 시판은 되지 않고 있는 것 같다. $K_2O-Nb_2O_5$ 2원계 상태도에서 $KNbO_3$는 콩그루언트 용융을 하지 않으므로 근소한 K_2O 리치 융액에서만 육성된다. 성장 온도는 1,070~1,060°C이고 성장결정은 (100) 패시트(facet)로 둘러싸인 사각형으로 된다.

$KNbO_3$는 ~435°C에서 입방정에서 정방정계로, ~220°C에서 정방정계에서 사방정계로 상전이한다. 단분역(single domain) 처리는 약 210°C로 가열하여 1~2kV/cm의 직류 전기장을 가하면서 폴링을 한다. 이 때 조건에 따라서 전기화학적인 환원이 생긴다. 포토리프랙티브에 대해서는 다행한 일이지만 광 흡수의 증가는 다른 비선형광학 응용에

대해서는 바람직하지 않으므로 폴링 방법의 확립이 요청된다.

포토리프랙티브 특성에 관해서는 도핑하지 않은 것, Fe 도핑, 또는 Mn 도핑 결정으로 실험이 이루어졌다. 도핑하지 않은 것 및 환원된 결정에서의 지배적인 포토캐리어는 전자(electron)이지만 as-grown 의 Mn 도핑 결정에서는 홀(hole)이다. 〈그림 5.16〉에 나타낸 것과 같이 Mn 도핑 결정의 포토리프랙티브 효율은 도핑하지 않은 결정에 비해 크다는 것이 보고되어 있다.[45] $KNbO_3$의 흥미 있는 특징은, 전기화학적으로 환원된 결정에서는 파장 488nm의 강도 $1W/cm^2$의 Ar 레이저 광에서의 격자 형성 시간이 $100\mu sec$로서 매우 짧은 응답 시간이 실현된다는 것이다.[48] 한편 결점은 $BaTiO_3$에 비해 포토리프랙티브 굴절률 변조도(빔 결합이득계수)가 큰 반면에 자기여기 공액파 발생이 보이지 않는다는 것이다.

$KNbO_3$는 같은 계인 $KTaO_3$와 〈그림 5.17〉에 표시한 것과 같이 전율고용체(全率固熔體) $K(Ta_{1-x}Nb_x)O_3(KTN)$를 형성한다. 강유전체

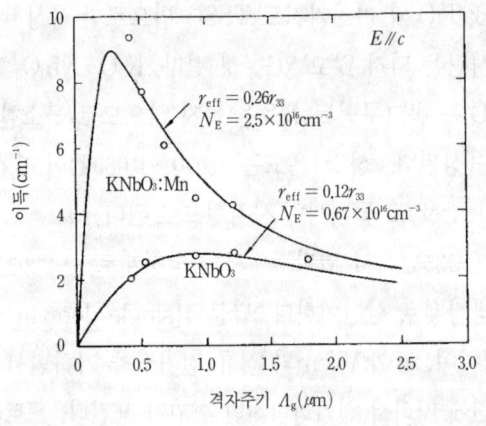

〈그림 5.16〉 순수 $KNbO_3$ 및 Mn 도핑 $KNbO_3$ 결정의 격자주기 Λ와 이득과의 관계

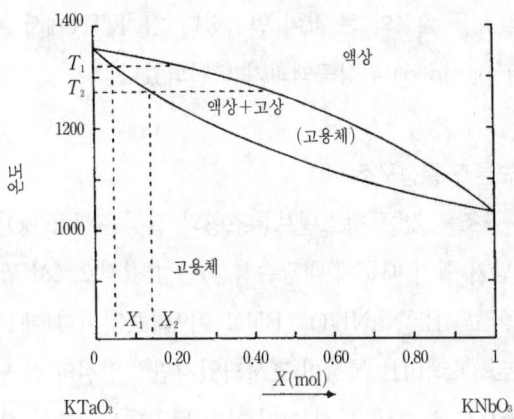

〈그림 5.17〉 KTaO₃-KNbO₃의(擬)2원계 상태도: K(Nb$_x$Ta$_{1-x}$)O₃는 전율 고용체를 형성하고 있다.

전이온도는 0K에서 705K까지 Nb의 비(比)인 x의 증가에 따라 변화한다. $x \sim 0.4$인 경우에 실온 부근에서 상유전상 입방정과 강유전상 정방정의 전이온도가 있기 때문에 아주 큰 2차(상유전상) 및 선형(강유전상) 전기광학 계수를 나타낸다. 따라서 입방정상(相)에서는 외부 전기장을 가하지 않으면 효과적인 전기광학효과나 포토리프랙티브 효과를 나타내지 않는다. 입방정상(立方晶相)과 정방정상(正方晶相) 모두 2광파 혼합에 의해 광 메모리 실험이 이루어지고, KTN이 매우 고감도의 포토리프랙티브 결정이라는 것이 알려져 있지만[24] 광학적으로 균질한 큰 결정의 육성이 어렵다. 전율 고용체이기 때문에 결정은 조성의 기울기가 생기기 쉽고, 굴절률이 공간적으로 변화한다. 그리고 육성 중의 융액 온도의 주기적 변동에 기인한 조성변동인 스트라이에이션이 수~수백 μm의 주기로 생기게 되므로 균일 결정의 성장이 극히 어렵다.

최근 Fe 도핑 KTN의 2광파 혼합에 의한 이득 계수(gain 係數)

7.2cm^{-1}, 회절효율 42%의 큰 값이 얻어졌다. 또 KTN에서 처음으로 자기여기(self-pumped) 위상공액파가 확인되었다.[49]

(4) 텅스텐브론즈 결정구조

산소8면체 구조를 갖는 텅스텐브론즈형의 결정은, $LiNbO_3$계 결정이 광손상을 받기 쉽기 때문에 내광손상 비선형 결정으로서 활발히 탐색된 재료계이고, $Ba_2NaNb_5O_{15}$(BNN)이 대표적이다(제1장 그림 1.14). 그 포토리프랙티브 특성이 조사되었지만[22] 양질의 큰 단결정의 성장이 곤란했으므로 그 후 다른 여러 가지 텅스텐브론즈형 결정이 합성되었다. 같은 계인 $Sr_{1-x}Ba_xNb_2O_6$(SBN)가 포토리프랙티브 결정으로 알려진 이래[25,50] 요즘 다시 흥미를 끌게 되었다.

SBN에서의 Sr와 Ba는 화학식 $(A_1)_4(A_2)_2B_{10}O_{30}$에서 A_1, A_2 사이트를 점유하므로 강유전적 성질은 변위형이고 비교적 복잡하다(제2장 2.5.2). 강유전체 전이온도는 $x=0.25$의 200℃에서 $x=0.75$의 60℃까지 거의 선형으로 변한다. 특히 조성 $x=0.4$인 $Sr_{0.6}Ba_{0.4}Nb_2O_6$(SBN-60)은 콩그루언트 용융을 하므로 스트라이에이션이 없는 고품질 SBN 결정으로 2광파 혼합 실험이 이루어지고 있다.[51,52] 트랩 밀도는 $0.7 \sim 7 \times 10^{16}/\text{cm}^3$이고, 응답속도는 $BaTiO_3$ 정도다. 지배적인 포토캐리어(photo-carrier)는 전자이지만 전자 홀(electron-hole)의 보상효과가 있다는 보고[53]도 있어 복잡하다.

텅스텐 브론즈 구조 결정에 공통인 SBN의 과제는 대형 단결정 육성이 비교적 어렵다는 데 있다. SBN 단결정은 $(Sr_xBa_{1-x})B_4O_7$을 플럭스로 사용하여 성장시킨 보고[54]가 있지만 극히 일반적으로는 초크랄스키법이 채용된다.[55] (제1장 그림 1.15) SBN의 단결정 육성은 텅스텐브론즈 구조 결정 중에서도 BNN 다음으로 까다로운 부류에 들지만,

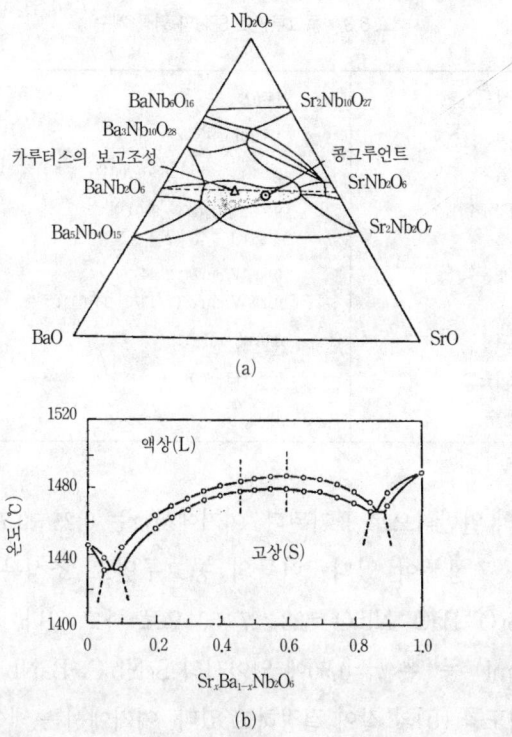

〈그림 5.18〉 BaO-SrO-Nb$_2$O$_5$계 상태도 : (a) 카루터스와 그라소에 의한 삼원계.[56] (b) 메구미 등에 의한 BaNb$_2$O$_6$-SrNb$_2$O$_6$ 의이원계(擬二元系)[57]

그 원인 가운데 하나는 열전도도가 현저하게 작은 데 있다. 열전도도가 작은 결정 성장의 예로서 벌크 결정의 성장에 관해 설명한다.

SBN은 SrNb$_2$O$_6$와 BaNb$_2$O$_6$의 완전 고용체계이고, 따라서 그 광학적 균일성은 결정 성장 중의 미세한 온도변동에 민감하다. BaO-SrO-Nb$_2$O$_5$ 삼원계 상태도는 카루터스(Carruthers)와 그라소(Grasso)에 의한 보고가 있다.[56] 〈그림 5.18(a)〉에 나타낸 것과 같이 거기에서는 비교적 넓은 SBN의 고용영역이 있고, 그 조성은 $(Sr_xBa_{1-x}O)_{1-y}$

<표 5.3> 콩그루언트 SBN의 열적 계수

융 점	1470℃
융해열	120Cal/g
비 열	0.12Cal/g·℃ (실온~200℃)
열팽창계수	9×10^{-6}/℃ (200~900℃) -35×10^{-6}/℃ (T_c)
열전도율	0.006W/cm·℃ (실온) 0.008W/cm²·℃ (1370~1470℃)
열전달률	0.10W/cm²·℃
열방사율	0.88 (1500℃)
비오 수	10

($Nb_2O_5)_y$의 일반식으로 표기된다. 여기에서 x는 0.25~0.75, y는 0.48 ~0.50의 조성폭이 있다. 이들의 콩그루언트 조성은 $x=0.46$, $y=0.50$($SrO : BaO : Nb_2O_5 = 23 : 27 : 50$)으로 하고 있다. 그 후 메구미(Megumi) 등[57]은 $y=0.50$에 있어서의 $SrNb_2O_6$-$BaNb_2O_6$ 의 (擬)2 원계 상태도를 (b)와 같이 결정하고 있다. 여기에서는 액상선과 고상선이 접해 있는 점은 없고, 카루터스 등에 의한 $x=0.46$ 근방에서는 액상선의 극대점이 보이지 않는다. 메구미 등은 콩그루언트 조성을 $x=0.61$, $y=0.4993$($SrO : BaO : Nb_2O_5 = 30.56 : 19.54 : 49.92$)로 하고 있다. <표 5.3>에 $x=0.61$ 콩그루언트 조성 SBN의 열적 정수를 정리했다. 특징적인 것은 매우 작은 열전도도이고 사파이어(sapphire)의 1/60, 수정의 1/20, 석영의 1/2이고, 결정 표면에서 열복사에 의해 방출되는 열량과 결정 내부를 열전도에 의해 전달하는 열량과의 비(比)인 비오(Biot) 수는 약 10 정도로서 큰 값이다. <표 5.3>에 콩그루언트 조성 근방의 SBN 포토리프랙티브 광학 특성을 정리하여 수록했다.

SBN의 대표적인 포토리프랙티브 중심은 Cr^{3+}였지만, Ce을 도핑함

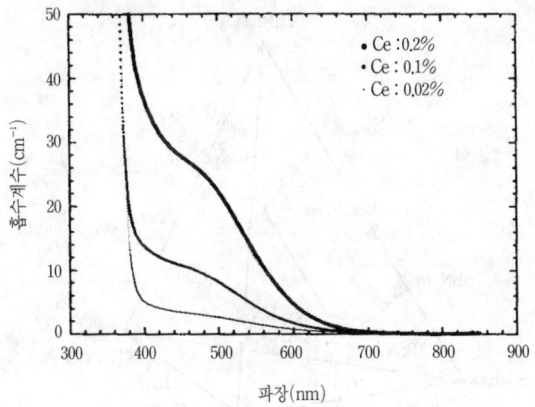

〈그림 5.19〉 Ce^{3+} 도핑 SBN-60의 광흡수 스펙트럼(畠山巌氏 외 제공)

으로써 트랩 밀도가 증가하고 응답속도도 빨라지는 등 포토리프랙티브 특성이 향상되는 것으로 알려져 있다.[58,59] 〈그림 5.19〉는 Ce 도핑 SBN-60의 광흡수 스펙트럼을 표시한 것이지만 Ce을 다량(多量) 도핑하면 ~500nm 근방의 Ce^{3+}에 의한 흡수대가 증가하여

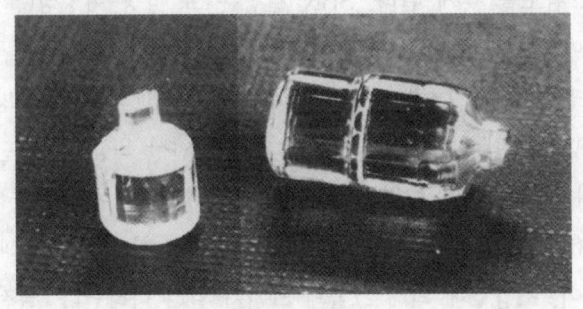

〈그림 5.20〉 $Sr_{1-x}Ba_xNb_2O_6$(SBN) 단결정 : (왼쪽) $x=0.5$ 융액에서 육성, (오른쪽) $x=0.75$ 융액에서 육성

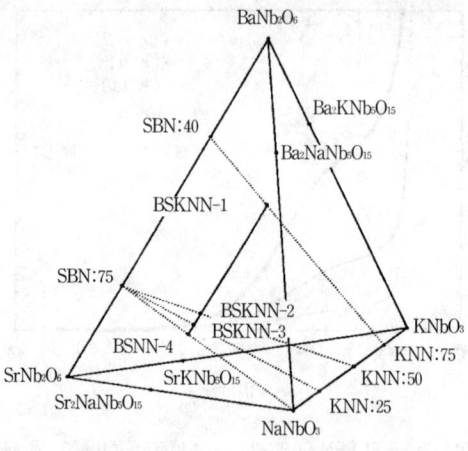

〈그림 5.21〉 $SrNb_2O_6$-$BaNb_2O_6$-$KNbO_3$-$NaNbO_3$ 4원계 상태도와 $Ba_{1-x}Sr_xK_{1-y}Na_yNb_5O_{15}$ (BSKNN)의 영역[52]

$$Ce^{3+} + h\nu \rightarrow Ce^{4+} + e^- \tag{5.13}$$

의 광 이온화에 의해 캐리어가 여기되어 포토리프랙티브 효과에 기여한다. 흡수대의 끝이 긴 파장 쪽으로 늘어나 근적외 영역에 포토리프랙티브 감도를 갖게 된다. SBN 결정은 그 성장 이방성(異方性)이 BNN 이상으로 현저하고, 또 비오 수가 크기 때문에 결정의 구경(口徑)을 크게 하기가 어렵다. 〈001〉 c축 인상이 비교적 쉬워 이 방향으로 육성한다. 〈그림 5.20〉에 x=0.50, 0.75에서 인상 육성한 c축 단결정의 예를 나타냈다(제1장 그림 1.15 참조). 단결정은 c축에 나란한 {100}이 4면, {310}이 8면, {210}이 8면, {110}이 4면인 합계 24면의 패시트로 둘러싸여, 조성 x에 의해 그들의 크기가 달리 나타난다. 열전도도가 작기 때문에 지름을 크게 하는 것이 매우 어렵다. 그러나 노내(爐內)의 지름방향 온도 기울기와 결정 성장에 따라 도가니 온도를 점차 낮추

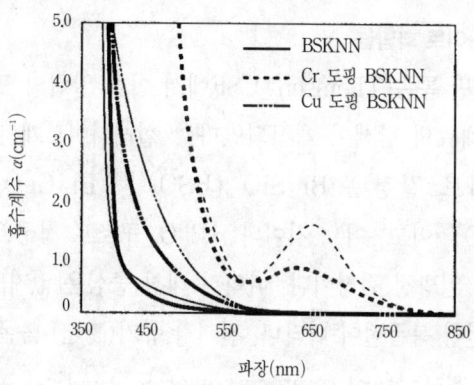

〈그림 5.22〉 BSKNN($Ba_{1-x}Sr_xK_{1-y}Na_yNb_5O_{15}$)의 흡수 스펙트럼[64](굵은 선 $E/\!/C$, 가는 선 $E \perp C$)

어 지름 3cm 전후, 길이 ~20cm의 대형 단결정이 성장된 예가 있다.

최근에는 단결정 광섬유에 의한 광 기억재료로서 활발하게 연구되고 있다.[17,60,61] 섬유형으로 하면 벌크에 비해 결정 성장이 쉽고, 집광광학계(集光光學系)를 이용하면 결정 내의 빛의 세기도 높일 수 있고, 결정 내에서의 빛의 반복 왕래에 의해 상호작용 길이를 크게 하는 것은 홀로그램 기록용으로서의 장점이다. 830nm의 반도체 레이저에 의한 포토리프랙티브 감도는 Ce의 고농도화에 의해 ~15배 향상되지만, 포화 이득은 낮은 결과로 되어 있다.[60]

텅스텐 브론즈 구조화의 BSKNN은 〈그림 5.21〉에 나타낸 것과 같이 $SrNb_2O_6$-$BaNb_2O_6$-$NaNbO_3$의 의(擬)3원계에서도 여러 가지 조성[62]이 있으므로 복잡한 조성을 갖는 결정 성장에 어려움이 있다. 포토리프랙티브 특성은 Cr를 도핑한 결정에서 근적외 영역의 감도를 향상시키고 있다.[63] 〈그림 5.22〉에는 Cr, Cu 도핑한 것의 흡수 특성이 나타나 있다.[64]

5.2.2 실레나이트 화합물

1970년대 중반 톰슨(Thomson) CSF에서 이들 일련의 포토리프랙티브 산화물 재료의 탐색이 개시되었다.[65] 실레나이트계의 대표적인 포토리프랙티브 결정은 $Bi_{12}SiO_{20}$(BSO),[66] $Bi_{12}GeO_{20}$(BGO), $Bi_{12}TiO_{20}$(BTO)[67]이고, 어느 것이나 γ-Bi_2O_3 구조로 점군 T-23에 속하는 상유전성 입방정 결정이다. 따라서 대칭 중심은 없지만 외부 전기장에 의해 선형 복굴절이 나타나, 전기장 유기(誘起) 복굴절성을 갖는다. 다만 선광능(optical rotatory power 또는 optical activity)이 있으므로 취급하기가 까다롭다. 전기광학 계수는 강유전체보다는 크지 않으나, 광전도성이 있으므로 시정수는 매우 작아(msec 대), 고속 현상(高速現象)을 취급하는 데는 적합하다. 2광파 혼합에 의한 증폭률은 낮지만 외부 전기장을 가하면 강유전체 정도로 크게 할 수 있다.

〈표 5.4〉 실온에서 실레나이트 화합물의 여러 성질

구 분	$Bi_{12}GeO_{20}$	$Bi_{12}SiO_{20}$	$Bi_{12}TiO_{20}$
점 군	23	23	23
비저항(Ωcm)	8×10^{10}	5×10^{13}	$\sim 4\times10^{12}$
유전율	40	56	(50~60)
유전손실	0.0035	0.0015	―
투과파장역(μm)	0.45~7.5	0.45~7.5	0.45~7.5
밴드 갭(eV)	3.15~3.25	3.15~3.25	3.1~3.2
전기광학 계수 r_{41}(cm/V)*	3.4×10^{-10}	4.4×10^{-10}	5.7×10^{-10}
광학활성	+ (−)	+ (−)	+ (−)
암상태의 전도 유형	p	p	p
광유기 캐리어	electron	electron	electron

* 0.6328μm

이들 세 가지 결정은 성질이 매우 비슷하다. 예로서 가시영역에서의 전기광학 계수는 4에서 ≥5pm/V 사이에 있다. 광학적 성질은 재료 종류보다 동일 결정에서도 다른(예를 들어 결정 제조회사에 따라 흡수 특성이 미묘하게 다르다) 경우가 많다. BSO와 BGO 단결정은 시판되고 있지만 BTO의 육성은 거의 없는 것 같다.[67] BTO의 밴드 갭은 BGO나 BSO보다 약간 작기 때문에 근적외 영역에서의 재료로서 매력적이다. 굴절률의 파장 의존성은 세 가지 결정이 모두 닮았지만 어느 것이나 광학활성이고 선광능(旋光能)은 BTO가 약 1/3.5 정도 작은 특징이 있다.[68] 점군에서 정해지는 선형 전기광학 계수는 r_{41}, r_{52}, r_{63}의 세 개이지만 r_{41}만이 0이 아니다. 그 정확한 값은 광전도성에 기인하는 공간전하 효과(space-charge effect)와 큰 성광능이 있기 때문에 보고에 따라 차이가 있다. 〈표 5.4〉에 전기광학 계수 및 여러 가지 계수를 정리했는데, BTO의 r_{41}이 가장 크므로 포토리프랙티브 효과도 클 것으로 기대할 수 있다.

(1) $Bi_{12}SiO_{20}$, $Bi_{12}GeO_{20}$

BSO와 BGO는 넓은 의미에서의 콩그루언트 용융 재료이고 스토이키오메트릭 조성 융액에서 초크랄스키법에 의해 대형 결정이 성장된다.[70] 대기중 또는 산소 분위기에서 인상속도 4~7mm/hr, 결정 회전수 20~60rpm으로 비교적 큰 단결정이 쉽게 육성된다. 결정 중의 결함, 특히 전위(轉位)의 검출은 묽은 염산(HCl)에 의한 에치 피트(etch pit)를 관찰할 수 있다. 대체적인 평균 밀도는 $10^3/cm^2$ 정도다.

BSO, BGO의 성장에 주의할 점은 좁은 뜻에서의 콩그루언트 용융이 아니라, 비교적 폭이 넓은 고용영역(固溶領域)이 있다는 것이고,[71] 콩그루언트 융액 조성에서의 차이가 결정 조성의 차이를 생기게 한다

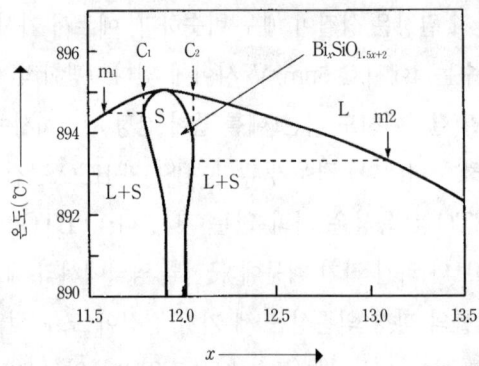

〈그림 5.23〉 $Bi_{12}SiO_{20}$(BSO) 근방의 상태도[72] : 조성은 $Bi_xSiO_{1.5x+2}$로 표시했다.

는 것이다. 이들 결정을 고주파 가열로 용융 성장을 할 경우 백금도가니가 가열체가 되기 때문에 융액에서의 Bi 성분이 증발하고 융액조성의 차이를 일으키기 쉽다. BSO의 화학식을 $Bi_xSiO_{1.5x+2}$로 한 경우의 상태도를 〈그림 5.23〉에 나타냈다.[72] 융액 조성과 결정 조성의 관계를 구한 것을 〈그림 5.24〉에 나타냈는데,[73] $x=11.8$ 부근에 깊은 골이 있고, 정확한 콩그루언트 조성의 재고가 필요하다는 것을 시사하고 있다. 스토이키오메트릭 조성 $x=12$ 부근에서의 결정조성의 큰 변화는 BSO 단결정의 특성이 결정에 따라, 또는 제공자(提供者)에 따라 약간씩 달라져 있는 것의 원인으로 여겨진다. 결정 조성의 근소한 차이는 광 전도특성(光傳導特性)을 좌우한다. 〈그림 5.25〉는 융액 조성에 대한 결정의 광전도성을 구한 것이고,[74] 파장 458nm 광조사에 의한 광전류는 $x=12$ 부근에서 깊은 골을 보이고, 결정 조성의 근소한 차이가 광응답 특성을 미묘하게 변하게 한다는 것을 뜻하고 있다. BSO의 광전도성은 광조사에 의해 여기된 자유 캐리어인 홀이 포획 중심에 트랩되고, 트랩된 포획 중심의 전자포획 단면적이 작으므로 전자의 수명(재결합시

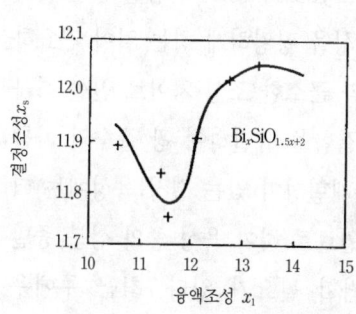
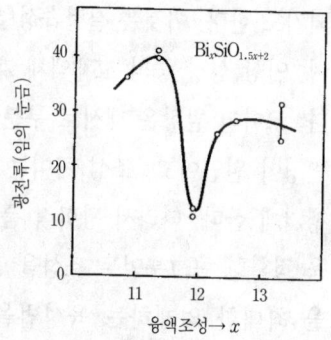

〈그림 5.24〉 $Bi_{12}SiO_{20}$의 융액조성과 결정 조성의 관계[73]   〈그림 5.25〉 $Bi_{12}SiO_{20}$ 단결정의 융액 조성과 결정의 광전류의 관계[74]

간)이 길게 된다는 것에 의존한다.

BSO의 광흡수 특성에서 420~500nm에서의 비교적 넓은 폭의 흡수는 +3가(價)와 +5가 이온을 도핑하면 없어지므로(bleaching) 콩그루언트 조성에 의한 결함이 관여하는 것으로 논의되고 있다. BSO 결정 중의 Si 빈자리(vacancy : V_{si})와 산소 결손(V_O)으로 구성되어 있는 복합결함(complex)이 깊은 준위에 있는 포획 중심이라는 것이 지적되고 있지만[75] Bi_{si}^{3+}와 Bi_{si}^{5+}의 안티사이트(anti-site) 결함이 같은 양으로 있다고 하여 ($Bi_{si}^{3+} - h^+$) 복합결함에서 홀 발생에 관련하고 있다.[76] 따라서 +3가, +5가의 이온 도핑에 의해 자유 캐리어의 발생을 보상함으로써 이 폭이 넓은 흡수단의 블리칭(bleaching)을 설명하고 있다.

BSO나 BGO의 단결정 성장에 또 다른 문제는 결정 특유의 패시트 성장에 의한 코어의 발생이다. 제1장의 〈그림 1.13〉에 BGO, BSO 단결정 인상을 예시했지만 결정 성장시의 온도 환경이나 결정의 지름/도가니 지름의 비에 따라 결정 단면이 원형이 되기도 하고 사각형이 되기도 한다. 이것은 결정습성(晶癖, crystal habit)이 심한 것을 뜻하며, 인상 성장 중의 고체액체 계면형상을 평평하게 하는 일이 긴요하다. 코어의 발상은 패시트 부분에서의 근소한 조성 차이로 인한 격자변형이 원인이고, 조성 차이는 복합결함을 유발하여 광 흡수의 차를 생기게 한다. 따라서 광학적 품질에 재현성이 있는 결정 육성에는 더욱 정확한 콩그루언트 조성을 출발 원료로 하여 육성 중의 성분 증발을 최대한 억제하는 육성법을 확립할 필요가 있다. 최근 주에우(Xuewu) 등[79]은 브리지먼(Birdgman)법에 의한 BSO 단결정의 성장을 검토하여 ⟨111⟩과 ⟨112⟩ 축 육성에서 코어가 없는 고품질 결정의 가능성을 논하고 있다.

(2) $Bi_{12}TiO_{20}$

BTO는 실레나이트 화합물 중에서 처음으로 포토리프랙티브 효과가 관측된 것으로,[78,79] ⟨그림 5.26⟩에 나타낸 상태도[80]에서 알 수 있는 것과 같이 BSO, BGO와는 다른 분해 용융을 하기 때문에 스토이키오

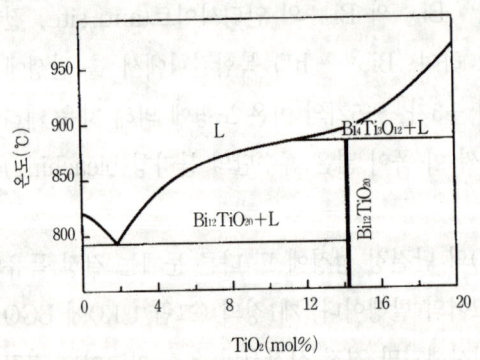

⟨그림 5.26⟩ $Bi_2O_3-TiO_2$ 2원계 상태도[80]

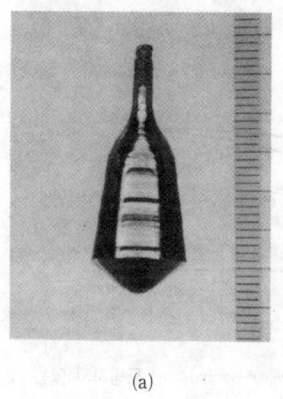
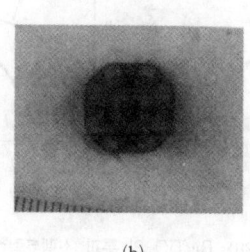

(a)　　　　　　　　　　(b)

〈그림 5.27〉 2중 도가니에 의한 $Bi_{12}TiO_{20}$[83] 단결정 : (a) 전체상, (b) 성장 방향 〈001〉에서 본 겉모습

메트릭 융액에서는 육성할 수가 없다. 따라서 Bi_2O_3 리치의 Bi_2O_3-TiO_2 용액에서의 TSSG법이 채용된다.[81] 용액 조성으로는 5~12mol% TiO_2로 하여 용액 온도를 0.5℃/hr로 냉각하면서 인상 속도 0.3~0.5mm/hr로 육성한다. 인상 속도가 빠르면 때로는 Bi_2O_3가 들어가게 되므로 결정 회전수와 함께 인상속도는 0.5mm/hr 이하가 바람직하다. 용액 바로 위의 온도 기울기에도 의존하지만 BSO나 BGO와 같이 BTO도 {110} 패시트의 표출이 현저하고 광 흡수가 큰 코어가 형성되기 쉽다.

이와 같이 BTO는 인콩그루언트(incongruent)이기 때문에 처음에는 용액 성장(self-flux법)에 의한 작은 단결정이 성장되었지만[82] TSSG법에 의해 큰 단결정이 성장되었다. 그렇지만 성장에 긴 시간을 필요로 하므로 Bi_2O_3 성분의 증발이 많아진다. 그리고 온도제어를 더욱 엄밀하게 하지 않으면 온도 변동에 기인한 조성의 불균일성이 개입된다. 이들 결점을 억지하는 방법으로 필자[83]는 2중 도가니법을 채용

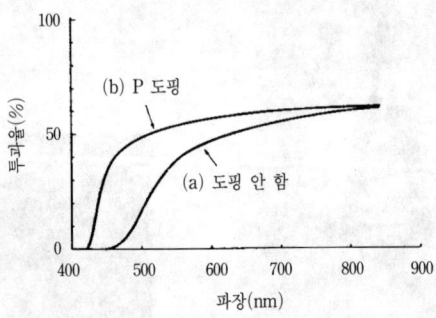

〈그림 5.28〉 $Bi_{12}TiO_{20}$의 투과 스펙트럼[83](시료 두께 ~1mm) : (a) 도핑하지 않은 것, (b) P 도핑

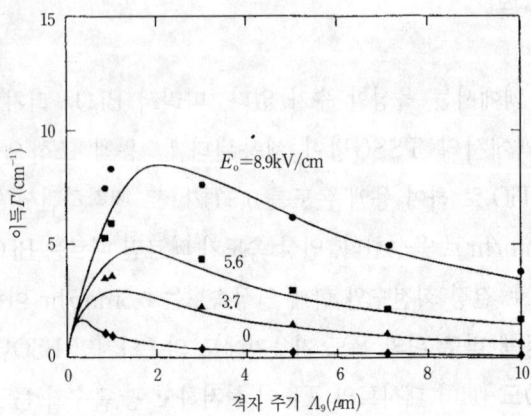

〈그림 5.29〉 $Bi_{12}TiO_{20}$의 격자 주기 Λ에 대한 빔 통합 이득의 AC 외부 전기장 의존성[84] (실선은 $\mu Z_R = 10^{-8} cm^2/V$, $L_D = 0.16\mu m$에서 피팅한 계산값)

해 해결을 시도하고 있다. 이 방법의 이점은 보통의 고주파 가열로를 사용해도 직접 융액을 가열하지 않기 때문에 증발이 억제되고, 또한 온도 조절이 ±0.5℃ 이상이라도 안쪽 도가니까지의 보온재(保溫材)를 거쳐 용액이 전파하므로 직접 결정에 온도 변동을 주지 않는다는

것이다. 그 때문에 결정의 균일성은 한층 좋아진다. 이와 같이 성장된 단결정의 예를 〈그림 5.27〉에 나타냈다. (b)는 인상 방향에서 본 것인데 (100), (110)의 결정습성이 깨끗이 나타나 있다.

BTO도 BSO나 BGO와 같이 ~400nm 부근의 흡수단은 폭이 넓어, 블리칭의 검토가 진행되고 있다.[83] 〈그림 5.28〉은 P를 도핑한 BTO 결정의 흡수 특성이지만 흡수단의 청색이동과 블리칭이 명료하게 되어 있는 것을 알 수 있다. BTO는 밴드 갭이 다른 실레나이트에 비해 작으므로 근적외 영역에서도 동작이 기대된다. 또 교류 전기장을 걸어주면 큰 2광파 혼합의 이득 계수가 얻어진다.[74] 실제 〈그림 5.29〉에 나타낸 것과 같이 교류 진폭 8.9kV/cm에서 1μm의 격자(grating) 파장에 대한 이득은 10cm^{-1}까지 이르고 있다.[84]

5.2.3 화합물 반도체

포토리프랙티브 효과를 나타내는 화합물 반도체는 III-V족의 InP,[85] GaAs,[86] GaP,[87] II-VI족의 CdTe,[88] CdS[89]가 있고, 어느 것이나 도핑하지 않은 것과 천이금속 원소 도핑의 반절연성(semi-insulating) 결정이다. II-VI족은 이른바 와이드 갭(wide gap) 반도체로서 V^{5+} 등의 도핑에 의해 깊은 준위를 도입하여 반절연성으로 되고, 또 가시영역에 포토리프랙티브 감도를 갖는다. 또 캐리어 이동도가 크기 때문에 고속 동작 소자 응용에 적합하다. 특히 도핑하지 않은 GaAs는 안티사이트(anti-site) 결함형인 As$_{Ga}$(EL2)가 깊은 준위로 되어 있어 광조사에 의해 이온화하여 캐리어를 방출한다.

$$As_{As} + V_{Ga}^- \rightarrow As_{Ga}^{2+}([EL2]^+) + V_{As}^+ + 4e^- \qquad (5.14)$$

이 반응은 산화물에서의 식(5.11), (5.12)와 비교해보면 같다는 것을 알 수 있다. 즉 깊은 준위의 트랩 밀도를 제어하는 것이 포토리프랙티브성(性)의 발현(發現)인 것에서 필자가 이것을 「deep-level engineering」이라고 한 이유도 여기에 있다. 그러나 이와 같은 격자 결함은 결정에 의존하고, 쳉(Cheng)과 파토비(Partovi)[90]는 홀로그램 형성 때의 굴절률 격자 수명이 결정에 따라 미묘하게 다르다는 것을 보고하고 있다. 이것은 결정 성장 과정에서의 냉각 조건이나 결정 품질, 특히 전이 밀도와 안티사이트 결함 EL2 농도가 받는 영향에 의존한다.[91]

이 책에서는 산화물 광학결정에 한정하고 있으므로 이들 화합물 반도체의 포토리프랙티브에 관해서는 최근의 전문학술지를 소개하는 것에서 마치겠다.

5.3 PSHB 메모리 : 홀로그래픽 동화상기록 재료

현재 광기록(光記錄)으로서는 광자기(光磁氣)에 관해 상전이(또는 상변태)형의 광 메모리 방식이 실용화되어 있다. 이들 광 메모리에서는 스포트(spot)의 한 점을 한 비트(bit)로 하는 형태이므로 기록, 재생의 억세스(access)용으로 이용되고 있는 적색 반도체 레이저 광의 회절한계로 되어 있는 약 $1\mu m$가 기록 밀도의 상한으로 정해져 있어, 그 최대값은 $\sim 10^8 bit/cm^2$다. 한편 고로코프스키(Gorokhovskki) 등[92]이나 카를라모프(Kharlamov) 등[93]의 연구진이 발견한, 유기재료에 유기색소(dye)를 첨가하여 그 흡수 특성을 이용한 광화학 홀 버닝(photo-chemical hole burning : PHB)이 최근 주목을 끌고 있다. Sm^{3+}를 도핑한 유리매질이나 불화물 결정에서는 항구적 홀 버닝(persistent hole burning)[94]이 관측되어 있다. 이 절에서는 광학결정

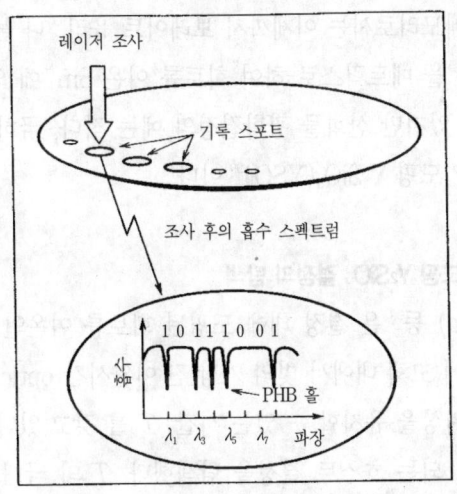

〈그림 5.30〉 광화학 홀 버닝(PHB)에 의한 광 메모리 개념

에 있어서 이 포토 홀 버닝에 대한 최근의 경향에 관해 해설한다.

5.3.1 PSHB의 원리

　PHB란 레이저 광의 조사에 의해 재료의 흡수선 분포 현상에 영구적으로 각인(刻印) 홀을 생기게 하는 현상이다. 〈그림 5.30〉에서 보는 바와 같이 비교적 흡수선의 넓은 폭 안에 홀이 만들어지는 위치는 조사된 빛의 주파수 영역에 있으므로 주파수를 약간씩 연속적으로 바꿈으로써 한 매질 내에 연속적으로 다중기록(多重記錄)이 가능하다. 종래의 광기록보다는 수천에서 1만 배 기록밀도의 향상이 기대된다. 이 것은 영구적 주파수 다중 홀 버닝(persistent spectral hole burning : PSHB)이라고 일컬어지고 있다. 주파수 영역에 의한 홀 버닝으로 기록하는 이 기법은 기록 매질의 공간적 이동을 수반하지 않기 때문에 초고속 동화상 기록을 할 수 있다.

PHB 광 메모리로서는 이제까지 보레이트 유리[95]나 불화물, 염화물(鹽化物)[96~98]을 매트릭스로 하여 희토류 이온 Sm^{3+}에 의한 분광학적 기초 연구가 있지만 산화물 광학결정의 예는 적다. 극히 최근에 등장한 것이 Eu^{3+} 도핑 Y_2SiO_5(YSO)[99]이다.

5.3.2 Eu 도핑 Y₂SiO₅ 결정의 탐색

야노(Yano) 등[99]은 결정 내에 도핑된 희토류 이온인 Eu^{3+}가 좁은 선폭과 동시에 고체 내에서 빛의 가장 긴 이완시간(optical dephasing time : 빛의 위상을 유지할 수 있는 시간) T_2를 갖고 있다는 점에 주목하여, 매질로 되는 호스트 결정을 탐색했다. T_2의 극대값은 두 준위 사이의 여기 상태에서의 수명을 T_1이라고 하면 교란을 일으키는 주위의 스핀이나 포논과의 상호작용이 없을 때는 $T_2=2T_1$로 되지만, 이제까지 이와 같은 결정은 하이젠베르크(Heisenberg)의 불확정성 원리에서 발견되지 않았다. 그 이유는 고체 내의 불순물 이온을 생각할 때 (a) 첨가 이온과 포논과의 상호작용, (b) 첨가 이온끼리의 상호작용, (c) 첨가 이온과 호스트 결정 이온 사이의 상호작용이 존재하기 때문이다. (a)의 포논 효과는 T_2가 온도에 의존하지 않도록 저온으로 하면 회피할 수 있다. (b)의 효과는 고체 레이저 결정을 닮은 소광작용이므로 첨가 이온 농도의 제어로 억제된다. (c)는 자성이 그 원인이기 때문에 호스트 결정의 선택이 열쇠로 된다. 첨가 이온과 호스트 이온과의 스핀-스핀 상호작용을 최소한으로 하기 위해서는 최근접 이온, 좀 나아가서는 제2근접 이온까지 비자성(非磁性)이지 않으면 안 된다. 이것으로부터 예를 들면, 불화물인 $YLiF_4$보다도 산화물이 적합한 것으로 되고, 또 $Y_3Al_5O_{12}$(YAG)와 같은 레이저 호스트 결정에는 Al의 핵 스핀이 큰 것에서 핵 스핀이 좀더 작은 Si를 포함하는 산화물 결정을 기

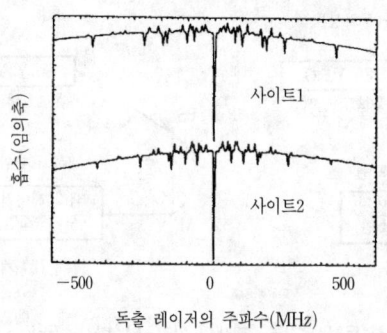

〈그림 5.31〉 Eu:Y₂SiO₅ 결정의 $^7F_0-^5D_0$ 천이의 흡수에 6K에서 홀을 기록한 경우의 스펙트럼[101]

대할 수 있다. Eu:Y₂O₃도 위의 조건을 만족하지만[100] 융점이 ~2,410℃로 높기 때문에 양질의 단결정 성장이 곤란하다. 이 지침을 근거로 찾아낸 것이 Eu:Y₂SiO₅(YSO)이다. 이것은 융점이 ~2,070℃ 근방이다.

  Eu:Y₂O₃나 Eu:YAlO₃에서는 여기 강도의 증가와 함께 위상 이완 시간이 짧아지는 것이 확인되었다.[101,102] YSO 결정에서는, Si의 겨우 4.67%인 동위체 ^{29}Si가 자기모멘트(磁氣能率)를 갖고 있지만 그 크기는 Al의 $3.64\mu N$(핵자자)에 비교하면 $-0.56\mu N$으로 작기 때문에 Eu-Si 사이의 상호작용은 무시할 수 있을 정도다. 불순물 이온 Eu^{3+}를 포함한 YSO 결정은 저온에서 불균일한 흡수선폭이 수 GHz인 데 비해, 균일한 흡수선 폭은 1kHz 이하로 고체 중 가장 좁다. 또 흡수포화(hole burning)가 영속적이고, 스펙트럼 확산도 갖지 않으며, 홀 버닝 양자 효율이 극히 높아 흥미 있는 광학적 성질을 갖는다. 〈그림 5.31〉은 $^7F_0-^5D_0$ 천이에서 흡수 스펙트럼 579.879nm와 580.049nm의 예리한 흡수선에 온도 6K에서 홀을 기록한 경우의 스펙트럼이다.

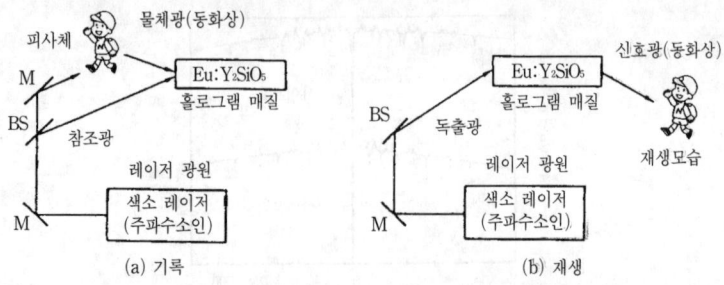

〈그림 5.32〉 PSHB에 의한 동화상 기록·재생의 원리. M：반사경(mirror), BS：빔 스플리터 (half mirror)

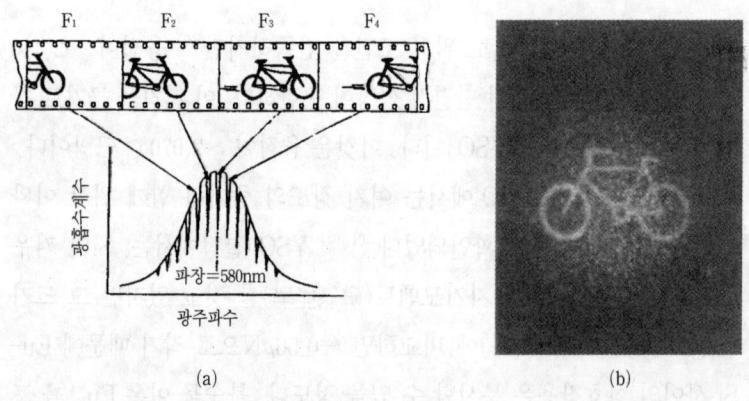

〈그림 5.33〉 Eu：Y$_2$SiO$_5$ 결정의 PSHB에 의한 동화상 기록의 원리도(a)와 실제 기록한 화상의 재생 모습(b)(光永正治 제공)

5.3.3 동화상의 기록

이것에 이용된 결정은 Eu^{3+}를 0.1 at % 도핑한 단결정으로서, 두께 11.5mm의 시료를 7K로 냉각하여 〈그림 5.32〉에 표시한 것과 같은 홀로그래피 기록의 배치로, 레이저(광 흡수 선폭의 범위 내에서 주파수 가변 범위 500MHz 이상의 주파수가 안정한 색소 레이저) 광을 매질의 공명 흡수선(~580nm)에 맞추고 그 주파수로 주사(走査)하면서 빛을 쪼이면 실시간 동화상(動畵像)를 기록할 수 있다. 즉 다른 시각 (時刻)의 화상은 흡수 스펙트럼상의 다른 위치에 기록된다. 이제까지의 재료에 비해 약 1/100의 노광 시간(露光時間)으로 화상을 기록할 수 있는 고감도이며, 기록용 레이저 광의 주파수를 1kHz 변화시키는 것만으로 다른 화상을 기록할 수 있는 매우 좁은 광 흡수폭을 지니고 있다. 물론 같은 주파수 영역에서 읽을 빛을 주사하면 화상을 볼 수 있다. 〈그림 5.33(a)〉에 그 원리를, (b)에는 동화상을 재생한 상의 예를 표시했다.

이 방법은 종래의 동화상 기록과 달라, 완전히 시간적으로 연속적인 기록이고, 이미 약 20초 간의 간단한 동화상을 기록하고 있다. 또 기록매질의 이동을 수반하지 않기 때문에 초고속 동화상 기록에 적합하다. 시간 분해능은 매질의 흡수선폭(밴드 폭)에만 제약을 받고 원리적으로는 나노초(nano-second) 정도의 동화상 기록도 가능하다. 정지 화상이면 텔레비전 영상시간으로 100시간에 상당하는 약 1,000만 화상의 축적이 가능하다. 또 이 동화상 기록은 홀로그래피 기록에 특징적인 3차원 화상 기록이나 위상정보 기록 등의 가능성도 있다.

포토리프랙티브 결정에서의 홀로그램 고정화(fixing) 과정은 거의 없는 것이 특징이지만, 홀 형성(기록)과 읽어내는 것은 앞에서 논한 (a)를 회피(回避)하기 위해 7K라는 극저온이 필요하다.

활성이온으로는 Sm^{2+}를 첨가한 불화물 유리나 보레이트 유리에 의한 실온 PHB가 보고되어 있지만[103] 극저온에서의 홀 형성이 1,000~1만인 것이 실온에서는 균일 흡수선폭이 넓어져 10정도 된다. 좀더 높은 온도에서 동작이 가능하게 하기 위해서는 새로운 호스트 매질로서의 산화물 광학결정 탐색이 중요한 분야라고 할 수 있다. 본격적인 연구는 시작된 것에 불과하지만 여기에 소개한 결정화학적인 탐색지침과 같이 앞으로의 재료탐색과 응용연구를 기대해본다.

참고문헌

1) A. M. Glass ; Opt. Engin., 17(1978)470.
2) A. Ashkin, G. D. Boyd, J. M. Dziedzic, R. G. Smith, A. A. Ballman, J. J. Levinstein and K. Nassau ; Appl. Phys. Lett., 9(1966)72.
3) F. S. Chen, J. T. LaMacchia and D. B. Fraser ; Appl. Phys. Lett., 13(1968)223.
4) J. Feinberg and R. W. Hellwarth ; Opt. Lett., 5(1980)519, errata 6(1981)259.
5) 北山 ; 應用物理, 61(1992)14.
6) P. Günter and J. P. Huignard Ed. ; *"Photorefractive Materials and their Applications"* (Springer-Verlag, Berlin, 1988)Vol. 1, 2.
7) MRS Bulletin, Vol. XIX, No. DR 3(March, 1994).
8) *"Topical Meeting on Photorefractive Materials, Effects and Devices"* (Kiev 1993, Aspen 1995).
9) J. J. Amodei ; Appl. Phys. Lett., 18(1971)22.
10) 畠山, 杉山 ; 私信.
11) N. V. Kukhtarev, V. B. Markov, S. G. Odulov, M. S. Soskin, and V. L. Vinetskii ; Ferroelectrics, 22(1979)949.
12) P. Yeh ; IEEE J. Quant. Electron., QE-25(1989)484.
13) J. Feinberg ; J. Opt. Soc. Amer., 72(1982)46.
14) M. Cronin-Golomb, B. Fischer, J. O. White and A. Jariv ; IEEE J. Quant. Electron., QE-20(1984) 12.

15) A. M. Glass, D. D. Nolte, D. H. Olson, G. E. Doran, D. S. Chelma and W. H. Knox ; Opt. Lett., 15(1990) 264.
16) K. Sutter, J. Hulliger and P. Günter ; Sol. Sta. Commun., 74(1990)867.
17) L. Hesselink and S. Redfield ; Opt. Lett., 13(1988)877.
18) G. W. Ross, P. Hribek and R. W. Eason ; Tech. Digest of Topical Meeting on Photorefractive Materials, Effects, and Devices ; PRM '93(Aug. 11-15, 1993, Kiev, Ukraine) Th-AO 4, p. 51.
19) M. H. Garrett and D. Rytz ; Abstracts of European MRS 1994 Spring Meeting(May 24-17, 1994, Strasbourg, France)C-I. 1.
20) L. P. Shi, W. Karthe and A. Rasch ; Appl. Phys. Lett., 65(1994)2539.
21) R. L. Townsend and J. T. LaMacchia ; J. Appl. Phys., 41(1970)5188.
22) J. J. Amodei, D. L. Staebler and A. W. Stephens ; Appl. Phys. Lett., 18(1971)507.
23) A. Krumins and P. Günter ; Appl. Phys. Lett., 19(1979)153.
24) F. S. Chen ; J. Appl. Phys. 38(1967)3148.
25) J. Zhuang, G. S. Li, X. C. Guo, Y. H. Huang, Z. Z. Shi, Y. Y. Weng and J. Lu ; Opt. Commun., 82(1991)69.
26) J. Rodriguez, A. Siahmakuoun, G. Salamo, M. J. Miller, W. W. Clark, G. L. Wood, E. J. Sharp and R. R. Neurgaonkar ; Appl. Opt., 26(1987)1732.
27) D. Rytz, Q. A. Wechsler, M. H. Garrett, C. C. Nelson and R. N. Schwartz ; J. Opt. Soc. Amer., 7(1990)2245.
28) J. P. Remeika, J. Amer. Chem. Soc., 76(1954)940.
29) R. L. Townsend and J. T. LaMacchia ; J. Appl. Phys., 41(1970)5188.
30) J. Feinberg, D. Heiman, A. Tanguay and R. W. Hellwarth ; J. Appl. Phys., 51(1980)1297.

31) E. Kratzig, F. Welz, R. Orlowski, V. Doormann, and M. Rosenkranz ; Sol. Sta. Commun., 34(1980)817.
32) A. Linz, V. Belruss, and C. S. Naiman ; J. Electro, Chem. Soc., 112(1965)60 C.
33) D. E. Rase and R. Roy ; J. Amer. Ceram. Soc., 38(1955)110.
34) D. Rytz, B. A. Wechsler, C. C. Nelson, and K. W. Kirby ; J. Cryst. Growth, 99(1990)864.
35) 味村 他 ; 日本結晶成長學會誌, 17(1990)110.
36) D. Rytz, Q. A. Wechsler, M. H. Garrett, C. C. Nelson and R. N. Schwartz ; J. Opt. Soc. Amer., 7(1990)2245.
37) M. H. Garrett, J. Y Chang, H. P. Jessen and C. Warde ; Opt. Lett., 17(1992)103.
38) A. Ishida, O. Mikami, S. Miyazawa and M. Sumi ; Appl. Phys. Lett., 21(1972)192.
39) R. Orlowski and E. Kratzig ; Sol. Stat. Commun., 27(1978)1351.
40) D. L. Staebler, W. J. Burke, W. Phillips and J. J. Amodei ; Appl. Phys. Lett., 26(1975)182.
41) S. Tao, D. R. Selviah and J. E. Midwinter ; Opt. Lett., 18(1993)912.
42) 三上, 石田, 宮澤, 應用物理 43(1974)1219.
43) J. J. Amodei and D. L. Staebler ; Appl. Phys. Lett., 18(1972)540.
44) D. L. Staebler and J. J. Amodei ; Ferroelectrics, 3(1972)107.
45) P. Günter ; Phys. Reports, 93(1982)199.
46) M. Z. Zha and P. Günter ; Opt. Lett., 11(1985)184.
47) E. Voit and P. Günter ; Opt. Lett., 12(1987)769.
48) E. Voit, M. Z. Zha, P. Amrhein and P. Günter ; Opt. Soc. Amer. Tech. Dig. Ser., 17(1987)2.
49) J. Wang, Q. Guan, Y. Liu, J. Wei, D. Wang, Y. Lian, H. Yang and P. Ye ; Appl. Phys. Lett., 61(1992)2761.
50) J. B. Thaxter ; Appl. Phys. Lett., 15(1969)210.
51) R. R. Neurgaonkar, W. K. Cory, J. R. Oliver, M. D. Ewbank,

and W. F. Hall ; Opt. Eng., 26(1987)392.

52) M. D. Ewbank, R. R. Neurgaonkar, and W. K. Feinberg ; J. Appl. Phys., 62(1987)374.

53) G. L. Wood, W. E. Clark, M. J. Miller, E. J. Salamo, and R. R. Neurgaonkar ; IEEE J. Quant. Electron., QE-23(1987)2126.

54) P. W. Whipps ; J. Solid State Chem., 4(1972)281.

55) A. A. Ballman and H. Brown ; J. Cryst. Growth, 1(1967)311.

56) J. R. Carruthers and M. Grasso ; J. Electrochem. Soc., 117(1970)1426.

57) K. Megumi, K. Nagatsuma, Y. Kashiwada and Y. Furuhata ; J. Mater. Sci., 11(1976)1583.

58) K. Megumi, H. Kozuka, M. Kobayashi, and Y. Furuhata ; Appl. Phys. Lett., 30(1977)631.

59) R. R. Neurgaonkar and W. K. Cory ; J. Opt. Soc. Amer., B, 3(1986)274.

60) Y. Sugiyama, I. Hatakeyama and I. Yokohama ; J. Cryst. Growth, 134(1993)255.

61) Y. Sugiyama, S. Yagi, I. Yokohama and I. Hatakeyama ; Jpn. J. Appl. Phys., 31(1992)708.

62) R. R. Neugaonkar, W. K. Cory, J. R. Oliver, M. D. Ewbank and W. F. Hall ; Opt. Eng., 26(1987)392.

63) J. Bergquist, Y. Tomita and M. Shibata ; Appl. Phys., A 55(1992)61.

64) Y. Tomita, J. Bergquist and M. Shibata ; J. Opt. Soc. Amer. B, 10(1993)94.

65) J. P. Huignard and F. Micheron ; Appl. Phys. Lett., 29(1976)591.

66) J. P. Hermann, J. P. Herriau and J. P. Huignard ; Appl. Opt., 20(1981)2173.

67) G. C. Valley, M. B. Klein, R. A. Mullen, D. Rytz and B. Wechsler ; Ann. Res. Mater. Sci., 18(1988)165.

68) A. Feldman, W. S. Jr. Brower and D. Horowitz ; Appl. Phys.

Lett., 16(1970)201.

69) J. P. Wilde, L. Hesselink, S. W. McCarhon, M. B. Klein, D. Rytz and B. A. Wechsler ; J. Appl. Phys., 67(1990)2245.

70) A. A. Ballman ; J. Cryst. Growth, 1(1967)37.

71) E. M. Levin and R. S. Roth ; J. Res. NBS, 68 B(1964)197.

72) J. C. Brice, M. J. Hight, O. F. Hill, and P. A. Whiffin; Philips Techn. Rev., 37(1977)250

73) O. F. Hill and J. C. Brice ; J. Mater. Science, 9(1974)1252.

74) 多田, 工原, 赤井 ; 電氣學會 電子材料研究會資料 EFM-75-3(1975. 11. 18).

75) S. L. Hou, R. B. Lauer and R. E. Alrich ; J. Appl. Phys., 44(1973)2652.

76) R. Oberschmid ; Phys. Stat. Sol.,(a)89(1985)263.

77) X. Xuewu, L. Jingying, S. Bingfu, S. Peifa, C. Xianqiu, and H. Chohgfan; J. Cryst. Growth, 133(1993)267.

78) S. I. Stepanov, M. P. Petrov, and M. V. Krasin'kova ; Sov. Phys. Tech. Phys., 29(1984)703.

79) S. I. Stepanov and M. P. Petrov ; Opt. Commun., 53(1985)292.

80) T. M. Bruton ; J. Solid State Chem., 9(1974)173.

81) T. M. Bruton, J. C. Brice, O. F. Hill, and P. A. C. Whiffin ; J. Cryst. Growth, 23(1974)21.

82) A. D. Morris ; Ferroelectrics, 2(1971)59.

83) S. Miyazawa ; E-MRS 1993 Spring Meeting(May 24-27, 1994, Strasbourg)C-I/P 7, Opt. Materials, 4(1995)192.

84) C. George, M. B. Klein, R. A. Mullen, D. Rytz, and B. Wechsler ; Ann. Rev. Mater. Sci., 18(1988)165.

85) A. M. Glass, A. M. Johnston, D. H. Olson and A. A. Ballman ; Appl. Phys. Lett., 44(1984)948.

86) M. B. Klein ; Opt. Lett., 9(1984)350.

87) K. Kuroda, Y. Okazaki, T. Shimura, H. Okamura, M. Chihara, M. Itoh and I. Ogura ; Opt. Lett., 15(1990)1197.

88) R. B. Bylsma, P. M. Bridenbaugh, D. H. Olsen and A. M. Glass ; Appl. Phys. Lett., 51(1987)889.
89) P. Tayebati, J. Kumar and S. Scott ; Appl. Phys. Lett., 59(1991)3366.
90) L. -J. Cheng and A. Partovi ; Appl. Opt., 27(1988)1760.
91) S. Miyazawa ; in *"The Role of Crystal Growth for Device Development"* (ed. by N. Niizeki) of *"Progress in Crystal Growth and Characterization of Materials"* Vol. 23(ed. by J. B. Mullin, Pergamon Press, Oxford, 1992), p. 23.
92) A. A. Gorokhovskii, R. K. Kaarli and L. A. Rebane ; JETP Lett., 20(1974)216.
93) B. M. Kharlamov, R. I. Personov and L. A. Bykovskaya ; Opt. Commun., 12(1974)191.
94) R. M. Macfarlane, R. M. Shelby and R. L. Shoemaker ; Phys. Rev. Lett., 43(1979)1726.
95) K. Hirano, S. Todoroki, N. Soga and T. Izumitani ; J. Lumines., 55(1993)217.
96) R. Jaaniso and H. Bill ; Europhys. Lett., 16(1991)569.
97) K. Holliday, C. Wei, M. Croci and U. P. Wild ; J. Lumines., 53(1992)227.
98) J. Zhang, S. Huang and J. Yu ; Opt. Lett., 17(1992)1146.
99) R. Yano, M. Mitsunaga and N. Uesugi ; J. Opt. Soc. Amer., B, 9(1992)992.
100) R. M. Macfarlane and R. M. Shelby ; Opt. Commun., 39(1981)169.
101) J. Huang, J. M. Zhang, A. Lezama and T. W. Mossberg ; Phys. Rev. Lett., 63(1989)78.
102) M. Mitsunaga and N. Uesugi ; Opt. Lett., 15(1990)195.
103) 예를 들면 「O plus E」, 157(1992)47.

6 광학결정의 육성기술

　단결정 육성은 단순히 이미 알려진 물질의 물성이나 결정학적 연구 목적뿐만 아니라, 소자의 응용을 위한 품질 제어, 더욱 나아가서는 실용 면에서의 경제성을 포함한다. 이 장에서는 산화물 광학 단결정의 육성방법에 관해 간략하게 설명했다. 특히 실용적인 면에서 중요한 초크랄스키법에 대해서는 여러 현상에 관해 절(節)을 따로 두어 상세히 기술했다.

　물질의 이방성(異方性)을 포함한 고유의 성질, 예컨대 경도(硬度), 열 팽창률, 영(Young)률과 같은 구조에 대해 민감하지 않은 물리량을 대상으로 할 경우에는 단결정에 쪼개짐(crack)이나 맥리(脈理)와 같은 거시적 결함(표면이라는 결함은 제외)이 없으면 대개 측정에는 충분하다. 그러나 물성 측정에서는 결정의 질을 충분히 고려해야 하며, 결정의 질을 문제삼을 경우에는 연구 대상에 따라 결정 성장법으로 거슬러 올라가 육성·성장을 음미할 필요가 있다. 예를 들면 유전율, 굴절률, 광흡수, 분역벽 이동과 같이 구조에 민감한 성질을 대상으로 하는 경우에는 엄밀한 조성, 육성 중의 분위기, 냉각 조건 등 더욱 엄격한 성장관리를 하는 것이 중요하다. 소자응용의 실용 면에서는 소자의 기능에 맞는 단결정이 갖는 완전성, 균질성과 같은 품질의 재현성(再現性)이 있는 결정 제조가 요구되고 최종적으로는 경제성이 중요 인자가 된다.

기술용어사전에 따르면 「품질관리(JIS Z8101)」란 「수요자의 요구에 부응하는 품질의 물품 또는 서비스를 경제적으로 만들어내기 위한 수단의 체계화」라고 정의되어 있다. 실용 면에서 단결정을 만드는 것은 「원하는 특성을 갖는 대형 결정을 소자에 적합한 형태와 크기로, 또한 간편한 방법과 경제적으로 재현성이 좋게 육성하는 일」이라고 할 수 있을 것이다. 단결정 육성은 단순히 결정을 얻는 것이 아니라 품질관리까지 포함시킨 상태도→재료합성→결정 육성관리→결정 품질평가→소자 특성까지의 체계화다. 물성 및 소자 특성까지도 좌우한다는 점에서 매우 중요한 학술영역의 과학(science) 분야라는 것을 인식할 수 있을 것이다. 단결정 육성에 관한 도서는 많이 있지만 교과서적인 입문서,[1~4] 귀중한 노하우가 정리된 저술[5]을 참고서로 제시한다.

6.1 단결정의 육성방법

이제까지 단결정을 육성·제조하기 위한 여러 가지 방법이 개발되어왔다. 이러한 것은 결정화하는 방법에 따라 융액에서의 육성, 용액(溶液)에서의 육성, 기상(氣相)에서의 육성, 고상(固相)에서의 육성 및 이들의 조합을 통한 육성으로 크게 나눌 수 있다. 그리고 각각 몇 가지 육성기술로 세분된다. 기초연구나 실현성 테스트 단계에서 작은 단결정을 만들고 싶을 경우에는 여러 가지 수단이 채용되지만 공업재료로서의 단결정 육성방법은 〈표 6.1〉에 수록한 것과 같이 순도, 완전

〈표 6.1〉 액상에서 결정성장법의 선택과 대표적인 공업적 제조법(밑줄)

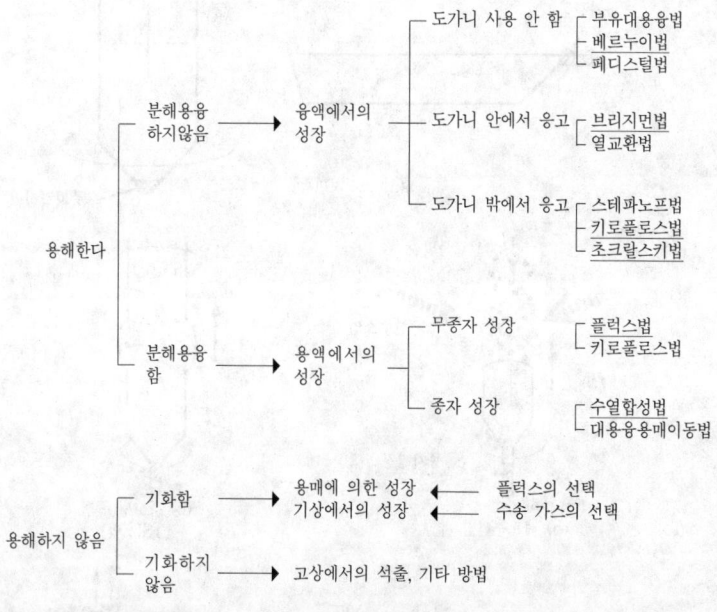

성, 균질성, 재현성 등을 제어할 수 있는 방법으로 한정된다.

대표적인 단결정 육성방법의 개략도를 〈표 6.1〉에 나타냈다. 광학결정의 대부분은 초크랄스키법(용융인상법)으로 육성하는 경우가 많기 때문에 다른 절에서 상세히 논하겠다.

6.1.1 브리지먼법

브리지먼법은 〈그림 6.1(a)〉에 나타낸 것과 같이 단결정을 만들려고 하는 모체(母體)를 도가니 안에서 용융하여 온도 기울기가 있는 노(爐) 안에서 이동시켜 한쪽에서부터 결정화하는 것으로 수직로, 수평로가 재료에 따라 선택된다. 플럭스법과 병행하여 브리지먼법은 단결

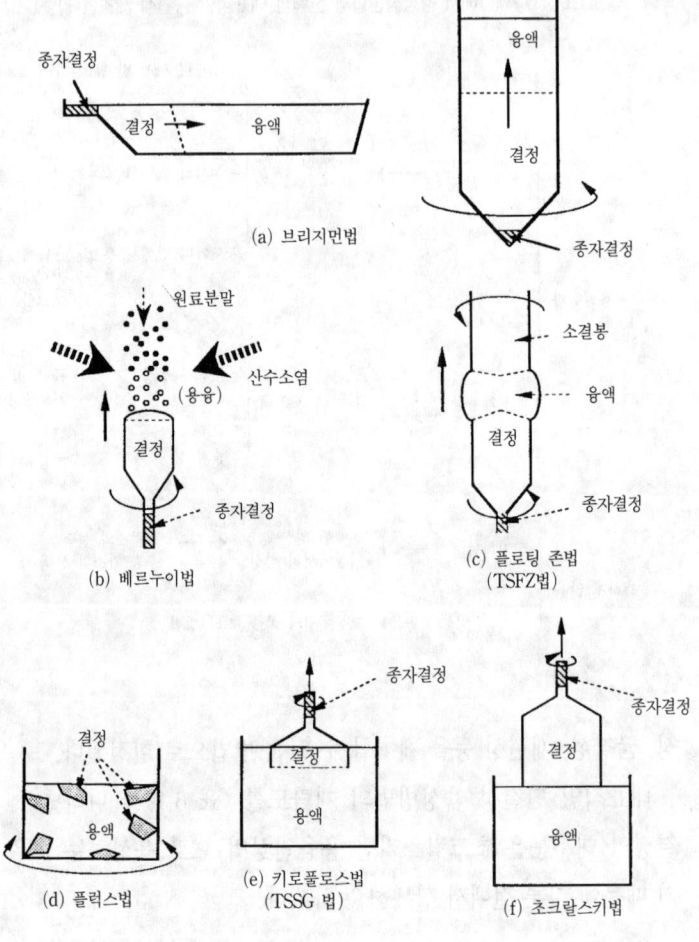

〈**그림 6.1**〉 단결정 육성방법의 개념도

정 육성에 종종 이용된다. 전기로의 구성은 온도관리, 분위기 제어 등을 엄밀히 함으로써 한 번 장치하면 인력(人力)을 필요로 하지 않으므로 제조용으로 흔히 이용된다. 금속, 할로겐화물을 비롯해 화합물 반도체에서는 널리 실용 기술로 채용되고 있다.

〈그림 6.2〉 수평 브리지먼법에 의한 $Li_2B_4O_7$ 단결정[6] (東洋大 勝亦徹助 교수 제공)

브리지먼법에서는 도가니 안에서 결정이 성장하므로 도가니 재질의 열팽창계수와의 차이에 따라 결정에 스트레인이 생기고, 도가니 재료와의 화학적 반응에 따라 결정에 불순물이 혼입하기 쉬운 문제점 등이 있기 때문에 할라이드(halide)계 단결정 이외의 광학결정 육성에는 그리 적합하지 않다. 극히 최근에는 횡형(수평) 브리지먼법에 의해 $Li_2B_4O_7$ 단결정을 육성한 보고가 있었다.[6] 도가니 용기로는 습성(濕性)의 검토에서 그라파이트(graphite)를 이용하게 되었다. 〈그림 6.2〉에 육성한 결정의 예를 제시했다.

이 결정 육성 원리와 유사한 방법으로 브리지먼-슈토히베르거(Bridgman-Stochberger)법이 있다. 이것은 급격한 온도 기울기를 갖는 수직로 안을 이동시키는 것으로서 스피넬(spinel) 구조의 페라이트(ferrite)가 산화물로서 육성되고 있다.

6.1.2 베르누이법(화염용융법)

〈그림 6.1(b)〉에 개략적인 내용을 표시했지만 바닥이 채그물로 되어 있는 용기에서 진동체(vibrator) 등을 이용해 미세한 분말의 원료를 정상적으로 산수소염(酸水素炎)의 도립 버너(倒立 burner) 속으로

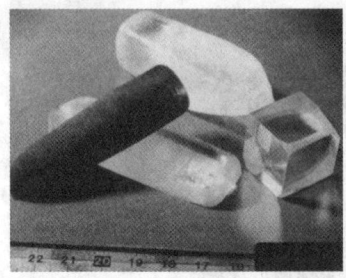
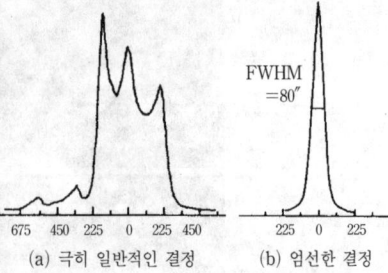

〈그림 6.3〉 베르누이법에 의한 단결정(信光社 제공) : (왼쪽)루비 (Cr:Al_2O_3) : (가운데)사파이어 (Al_2O_3) : (안쪽)$SrTiO_3$: (오른쪽)가공된 루틸(TiO_2)

〈그림 6.4〉 $SrTiO_3$ 결정의 X선 로킹커브에 의한 결정성 평가 예 : (a) 모자이크 구조, (b) 양질의 결정

낙하시켜, 이 화염 안에서 용융하여 종자결정에 퇴적(堆積)시켜 육성하는 방법이다. 가열방법은 거의 산수소염이지만 아크 이미지(arcimage)나 플라즈마염(plasma炎)을 사용하는 경우도 있다. 처음에는 보석으로서의 인공 루비 제조기술로 고안된 것이지만 종자 결정의 활용과 가스압 자동제어 등의 기술개발에 힘입어 장식용 보석결정(寶石結晶)을 비롯해 공업용 단결정 제조기술로서 확립되었다.

 도가니를 사용하지 않는 것이 가장 큰 특징이다. 그리고 고융점 결정 육성에 주로 사용되고 있지만, 온도 기울기가 비교적 크기 때문에 열변형이 많으므로 일반적으로 육성 후에 변형 제거를 위한 설담금을 할 필요가 있다. 또 환원 분위기에서의 육성이므로 설달금에 의한 산화로 탈색하는 경우도 있다. 육성되고 있는 결정으로는 사파이어(Al_2O_3), 루비(Cr도핑 Al_2O_3), 루틸(TiO_2), $SrTiO_3$, $LaAlO_3$ 등 ~2,000℃ 이상의 고융점 결정으로 육성 결정의 예를 〈그림 6.3〉에 나타냈다. 사파이어에서는 지름 80mm, 길이 120mm 크기의 단결정이 얻어지고 있다. 결정의 전위밀도(轉位密度)는 온도 기울기가 급하므로 일반적으로는

$10^5 \sim 10^7/cm^2$ 정도다. 또 비교적 비평형(非平衡)에서의 결정 성장이므로 서브그레인이 발생하기 쉽고, 광학적으로 균질한 단결정을 얻는 것이 어렵다. 예로서 〈그림 6.4(a)〉는 $SrTiO_3$에서 볼 수 있는 서브그레인 구조를 X선 회절에 의한 로킹 커브(rocking curve)로 관측한 것으로 약간 결정방위가 틀어진 서브그레인의 존재(모자이크 구조)를 말해주고 있다. 〈그림 6.4(b)〉는 결정을 엄밀하게 선별한 경우에 얻어진 것으로 반치폭이 ~80″ 정도이지만 피크가 하나 있어, 단결정으로 되어 있다는 사실을 알 수 있다. 광학 응용을 목적으로 한 베르누이(Bernoulli)법으로 육성한 결정에서는 결정성의 평가를 생략할 수 없다.

6.1.3 플로팅 존법

〈그림 6.11(c)〉에 개략도를 나타냈다. 원료 막대에는 결정으로 되는 조성의 소결체(燒結體)를, 아래쪽에는 종자 결정을 두고 원료 막대와 종자의 끝부분을 가열 용융하여 접촉시킨 후에 용융부를 형성하고, 용융대를 서서히 원료 막대 쪽으로 이동시켜 단결정을 육성하기 때문에 부유대(浮遊帶, floating zone : FZ)법이라고 한다. 이것은 또 대용융이동법(帶溶融移動法, travelling zone melting)이라고도 한다. 가열 방법은 전도성(電導性)이면 유도가열(誘導加熱)을 하고, 절연성이면 저항가열이나 아크 이미지, 적외선 집광 가열을 하는 등 여러 가지 방법이 있지만 용융대를 자체의 표면 장력으로 유지하므로 용융폭을 좁게 하는 가열 방식이 필요하다. 용융부는 용액 자체가 갖는 표면 장력에 의해 유지되므로 융대(融帶)는 중력에 의해 병(bottle) 모양으로 되기 때문에 점성이 작은 재료계의 육성에는 일반적으로 적합하지 않다. 또 원료 막대의 충진율(充塡率)이 중요하고 서투른 소결막대로 인해 부유대가 형성되지 않고 용액이 처져 떨어지기도 하므로 원료 막대

의 제작이 결정 육성에서 하나의 열쇠가 된다.

이 방법도 도가니를 사용하지 않는 육성법이고, 도가니에 의한 오염이 없는 것이 특징이다. 이 방법은 반도체의 고순도 Si 단결정 제조에 이용되고,[7] 산소 농도가 적은 Si 단결정 제조에 사용되고 있다. 또 적당한 도가니 재료가 없는 고융점의 금속 결정(W, Mo 등)이나 LaB_6, $YFeO_3$, $MgFe_2O_4$ 등의 단결정이 육성·제조되고 있다. 성장 방향에 따라 온도 기울기를 작게 하는 노구성(爐構成)이 광학결정에서는 중요하며, 증기압이 높은 결정 재료에는 적합하지 않다. 결정의 크기는 원료 막대의 지름과 부유대의 두께에 따라 대체로 결정되고, 산화물에 한해서 예를 든다면 지름이 20mm 정도가 한계다. 따라서 큰 결정 등 대량생산에는 적합지 않고, 연구용으로 간단히 결정을 얻는 목적에는 유효하다.

이 방법의 변형으로 부유대역(浮遊帶域)에 용제(flux)를 사용함으로써 원료막대를 녹게 하여 서서히 이동시키는 용융대이동 FZ법(travelling solvent floating zone : TSFZ)이 있다. 플럭스 탐색, 고용한계(固溶限界)의 동정(同定), 상태도 작성과 같은 기본 연구에도 응용된다. 현재 실용화되고 있는 $Y_3Fe_5O_{12}$(YIG)는 TSFZ육성의 대표적인 예다. 또 요즘 산화물 고온 초전도체의 단결정 육성에 이 TSFZ 육성법이 활용되고 있다.[8]

6.1.4 플럭스법

결정을 녹이는 적당한 용제(flux)에 결정화상(結晶化相)을 녹인 용액(solution)을 천천히 냉각시켜 포화 상태에서 결정을 석출(析出)·성장시키는 방법으로서〔그림 6.1(d)〕, 고융점 단결정이 육성되고 있다.[9] 결정에 따라 여러 가지 방법이 채택되고 있는데, 결정 성장의 기본으로 되어 있다. 중요한 방법은 서냉법(徐冷法), 증발법, 온도 기울기법 등 용액 표면에 종자결정을 두어 벌크 결정으로 성장시키는 톱시디드 용액성장(top-seeded solution growth : TSSG) 또는 키로풀로스 인상법[그림 6.1(e)], 고온·고압에서 알칼리성 용액으로부터의 수열합성법 등, 많은 파생 기술이 결정 육성에 채용되고 있다. 또한 키로풀로스법은 융액(melt)에서의 성장법으로 분류되어야 하고, 특히 고용체 단결정의 육성에 대한 명칭이라는 점에 주의해야 할 것이다.

용제(溶劑)로서 요구되는 항목은 ① 결정 원료의 용해도가 클 것, ② 융점이 낮을 것, ③ 증기압이 낮을 것, ④ 점성이 작을 것, ⑤ 결정 채취가 쉬울 것, ⑥ 도가니 재료와 반응하지 않을 것, ⑦ 결정으로의 고용도(固溶度)가 작을 것 등을 들 수 있다. 가장 일반적으로 이용되는 것은 H_2O, KF, PbO, PbF_2, $BaCl_2$, B_2O_3나 이들의 혼합물이다. 플럭스 성장에서 가장 유명한 결정은 KF를 플럭스로 사용하여 육성한 $BaTiO_3$가 있다.[10] 이것은 KF와 $BaTiO_3$가 단순공정계(單純共晶系)라는 특성을 이용한 것이다. KF 플럭스를 사용하여 서냉법으로 육성한 $BaTiO_3$ 결정은 특징적인 한 장 한 장의 결정이 직각 3각형 모양의 평판으로 두 장의 박판이 직각의 대변을 공유한 쌍정형상(雙晶形狀 : butterfly)으로 된다. 또 자기광학결정인 $Y_3Fe_5O_{12}$(YIG)가 플럭스 성장으로 육성되고 있다(제1장 그림 1.8).

플럭스 성장에서는 결정의 석출과 함께 용액 내에서 농도 분포가 생겨 결정 성장화가 충분하지 않게 되므로 도가니 회전 방향을 좌우로 교대하여 용액 안을 교반(攪拌)하는 ACRT(accelerated crucible rotation technique)[11]가 유익하다.

용제는 불순물로서 결정에 들어가는 수가 많으므로 상태도상에서 결정 성분의 일부를 용제로 하는 셀프 플럭스(self-flux)법이 있다. 앞

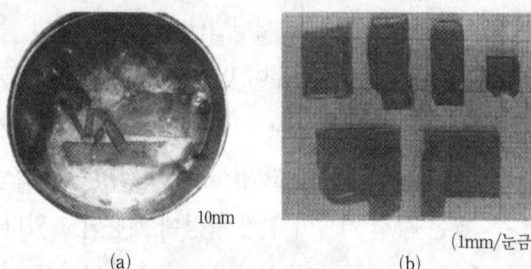

〈그림 6.5〉 셀프 플럭스법에 의한 $LiNdP_4O_{12}$ 판상 단결정[13] : (a)는 도가니를 위에서 내려다본 것인데 용액표면에 결정이 정출된 모양, (b)는 채취한 단결정판(두께 0.5~2mm)

에서 기술한 $BaTiO_3$는, 그 조성에서는 반드시 육방정계 결정으로 되어 강유전성을 나타내는 입방정계는 얻을 수 없다. 린츠[12]는 TiO_2과잉의 용액에서 입방정계의 대형 단결정 육성에 성공하여 린츠법이라고 부르지만, 일종의 키로풀로스/TSSG법이다. 고효율 고체 레이저 결정인 희토류 직접 화합물 레이저 결정 중 하나인 $LiNdP_5O_{14}$(LNP)는 인산용액(燐酸溶液)에서 플럭스법[13]이나 TSSG법을 통해 대형 결정(제1장 그림 1.19)이 육성된다. 〈그림 6.5〉는 셀프 플럭스법으로 도가니 안에서 정출된 LNP의 판상결정을 나타내고 있다.

여기에서 주의해야 할 것은 결정 성장의 용어다. 플럭스 성장으로 결정을 석출했다고 표현한 것을 흔히 볼 수 있지만 이것은 잘못이고, 액체에서 고체가 결정화하는 경우는 정출(晶出)이라고 해야 옳다. 석출은 고체에서 다른 상(相)의 고체가 생길 경우 쓰는 표현이라는 점에 주의하기 바란다. 어느 쪽이든 플럭스법으로는 원하는 결정을 효율이 좋게 녹여 넣을 필요가 있고, 상태도를 확보하거나 다시 제작하는 것이 중요한 일이다.

플럭스법은 또 플럭스 용액에 기판 결정을 침입(浸入)시켜 박막을 성장시키는 액상 에피택시(liquid phase epitaxy : LPE)의 기본이기도 하고, 화합물 반도체 레이저의 기초를 쌓은 방법이기도 하다. LPE 막은 기판 결정에서 결정 특성이 급격히 변하므로 최근 주파수 체배용 (遞倍用) $LiNbO_3$의 LPE 광도파로 형성[15,16]이 주목을 받았고, 플럭스 탐색을 포함해 다시 활발하게 연구되고 있다. 또 셀프 플럭스법에 의한 $LiNdP_5O_{14}$(LNP)계인 $KNdP_4O_{12}$(KNP)를 역시 플럭스 성장의 $KLaP_4O_{12}$(KLP) 결정 위에 에피택셜 성장시킨 LPE 레이저[17]가 있다 (제4장 그림 4.10). 여기광과 레이저 발진광은 LPE 도파로 안에 봉입 (封入)되어 발진 효율이 높아진다.

6.1.5 파이버 단결정 육성

제2장에서 광학결정은 빛과 전자의 상호작용의 「장」이라고 기술했지만, 빛의 봉입효과가 높아지는 광도파로의 연구와 함께 광 파이버 (fiber) 도파 이론 구축에 수반하여 단결정 파이버의 육성 연구가 1985년을 전후로 성행했다. 특히 반도체 레이저 여기의 소형 고체 레이저, 제2고조파 발생(SHG)으로 대표되는 비선형광학 응용에 대해 많은 산화물 단결정 파이버가 육성되었다. 〈표 6.2〉는 이제까지 육성된 단결정 파이버 재료의 대표적 예와 그 응용 예를 나타내고 있다.

필자는 〈그림 6.6〉에 나타낸 것과 같이 융액 중에 안지름 약 0.5mm의 백금제 노즐을 삽입해 모세관 현상으로 노즐 상단에 상승한 융액에 종자결정을 접속시켜 초크랄스키법과 같이 인상 육성을 시도했다.[18] 노즐 상단을 삽입한 그림과 같이 예각으로 날카롭게 함으로써 지름 약 0.1mm, 길이 약 70mm의 $LiNbO_3$ 단결정 파이버를 육성했다. 이 방법의 난점은 노즐 상단의 바깥지름보다 결정의 지름을 가늘게 할 수 없다는 것이다. 그 후 페이어(Feyer) 등[19]이 탄산 가스(CO_2)레이저를 집광시킨 레이저 페디스털(laser pedestal)법을 개발하여, 50~200μm

<표 6.2> 파이버 단결정의 육성재료 예와 그 응용

결 정	응 용
MgO:LiNbO₃ β-BaB₂O₄	파장변환(SHG)
Nd:Y₃Al₅O₁₂ Nd:Ga₃Gd₅O₁₂ Nd:LiNbO₃ Ti:Al₂O₃	도파형 레이저
Bi₁₂SiO₂₀ Bi₁₂GeO₂₀ (Sr, Ba)Nb₂O₅ BaTiO₃ K(Ta, Nb)O₃ Pr:YAP	홀로그램 메모리, 위상 공액파 등, 포토리프랙티브 응용
Al₂O₃ CaF₂	광도파

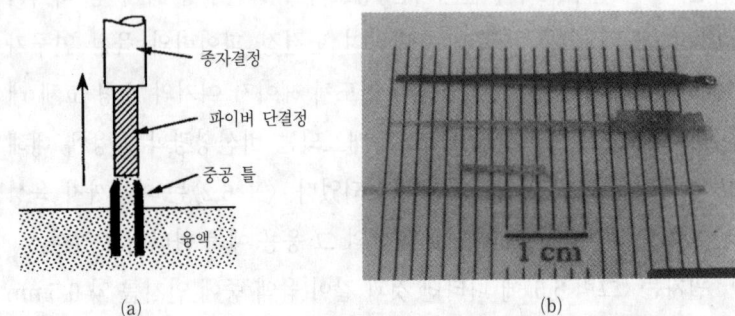

<그림 6.6> 틀(die)을 이용하여 파이버 단결정을 인상 육성. (a) 개략도: Pt제 파이프 안을 모세관 현상으로 융액이 상승하고, 상단에서 결정화된다. (b) 육성한 LiNbO₃ 파이버의 예(위: Rh 도핑 c축 육성, 가운데: 도핑하지 않은 c축 육성, 아래: 도핑하지 않은 y축 육성)

지름의 단결정 파이버 육성에 성공함으로써, 현재로는 YAG 레이저 광원과 함께 일반적인 방법으로 사용되고 있다. <그림 6.7>에 레이저 페디스털법의 개략도를 나타냈다. 가열용 레이저 빔은 원료봉을 360℃

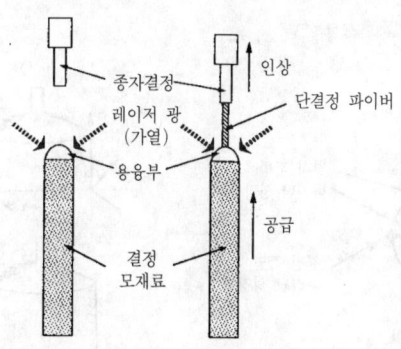

〈그림 6.7〉 레이저 가열 페디스털 법을 이용한 단결정 파이버 결정 육성. 결정원료봉 끝부분을 탄산가스 레이저로 용융하여 종자결정으로 단결정을 인상한다.

에서 가열할 수 있는 광학계로 막대 끝부분을 용융하고, 여기에 종자결정을 붙여 인상 육성한다. 원료 막대는 소결체 또는 다결정체(多結晶體)가 초기에는 이용되고 있었지만, 단결정을 가늘게 가공하여 사용하는 쪽이 용융대가 안정하기 때문에 바람직스럽다. 이 모양은 대용융이동법(travelling zone melting)과 유사하다. 종자결정이 용융대와 잘 어울린 후에 초크랄스키법과 같이 네킹(necking)하여 파이버 지름으로 한다. 종자결정은 일상적으로 회전시키지 않는다. 파이버 결정 지름은 막대지름의 1/3 이하가 일반적이지만, 물론 인상 속도에는 의존한다. 파이버 단결정 육성의 특징은 초크랄스키법에 비해 인상 속도를 약 한 자리쯤 크게 할 수 있고 첨가 불순물의 균일화도 실현된다는 것이다.

$LiNbO_3$와 같은 파이버 단결정에는 인상방향에 의해 통칭 「뿔」이라고 하는 능(稜)이 형성된다. 능의 발생은 결정의 정벽면(晶癖面)에 강하게 관계되고, 초크랄스키법의 벌크 단결정에서 볼 수 있는 성장능(成長稜, growth ridge)의 형성과 같은 기구(mechanism)다.[20] 〈그

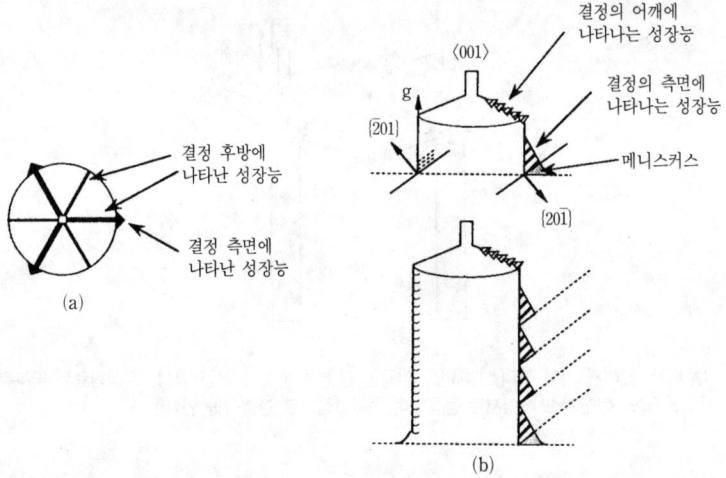

〈그림 6.8〉 LiNbO₃[001]축 인상에서 볼 수 있는 성장능의 형성 모델[20] : (a)는 c축 방향에서 본 성장능의 출현, (b)는 성장능 형성을 설명하는 개념도로서, 우선 성장면 {201}과 성장축 벡터 g가 이루는 각도가 둔각인 경우 메니스커스(meniscus)가 성장능으로 형성된다.

림 6.8)에 그 형성 모델을 나타냈다. 〈001〉 c축으로 인상한 LiNbO₃에서는 {201}면이 최초 밀면으로 정벽이 강하고, 성장 방향 g와 이루는 각이 둔각으로 되는 {20$\bar{1}$}면이 융액의 메니스커스(meniscus) 부분에서 우선적으로 성장하여 능으로 된다. 한편 예각으로 되는 {20$\bar{1}$} 면에서는 성장이 억제되어 결과적으로는 결정 외형에서 세 개(3회대칭)의 성장능이 나타나게 된다. 결정 지름이 가는 파이버 결정에서는 성장능의 형성이 현저하고 극단적인 경우에는 3각형 단면이 된다. 현저한 성장능 형성을 억제하려면 온도 기울기를 크게 하는 것이 좋다.

6.2 초크랄스키법을 이용한 단결정 육성

초크랄스키법(용융인상법)은 1816년 초크랄스키가 납(Pb)의 표면장력을 측정하는 방법으로 고안한 수단에서 시작되었다. 금속 결정의 성장에서 약 150년 뒤에 이르러 산화물 결정, 그리고 반도체 Si 단결정의 육성·제조기술로 개화된 기술이다.

초크랄스키법의 이점은, ① 육성 결정이 도가니에 직접 접하지 않기 때문에 도가니에 의한 제약(반응, 수축응력 등)이 없고, ② 임의 결정방위로 단결정을 육성할 수 있고, ③ 대형 단결정이 재현성이 좋게 얻어지고, ④ 육성 중의 상태 관측이 가능하다는 것 등이고, 산화물광학결정을 얻는 데는 최적의 방법 중 하나라고 할 수 있다. 한편 약점으로는 ① 도가니 재료의 융점 이상의 결정은 육성이 불가능하고, ② 화합물로서는 분해 용융하지 않는, 이른바 콩그루언트 용융한 화합물일 때만 양질의 단결정을 얻을 수 있다는 것 등을 들 수 있다. 따라서 육성하려는 재료계의 상태도를 알아두는 것이 첩경이다.

용융인상법을 이용한 단결정 육성의 중요한 요소로는 ① 결정 인상속도, ② 결정 회전속도의 두 가지가 있지만, 이것들은 독립변수가 아니고 제3의 요소인 ③ 육성로 안의 온도 분포(인상축 방향 및 경방향)가 강하게 관여하고 있다. 그리고 이들 세 가지 요소에 관련해 ④ 육성 결정의 크기, ⑤ 도가니의 형상(특히 지름), ⑥ 도가니 안의 융액의 깊이, ⑦ 결정의 융점, ⑧ 융액의 점성, ⑨ 인상 결정의 방위, ⑩ 결정 육성시의 온도 제어 등 여러 요소가 더해져 서로 복잡하게 작용하기 때문에 육성 조건의 정량화(定量化)를 어렵게 한다. 이 때문에 단결정 육성은 개개인의 기술에 의존하는 수가 많다. 따라서 『결정성장은 과학이 아니라 예술이다』[†]라고 하는 이유도 여기에 있다. 최근에는 PC의 진보에 따라 단결정 육성이 자동으로 이루어지게 되었다. 그러나 초크랄스키에 의한 결정 육성을 수동(手動)으로 하는 것은 여러 가지 현상(예컨대 고체액체 계면의 메니스커스 형상, 지름 변화, 성장능의 발생 패시트 형성 등)을 눈으로 관찰하여 이해하는 데 도움이 되고, 경험을 쌓아두는 면에서도 필요하다.

이미 알려진 결정을 육성할 경우에는 결정의 물리적 성질, 예컨대 상변태의 유무, 열팽창·수축의 이방성, 결정 형태와 구조 등을 파악함으로써 앞에서 열거한 육성요소 중에서 ①, ②, ③, ④, ⑨ 등은 어느 정도 유추에 의거해 규정할 수 있다. 새로운 결정을 육성할 경우에는 여러 차례의 육성 실험에서 물성 측정을 할 수 있는 단결정을 얻을 수 있을 것이다. 그런 경우에 미리 알아두어야 할 것은 ① 상전이의 유무, ② 화합물의 단일상(單一相) 여부, ③ 화합물의 융점 등이다. 상전이가 있을 경우에는 결정의 팽창·수축에 이방성을 수반하는 경우가 많으므로 육성 중의 온도관리로서는 ③, ⑨를 고려한 육성 후의 냉각조건을 판단한다. 화합물이 단일상이 아닐 경우(분해용융)에는 다른 육성법을 검토하지 않으면 안 된다. 화합물의 융점을 알면 도가니의 재질을 선택하여, ①의 인상속도를 짐작할 수 있다. 〈그림 6.9〉는 필자가 이제까지 경험한 산화물 결정(넓은 뜻에서의 콩그루언트 용융에 한함)의 융점과 인상 속도의 관계를 정리한 것이지만, 낮은 융점일수록 인상속도가 느리다는 사실을 알 수 있다. 이는 융액의 점성 및 열전도에 관계하고 있을 것으로 생각한다. 이들을 바탕으로 몇 번의 육성을 시행하면 결정을 얻을 수 있는 여러 조건과 요소를 찾아내는 일이 비교적 쉬울 것이다.

---

† J. J. Gilman 편저, "*The Art and Science of Growing Crystals*" (John Wiley & Sons, Inc., New York, 1963)의 제목에서 확실히 드러난다.

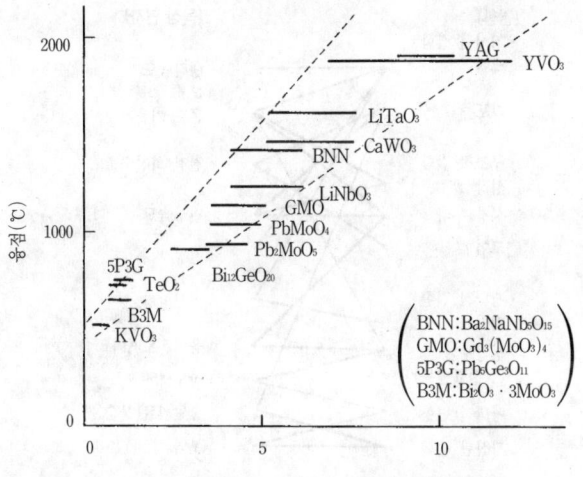

〈그림 6.9〉 산화물 단결정의 융점과 인상속도

광학적으로 양질인 대형 단결정을 육성하기 위해서는 결정 안에서 볼 수 있는 여러 가지 결함을 계통적으로 분류하여 육성 요소와 관계 지우고, 다시 성장기구를 검토하는 것이 중요하다. 결정 안에서 볼 수 있는 결함에는 거시적 결함, 구조적 결함, 광학적 결함으로 크게 나눌 수 있다. 〈그림 6.10〉에 이들 결함 발생과 육성 요소와의 대응 관계를 정리하여 수록했다. 표 안의 굵은 선은 특히 결함 발생의 지배적인 요소를 표시한 것으로 다음 절에서 고찰하기로 한다.

6.2.1 거시적 결함

단결정 안의 거시적 결함에는 크랙과 기포(氣泡) 두 가지가 있다.

(1) 크랙

크랙(crack)의 발생은 대체로 육성 기술에 달려 있다고 본다. 즉 ① 종자를 붙일(seeding) 때 융액과 충분히 친화시키고, ② 네킹을 한다.

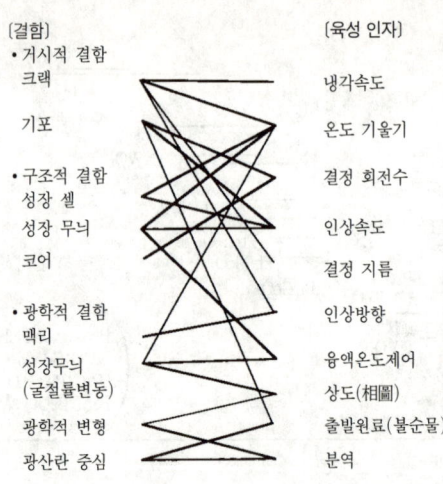

〈그림 6.10〉 결정 결함과 육성 인자

③ 결정을 크게 하고 싶을 때는 서서히 융액온도를 강하시켜 결정의 어깨부를 형성한다. 또 이들 조작은 광학적으로 양질의 결정을 얻는 데 꼭 필요한 사항이다. $Pb_5Ge_3O_{11}$과 같이 결정습성(crystal habit)이 강한 결정의 경우에는 온도 기울기가 작으면 결정벽면(habit 또는 facet)에 잡결정(雜晶)이 붙기 쉬우므로 ③ 사항을 특별히 유의할 필요가 있다.

강유전체 결정에서는 상유전상-강유전상의 상전이 점(點), 퀴리온도 부근의 자발분극 발생에 의한 격자상수의 팽창-수축이 있다. 〈그림 6.11〉에 $Ba_2NaNb_5O_{15}$(BNN)의 예를 나타냈지만, 일반적으로 퀴리온도(~560℃) 전후에서 자발분극 방향의 격자상수가 크게 변하는 데서 크랙 발생의 한 요인이 되는 경우가 많다. 퀴리 온도는 조성에 민감하고, 특히 콩그루언트 조성이 아닌 융액에서의 육성에서는 결정 내의 조성이 점차 변화하므로, 냉각 속도가 크면 변형이 결정 안에 축적되

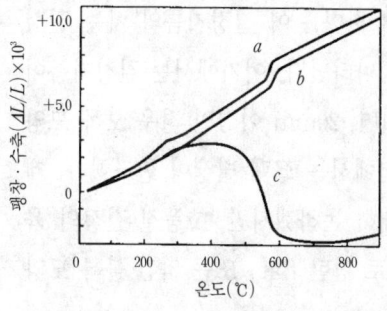
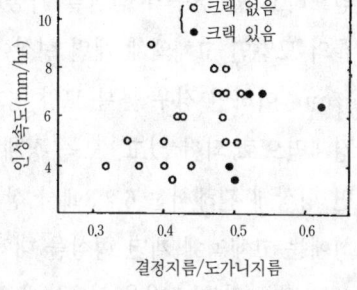

〈그림 6.11〉 $Ba_2NaNb_5O_{15}$의 열팽창 이방성 a, b, c는 실온 사방정계에서의 결정축 방향이다.

〈그림 6.12〉 $LiTaO_3$에서 결정지름이 크랙에 미치는 영향 : 결정 회전수 ~60rpm, 온도기울기 ~130 ℃/cm 로 고정

어 크랙 발생 원인이 되는 경우가 있다. $Ba_2NaNb_5O_{15}$와 같은 텅스텐 브론즈 구조의 결정 육성에서는 이 영향이 크고, 대형 결정을 얻기 어려운 원인으로 되어 있다.

 육성하는 결정의 지름이 굵을수록 결정을 얻을 수 있는 효율은 높아지지만 크랙이 없는 고품질의 단결정을 얻는 데 사용하는 도가니 지름에 대한 결정의 지름이 문제로 된다. 〈그림 6.12〉에 $LiTaO_3$의 예를 나타냈다. 육성 조건으로는 결정 회전수를 약 60rpm, 축방향 온도 기울기를 130℃/cm로 고정하고, 인상 속도를 4~9mm/hr의 값으로 여러 가지 결정지름을 갖는 단결정을 육성하여 크랙 발생의 유무를 조사한 것이다. 그림에서 ○표시는 크랙이 발생한 것, ●표시는 크랙이 전연 없는 것을 나타내고, 횡축은 사용한 도가니의 안지름(Ir 도가니, ~40mmφ)에 대한 결정지름의 비를 표시한 것이다. 이 결과에서 크랙이 없는 단결정 육성에는 사용한 도가니 안지름의 ~1/2 이하로 결정지름을 낮추는 것이 중요하다는 사실을 알 수 있다(물론 생산에서는 노 구조나 온도 분포 등에 따라 검토되고 있지만, 실험적으로는 단결정을

얻으려고 할 경우의 짐작을 가능케 한다). 이 결정지름의 차는 결정 끝의 모양인 고체액체 계면 형상에 나타난다. 여기에서는 결정지름이 17mm 이하인 경우 볼록 모양 경계면, 20mm 이상인 경우 오목 모양 경계면으로 되어 있고, 오목 경계면에서는 크랙 발생이 현저했다. 계면 형상에 관해서는 6.2.3에서 상세히 논하겠지만, 고품질 결정의 육성에는 고체액체 계면 형상을 대체로 평탄(flat) 또는 약간 볼록 모양으로 되게 하는 조건을 선택해야 할 것이다.

(2) 기포의 개입

브리지먼이나 초크랄스키법으로 육성된 결정 중에서 흔히 볼 수 있는 기포(gas bubble)는 void 또는 cavity라고도 기술되고 있지만, 기포 형성에 관한 최초의 논의는 $CaWO_4$에서 이루어지고 있다.[22,23] 여기에서는 조성적 과냉각(constitutional supercooling)에 기인하는 셀 성장을 수반한 첨가제 불순물이나 조성 변동에 의한 편석현상(偏析現象)으로 취급되었다.

코케인(Cockayne)[24]은 이 기포 형성의 기구에 관해서 다음과 같이 기술하고 있다.

① 결정 성장에 수반한 불순물 리치의 액체 또는 용질의 침입
② 가스 성분 불순물의 편석
③ 방출된 휘발성 불순물의 침입
④ 융액 내의 기포 침입
⑤ 빈자리의 응축
⑥ 주물(鑄物)에서 흔히 볼 수 있는 액체의 불충분한 공급에서의 결정화

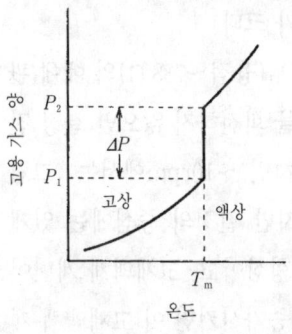
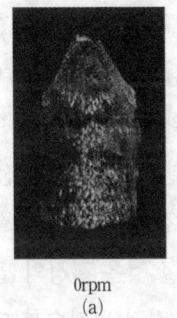
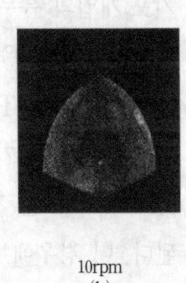

〈그림 6.13〉 녹아 들어간 고용 가스 양의 온도 변화

〈그림 6.14〉 TeO₂ 단결정에서 볼 수 있는 기포: (a) 결정무회전에서 기포는 전역에 산재, (b) 10rpm 회전의 경우, 기포는 결정 중심축에 산재. 계면 형상은 큰 볼록 모양으로 된다.

주사형 전자현미경을 이용한 관찰에서는, 특히 ①~②가 유력한 원인이라고 하지만, 어느 쪽이든 성장 중에 있는 고체액체 계면이 기포 형성에 영향을 끼치고 있다는 것을 추측할 수 있다.

일반적으로 어떤 물질에 녹아 들어간 가스 양(고용 가스 양)은 〈그림 6.13〉에 도식적으로 표시한 것과 같이 융점에서 불연속으로 되어 있고 액체-고체의 상전이인 결정화에 있어 Δp만큼 고체액체 계면에서 방출된다. 결정화 속도가 느릴 경우 이 방출된 가스는 액체 안에서 대류(對流) 등에 따라 확산되고, 계면 근방에서 과포화는 되지 않는다. 결정화 속도가 빠른 경우에는 확산이 충분히 이루어지지 않고, 계면에서 과포화되어 결국에는 기포의 핵이 생성되어 계면에 트랩되고 결정 안으로 들어가게 된다. 가스의 확산은 액의 점성에도 관여하므로 낮은 융점을 갖는 재료일수록 작은 인상 속도가 필요하다는 〈그림 6.19〉의 결과와 일치한다. 그러나 인상속도가 적당하더라도 결정 안에 기포가 들어가는 일이 흔히 있다. 특히 낮은 융점 물질에서 흔히 볼 수 있고,

기포 개입의 유무에는 결정 회전수의 효과가 크다.

여기에서 TeO_2(융점~733℃)와 $Pb_5Ge_3O_{11}$(융점~738℃)의 예에 관해 소개한다.[25] TeO_2의 결정 육성 때 결정을 회전하지 않으면 결정 전체에 걸쳐 기포가 관찰된다. 결정 회전을 하면 ~10rpm에서는 〈그림 6.14〉에서 보는 것과 같이 기포는 감소하지만 결정의 중심에는 있게 된다. 이 경우에 주목할 것은 결정의 밑면 형상이고, 고체액체 계면이 현저하게 볼록해진다. 결정 회전수를 다시 증가시키면 이 고체액체 계면 형상(H/D)은 점차 작아지고 계면이 평탄에서 오목하게 됨에 따라 기포가 전연 존재하지 않게 된다. 인상 속도, 온도 기울기, 그리고 결정지름과 결정길이를 거의 일정하게 했을 때 이 계면 형상의 변화를 구한 것이 〈그림 6.15〉다. 원료에 세 종류의 순도를 사용했지만 계면 형상을 나타내는 파라미터로서 그림 중의 H/D를 사용했다. $+H/D$는 볼록 형상의 계면, $-H/D$는 오목 형상의 계면을 가리킨다. 또 (A)는 99.8% 순도, (B)는 99.97% 순도, (C)는 99.9999% 순도의 금속 Te을 산화시켜 스스로 만든 원료[26]를 사용한 경우다. 어느 경우에도 결정 회전수의 증가와 함께 고체액체 계면 형상은 볼록에서 평탄을 거쳐 오목 형상으로 연속해서 변하고, 기포 개입의 유무는 이들 곡선을 경계로 하고 있다. 또 원료순도에 따른 곡선의 차이는 융액의 점성에 의존한다고 생각해도 좋다.

또 enanthiomorpic 강유전체인 $Pb_5Ge_3O_{11}$에서는 결정지름과 결정 회전수가 기포 개입에 관여했다. 이것을 〈그림 6.16〉에 표시했다. 결정 회전수와 결정지름에서 원심력이 구해지지만 원심력이 ~0.14dyn/g를 경계로 하여 이 이상에서는 기포가 전혀 없었다. 원심력의 임계값 0.14dyn/g는 융액의 온도 분포, 점성 등과 밀접히 관계하는 것이지만 고체액체 계면 근방의 융액상태에도 관여하고 있음을 시사하고 있다.

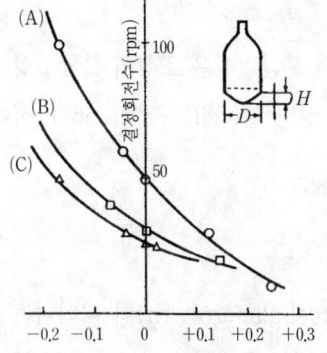 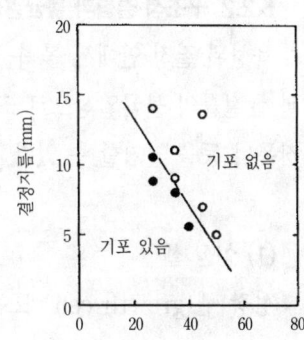

〈그림 6.15〉 TeO₂ 단결정 육성에서 결정회전 수와 고체액체 계면 형상 H/D: (A) 99.8% 순도의 융액, (B) 99.97%, (C) 자제원료(自製原料)

〈그림 6.16〉 Pb₅Ge₃O₁₁ 단결정에서 기포의 개입과 결정지름의 관계

이 두 가지 결과에서 결정 회전에 의거해 생기는 원심력이 융액 내에 대류(mass-flow convection)를 일으켜 그 때문에 고체액체 계면 형상이 정해진다는 것, 즉 기포의 개입에 연결되는 것을 이해할 수 있을 것이다. 이들 결정 예에서는 TeO_x, PbO 등 휘발 성분이 원료로 되어 있기 때문에 극히 일반적으로는 육성 중에 기포 형태로 결정 안에 개입하게 된다는 해석도 할 수 있다. 사실 $LiNbO_3$, $LiTaO_3$나 $Gd_3Ga_5O_{12}$(GGG)에서도 기포를 볼 수 있다. 이들은 휘발성이 Li_2O나 Ga_2O_3이지만 이 경우에도 모원료(母原料)의 순도나 특정 불순물의 감소에 의해 피할 수 있으므로, 역시 융액의 점성에 관여한 대류가 요인(要因)으로 되어 있다는 것을 배려해야 할 것이다. 이 융액 내 대류에 관해서는 최근 Si의 대형 단결정 육성에 많은 컴퓨터 시뮬레이션 연구가 진전을 보고 있다. 산화물 결정에서 대류의 간단한 해석은 6.2.3에서 언급하겠다.

6.2.2 구조적 결함과 불균일성

육성된 결정 안에서 볼 수 있는 거시적 불균일성은 조성의 불균일성과 굴절률의 불균일성으로 크게 나뉘고 성장 셀(cell), 코어(core), 성장무늬 등을 열거할 수 있다.

(1) 성장 셀

성장 셀(growth cell) 또는 셀 성장(cellular growth)이 나타나는 것은 고농도의 불순물 도핑의 경우 또는 전율고용체의 육성에서 흔히 볼 수 있다. 셀 성장의 기구는 평형 상태도에서 생기는 조성적 과냉각(constitutional supercooling)에 의존하는 것으로 알려져 있다.[27]

인상법으로 성장 셀이 현저하게 보인 광학결정의 예에 관해 기술한다.[28] 〈그림 6.17〉은 0.3wt%의 Rh를 첨가한 융액에서 인상 육성한 c축 인상 $LiNbO_3$ 결정의 y판을 나타낸다. $Rh:LiNbO_3$은 포토리프랙티브 효과가 현저한 결정이고, 홀로그램 기록 결정으로 주목을 받고 있다(제5장 5.1.1).[29] $LiNbO_3$에 Rh를 첨가하면 약 4,800Å 근방에 고유의 흡수가 나타나고 적갈색으로 착색한다. 〈그림 6.17〉의 시료에서는 인상축인 c축 방향에 나란한 농담의 무늬가 관찰된다. 무늬의 농담은 Rh 농도가 다르다는 것을 나타내고 있다. 이 결정의 c판은 〈그림

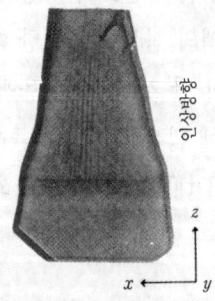

〈그림 6.17〉 Rh첨가 $LiNbO_3$ 단결정에서 볼 수 있는 Rh의 불균일 분포

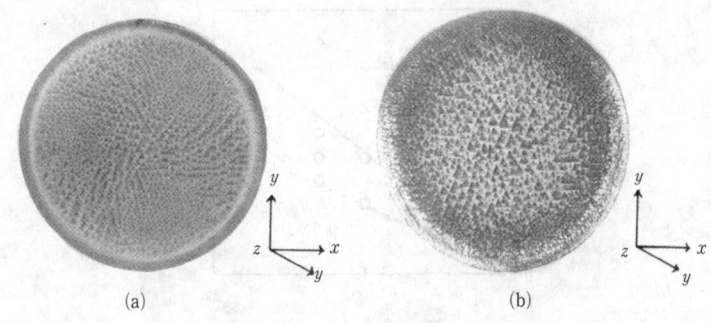

〈그림 6.18〉 Rh 도핑 LiNbO₃에서 볼 수 있는 성장 셀: (a) z면에서의 Rh 농도에 의한 농담, (b) 결정 밑면의 요철(凹凸)〔(a)의 농담에 잘 대응하고 있다〕

6.18(a)〉에서 나타낸 것과 같이 규칙적인 삼각형을 이루고 있는 농담이 보인다. 그리고 이 결정의 밑면에는 (b)와 같이 삼각추(三角錐)의 돌기가 보이고, (a)의 삼각형과 1:1로 대응하고 있다. 결정 밑면(인상 육성 중에 융액에서 급하게 떼어서 얻어지는)의 형태는 결정 성장시의 고체액체 계면 형태를 반영하고 있기 때문에 셀 성장을 하고 있다는 것을 이해할 수 있다. 〈그림 6.19〉에 셀 발생 유무와 육성 조건을 나타냈다. Rh:LiNbO₃의 경우 셀 성장 발생의 육성 조건을 지적한 것이다. 축 방향 온도 기울기 G와 인상속도 R과의 비 G/R가 3.0~3.7℃·hr/min 이하에서 셀 성장이 있다는 것이 실험적으로 밝혀졌다. 셀 내부와 셀 경계부에서는 불순물 또는 조성의 농담이 다르기 때문에 셀 성장에는 광학결정으로서의 굴절률이 다르게 되고 균질 결정으로 되지 않는다.

이와 같이 성장 셀의 발생은 결정 내 조성의 불균일성, 환언하면 굴절률의 불균일성을 초래하기 때문에 온도 기울기와 인상 속도의 선택으로 억제한다. 특히 인콩그루언트 조성 융액에서의 인상법에 의한 육성은 여러 번의 인상 육성에서 융액 조성이 달라지기 때문에 되도록이

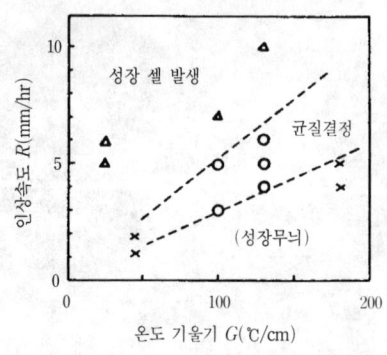

〈그림 6.19〉 Rh 도핑 LiNbO₃에서의 성장 셀 발생과 육성 조건[27]

면 새 융액을 사용할 필요가 있다. 따라서 불순물 첨가 또는 전율고용체 결정 육성에서는 온도 기울기와 인상 속도의 비 G/R을 적당하게 선택할 필요가 있다. 셀 성장을 억제하기 위해서 온도 기울기를 크게 하면, 역으로 융액 내의 대류가 활발해져서 스트라이에이션을 발생시키게 되므로 주의를 요한다.

(2) 스트라이에이션

스트라이에이션은 성장무늬라고 번역되고, 결정 성장시의 온도 변동 등에 따라 생기는 주기적인 조성 변동이나 불순물 농도 변동이 굴절률 변동(광학적 변형)으로서 검출되는 것이다. 이 조성 변동에 관해서는 6.3.2에서 상세히 해석하기로 한다. 첨가 불순물에 의한 착색으로 스트라이에이션이 관측되지만 고용 범위를 갖고 있는 결정의 경우에는, 그 검출을 편향광을 이용한 직교 니콜(crossed nicol)상에서 하는 것이 간편하다. 〈그림 6.20〉은 분해용융(incongruent)형의 실레나이트 구조 $Bi_{12}TiO_{20}$ 결정의 육성축에 대해 수직으로 본 현미경 직교 니콜 상이고, 여기에서 가는 줄무늬를 볼 수 있다. 이것은 TSSG법으로 육성한 것이지만 육성 중의 온도 변동이 근소한 조성 변동, 즉 굴절률 변동으로 나타난 것이다. TSSG법에서는 특히 스트라이에이션의 억제가 양질의 단결정을 얻는 데 꼭 필요하다.

(3) 코어

결정의 중심축에 따라 광학적 변형, 굴절률이 변한 심(芯)이 들어 있는 경우가 있고 이것을 코어(core)라고 한다. 코어의 형성은 성장시의 고체액체 경계면에 최조밀면(最稠密面, 낮은 지수면)인 패시트가 나타나고, 불순물(첨가 불순물 또는 조성)의 근소한 농도 차이에 따라 광학적 변형인 굴절률의 변화 또는 색조의 차이로서 검출된다. 이 변형의 원인으로는 ① facet/off-facet 사이의 양이온 비의 차, ② 첨가 불순물의 석출, ③ 산소의 석출 등이 거론되고 있다. 특히 ②에 관해서는 Nd:YAG, Cr:MgAl$_2$O$_4$ 등에서 세밀히 조사되었고, 루미네센스(luminescence) 측정에서 산소 빈자리가 패시트 영역에 있다는 것도 지적되었다. 다양한 결정구조를 갖는 산화물 결정에서는 최조밀면이 중첩하여 결정의 외형뿐만 아니라 결정 성장 중의 고체액체 계면에도 강한 패시트가 나타나기 쉽다. 결정의 대칭성이 높고 결정습성이 강한 결정계에 나타나기 쉽고, 특히 고체액체 계면 형상이 볼록 모양에서 패시트 면과 대체로 일치하기 때문이다. 대표적인 결정으로는 가닛 구조인 Y$_3$Al$_5$O$_{12}$(YAG), Ga$_3$Gd$_5$O$_{12}$(GGG)나 실레나이트 구조인 Bi$_{12}$SiO$_{20}$, Bi$_{12}$GeO$_{20}$ 등의 입방정계 결정이 있다. 코어 영역의 격자정수는 코어 이외의 영역과 비교해 약간 크다는 것이 알려져 있다.[30]

〈그림 6.21〉은 〈111〉축으로 인상한 YAG 결정의 축방향에서 본 광탄성(光彈性) 사진이지만, 3회 대칭성을 나타내는 변형을 볼 수 있다. 가닛 결정에서는 {211} 면이 최조밀 패시트 면이고, 고체액체 계면이

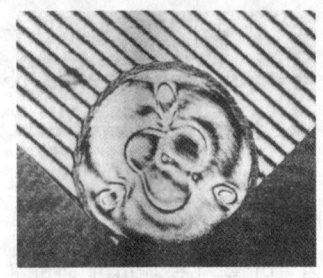

〈그림 6.20〉 TSSG법으로 육성한 $Bi_{12}TiO_{20}$ 에서 볼 수 있는 성장무늬

〈그림 6.21〉 $Y_3Al_5O_{12}$(YAG)의 〈111〉축 방향에서 본 코어 변형

볼록 모양이면 이 패시트가 현저하게 되어 코어로 관찰된다. 코어의 형성은 고체액체 계면의 형상에 의존하므로 계면 형상을 될 수 있으면 플래트(flat)로 되게 하는 결정 회전수를 선택하는 것이 중요하다.

$Y_3Al_5O_{12}$(YAG) 결정에서는 고속 회전 120~130rpm을 통해 패시트의 출현을 억제하여 코어가 없는 단결정을 얻고 있다. 그러나 현실적으로 고속 회전은 융액 내에 난류(亂流)를 일으켜 결정성을 떨어뜨리므로 될 수 있으면 패시트 면을 작게 하는 조건이 취해지고, 패시트가 없는 영역이 레이저 로드(laser rod)용으로 절삭가공(切削加工)된다. 광학적 성질을 떨어뜨리지 않는 특성 불순물을 첨가함으로써 facet modification, 또는 habit modification에 의해서도 코어 발생을 억제하는 것도 가능하다.

6.2.3 고체액체 계면 형상과 결정의 회전

6.2.1절 (2)의 기포 개입에서 기술한 것과 같이 결정의 고체액체 계면 형상이 융액 내의 대류에 관여하고 있다는 것은 오래 전부터 흥미의 대상으로 되어 있고, 초크랄스키법에서의 융액 내 대류를 관찰하는 시뮬레이션 실험에 대한 보고는 많이 있다.[31~33] 또 수치 해석에 의거

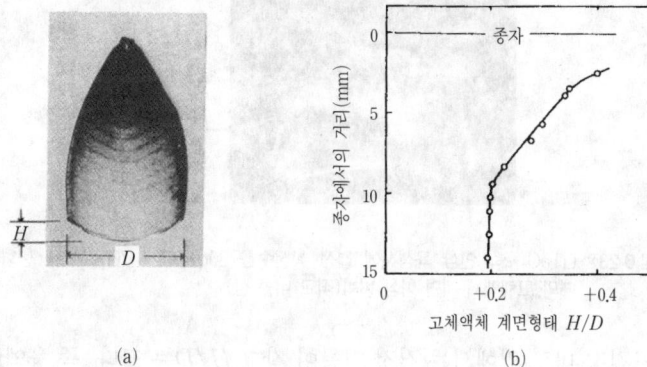

⟨그림 6.22⟩ Rh 도핑 LiNbO₃의 결정지름 변화에 따른 고체액체 계면 모양의 변화 : (a) 결정 단면에서 볼 수 있는 성장무늬, (b) 계면 모양 H/D의 변화

한 이론적 접근도 오래 전부터 유체의 관점에서 이루어졌다.[34] 초크랄스키 결정 육성에서 대류의 연구는, 특히 가닛 결정에서 고체액체 계면 모양이 갑자기 볼록에서 오목으로 변하는 현상이 발견되어 시작되었고,[35~37] 결정 성장에서 유체에 대한 고찰법이 중요하다는 것을 결과적으로 명시한 획기적인 현상이다. 이 해석에 관한 직접 기술은 그만두고 대표적인 문헌을 소개하는 것에 그치고,[38~39] 여기에서는 필자 등의 실험적 고찰에 관한 것을 소개한다.

특정 불순물을 융액에 첨가하여 단결정을 육성하고 그 농도 분포를 관측한 것에서 성장 중의 고체액체 계면 형상을 관찰하는 것은 흔히 이용하는 간편한 방법이다.[42] Rh를 첨가한 LiNbO₃ 융액에서 단결정을 육성하고, 결정지름의 변화에 따른 고체액체 계면 형상을 관찰한 것이 ⟨그림 6.22(a)⟩다. Rh의 첨가에 따른 착색을 이용해 스트라이에이션, 또는 성장무늬(growth band) 모양을 판단할 수 있다. 고체액체 계면 형상을 그림에서 표시한 파라미터 H와 D의 비 H/D로 정의하고 그 변화를 추적한 것이 ⟨그림 6.22(b)⟩다. 결정 육성의 시작 단계인

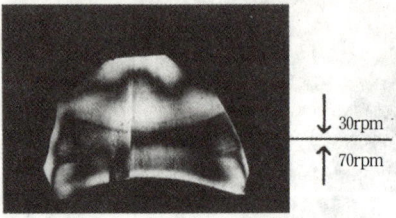

〈그림 6.23〉 LiTaO₃ c축 인상 육성시에 결정 회전수를 30rpm에서 70rpm으로 변화시켰을 때의 고체액체 계면 형상 변화(직교 니콜 상)

종자결정 바로 밑에서는 결정 지름이 작고 H/D는 크다. 즉 융액에 대해 경계면은 볼록 모양이지만 결정지름이 커짐에 따라 H/D는 감소하여 결정지름이 거의 일정해지면 H/D도 일정하게 된다. 이것은 결정지름이 커짐에 따라 결정 주변의 원심력이 커지는 것을 생각하면 계면 근방 융액의 흐름이 서서히 변한다는 것을 시사하고 있다.

그러면 원심력을 크게 하기 위해 결정 회전수를 갑자기 크게 했을 경우 계면 형상이 변하는 예를 제시하겠다. 〈그림 6.23〉은 스토이키오메트릭 조성의 LiTaO₃ 융액에서 결정을 육성하는 중에 ~30rpm에서 70rpm으로 증가시켰을 때 얻어진 결정을 직교 니콜로 관찰한 것이다.

고체액체 계면 형상은 복굴절률의 불균일성에서, 볼록 모양 경계면에서 오목 모양으로 된 것을 잘 알 수 있다. 그리고 연속적으로 변하고 있는 것이 아니고 $+H/D$에서 $-H/D$로 반전한다. 이것은 저속 회전을 시켰을 때 고체액체 계면 근방의 응고 등온선(freezing isotherm)이 볼록에서 오목으로 급반전(急反戰)한 것을 나타내고 있다. 결정 회전수의 증가에 따라 결정계면(結晶界面) 중심부의 온도가 주변보다 높아졌기 때문에 오목 모양의 응고 등온선으로 된 것에 불과하다.

결정 회전에 의한 융액 내의 흐름을 알기 위해 인상법의 시뮬레이션 실험을 했다.[43] 실험계의 개략도를 〈그림 6.24(a)〉에 나타냈다. 융액으

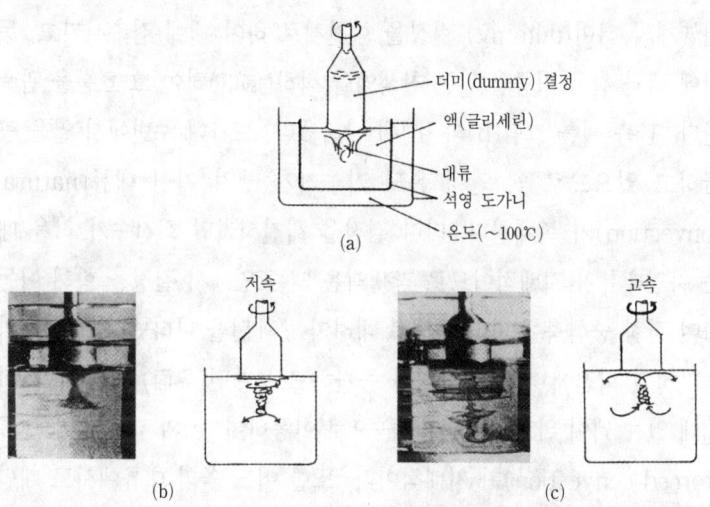

〈그림 6.24〉 융액 내 대류의 시뮬레이션 실험[42] : (a) 실험계의 개략도, (b) 저속 회전시의 대류 모양, (c) 고속 회전시의 대류 모양

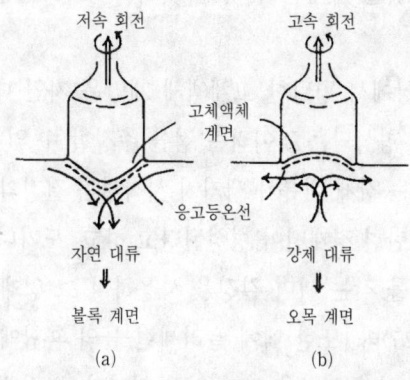

〈그림 6.25〉 결정 회전에 의한 액내 대류와 고체액체 계면 형상의 관계

로는 글리세린과 물의 혼합액(체적비 4:1)을 사용하고, 그것을 채운 투명석영 도가니를 약 100℃의 뜨거운 물 속에 넣어 온도 분포를 주고 실제 육성상태와 유사하게 했다. 그리고 여러 가지 지름을 갖는 알루

미늄제의 더미(dummy) 결정을 회전체로 하여 액에 접촉시키고, 동시에 액과 같은 비중을 갖는 착색액을 적하(滴下)하여 그 흐름을 관측한다. 관측 예를 그림(b)와 (c)에 나타냈다. 도가니 주변에서 열을 공급하고 있으므로 액 안에 온도 기울기가 생겨 자연 대류(natural convection)가 존재한다. 더미 결정을 회전시키면 회전수가 작을 때는 자연대류가 지배적이므로 착색액은 액 표면에서 결정을 향해 이동하여 결정 중심축에 따라 아래로 내려가는 패턴을 나타냈다. 회전수가 증가하면 회전에 따라 원심력이 증가하므로 계면(界面) 근방 바로 아래에 있는 액이 위로 솟아, 바깥쪽으로 이동하여 (c)와 같은 강제 대류(forced convection)가 지배적이다. 또한 어느 쪽의 대류에서도 계면 근방에서는 난류가 아닌 층류(laminor flow)로 되어 있다. 이 두 대류의 패턴에서 결정 회전에 의한 대류가 결정성장 중의 고체액체 계면 형상을 결정하는 것을 이해할 수 있을 것이다. 이 모양을 〈그림 6.25〉에 나타냈다.

　이 두 대류 양상에서 평탄한 고체액체 계면은 자연 대류에서 강제 대류로 이행할 때 형성되는 것이라는 점을 추정할 수 있다. 이제 경계면을 향해 상승하는 강제 대류가 생기기 시작하는 결정의 회전수(또는 결정지름)에서 평탄한 경계면이 형성된다고 하고, 도가니 지름에 대한 여러 가지 비(比)를 갖는 더미 결정을 사용하여 그 임계 회전수를 구한 것이 〈그림 6.25〉다. 또한 액에 글리세린-물의 혼합액을 사용한 것은 융액의 점성에 의한 영향을 알기 위한 것이다. 그림에서 같은 결정 지름에서는 점성이 큰 글리세린 쪽이 더 큰 결정 회전수를 필요로 하고 있다는 것을 알 수 있다. 그리고 이들 곡선보다 위쪽에서는 강제대류가 지배적으로 되어 볼록 모양 경계면이 된다.

　여기에서 이 시뮬레이션 결과를 반(半)정량적으로 해석해보겠다.

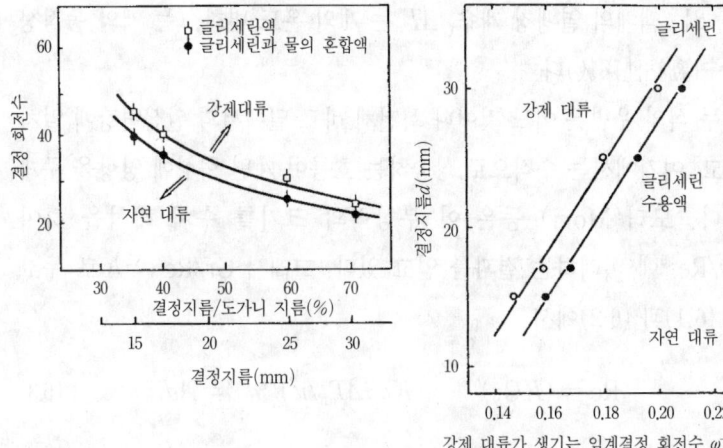

〈그림 6.26〉 시뮬레이션 실험에서 구한 대류와 결정지름과의 관계

〈그림 6.27〉 시뮬레이션 실험에서 얻은 임계결정 회전수(그림 6.26) ω_c와 결정지름과의 관계

카루터스[44]는 이와 같은 고체액체 계면 형상의 반전을, 강제 대류를 기술하는 레이널즈(Reynolds) 수(Re)와 자연 대류의 크기를 기술하는 그라쇼프(Grashof) 수(Gr)를 비교함으로써 정량적으로 해석하고 있다. 카루터스에 따르면 강제 대류가 자연 대류보다 우세한 경우의 결정지름 d는 임계결정 회전수 ω_c의 $-1/2$제곱에 정비례하는 것으로 된다. 〈그림 6.26〉을 $d-\omega_c^{-\frac{1}{2}}$로 다시 플롯(plot)하면 〈그림 6.27〉과 같이 매우 좋은 직선 관계로 된다. 그러나 각 직선은 원점을 지나지 않음을 알 수 있다. 레이널즈 수 Re와 그라쇼프 수 Gr은 각각

$$\text{Re} = LV/\nu = \pi\omega_c d^2/4\nu \tag{6.1}$$
$$\text{Gr} = g\beta\Delta T_h L^3/\nu^2 = g\beta\Delta T_h d^3/\nu^2 \tag{6.2}$$

로 표시된다. 여기에서 ω_c는 임계결정 회전수, d는 결정 지름, g는 중

력, β는 액체의 열팽창 계수, ΔT_h는 계의 온도 변화, ν는 액의 동점성 계수(動粘性係數)다.

두 식의 우변은 어느 것이나 회전체 바로 밑에서의 원심력장에 일치하고, 여기에서는 수직으로 상승하는 흐름이 계면 형상에 영향을 주게 된다. 모리(Mori) 등은 이 부상력의 크기를 수치 해석을 하여 $Gr/Re^{2.5}$에 비례하는 결과를 얻고 있다. 그래서 $Gr/Re^{2.5}=K$로 두고 식 (6.1)과 (6.2)에서

$$Re = (KGr)^{0.4} = (Kg\beta\Delta T_h/\nu^2)^{0.4}d^{1.2} = Ad^{1.2} \quad (6.3)$$

을 얻는다. 여기에서 A는 비례정수다. 한편 카루터스에 따르면 $Re^2 \equiv Gr$이므로

$$Re = A'd^{1.5} \quad (6.4)$$

로 된다. 레이널즈 수 Re 대신에 식 (6.1)에서 $\nu Re(=\omega_c d^2/4)$를 시뮬레이션 실험 데이터에서 계산하여 $d^{1.2}$ 및 $d^{1.5}$에 대해 다시 그린 것이 〈그림 6.28〉이다. 실선의 $d^{1.2}$에서는 원점을 통과하는 직선 관계를 나타내지만 $d^{1.5}$에서는 원점을 통과하지 않는다. 이것에서 강제 대류가 자연 대류를 능가할 때의 임계 레이널즈 수는 결정지름의 1.2제곱에 선형 비례한다는 것을 나타내고 있다.

이 결과를 기초로 TeO_2와 $Pb_5Ge_3O_{11}$의 계면 형상에 관한 $d-\omega$의 데이터를 $\nu Re-d^{1.2}$의 관계로 다시 그려보면 〈그림 6.29〉와 같이 볼록/오목 모양 경계면의 경계선은 원점을 지나는 직선으로 잘 구별된다. $d^{1.5}$에서는 원점을 지나지 않고 직선이 아니다. 따라서 계면 형상이 볼록에서 오목으로 되는 임계 레이널즈 수 Re는 결정 지름의 1.2제곱에 직선 비례하는 것을 강하게 시사하고 있다.[46]

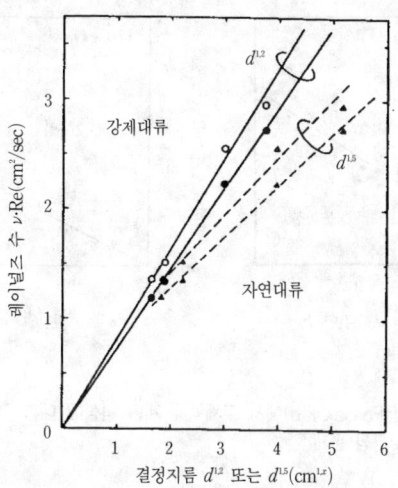

〈그림 6.28〉 결정지름 d의 1.2제곱, 1.5제곱에 대한 레이널즈 수 νRe의 관계[46] : 점선은 $d^{1.5}$, 실선은 $d^{1.2}$에 대한 플롯

이상과 같은 일련의 시뮬레이션 결과와 고찰에 따라 $Pb_5Ge_3O_{11}$에서의 기포 개입과 계면 형상의 관계가 정성적으로 이해된다. 테일러(Taylor)[47]에 따르면 융액에 접해 있는 회전 원판 지름 방향의 각 점 r에서의 압력 P는 테일러-프라우드먼(Taylor-Proudman) 셀 안에서

$$P = P_0 + \frac{1}{2} \rho a r \tag{6.5}$$

로 주어진다. P_0는 회전축상에서의 압력, ρ는 융액의 밀도, a는 각속도다. 결정 성장에 따라 융액에 녹아 있는 가스량 Δp는 경계면에서 방출되고, 경계면 근방의 융액은 흡수 가스가 과포화된다. 결정 회전이 느린 경우에는 자연 대류가 지배적이므로 과포화용액은 이 대류에 의해 〈그림 6.30(a)〉와 같이 결정 중심 축에 모이고, 과포화도가 높아지면 평형 가스 분압 P_0'를 초과하는 결과로 되어 기포가 핵이 되어 결정

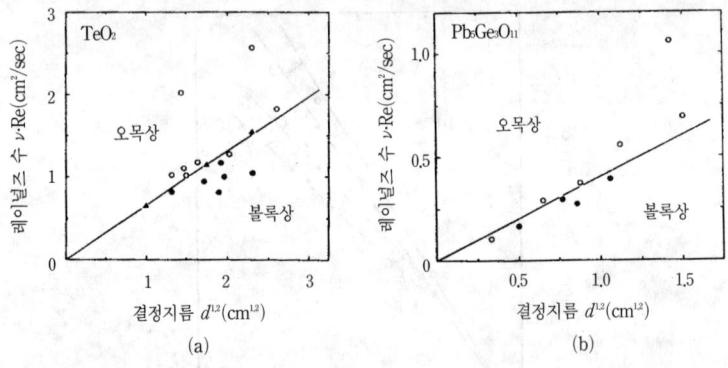

〈그림 6.29〉 TeO₂(a) 및 Pb₅Ge₃O₁₁(b)에서 고체액체 계면 형상에 대한 결정지름 $d^{1/2}$와 레이널즈 수 νRe와의 관계[46]

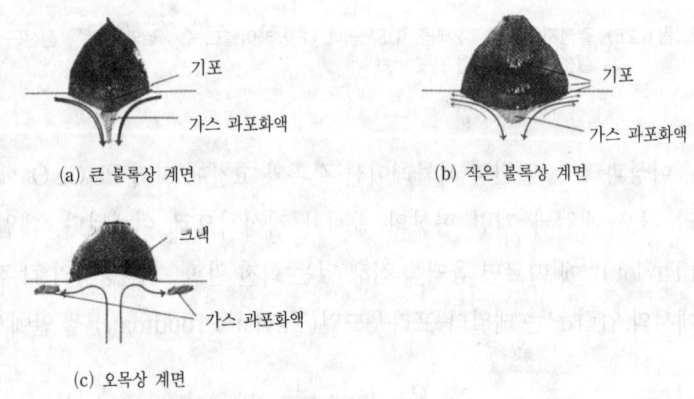

〈그림 6.30〉 대류, 고체액체 계면 형상과 기포 개입의 상관

안으로 들어가게 된다. 한편 회전수가 큰 경우에는 강제 대류에 의한 가스가 과포화된 음액의 계면에서 달아나게 되므로 (c)와 같이 결정 안으로 들어가지 않는다. 일단 기포가 형성되고 특이한 조건에 놓이면 이 기포는 가스 성분의 포획 중심으로 되어 점점 커져서 극단적인 경우에는 〈그림 6.31〉에 표시한 것과 같이 결정 전체가 공동(空洞)으로

된「범종(梵鐘)」모양의 단결정이 성장하게 된다.

이상의 실험과 고찰에서 기포가 없는 단결정을 육성하기 위해서는 다음과 같은 사항을 준수해야 재현성이 좋은 결과를 얻을 수 있다.

① 최적 인상 속도의 선정
② 온도 기울기는 열적 대류 모드를 지배하므로 비교적 작게 한다.
③ 육성 중의 고체액체 계면 형상을 평면 또는 블록 모양이 되게끔 결정 지름에 따라 결정 회전수를 제어한다.
④ 급속하게 결정의 어깨 부분을 만드는 것은 계면 형상이 현저하게 볼록 모양으로 되기 쉬우므로 비틀림이 들어가는 것을 고려해 피하는 것이 바람직하다.

여기에서 고체액체 계면 형상을 결정하는 지배적 요인을 〈그림 6.32〉에 요약해둔다. 계면 형상을 지정하는 첫번째 육성 인자는 도가니 지름에 대한 결정회전수/결정지름의 비이고, 이 밖에 융액 내의 대류 크기를 지배하는 온도 기울기, 융액의 점성(불순물, 융액의 조성비 등), 결정화 잠열(潛熱)에 환원되는 인상속도(결정화 속도), 열의 수

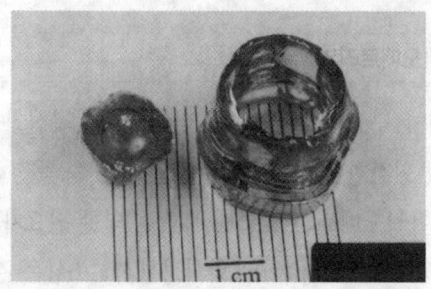

〈그림 6.31〉 범종형 단결정의 예(Pb$_5$Ge$_3$O$_{11}$) : 왼쪽은 결정의 어깨부분이고, 오른쪽은 공동(空洞) 결정의 윗부분이다.

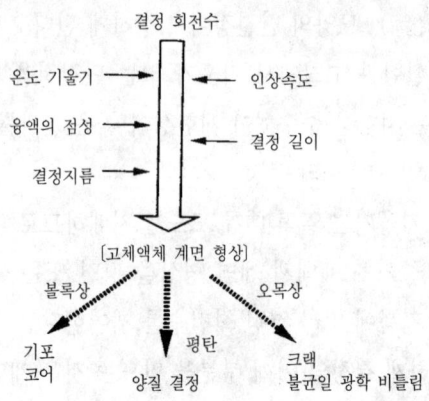

〈그림 6.32〉 고체액체 계면 형상을 지배하는 육성 요인

수(授受)를 좌우하는 결정 길이가 작용하여 볼록/오목 모양의 계면이 형성된다. 볼록 계면에서는 때에 따라 기포가 발생하고, 오목 모양 계면에서는 비틀림의 불균일성이 크랙 발생의 원인이 된다. 따라서 평평한 계면을 유지하는 육성 조건이 거시적인 결함이 없는 단결정을 얻는 기본이 된다.

6.3 스토이키오메트리와 결정 품질

반도체 결정이 구조 민감성인 데 반해, 많은 복산화물 광학결정은 구조 변화가 덜 민감한 편이므로 많은 결정에서는 특정한 불순물을 제외하고는 스토이키오메트리에 관해 특히 주의할 필요가 있다. 특히 스토이키오메트릭(stoichiometric : 화학량론적) 조성은 결정 종류에 따라서는 콩그루언트 조성과 반드시 같지는 않다. 이 절에서는 결정 육성시의 스토이키오메트리에 관하여, 광변조기 소자나 QPM-SHG 소자로서 중요한 전기광학결정인 $LiTaO_3$를 소개한다. 이들은 복산화물 결정을 육성할 때 참고가 되기 때문에 상세히 논한다. 그 밖에도 $Bi_{12}SiO_{20}$과 같은 실레나이트 화합물에서도 스토이키오메트리로부터의 차이가 있으므로 고려해야 할 결정 예(제5장 5.2.2 참조)다. 또 콩그루언트 조성의 정의는 광의로는 분해 융해하지 않는 조성이지만, 협의로는 융액 조성과 결정 조성이 같게 되는 조성이다.

6.3.1 콩그루언트 조성과 $LiTaO_3$의 동정

$LiNbO_3$와 같은 형인 $LiTaO_3$(LT)에 관해서도 스토이키오메트릭 조성과 콩그루언트 조성이 일치하지 않는다는 점은 $LiNbO_3$와 같은 시기에 발견되었다. $LiTaO_3$의 상세한 상태도의 보고는 없는데, 왜냐하면 그 융점이 ~1,650℃로 높기 때문으로 추정된다. 콩그루언트 조성은 $LiTaO_3$의 강유전 전이 온도(퀴리 온도 T_c)가 결정 조성에 강하게 의존한다는 것에 착안한 연구에 의해 대략 확립되었다.[49] 그 경위에 관해서는 다음에 기술하겠지만 복산화물 결정의 연구에 극히 시사적이고 참고가 될 것이다.

$LiTaO_3$ 단결정을 스토이키오메트릭 조성($Li_2O : Ta_2O_5 = 1:1$) 용액에서 육성한 결정의 퀴리 온도는 오래 된 문헌에서는 665℃, 660℃± 10℃, 630℃, 618℃와 같이 일정하게 정해져 있지 않다. 강유전체의 퀴리 온도는 결정 조성에 의존하므로 이들 보고는 측정된 결정의 조성이 다르다는 것을 뜻하고 있으며, 협의의 콩그루언트 조성은 $Li_2O : Ta_2O_5 = 1:1$이 아닌 것을 강하게 시사하고 있다.

스토이키오메트릭 조성 융액에서 처음에 육성한 결정의 퀴리 온도는 ~620℃이지만, 육성 원료인 소결체의 퀴리 온도는 ~660℃이고 이것은 $Li_2O : Ta_2O_5 = 1:1$이 콩그루언트 조성이 아니라는 것을 뜻하고 있다. 이 스토이키오메트릭 조성 융액에서 감량분만큼 소결체를 보충하여 반복 단결정을 육성하여 그 퀴리 온도를 측정하면 620~665℃까지 온도가 산재(散在)한다. Ta_2O_5를 약간 리치한 융액에서 육성한 것은 퀴리 온도의 산재 범위가 작아졌다. 단결정 육성 후 감량분만큼 소결체로 보충하는 과정을 반복하고 있으면 도가니 안에 고화(固化)한 멜트(melt) 덩어리에는 〈그림 6.33〉에 나타낸 것과 같이 백색의 결정 집합체가 정출(晶出)한다. X선 분말 회절에서 이 백색 결정체는 $3Li_2O \cdot Ta_2O_5$ 화합물과 $Li_2O \cdot Ta_2O_5(LiTaO_3)$와의 혼합물인 것이 확인되었다. 즉 백색 결정체는 $Li_2O \cdot Ta_2O_5(LiTaO_3)$와 $3Li_2O \cdot Ta_2O_5$의 공정(共晶)이다. 또 스토이키오메트릭 조성으로 혼합하고 1,450℃에서 소결한 세라믹스의 X선 회절 패턴은 〈그림 6.34(a)〉에서 나타낸 것과 같이 $LiTaO_3$로 되어 있지만, 세라믹스를 $LiTaO_3$의 융점인 ~1,650℃로 가열, 반용융 상태로 하여 냉각한 것의 X선 회절 패턴은 (b)와 같이 (a)에서는 나타나지 않는 피크가 $2\theta=15.5°$, $33.5°$, $36.7°$에서 나타난다. 그런데 $Li_2O:Ta_2O_5=1:3, 1:1, 2:1, 3:1$의 몰비 조성 혼합물을 1,400℃에서 소결한 것의 X선 회절 패턴은 〈그림 6.35〉와 같이 Ta_2O_5비가 클수록 위에서 기술한 회절 피크(⊗표)의 세기가 커져서 현저하게 된다. 이 결과에서 〈그림 6.33〉에 나타낸 백색 석출물은 Ta_2O_5성분이 주(主)가 되는 $LiTa_3O_5$이라는 것을 말할 수 있으며, 콩그루언트 조성은 Ta_2O_5 리치 쪽에 있다는 것을 쉽게 추정할 수 있다.

$Li_2O:Ta_2O_5 = 1:1$(몰비) 근방의 조성으로 49~54mol% Ta_2O_5의 범위의 여러 가지 조성을 갖는 소결체 원료를 사용하여 첫 단결정(약 5mmϕ×5mm$l$)을 육성하고, 그 퀴리 온도를 어드미턴스 브리지(admittance bridge)를 사용하여 10kHz에서 유전율의 온도변화에서 극대로 되는 온도에 의거해 구했다. 각 조성비를 갖는 융액에서 육성

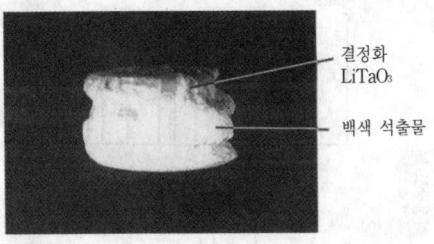

〈그림 6.33〉 Ir 도가니 안에 고화한 스토이키오메트릭 조성 $LiTaO_3$: 아래쪽 부분의 표면은 백색 석출물로 덮여 있다.

한 단결정의 퀴리 온도와 육성 후에 도가니 안에 고화한 잔류 멜트 덩어리에서 얻은 결정편(結晶片)의 퀴리 온도를 각각 측정한 결과를 〈그림 6.36〉에 나타냈다. 그림에서 ○표의 직선 A는 첫 단결정의 퀴리 온도, ●표의 곡선 B는 잔류 멜트로 얻어진 결정면의 퀴리 온도를 나타낸다. 첫번째 단결정에 대한 퀴리 온도의 조성의존성은 대체로 직선적 변화를 하고 있다. 한편 멜트 덩어리의 퀴리 온도는 각 조성에서 온도 폭이 분산되어 있지만 Ta_2O_5 농도가 51.25mol%에서는 약 10℃라는 매우 좁은 온도 범위로 수렴하고 있다. 고화 멜트의 결정편 채취는 무작위로 했으므로 51.25mol%에서 복수의 결정편은 같은 조성이라고 할 수 있다.

〈그림 6.36〉에서 곡선 B의 각 조성에서의 퀴리 온도 분산을 결정 성장에서의 정출과정을 고찰함으로써 콩그루언트 조성 근방의 상태도를 추정하는 것이 가능하다. 여기에서 〈그림 6.37〉에 도식적으로 표시한 평형 분포계수 $k_0>1$인 2원계 상태도를 생각한다. 처음 농도 C_0를 갖는 융액이 결정화할 때에는 농도 k_0C_0를 갖는 첫 결정이 결정화하고, 온도가 내려감에 따라 다 같이 멜트와 결정 조성은 각각 액상선(液相線)과 고상선(固相線)에 따라 점차 변한다. 최종적으로는 농도

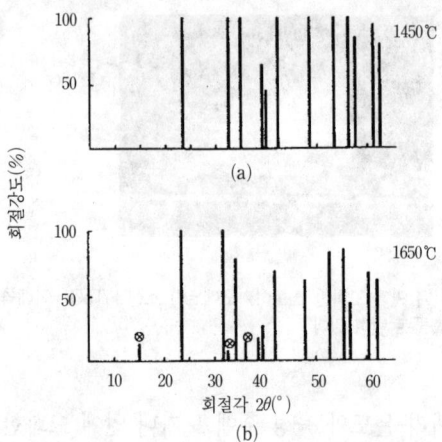

〈그림 6.34〉 스토이키오메트릭 조성 LiTaO₃의 X선 분말 회절상 : ⊗표의 피크는 가소(假燒) 세라믹스에서는 나타나지 않는다.

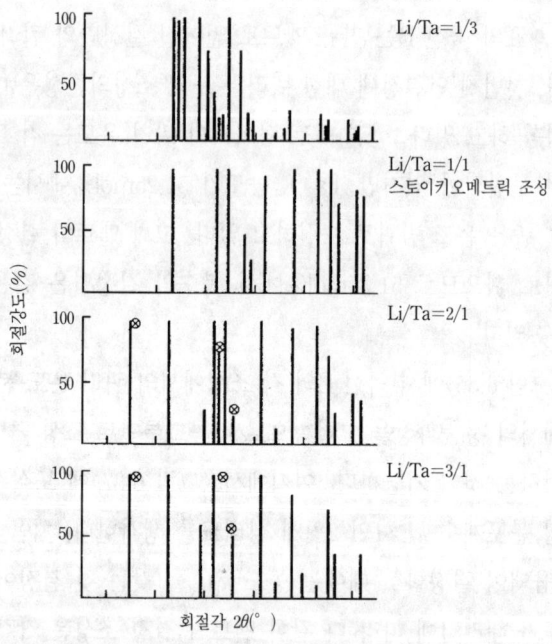

〈그림 6.35〉 여러 가지 조성비 Li/Ta 세라믹스에서의 X선 분말 회절상

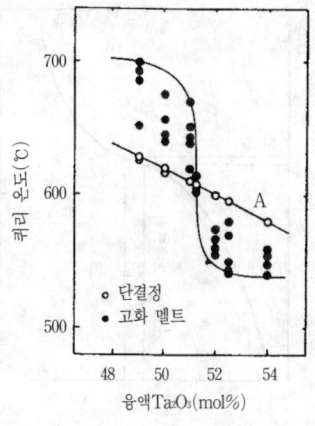
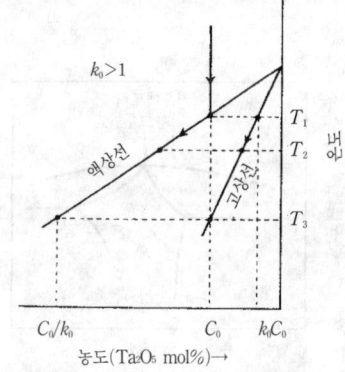

〈그림 6.36〉 Ta₂O₅ 농도에 따른 퀴리 온도 변화: (A) 단결정, (B) 도가니 안 고화 융액의 결정편

〈그림 6.37〉 $k_0>1$의 2원계 상도(相圖)에서의 정출과 멜트의 조성변화 설명

$C_L(=C_0/k_0)$의 잔류 멜트에서 농도 C_0의 결정이 정출한다. 따라서 한 결정 덩어리 안에서 농도가 k_0C_0에서 C_0까지 점차 변하게 된다. 여기에서 농도 C를 Ta₂O₅ 농도로 바꾸어보면 〈그림 6.36〉에서 ●표의 최고 온도는 출발 조성 그 자체의 퀴리 온도가 된다는 것을 알 수 있다. $k_0<1$의 경우에는 역으로 최저 퀴리 온도가 그 조성의 퀴리 온도에 대응하는 것이다. 따라서 같은 퀴리 온도에서의 직선 A와 곡선 B와의 조성차는 그대로 액상선과 고상선의 조성차에 대응하고 곡선 B는 액상선에, 직선 A와 곡선 B와의 좌우 교차점은 공정(共晶) 조성으로 된다. 이상의 결과에서 온도축을 임의로 잡으면 〈그림 6.38, 6.39〉에 표시한 것과 같이 콩그루언트 조성, 스토이키오메트릭 조성을 중심으로 한 상태도가 얻어진다.[49] 이것은 LiNbO₃와 매우 닮았다. 이상이 LiTaO₃의 콩그루언트 조성을 결정한 경위다.

여러 가지 융액 조성에서 작은 단결정을 육성하고 꼭지각이 약 30°

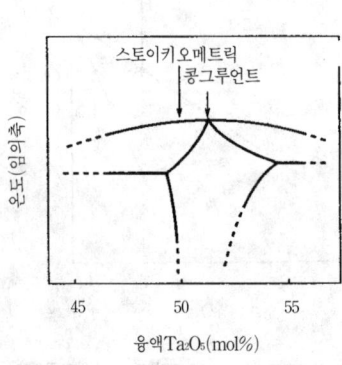

⟨그림 6.38⟩ Li$_2$O-Ta$_2$O$_5$ 2원계의 Li/Ta =50/50 근방의 상평형도(고온 영역)

⟨그림 6.39⟩ 융액 조성과 육성 결정 조성 의 관계

인 프리즘으로 끊어 He-Ne 레이저의 0.633μm광으로 최소 편각법에 따라 굴절률을 측정한 결과를 ⟨그림 6.40⟩에 나타냈다. 여기에서 중요한 것은 (b)에서 횡축의 조성에 결정 조성을 취했다는 것이고, 이 데이터가 결정 평가에 매우 중요하다. 이들 결과에서 정상광선 굴절률 n_o는 조성에 대하여 거의 직선적으로 변하고 있지만, 이상광선 굴절률 n_e는 Ta$_2$O$_5$ 51.0mol% 근방에서 약 1.3×10^{-2}/Ta$_2$O$_5$mol%, Ta$_2$O$_5$ 51.35mol% 부근에서는 약 2배인 2.62×10^{-2}/Ta$_2$O$_5$mol%의 변화를 하고 있다. 이상광선 굴절률은 조성에 극히 민감하고 Ta$_2$O$_5$ 리치 융액에서 균질 단결정을 육성하는 것은 매우 어렵다는 것을 시사하고 있다.

그 후 LiTaO$_3$의 콩그루언트 조성에 관한 몇 가지 실험 결과도 보고 되었으나 Li$_2$O/Ta$_2$O$_5$ = 48.30~48.53/51.70~51.47과 같이 보고자에 따라 다소 달랐다. 조성은 결정 육성의 전공정(全工程)에서 결정해야 할 것이지만 후에 다시 고품질을 위한 기본적 검토가 요청된다.

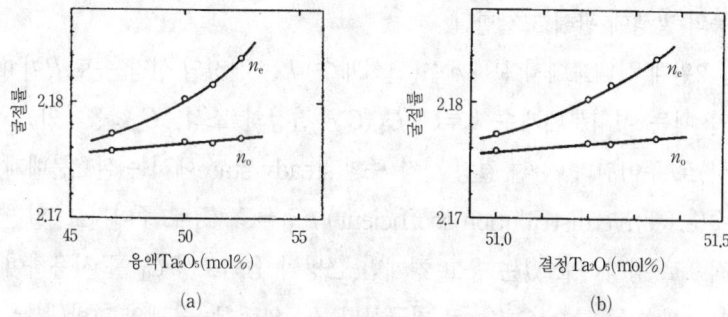

⟨그림 6.40⟩ LiTaO$_3$ 단결정의 굴절률 조성 의존성($\lambda=0.6328\mu m$) : (a) 융액 조성에 대한 굴절률, (b) 결정조성에 대한 굴절률

LiTaO$_3$와 동형인 LiNbO$_3$에 관해서도 융액 조성과 결정 조성이 일치하는 콩그루언트 조성은 Li$_2$O : Nb$_2$O$_5$ = 1 : 1(몰비)이 아니고 Nb$_2$O$_5$ 리치 쪽에 있어 비교적 넓은 고용폭(solid solution)을 갖고 있다.[50~52] 콩그루언트 조성은 몰비 Li$_2$O : Nb$_2$O$_5$ = 48.6 : 51.4가 일반적으로 받아들여지고 있다. 상세한 것은 제3장 3.1.3에서 기술했다.

6.3.2 고품질 LiTaO$_3$ 단결정 육성

용융 인상법에서 결정 형상을 제어하여 정형(整形)하기 위해서는 융액 온도의 조정에 따르는 것이 일반적이다. 융액 온도의 변화가 결정의 광학적 품질, 즉 굴절률 변화에 어느 정도 영향을 주는가를 아는 것은, 광학결정의 고품질 육성에 매우 중요한 과제이기도 하다. 여기에서는 스토이키오메트릭 조성의 LiTaO$_3$ 융액에서 육성한 결정의 굴절률 변화 양상을 기술한다.

(1) 굴절률 변동의 이론적 취급

먼저 스토이키오메트릭 조성 융액에 의한 결정 육성에서 굴절률 변동의 발생에 관해 고찰한다.

2원계 상태도에서 분배계수(편석계수) k는 결정의 성장 속도 R이 0인 때는 평형분배계수 $k_0 = C_s/C_L$ (C_s : 결정의 조성, C_L : 융액의 조성)로 주어진다. 한편 결정 성장 중의 steady state에서는 실효분배계수(effective distribution coefficient) $k_{eff} = C_s/C_L$로 주어지고, 일반적으로 성장하고 있는 응고 경계면 근방의 융액조성 C_{L0}를 사용하여 분배계수 k는 $k^* = C_s/C_{L0}$로 취급한다. k_{eff}와 k^*는 융액의 교반(攪拌) 및 용질, 용매의 성질로 결정되는 어떤 정수와 성장 속도의 함수인 F이고, $k_{eff} = F \cdot k^*$의 관계에 의해 표시되는 경우가 많다. 산화물 결정이 육성되는 성장 속도 범위에서는 $k^* = k_0$로 근사시킬 수 있다. BCF 이론[53]에 따르면 k_{eff}는,

$$k_{eff} = \frac{k^*}{k^* + (1-k^*)\exp\left(-\frac{\delta}{D}R\right)} \tag{6.7}$$

로 주어진다. 여기에서 δ는 경계면에서 용질 확산층의 두께($= 1.6 \cdot D^{1/3} \cdot \nu^{1/6} \cdot \omega^{-1/2}$), R은 성장속도, ν는 융액의 동점성계수, ω는 결정의 회전수다.

이제 융액의 온도 변화 δT에 의해 복굴절률 Δn의 변화량 $d(\Delta n)$을 다음과 같이 전개해보자.

$$\frac{d(\Delta n)}{dT} = \frac{d(\Delta n)}{dC_s} \cdot \frac{dC_s}{dk_{eff}} \cdot \frac{dk_{eff}}{dR} \cdot \frac{dR}{dT} \tag{6.8}$$

우변이 뜻하는 것은 융액의 온도 변화 ΔT에 의해 성장 속도가 dR만큼 변하고 식 (6.7)에 따라 분배계수가 dk_{eff}만큼 변동한다는 것이다. 그 결과 결정 조성의 변화 dC_s를 중개로 복굴절률 변화를 초래하게 된

다. 우변의 첫 인자(因子)는 〈그림 6.40〉에서 $Ta_2O_5=50.0mol\%$ 근방에서 $d(\Delta n)/dC_s = 1.6\times10^{-2}/mol\%$ 로 된다. 둘째 인자는 $C_s = k_{eff} C_L$의 관계에서 $Ta_2O_5=50mol\%$에 대해서는 $dC_s/dk_{eff} = 1.25mol\%$ Li_2O 로 된다. 셋째 인자는 식 (6.7)을 미분하여

$$\frac{dk_{eff}}{dR} = \frac{-\dfrac{\delta}{D}\cdot\dfrac{1-k_0}{k_0}\exp\left(-\dfrac{\delta}{D}R\right)}{1+\dfrac{1-k_0}{k_0}\exp\left(-\dfrac{\delta}{D}R\right)} \qquad (6.9)$$

로 표시되므로 극히 일반적인 값 $D = 5\times10^{-5}$cm/sec, $\nu = 2.5\times10^{-3}$ cgs, $\omega = 40$rpm$(=4.19$rad/sec$)$, $\delta = 0.01$cm, $R = 1.7\times10^{-4}$ cm/sec, $k_0 = 0.976$(그림 6.37, 6.38에서 Li_2O의 분배 계수로 된다)을 사용하여 $dk_{eff} = -4.8$(cm/sec)$^{-1}$을 얻는다.

넷째 인자는

$$\frac{dR}{dT} = \frac{K_L}{\delta_T \cdot L} \qquad (6.10)$$

와 같이 주어진다.[1] K_L은 융액의 열 전도도, δ_T는 경계면에서 열 확산층의 두께, L은 응고잠열(凝固潛熱)이다. $LiTaO_3$에서 이들 값은 알려져 있지 않으므로 융점이 비슷한 $CaWO_3$의 값을 사용해본다.[55] $K_L = 3\times10^{-2}$ cal/sec·cm·℃, $\delta_T = 0.25$cm, $L = 500 \sim 900$cal/cm³으로 하여 $dR/dT = 1.3 \sim 2.4\times10$cm/sec·℃로 된다. 따라서 식(6.8)의 좌변은

$$\frac{d(\Delta n)}{dT} = 1.2 \sim 2.3\times10^{-5}/℃ \qquad (6.11)$$

을 얻는다. 즉 스토이키오메트릭 조성 융액에 의한 육성에서는 융액의 온도가 1℃ 변하면 결정 안의 복굴절 Δn은 $1.2 \sim 2.3 \times 10^{-5}$ 변하게 된다.

(2) 결정 중의 굴절률 변화

그러면 실제의 결정에서는 어느 정도 굴절률이 변화되는가를 실험적으로 구해보자. 결정은 스토이키오메트릭 조성 융액에서 $R = 5$mm/hr, $\omega = 40$rpm으로 c축으로 인상했다. 〈그림 6.41〉은 육성 결정의 (100) x면의 마흐-젠더(Mach-Zehnder) 간섭상이다. 간섭 무늬는 $\Delta n \cdot d$ (d : 시료두께)가 같음을 뜻하고 있다. 이 결정을 육성하는 중에 A로 표시한 시각(時刻)에 융액 온도를 고의로 약 1.5℃ 급상승시키고 약 10분 후에 다시 1.5℃ 하강시켰다. 또 B에서는 약 30분에 걸쳐 융액 온도를 약 4℃ 내렸다. 융액 온도의 변화에 따라 복굴절이 변한 것을 알 수 있다. 간섭무늬의 이동에서

$$\delta(\Delta n) \cdot d = \lambda/2 \qquad (6.12)$$

에 의해 복굴절률 변화 $\delta(\Delta n)$이 구해진다. $d = 13.68$mm, $\lambda = 0.6328\mu$m에서 A에서는 $\sim 2.6 \times 10^{-5}$, B에서는 $\sim 5 \times 10^{-5}$의 복굴절률 변화로 된다. 따라서 융액의 온도 변화량으로부터 A에서는 $\sim 1.8 \times 10^{-5}/$℃, B에서는 $\sim 1.25 \times 10^{-5}/$℃로 되고 이 값은 앞에서 논의한 이론적 추정값[식 (6.11)]과 잘 일치한다.

LiTaO$_3$ 단결정을 벌크형 광변조 소자로 사용하기 위해서는 소자 안의 복굴절률 변동이 10^{-5} 이하일 것이 요망되고 있다. 따라서 스토이키오메트릭 조성 융액에서의 육성은 융액 온도의 제어를 ±0.3℃ 이하로 억제할 필요가 있다는 것을 이상의 결과에서 이해할 수 있고, 극히 엄격한 온도관리가 필요하다는 것을 알 수 있다.

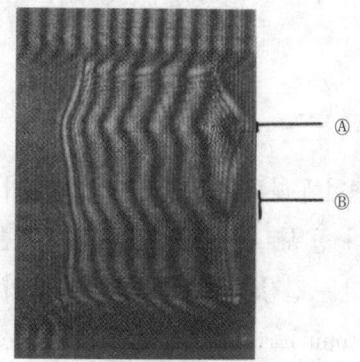 

〈그림 6.41〉 스토이키오메트릭 LiTaO₃의 (100)판 마흐-젠더 간섭 상: Ⓐ, Ⓑ는 육성 중에 융액온도를 변화시킨 시점에 대응하고 있다.

〈그림 6.42〉 콩그루언트 LiTaO₃ 단결정의 (100)판 마흐-젠더 간섭상

한편 콩그루언트 조성 용액에서는 융액 조성과 결정 조성이 일치하고 있으므로 $k_0 = 1$로 되므로 식 (6.8)의 셋째 인자는 0으로 되어 $d(\Delta n)/dT$는 없어진다. 사실 콩그루언트 조성 융액의 육성에서는 융액 온도를 조금 변화시켜도 〈그림 6.42〉와 같이 마흐-젠더 간섭상의 변화를 확인할 수 없었다. 또 지름 25mm, 길이 약 5cm의 결정 상단과 하단의 퀴리 온도 T_c의 차는 ±1℃이고, 결정 조성이 균일한 것, 즉 복굴절률 변화는 극히 작다는 것이 확인되었다.

그렇지만 콩그루언트 조성이라도 육성 중에 함부로 융액 온도를 변하게 하는 것은 굴절률 변동을 일으키게 한다. 온도 변동에 따른 성장 속도의 변화가 생기기 때문이다. 이 때문에 미시적인 탄성 변형이 생겨

$$\frac{d(\Delta n)}{dT} = \frac{d(\Delta n)}{dS_m} \cdot \frac{dS_m}{dR} \cdot \frac{dR}{dT} \qquad (6.13)$$

와 같이 전개되는 효과가 생기는 것이 두렵다. 여기에서 변형 S_m은 광탄성 효과를 거쳐

$$d(\Delta n_{ij}) = p_{ijm} \cdot S_m \qquad (6.14)$$

에 의거해 굴절률 변화로 된다. 이 변형에 따른 탄성 효과는 조성에 의한 굴절률 변화에 비해 작다. 그러나 함부로 온도 변화를 주는 것은, 예컨대 자발분극이 큰 $LiNbO_3$와 같은 결정에서는 강유전성 분극이 육성 중의 변형을 거쳐 반전분역(domain)을 야기하여 6.5에서 논하는 것과 같이 광학적 변형이 분극벽에 남아서 광학적 품질을 떨어뜨리는 요인[56]이 되므로 주의를 요한다.

6.4 결정 품질의 광학적 평가방법

광학결정의 평가방법에는 여러 가지가 있지만 광응용을 목적으로 할 경우에는 광학적 균질성, 즉 결정 안의 굴절률 균일성을 더욱 엄밀하게 조사하는 일이 무엇보다도 필요한 것이다.「평가는 매크로에서 마이크로로」라는 철칙을 밟는 것이 중요하다. 여기에서는 $LiTaO_3$ 단결정을 예로 들어 상세히 기술하겠다.

6.4.1 거시적 관찰

극히 일반적으로는 슐리렌(Schlieren)법이나 마흐-젠더 간섭법이 채용되지만 광학적 1축성, 2축성 결정의 얇은 판의 광학적 평가에는 편광 현미경에 의한 코노스코프(conoscope) 상을 관찰하는 방법[57,58]이 우선 간편하고 얻는 정보도 많다. 예를 들어 1축성 결정의 광축에 수직인 박판의 코노스코프 상에서는 〈그림 6.43〉에 나타낸 것과 같이

(a)

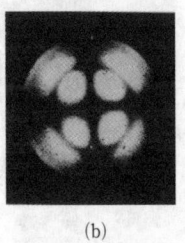
(b)

〈그림 6.43〉 POH 현미경으로 관찰한 1축성 결정판의 코노스코프 상 : (a)와 (b)에서는 시료의 두께가 다르다.

리타데이션(retardation) R에 대응하는 십자형의 검은 간섭상이 얻어지고, 결정판의 변형 등으로 인한 복굴절의 불균일이 있으면 이 코노스코프 상은 정확한 십자상을 나타내지 않는다.

R은 결정의 복굴절 Δn과 두께 d의 곱

$$R = d \cdot \Delta n$$

으로 주어지고 입사광이 나란하고, 또한 전 광로에 걸쳐 Δn이 일정하면 한 쌍의 직교 편광판(crossed Nicol) 사이에서 소광된다. 코노스코프 관찰계에서는 집광 렌즈를 이용한 발산광(發散光)을 사용하고 있으므로 결정 내에서의 광로 길이는 중심축을 제외하고는 약간 길어져서

$$R = \frac{d \cdot \Delta n}{\cos \theta} \tag{6.15}$$

로 된다. 여기에서 θ는 빛의 회절각이다. 결정 안에 복굴절 변동이 있으면 R은 위치에 따라 다르고, R가 일정하게 되는 곡선을 나타내는 버틴(Bertin) 곡면이 넓어지고, 극단의 경우 버틴 곡면은 2축성의 그것과 유사하게 되어간다.[57]

이 원리를 이용해 벌크 단결정의 거시적 균일성 평가를 할 수 있다.

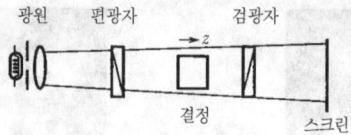

〈그림 6.44〉 거시적 코노스코프 상 관찰을 위한 광학계

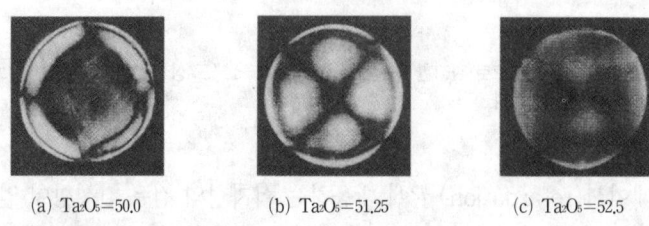

(a) $Ta_2O_5=50.0$ (b) $Ta_2O_5=51.25$ (c) $Ta_2O_5=52.5$

〈그림 6.45〉 여러 가지 조성을 갖는 융액에서 육성한 $LiTaO_3$의 거시적 코노스코프 상

〈그림 6.44〉에 표시한 것처럼 빛이 약간 발산하는 광학계를 사용하고, 시료는 광축에 직각이 되게 평행 평면으로 연마하여 직교 니콜 사이에 넣는 간단한 계로 충분하다. 이 발산광은 편광 현미경에서 집광 렌즈를 삽입하여 빛을 발산시켜 리타데이션 R의 간섭상을 보는 것과 같다.

여기에서 $LiTaO_3$의 스토이키오메트리에 관계하는 $LiTaO_3$ 단결정의 관찰 예를 소개한다.[59] Li/Ta = 50/50, 48.75/51.25, 47.5/52.5 몰비의 멜트 조성에서 c축으로 육성한 결정을 길이 약 20mm로 평행 평면 연마한다(평행도≤30초, 평면도≤$\lambda/10$). 〈그림 6.45(a)〉는 Li/Ta=50/50인 이른바 스토이키오메트릭 조성 융액에서의 결정이지만 맥리도 많고 코노스코프 상은 십자형이 아니다. (c)는 47.5/52.5 조성에서 생긴 것으로 마치 2축성 결정과 같은 코노스코프 상을 나타내어 광학적 변형이 큰 것을 알 수 있다. 한편 이른바 콩그루언트 조성인 48.75/51.25 조성[49]에서의 결정은 (b)와 같이 십자형 코노스코프 상을 나타내고, 광학적 비틀림이 작은 것을 확인할 수 있었다.

이들 관측에서 LiTaO₃의 경우 콩그루언트 조성 융액에서의 결정은 조성적으로 균일하고, 스토이키오메트릭 조성이나 콩그루언트에서 벗어난 조성에서의 결정은 인상 방향으로 조성의 불균일성, 즉 복굴절률의 불균일성이 존재한다는 것을 잘 알 수 있다.

거시적 관찰에서는 슐리렌 간섭법 이외에도, 간편하기로는 직교 니콜에 의한 소광상태를 관찰함으로써 서브 그레인에 해당하는 리지니 (lineage) 등의 거시적 결정 불균일성을 검출할 수 있다.

6.4.2 미시적 평가

소자에 사용되는 결정의 품질은 더욱 엄밀히 조사할 필요가 있고, 그것에는 복굴절 변동에 민감한 응답을 하는 광학적 소광비(light extinction ratio : ER)를 갖고 하는 것이 좋다. 측정계를 〈그림 6.46〉에 나타냈는데, 시료는 광축을 포함하는 면을 평행 평면으로 연마하고 편광자는 광축에 대해 45°로, 검광자는 그것에 직교시켜 소광위(消光位)로 한다. 결정에 입사한 빛은 제2장 2.2에서 기술한 것과 같이 광축에 나란한 평광성분(정상광선)과 직각인 편광성분(이상광선)으로 나누어져 전파하므로 출력광에서 두 성분의 위상차 δ를 두 보상판으로 보상하여(자연 복굴절의 소거), 검광자에 평행한 광강도성분(光强度成分) $F_\parallel$와 그것에 직각인 광강도성분 $F_\perp$와의 비를 소광비로 정의한다.

극히 일반적으로는 He-Ne 레이저 광의 출력 빔을 그대로 사용하여 결정을 이동시켜 점(點)의 소광비를 측정하는 경우가 많다. 예로서 〈그림 6.47〉에는 빔 지름이 약 1mm인 레이저 광으로 콩그루언트 조성 LiTaO₃ 결정의 소광비를 각 점(·)에서 조사한 결과로서, 실선 안에

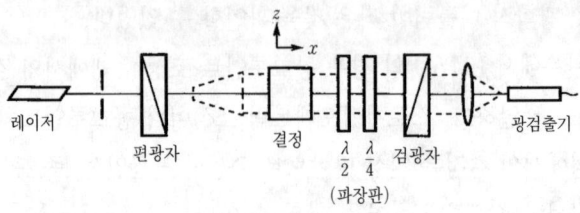

〈그림 6.46〉 소광비 측정의 광학계

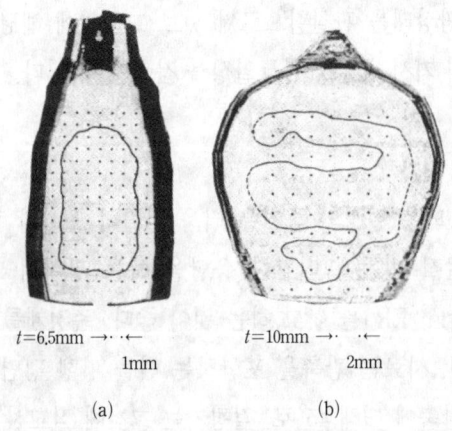

〈그림 6.47〉 콩그루언트 LiTaO₃ 단결정의 소광비 분포. 실선 안의 각 점에서는 17dB 이상이다(빔 지름 ~1mm, 파장 0.6328μm)

서의 소광비는 20dB 이상의 영역이다. 그러나 이 점(point to point)에서의 소광비만으로는 결정 전체의 품질을 반드시 보증하는 것이 아니므로 주의를 요한다. 아래에서 기술하는 빔 지름 의존성을 꼭 측정해야 한다.

이제 입사광 빔 단면 내의 세기 분포가 가우스(Gauss) β 분포를 하고 있다고 하면 빛의 전기장 분포는 y-z면 내에서는

$$E_0 \cdot \exp\left\{ \frac{1}{(2r)^2}(z^2+y^2) \right\} \tag{6.16}$$

로 된다(E_0는 입사광 강도, r은 빔 반지름). 이 전기장 분포를 갖는 평면파가 〈그림 6.48(a)〉에 나타낸 것과 같은 직교계로서 결정의 광축 z에 대해 $45°$로 입사하는 경우를 생각하자. 시료의 양쪽 단면은 완전하게는 평행하지 않고, 극히 작은 값 α만큼 기울어져 있다고 가정한다. 길이 $l'(= l +\tan \alpha z \sim l + \alpha z)$의 결정에서 나온 빛의 y방향의 전기장 성분 E_y는,

$$E_y = E_0' \sin 45° = \frac{E_0}{\sqrt{2}} \exp\left\{-\frac{1}{4r^2}(z^2+y^2)\right\} \cdot \exp(-i\omega l)$$
$$= \frac{E_0}{\sqrt{2}} \exp\left\{-\frac{1}{4r^2}(z^2+y^2)\right\} \cdot \exp(-i\frac{2\pi}{\lambda}n_o l') \quad (6.17)$$

z축 방향의 전기장 성분 E_z는

$$E_z = E_0' \sin 45°$$
$$= \frac{E_0}{\sqrt{2}} \exp\left\{-\frac{1}{4r^2}(z^2+y^2)\right\} \cdot \exp(-i\frac{2\pi}{\lambda}n_o l' -i\psi) \quad (6.18)$$

로 된다. 여기에서 ψ는 파장판에 의한 위상차다.

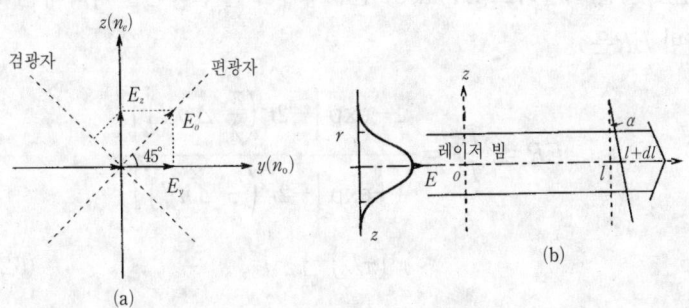

〈그림 6.48〉 소광비의 이론적 해석 : (a)입사광 편향과 결정축의 관계, (b) 시료의 평행도에 의한 효과의 표시

입사광의 편향면과 나란한 성분, 즉 검광자와 수직인 성분의 강도 $F_{\parallel}$과 편광면과 수직인 성분, 즉 검광자와 나란한 성분의 강도 $F_{\perp}$은 중간의 연산(演算) 전개를 생략하고 결과만 표시하면 각각,

$$F_{\parallel} = |(E_z + E_y)\sin 45°|^2$$
$$= \frac{I_0}{2\pi r^2} \cdot \exp\left\{-\frac{1}{2r^2}(z^2+y^2)\right\}\cos^2\left\{\frac{\pi(n_o - n_e)}{\lambda}az\right\}$$
$$F_{\perp} = \frac{I_0}{2\pi r^2} \cdot \exp\left\{-\frac{1}{2r^2}(z^2+y^2)\right\}\sin^2\left\{\frac{\pi(n_o - n_e)}{\lambda}az\right\} \quad (6.19)$$

로 된다. 결정 내의 복굴절 $\Delta n(=n_o - n_e)$이 균일하지 않다고 하면,

$$\Delta n(=n_o - n_e) = (n_o - n_e) + \frac{d(n_o - n_e)}{dz}z + \frac{d(n_o - n_e)}{dy}y$$
$$= \Delta_0 n + \Delta_z nz + \Delta_y ny \quad (6.20)$$

로 표시된다. 즉 복굴절 Δn을 측정 광 빔의 중심($z=0$, $y=0$) 주위에서 전개한 것이고, $\Delta_z n$과 $\Delta_y n$은 면 안에서의 z 방향, y 방향에 있는 복굴절의 기울기를 뜻한다. 측정시료는 평행도(平行度) 30″이내로 평행 연마되어 있다고 하면 a는 매우 작은 것으로 취급할 수 있다. 전강도 (全强度)를 라플라스(Laplace) 변환에서 구한 결과만을 나타내면, 소광비 ER은

$$ER = \frac{I_\perp}{I_\parallel} = \frac{1 - \exp\left\{-2r^2\left(\frac{\pi}{\lambda}\Delta_r n \cdot l\right)^2\right\}}{1 + \exp\left\{-2r^2\left(\frac{\pi}{\lambda}\Delta_r n \cdot l\right)^2\right\}}$$
$$\sim r^2(\pi/\lambda)^2 \Delta_r n^2 l^2 \quad (6.21)$$

로 된다. 여기에서 r는 측정계 레이저 빔의 반지름, λ는 파장, l은 시료의 길이, $\Delta_r n$은 반지름 r 안에서의 복굴절률 변화다. 같은 해석이 스

기부치(Sugibuchi) 등[60]에 의해서도 이루어지고 있다.

이 관계식에서 알 수 있는 것은 결정 내의 복굴절 변화 $\Delta_t n$이 일정하면 소광비는 빔 지름 r의 제곱에 비례한다는 것이다. 극히 일반적인 소광비에 의한 평가에서는 빔 지름 의존성을 논의하지 않지만 엄밀하게는 빔 지름 의존을 측정하는 것이 중요하다. 앞에서 기술한 $LiTaO_3$ 결정의 평가 예를 들면 〈그림 6.49〉와 같다. 즉 거시적인 코노스코프 상이 십자형을 나타내는 균질 결정인 콩그루언트 결정에는 결정의 상부(●), 하부(○)가 다 같이 빔 지름의 제곱에 비례해 소광비 변화를 하고 있으며, 이론적 해석식 (6.21)과 잘 일치하고 있다. 한편 스토이키오메트릭 융액에서의 결정은 퍼진(broad) 코노스코프 상이었다는 것을 실증이라도 하듯 소광비 변화는 빔 지름의 제곱으로 되지 않는다. 이 사실은, 콩그루언트 결정은 결정의 어느 곳에서도 광학적 변형 기울기인 $\Delta_t n$이 균일하고, 그 밖의 결정에서는 변형 기울기, 즉 결정 조성이 균일하지 않기 때문에 복굴절률이 결정의 위치에 따라 변동하고 있다는 것을 알 수 있다. 〈그림 6.49〉의 결과에서 역으로 결정 안의 복굴절률 기울기를 구할 수도 있다. 식 (6.21)에서

$$\Delta_t n = \left(\frac{\lambda}{\pi}l\right)\left(r/\overline{ER}\right)^{-1} \tag{6.22}$$

이므로 〈그림 6.50〉에 나타낸 것과 같이 기울기에서 복굴절률 기울기는 $8.9 \times 10^{-6}/cm$가 얻어진다. 보통의 스토이키오메트릭 융액 조성에서의 결정의 복굴절률 기울기는 $\sim 3 \times 10^{-4}/cm$ 정도다. $LiTaO_3$ 결정의 광응용에 요구되는 광학적 균일성(복굴절률 변화)은 $\sim 5 \times 10^{-5}/cm$ 이하라고 하며, 이 사실에서도 복산화물 결정의 육성에는 광학적 균질성의 면에서 콩그루언트 결정이 중요하다고 할 수 있다.

$LiTaO_3$ 결정의 콩그루언트 조성은 앞에서 기술한 것과 같이 몰비

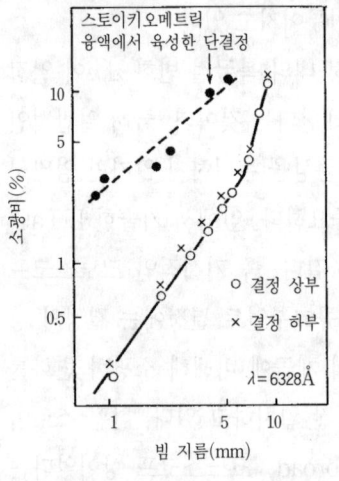
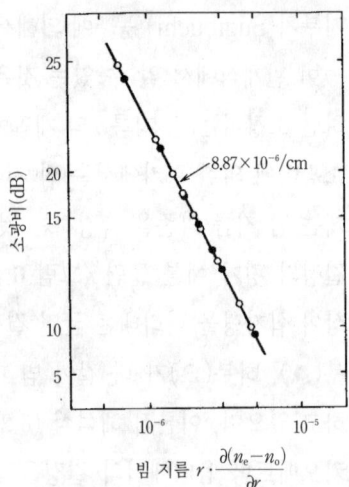

〈그림 6.49〉 콩그루언트 LiTaO₃의 소광비의 빔 지름 의존성 : ●표는 스토이키오메트릭 조성의 융액에서 육성한 단결정의 소광비를 표시한다.

〈그림 6.50〉 콩그루언트 LiTaO₃ 결정 안의 굴절률 기울기

$Li_2O/Ta_2O_5 = 48.75/51.25$ 이고, 지름 약 2cm, 길이 약 5cm 결정의 상단부와 하단부에서의 퀴리 온도는 618±1℃로 조성적으로 균일하다는 것이 실험적으로 확인되었다. 마쓰무라(松村)[61]는 표면탄성파 (surface acoustic wave : SAW) 속도에서 LiTaO₃ 결정의 콩그루언트 조성은 몰비 $Li_2O/Ta_2O_5 = 48.3/51.7$로 하고 있다. 다만 그들의 결정 육성에서는 Pt/Rh 도가니를 사용하고 있어 결정 안에는 Rh이 혼입해 있으므로 엄밀하게는 도핑하지 않은 LiTaO₃ 결정의 콩그루언트 조성은 아니라고 할 수 있다. 이 점에서는 동형의 LiNbO₃에 MgO를 도핑하면 콩그루언트 조성이 역시 변동한다는 보고[62]가 참고가 된다. 여하튼 복산화물 결정의 고균질화에는 콩그루언트 조성의 결정이 중요하지만 이것의 실험적인 값을 바탕으로 양산공정(量産工程)에서의

원료소성, 융해공정이나 육성공정에서 콩그루언트 조성을 결정해가는 것이 필요하다.

6.5 전기장 인가 인상 육성 : LiNbO₃ 결정의 고품질화

LiNbO₃의 광학적 균일성과 스토이키오메트리에 관해서는 이제까지 많은 연구가 있었고, 콩그루언트 조성도 대체로 확정되어 고품질인 단결정이 실용적으로 양산되었다. 앞 절에서도 기술한 것과 같이 콩그루언트 조성 융액이라도 함부로 육성 중에 성장 교란을 시키면 품질의 저하를 초래하지만 강유전체 LiNbO₃에 한해서는 특유의 과제가 있다. 필자 등의 LiNbO₃ 광학적 균질성에 관한 결함 구조의 연구에서 광학적 불균일성의 최대 요인은 as-grown 결정 내의 강유전성 분역벽에서의 광학적 변형이라는 것을 이해할 수 있었다.[56] LiNbO₃의 강유전-상유전 전이 온도인 퀴리 온도는 Li/Nb 비에 의해서 1,130~1,210℃로 융점인 ~1,250℃에 매우 가깝다.

〈그림 6.51(a)〉는 as-grown 단결정의 y면에서 관찰한 광탄성 사진이지만, A로 대표되는 분역벽 주변에서의 광학적 변형이 크다는 것을 알 수 있다. 이것을 극히 일반적인 필드 쿨링(field cooling)법에 의해 폴링(poling : 단일분극화)하여도 (b)에 나타낸 것과 같이 분역벽에서의 변형은 완전히 제거되지 않는다는 것이 알려졌다. 그것은 자발분극 P_s가 강유전체 중에서도 가장 크므로 육성 후에 단일분극 처리를 하여도 이 변형이 남아 있기 때문이다.

이런 이유로 as-grown 상태에서 단일 분극 결정으로 하면 좋다는 것을 생각할 수 있다. LiNbO₃의 폴링에서는 T_c와 융점이 가까우므로 단일분극화에는 다음과 같은 방법이 채용되고 있다.

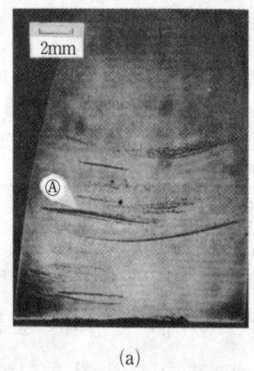 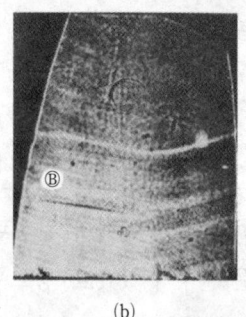

(a)   (b)

〈그림 6.51〉 c축으로 인상한 as-grown $LiNbO_3$의 광학적 변형 : (a) 단분역 처리 전, (b) 단분역 처리 후

① Mo 첨가법
② 필드 쿨링법
③ 전기장 인가 인상법

①은 Mo의 첨가에 의해 퀴리 온도가 높아지는 것을 응용한 것이지만[64] 현재로는 거의 잊혀지고 있다. ②의 폴링법은 가장 일반적이다. ③이 여기에서 소개하는 방법이지만 육성조건에 따라서는 단분역화가 충분하지 않다는 것 등이 기재되어 있다.[64,65]

아래에서는 전기장 인가 인상법의 실제와 단일 분역화가 비교적 잘 된 $LiNbO_3$ 결정의 취득, 그 광학적 품질을 소개한다.[66] 또 전기장 인가 육성에서는 고체액체 계면에서 일종의 전기 분해가 생길 가능성이 있다. 나소(Nassau) 등[64]은 종자 쪽을 +로 하면 결정이 갈색으로 착색하고 이것은 Nb_2O_5의 석출에 의한 것으로 간주하고 있으나, 종자 쪽을 −로 하여 $10mA/cm^2$ 이상의 대전류를 흘리면 결정이 휜색으로 탁해지든지 백색 석출물이 보인다. 이것은 X선 회절에 의해 Li_3NbO_4

인 것이 확인되어 있다. 종자 쪽을 +로 하면 결정은 Nb-리치로, 종자 쪽을 -로 하면 결정은 Li-리치로 되는 것이 추정되고, 전기장 육성을 통해 결정의 조성을 어느 정도 제어하는 것도 가능하여, 이를 이용하면 조성 변화를 교대로 as-grown에서 만드는 것도 가능할 것이다. 다만 단순히 인상 초기부터 육성 종료까지 전기장을 인가해도 단분역 결정은 얻기 어렵고, 또한 서브 그레인의 발생이 현저한 것은 광학적으로도 양질이 아닌 경우가 많다.

〈그림 6.52〉는 육성 장치의 개략을 나타낸 것이다. 종자 결정을 묶고 있는 백금선과 백금 도가니에서 전극을 끌어내 직류전원에 연결하여 결정과 도가니 사이에 전기장을 걸어준다. 주된 육성 조건으로 인상 속도는 5mm/hr, 결정 회전수는 40rpm, 축 온도 기울기는 100℃/cm, 인상축은 〈001〉 c축, 전기장 방향은 종자 쪽을 -, 전류밀도는 0.5~4 mA/cm² 등이다. 여기에서 전기장 인가법은 다음 ①~④를 말한다.

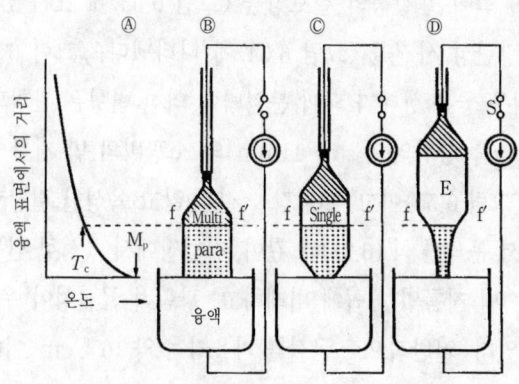

〈그림 6.52〉 단분역 LiNbO₃의 새 육성법의 개념도 : Ⓐ 노 내 온도분포, Ⓑ 단결정 육성시 인가 전압은 OFF, Ⓒ 육성 후반에 전기장을 인가, Ⓓ 전기장을 인가하면서 급속히 인상한다. E 부분은 as-grown에서 단분역으로 된다.

① 축방향의 온도 기울기를 A와 같이 결정한다. 융액 표면에서 어느 정도 높은 위치에 퀴리 온도에 해당하는 등온 도면 f-f′를 설정한다.
② B에 있는 것과 같이 기대하고 있는 결정의 길이가 될 때까지 전기장을 걸지 않고 인상 육성한다. 이 때 결정의 대부분은 아직 상유전상에 있고 퀴리 온도보다 낮은 온도영역에 들어간 어깨부에서 위쪽만 강유전상 다분역(多分域)으로 되어 있다.
③ 그리고 C의 단계에서 전기장을 걸어주면서 15mm/hr의 빠른 속도로 인상을 계속한다. 이 전기장에 의해 f-f′보다 위의 영역은 단분역화되어간다.
④ 다음에 D에 있는 것과 같이 기대하는 영역 E가 퀴리 온도보다 낮은 온도영역, 즉 f-f′보다 위쪽에 들어간 후에 결정을 융액에서 뗀다.

이와 같이 얻어진 결정의 겉모양을 〈그림 6.53〉에 표시했다. 그 결정 몸체의 광탄성 사진을 〈그림 6.54〉에 나타냈다. 〈그림 6.51(b)〉와 비교하여 매우 좋은 상태가 되어 분역벽에 의한 변형은 관찰되지 않는다. 이 시료(y축 방향의 두께 ~11mm)의 소광비의 빔 지름 의존성을 구한 것이 〈그림 6.55〉이고, 전기장을 걸지 않고 육성한 결정과 비교했다. 앞 절에서 분석한 식 (6.21)과 같이, 전기장에서 육성한 단분역 결정의 소광비는 빔 지름의 제곱에 비례하고, 광학적 균질성이 우수하다는 것을 알 수 있다. 일반적으로 굴절률 기울기는 약 10^{-6}/cm 이하이고 전기장 없이 육성(폴링 처리 후)한 결정의 굴절률 기울기 10^{-5}/cm이다. 또 $LiNbO_3$ 결정의 소광비가 $LiTaO_3$에 비해 떨어지는 것은 복굴절률이 커서 근소한 조성 변동에 민감하게 복굴절에 효과를 미치기 때문이다.

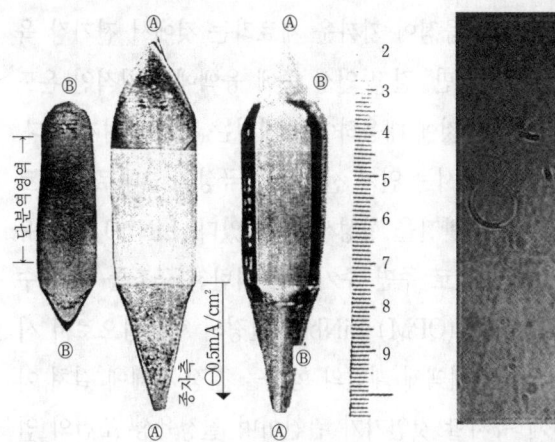
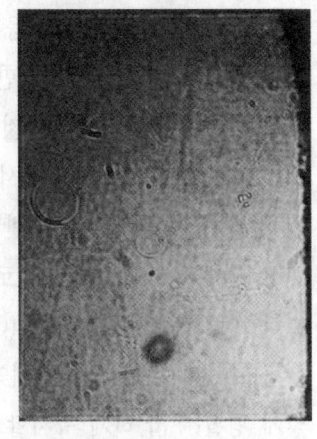

〈그림 6.53〉 새로운 육성법에 의한 육성결정과 강유전성 분역: 검은 반점 모양의 부분은 분역이 반전하고 있는 영역이다.

〈그림 6.54〉 전기장에서 인상 육성한 $LiNbO_3$ 의 직교 니콜상(그림 6.51(b)에 비해 광학변형이 없다)

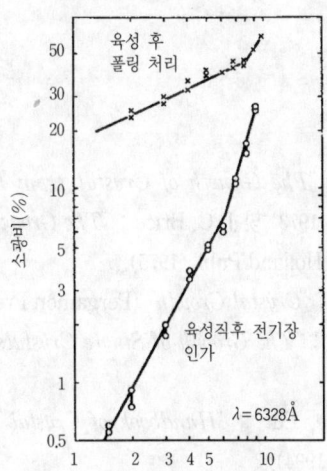

〈그림 6.55〉 소광비의 빔 지름 의존성: 각 시료에 대해 두 곳을 측정했다.

6. 광학결정의 육성기술 405

LiNbO$_3$는 퀴리 온도와 융점이 가까운 재료라는 것에서 전기장 육성이 효과가 발휘된 예이지만, 결정 인상 중에 융액에 주기적인 온도 요동을 주면 분역반전이 그것에 대응하여 교대되는 것이 알려져 있다. 전기장을 걸어 육성한 것에서는 인가 전기장의 극성을 교대로 함으로써 결정 안에 주기적 분역반전을 형성시킬 수 있다. LiNbO$_3$의 섬유 인상 중에 온도변동을 고의로 주면 주기적 분역반전 구조를 만들 수 있다. 이것은 의사위상정합(QPM) LiNbO$_3$ 결정의 형성법으로서 시행되고 있지만 육성 중 고체액체 계면의 형상을 결정 전체에 걸쳐 어떻게 평활(平滑)하게 유지할 것인가가 관건이며 결정육성 조건의 엄밀한 관리-제어가 꼭 필요한데, 이는 어려운 일이다. 육성시의 교란과 분역 발생과의 관련은 매우 흥미 있는 현상이고 강유전체 결정 육성의 미시적 고찰을 하는 경우 한 가지 도구로 될 것이다.

참고문헌

1) J. C. Brice ; *"The Growth of Crystal from Liquids"* (North-Holland Publ., 1973) 및 J. C. Brice ; *"The Growth of Crystal from Melts"* (North-Holland Publ., 1975).
2) B. R. Pumplin ; *"Crystal Growth"* (Pergamon Press, 1975).
3) R. A. Laudise ; *"The Growth of Single Crystals"* (Prentice-Hall, 1970).
4) D. T. J. Hurle, Edt. ; *"Handbook of Crystal Growth"* (North-Holland, 1993, 1994).
5) 高須新一郎 著 ; 「結晶育成基礎技術」(東京大學出版會, 物理工業實驗시리즈 12, 1980.5).

6) Katsumata, K. Ohshima, K. Oe, M. Hisamoto, T. Ohtaki, H. Konoura, H. Nakagawa and K. Takahashi ; J. Cryst. Growth, 125(1992)270.
7) P. H. Keck, M. Green and M. L. Polk ; J. Appl. Phys., 24(1953)1479.
8) I. Tanaka and H. Kojima ; Nature 337(1989)21.
9) D. Elwell and H. J. Scheel ; *"Crystal Growth from High Temperature Solutions"* (Academic Press, 1975).
10) J. P. Remika ; J. Amer. Chem. Soc., 76(1954)940.
11) H. J. Scheel ; J. Cryst. Growth, 13/14(1972)560.
12) A. Linz Jr. ; Philips Tech. Report, 191(1964)27.
13) J. Nakano, S. Miyazawa and T. Yamada ; Mat. Res. Bull., 14(1979)21.
14) J. Nakano, T. Yamada and S. Miyazawa ; J. Cryst. Growth, 47(1979)693.
15) S. Kondo, S. Miyazawa, S. Fushimi and K. Sugii ; Appl. Phys. Lett., 26(1975)489.
16) A. A. Ballman, H. Brown, P. K. Tien and S. Rica-Sansevertino ; J. Cryst. Growth, 29(1975)289.
17) S. Miyazawa and K. Kubodera ; J. Appl. Phys., 49(1978)6197.
18) S. Miyazawa ; (未發表, 1980).
19) M. M Feyer, J. L. Nightingale, G. A. Magel and R. L. Byer ; Rev. Sci. Instr., 55(1984)1791.
20) N. Niizeki, T. Yamada and H. Toyoda ; Jpn. J. Appl. Phys., 6(1967)318.
21) J. Czochralski ; Z. Phys. Chem., 92(1918)219.
22) K. Nassau and A. M. Broyer ; J. Appl. Phys., 33(1962)3064.
23) B. Cockayne, M. Chesswar and D. B. Gasson ; J. Mater. Sci., 2(1967)7.
24) B. Cockayne ; *"Current Topics in Materials Science"* (Ed. by E. Kaldis) Vol. 2(North-Holland, Amsterdam, 1977), p. 705.

25) S. Miyazawa ; J. Cryst. Growth, 49(1980)515.
26) S. Miyazawa and S. Kondo ; Mat. Res. Bull., 8(1973)1215.
27) B. Chalmers ; *"Principles of Solidifications"* (John Wiley and Sons, Inc., 1964) 기록에 다소 차이가 있으므로 다음과 같은 번역서를 밝혀둔다 ; 岡木, 鈴木 역 ;「金屬의 凝固」(丸善, 1971).
28) S. Kondo, S. Miyazawa and H. Iwasaki ; J. Cryst. Growth, 26(1974)323.
29) A. Ishida, O. Mikami, S. Miyazawa and M. Sumi ; Appl. Phys. Lett., 21(1972)192.
30) B. Cockayne, J. M. Roslington and A. W. Vere ; J. Mat. Sci., 8(1973)382.
31) C. D. Brandle ; J. Cryst. Growth, 42(1977)400.
32) K. Shiroki ; J. Cryst. Growth, 40(1977)129.
33) J. R. Carruthers and K. Nassau ; J. Appl. Phys., 39(1968)5205.
34) R. Hide and C. W. Titman ; J. Fluid Mech., 29(1967)39.
35) K. Takagi, T. Fukuzawa and M. Ishii ; J. Cryst. Growth, 32(1976)89.
36) G. Zydzic ; Mat. Res. Bull., 10(1975)701.
37) B. Cockayne, B. Lent and J. M. Roslington ; J. Mater. Sci., 11(1976)259.
38) J. R. Carruthers ; J. Cryst. growth, 36(1976)212.
39) J. C. Brice and P. A. C. Whiffin ; J. Cryst. Growth, 38(1977)245.
40) D. C. Miller, A. J. Valentino and L. K. Shick ; J. Cryst. Growth, 44(1978)121.
41) C. D. Brandle ; J. Cryst. Growth, 57(1982)65.
42) A. J. Gross and R. E. Adlington ; Solid-State Electro-Telecommun., 1(1960)28.
43) S. Miyazawa and S. Kondo ; Mat. Res. Bull., 8(1973)1215.
44) J. R. Carruthers ; J. Cryst. Growth, 36(1976)212.
45) Y. Mori ; Trans. AIME-J. Heat Trans., 83C(1961)479.
46) S. Miyazawa ; J. Cryst. Growth, 53(1981)636.

47) G. I. Taylor ; Trans. Phil. Roy. Soc., A223(1922)289.
48) J. C. Brice, T. M. Bruton, O. L. Hill and P. A. C. Whiffin ; J. Cryst. Growth, 14/15(1974)429.
49) S. Miyazawa and H. Iwasaki ; J. Cryst. Growth, 10(1971)276.
50) A. Reisman and F. Holtzberg ; J. Amer. Chem. Soc., 80(1958)6503.
51) P. Lerner, C. Legras and J. P. Duman ; J. Cryst. Growth, 3/4(1968)231.
52) L. Svaasandt, M. Eriksrund, G. Nakken and A. P. Grand ; J. Cryst. Growth, 22(1974)230.
53) J. R. Carruthers, G. E. Peterson, M. Grasso and P. M. Bridenbaugh ; J. Appl. Phys., 42(1971)1846.
54) W. K. Burton, N. Cabrera and F. C. Frank ; Phil. Trans. Roy. Soc. London, A243(1954)299.
55) W. K. Burton, R. C. Prim and W. P. Slichter ; J. Chem. Phys., 21(1953)1987.
56) J. C. Brice and P. A. C. Whiffin ; J. Appl. Phys., 18(1967)581.
57) K. Sugii, H. Iwasaki, S. Miyazawa and N. Niizeki ; J. Cryst. Growth, 18(1973)159.
58) 坪井誠太郎 著 ;「偏光顯微鏡」(岩波書店, 1971. 4 第10刷).
59) A. V. Shubnikov ; "Principles of Optical Crystallography" (Consultants Bureau, New York, 1960).
60) S. Miyazawa and H. Iwasaki ; Review of Elec. Commun. Lab., 21(1973)374.
61) K. Sugibuchi, H. Tsuya and Y. Fujino ; Appl. Phys. Lett., 13(1968)107.
62) 松村 ; 日本結晶成長學會誌, 17(1990)195.
63) B. R. Grabmeier and F. Otto ; J. Cryst. Growth, 79(1986)682.
64) J. G. Bergman, A. Ashkin, A. A. Ballman, J. M. Dziedzic, H. J. Levinstein and R. G. Smith ; Appl. Phys. Lett., 12(1968)92.
65) K. Nassau, H. J. Levinstein and G. M. Loiacono ; J. Phys.

Chem. Solids, 27(1966)989.
66) 二宮 ; NHK 技術研究 24(1972)215.
67) 宮澤, 杉井, 近藤, 伏見 ; 電子材料研究會(1973. 11. 28 電氣學會)資料 EFM-73-8.

7 결정 탐색으로의 접근

　디바이스의 성능지수(figure of merit)가 명확해짐에 따라 결정자료에 요구되는 여러 가지 인자(因子), 여러 가지 특성도 약간씩 밝혀지고 재료탐색의 지침이나 지표(指標)는 각 디바이스 분야에 한해 산견(散見) 또는 정리되어 나름대로의 성공을 거두고 있다. 그렇지만 새로운 결정이 나타나도 반드시 그 표본이 이전 결정을 능가하는 것은 흔하지 않다는 것이 현실이기도 하다. 니제키(新關)[1]의 말을 빌리면 『단결정 재료의 개량 연구에 따르는 어려움이라 할까, 또는 새로운 결정 발견에 숙명적인 것, 즉 「최초의 결정이 제일 좋다」라는 것을 실감하게 한다. 아마도 새로운 결정의 「임계값」은 그것이 발견되기까지는 대단히 높으며, 일단 발견되면 임계값을 극복하여 발견된 최초의 결정종은 그것과 동류(同類)의 재료를 구하는 폭넓은 연구성과의 집적에 비해 우수한 성질을 나타내는 것으로서 남을 수 있을 것인가.』 새로운 재료의 탐색은 일반적으로 불확정한 요소가 많기 때문에 지도원리적 정견(定見)이 없으면 목적하는 특성을 갖는 물질, 즉 재료를 찾아낼 확률은 매우 낮다. 말하자면 자연이 준비한 우연성을 기다려야 할는지도 모른다.

이제부터의 재료 연구에는 디바이스 성능지수를 결정하고 있는 물질의 기본적 성질에서 원리·현상에 밀착한 전자·격자 상호작용에서의 계통적 연구가 필수적일 것이다. 예로서 제5장 5.2에 소개한 스펙트럼 홀 버닝 결정으로서의 $Eu:Y_2SiO_5$에 이르게 된 연구는 거시적 재료 특성이 아니고 미시적 결정장을 깊이 통찰(洞察)한 결과에서 생긴 것이다. 현재까지 광학결정의 탐색적 연구는 고갈되어 있다고 해도 과언이 아니며, 앞으로의 노력이 강하게 요청된다. 그렇지만 물질상수(物質常數)의 예측은 이제까지 몇 가지 지도원리적 지침이 있고 앞사람들의 선구적 노력이 있었다.

이 장에서는 광학결정 재료의 탐색수단의 기초가 되는 대표적 물질상수의 예측기법과 실제로 가끔 볼 수 있는 몇 가지 지도원리적 정견(定見)에 대한 경험을 토대로 필자 나름대로 정리하겠다. 유명한 피노 등[2])에 의한 음향광학결정 및 첸 등[3])에 의해 보고된 비선형광학결정 탐색원리의 구체적 예에 관해 소개한다. 미래의 광학결정 탐색 연구에 도움이 되었으면 한다.

7.1 물질탐색의 지침

니제키[4])는 결정재료의 탐색, 디자인에 대한 접근으로서 디바이스 동작의 특성보다 재료구조에 밀착한 것으로 정리하여 다음과 같이 분류하고 있다.

① 성능지수에 의한 것
② 특정의 결정구조에서 이온의 동형치환에 의한 것
③ 기본 구성단위를 같이하는 몇 가지 결정구조에서의 선택에 의한

것
④ 구조에 요구되는 일반적인 원칙에 의한 것

한편 다카스(高須)[5]는 다음과 같은 점을 들고 있다.
① 결정물리학적 관점
② 결정·구조화학·지구화학적 관점
③ 성능지수 등에 의한 방향 설정
④ 특정 원소의 구조위치에 착안하는 방법
⑤ 각종 분야의 데이터 종합

이들 분류는 말은 다르지만 뜻은 같기도 한데, 여기에서는 필자 나름 대로 간단하게 분류·정리를 하고 새로운 재료탐색의 예를 소개한다.
  이미 제2장에서 기술한 것과 같이 광학결정에 기대되는 많은 특징적 성질은 결정의 대칭성, 점군에 의해 지배된다. 특히 대칭중심 (center of symmetry)이 없는 것은 여러 가지 성질을 아울러 가지므로 기능성 광학결정에 중요하다. 자연계에서 각 점군이 나타날 확률은 편중되어 있는 것으로 보인다. 예를 들면 약 5,600개의 무기결정 재료에 관한 출현 점군의 통계적 결과에서는,[6] 〈그림 7.1〉에 나타낸 것과 같이 대칭중심이 없는 점군의 빈도(頻度)는 적을 뿐만 아니라 한정되어 있다. 입력과 출력의 상호작용의 「장」인 기능재료로서 흥미 있는, 대칭 중심이 없는 재료의 출현율은 매우 낮다. 예컨대 광 디바이스에 매우 유용한 전기광학효과가 큰 강유전체 재료는 제1장 〈그림 1.4〉에 표시한 것과 같이 32의 점군 중에서도 한정된 범위의 초전성 재료 중 일부에서만 나타난다. 많은 물리적 성질은 결정이 속하는 정계(晶系), 정족(晶族)이 갖는 대칭조작에 지배된다. 바꾸어 말하면 결정 안의 원

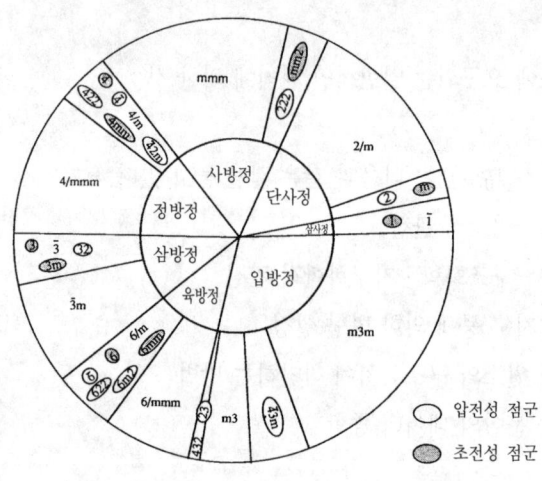

〈그림 7.1〉 무기화합물의 점군 출현 빈도[6]

자배열은 주기성과 대칭성을 가지므로 원자의 결합성, 즉 원자의 결합에 의한 전자분포가 관여하는 물리적 성질이 대칭에 지배되는 것을 이해할 수 있다.

어떤 특성을 갖는 물질 또는 결정재료가 알려져 있는 경우에는 그 재료를 중심으로 관련 원소 이온의 치환가능성과 구조적 검토 등을 통해 새로운 재료의 검토가 이루어지는 것이 일반적일 것이다. 따라서 이미 알려진 재료의 결정물리학적 성질과 결정구조가 명확할 경우 유사특성을 갖는 유사 구조의 재료를 찾는 큰 단서가 된다.

7.1.1 결정물리학에서 본 비선형광학결정의 예측

비선형광학효과는 제4장 4.2에서 기술한 것과 같이 현상적으로는 강한 빛(의 전기장)과 물질과의 상호작용을 통해 유기되는 비선형 분극의 발현이고 고조파가 발생하는 현상이다. 특히 제2고조파 발생

(SHG)은 레이저의 파장변환 응용으로서 그 장래가 기대된다.

비선형광학 상수의 추정(推定)에 관해서는, 고전적으로는 비선형 분극에 관여하는 전자를 1차원의 비조화 진동으로 취급하고 있다.[7,8] 그래서 1차원 비조화 포텐셜 안의 바닥상태에 있는 전자의 평형위치에서의 변위에 외부장 $E_0 \cos \omega t$가 가해진 경우 이 전자의 운동방정식

$$m\ddot{X} + m\gamma\dot{X} + m\omega X + mDX^2 = eE_0/2(e^{i\omega t} + e^{-i\omega t}) \qquad (7.1)$$

을 풀어서 구할 수 있다. 여기에서 m은 전자의 질량, X는 전자의 평형위치로부터의 변위, e는 전자의 전하량이다. mDX^2은 비선형 복원력, $m\gamma\dot{X}$는 감쇠항이다. 이 비선형 복원력은 외부장이 없는 경우에는 ω_0의 각 주파수로 감쇠시정수 γ인 감쇠진동을 하는 것이다. 이와 같은 비조화 포텐셜 안의 전자가 각 주파수 ω의 외력을 받았을 때, 그 운동의 각 주파수에는 ω와 2ω가 포함된다. 강제진동을 받아 전자 집단의 각 주파수 ω와 2ω의 진동은 각각 거시적인 선형 분극 $P^{(\omega,t)}$와 2차의 비선형 분극 $P^{(2\omega,t)}$를 생기게 한다. 입사광의 전기장 $E^{(\omega)}\cos\omega t$에 대해 몇 가지 가정(假定)과 계산과정을 생략하고 결과만 기술하면, 각 주파수 2ω의 분극은

$$P^{(2\omega,t)} \equiv \frac{1}{2}\{d^{(2\omega)}[E^{(\omega)}]^2 e^{i(2\omega)t} + \text{c.c.}\} \qquad (7.2)$$

와 같이 도출된다(c.c.는 공액항). $d^{(2\omega)}$는 비선형광학 계수(관용적으로는 $\chi^{(2)}$로도 표기된다)이고, 선형감수율 $\chi^{(n\omega)}(n=1, 2)$에 대해

$$d^{(2\omega)} = \frac{-mD[\chi^{(\omega)}]^2 \chi^{(2\omega)}\varepsilon_0^3}{2N^2 e^3} \qquad (7.3)$$

관계를 얻을 수 있다. 여기에서 D는 조화진동에서의 편의(偏倚)를 나

타내는 계수이지만, 이 식에서 재료탐색의 중요한 지침이 도출되어 있다.[9] 즉

$$\Delta \equiv \frac{d^{(2\omega)}}{[\chi^{(\omega)}]^2 \chi^{(2\omega)}} = -\frac{mD\varepsilon_0^3}{2N^2 e^3} \quad (7.4)$$

로 정의되는 값 Δ는 거의 모든 물질에 대해 일정하다는 사실을 알 수 있다. 이 Δ를 밀러의 델타(Miller's delta)라고 한다. 사실 〈표 7.1〉에 나타낸 것과 같이 여러 가지 결정에 대해 $d^{(2\omega)}$는 세 자리에 걸쳐 분포되어 있지만, 대부분의 산화물 결정에서는 Δ가 거의 일정한 1~5의 범위에 있다는 것을 알 수 있다($LiNbO_3$와 $LiIO_3$가 예외적으로 크다). 식 (7.4)는 비선형 계수 d(또는 $\chi^{(2)}$)가 선형 감수율에 관계하는 전자의 분극 용이성 $[\chi^{(\omega)}]^2 \chi^{(2\omega)}$와 전자운동의 비선형성에 의존하는 Δ의 곱으로 되는 것을 뜻하는 중요한 지침인데, 밀러(Miller) 법칙이라고도 한다.

투명 물질의 굴절률 n과 선형감수율 χ 사이에는 $(n^2-1)=4\pi\chi$로 되는 관계가 성립하므로, 각 주파수 ω, 2ω의 빛에 대한 굴절률을 각각 n^ω와 $n^{2\omega}$로 하면 식 (7.3)의 $d^{(2\omega)}$는

$$d^{(2\omega)} \propto ([n^\omega]^2-1)^2 ([n^{2\omega}]^2-1)^2 \Delta \fallingdotseq ([n^\omega]^2-1)^3 \Delta \quad (7.5)$$

와 같이 표시할 수 있다.

식 (7.4)에서 큰 비선형광학 계수 $d^{(2\omega)}$를 갖는 물질의 탐색지침에는 큰 굴절률을 갖는 것을 먼저 생각하는 것이 필요조건이라는 점이 유도된다. 사실 분말법[10]에 의한 비선형광학 계수를 실험적으로 구한 여러 가지 물질의 SHG 강도와 굴절률과의 관계는 〈그림 7.2〉에 표시한 것과 같이 다음 네 가지로 크게 나눌 수 있다.

- Class A : 위상정합이 가능하고 수정보다 큰 d를 나타낸다.
- Class B : 위상정합이 가능하고 수정과 같은 정도의 d를 갖는다.

⟨표 7.1⟩ 산화물결정의 $\chi_{ij}^{(2)}(2\omega)$, 밀러의 $\varDelta$ 및 성능지수 F_m의 값(그림 7.3 참조)

결정명	$\chi_{ij}^{(2\omega)*}$	(ij)	$\varDelta^{**}$	F_m^{***}	그림 7.3의 번호
NH$_2$PO$_4$	4.93 ± 0.21	(36)	3.7	7.3×10^3	12
	4.89 ± 0.21	(14)	3.6	7.1×	13
KH$_2$PO$_4$	4.2 ± 0.3	(36)	3.4	5.3×	14
KD$_2$PO$_4$	4 ± 0.2	(36)	3.7	5.9×	15
RbH$_2$PO$_4$	5 ± 0.7	(14)	3.9	7.4×	16
	3.8 ± 0.4	(36)	3.1	4.4×	17
PbH$_2$AsO$_4$	3 ± 0.4	(36)	1.4	1.9×	18
LiIO$_3$	122 ± 19	(31)	14	2.5×10^3	19
	50 ± 3	(31)	5.7	4.1×	20
	51.8 ± 3.2	(33)	9.5	5.2×10^2	21
LiNbO$_3$	359.6 ± 91.9	(33)	9.8	1.3×10^4	1
	51.4 ± 7.5	(31)	1.2	2.4×10^2	2
LiTaO$_3$	171.4 ± 20.9	(33)	5.0	2.9×10^3	5
	11.3 ± 2.1	(31)	0.33	13×	6
BaTiO$_3$	157.8 ± 20	(31)	2.4	1.9×10^3	22
PbTiO$_3$	378 ± 57	(31)	2.7	8.0×10^3	9
Ba$_2$NaNb$_5$O$_{15}$	177 ± 12.9	(33)	4.6	3.0×10^3	3
	128.7 ± 6.5	(31)	2.7	1.5×	4
(Sr, Ba)Nb$_2$O$_6$	43 ± 13	(31)	0.88	1.6×10^2	10
	113.6 ± 34	(33)	2.5	1.1×	11
ZnO	19 ± 2	(31)	1.1	4.5×10^3	23
	63 ± 2	(33)	3.6	4.9×10^2	24
SiO$_2$	3.22 ± 0.4	(11)	1.8	2.9×10^2	25

* $3/4\pi\varepsilon_0 \times 10^{-20}$esu., ** $4\pi\varepsilon_0/3 \times 10^4$esu., *** $(3/4\pi\varepsilon_0)2 \times 10^{-40}$esu.

- Class C : 위상정합은 안 되지만 수정보다 큰 d를 나타낸다.
- Class D : 위상정합은 되지 않고 수정과 같은 정도의 d를 나타낸다.

쿠르츠(Kurtz) 등[11]은 분말법이라는 독자적 실험수단을 이용해 HIO$_3$나 LiIO$_3$ 등의 요오드화물(iodide)이 큰 비선형광학 계수를 갖는

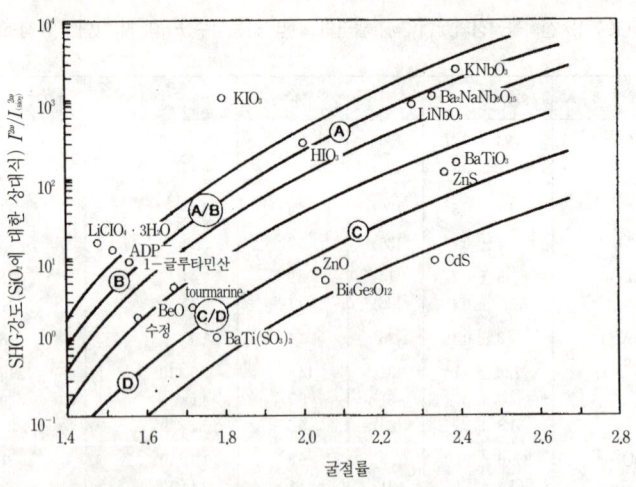

〈그림 7.2〉 제2고조파 발생(SHG) 세기와 물질의 굴절률 관계[10]

것을 확인했다. 다만 이들 결정은 수용성이므로 흡습성의 결점이 있다. 쿠르츠에 의한 이 분말법은 결정을 육성할 필요 없이 세라믹스 상태로 충분하며 간단히 SHG 강도를 관측하는 데 유효한 방법이고, 물질상수를 포함한 성능지수와 같은 물질 특성에 직접 관여하지 않는 지침을 구명하는 데 매우 유용하다는 것을 꼭 알아두어야 한다. 또 굴절률과 SHG 효율을 상관시켜 정리한 점에서도 의의가 크다.

고바야시(小林)[12]는 위상정합조건이 만족된 경우의 변환효율을 기본파와 고조파의 강도비 $I^{(2\omega)}/I^{(\omega)}$에서 제2고조파 발생의 성능지수 F_m

$$F_m = \frac{[d^{(2\omega)}]^2}{[n^{(\omega)}]^2[n^{(2\omega)}]} = \frac{[d^{(2\omega)}]^2}{(4\pi\chi^{(\omega)}+1)(4\pi\chi^{(2\omega)}+1)^{1/2}} \quad (7.6)$$

을 추산하여 〈그림 7.3〉과 같이 밀러 지수 Δ에 대해 정리했다. 〈그림 7.2, 7.3〉에서 산소8면체 구조를 바탕으로 하는 강유전체 결정이 밀러

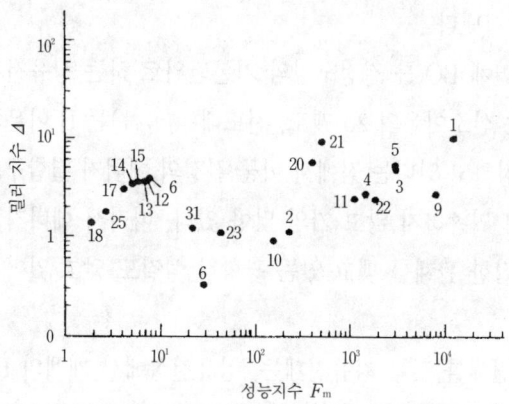

〈그림 7.3〉 무기화합물의 밀러 Δ와 성능지수 F_m[12] : 번호는 〈표 7.1〉의 화합물에 대응한다.

지수는 같아도 한 무리를 형성하고 있다는 것을 알 수 있다. 그러나 디도메니코(DiDomenico)와 웸플(Wemple)의 해석[13,14]에서 큰 비선형효과를 갖는 광학결정의 출현에는 한계가 있을 것으로 여겨진다. 일반적으로 가장 큰 $d^{(2\omega)}$ 정수를 갖는 것은 금속 Te라고 알려져 있고, 517esu (표 7.1의 단위에서는 ~47,000) 크기다. 다만 파장대는 10.6μm의 원적외영역으로 된다.

그 후 중국의 첸 등은 공액 π전자계 산화물의 탐색원리로서 「ionic group theroy」를 발표하여 새로운 비선형광학결정 개척의 길을 열었다.[3] 이 탐색지도 원리에 관해서는 7.3에서 기술하겠다.

7.1.2 결정구조에서 본 전기광학결정의 예측

산소8면체 구조의 강유전체는 전기광학적 성질 이외에 비선형광학 성질이나 압전 성질에서 우수한 결정재료이고, 광학결정으로서 응용분야가 넓다는 것은 제1장 〈그림 1.2〉에서도 설명했다. 디도메니코와 웸플[13,14]은 산소8면체의 현상론적 해석을 기초로 다음과 같은 통일적 해석을 이끌어냈다.

① 산소8면체 BO_6를 결정구성의 기본단위로 하는 강유전체에서 가전자는 산소이온의 2p 궤도, 전도대(傳導帶)는 B 이온의 d 궤도가 결정하고 있다는 점에서 이들 결정의 에너지 결합구조는 결정구조에 의존하지 않고 거의 닮아 있다. 따라서 에너지 결합구조와 밀접한 관계를 맺고 있는 광학적 성질도 닮고 있어 공통성이 있다.

② 산소8면체를 갖는 강유전체는, 상유전상에서 개개의 BO_6 8면체의 B 이온은 산소8면체의 중심에 위치하고 전기적으로는 중성이다. 강유전상이 되면 B 이온은 〈그림 7.4〉에 나타낸 것과 같이 (a) 산소 꼭지점(頂点) 방향, (b) 면에 수직한 방향, (c) 능에 수직한 방향 등의 어느 한쪽으로 변위하여 평형을 이루고 쌍극자 모멘트(moment)를 발생하여 자발분극의 원인이 된다. 자발분극은 단위 쌍극자 모멘트의 수에 따라 정해지는 양이므로 결정의 단위 부피 안에 BO_6가 많을수록 자발분극은 크다.

③ 산소8면체 구조 결정의 2차 전기광학 계수를 단위부피 안의 BO_6로 규격화하면 B 이온의 종류에 관계없이 거의 일정하다.

이 통일적 해석 중에서 (3)은 재료탐색에 특히 중요하다. 2차 전기광학 계수는 온도에 그리 민감하지 않고 퀴리 온도 상하에서 이들 계수는 변하지 않는 것으로 설명되는 것이 강유전체에서는 많다. 분극 P로 전개한 경우의 전기광학 계수 g_{ijkl}은 굴절률 타원체의 식에서

$$\Delta B_{ij} = g_{ijkl} P_k P_l$$

의 관계[제2장 식(2.10, 2.12, 2.15)]에 있고, 분극 $P(P_1,\ P_2,\ P_3+P_s)$

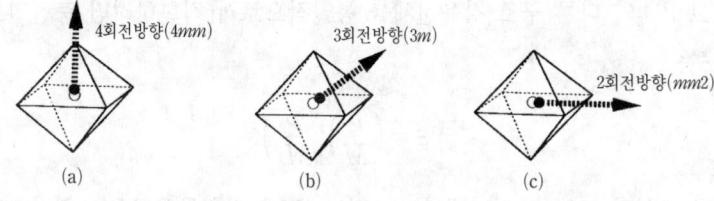

〈그림 7.4〉 BO₆ 산소8면체 구조에서 B 이온의 변위 방향과 대칭축 : ○는 8면체의 중심에 위치하는 양이온, ●는 그 변위 위치

에서 P_s를 결정의 축 3의 방향으로 발생하는 경우의 자발분극이 $P_3 \ll P_s$라고 하면

$$\Delta B_{ij} = g_{ij33}{}^T P_s{}^2 + (g_{ijl3}{}^T) P_s P_1$$
$$= g_{ij33}{}^T P_s{}^2 + 2\varepsilon_0 (\varepsilon_1 - 1) g_{ij3l}{}^T P_s E_1 \qquad (7.7)$$

와 같이 된다[첨자 T는 자유상태, 즉 응력 일정의 조건이다. 제2장 2.3 및 식 (2.17) 참조]. 우변의 첫째 항은 자발분극에 의해 유기되는 굴절률 변화다. 제2항은 외부전기장 E_1에 의해 유기되는 굴절률 변화이고 강유전상의 1차 전기광학 계수 r를 이용하면 $r_{ijl}{}^T E_1$이므로 식 (7.7)에서

$$r_{ijl}{}^T = 2\varepsilon_0 (\varepsilon_1 - 1) g_{ij3l} P_s \qquad (7.8)$$

의 관계가 얻어진다. 이것은 강유전상에서의 2차 전기광학 계수는 상유전상에서의 2차 전기광학 계수에 유전율과 자발분극을 곱한 것이다. 즉 강유전상의 1차 전기광학 계수는 상유전상의 2차 전기광학 계수에 자발분극 P_s에 의한 바이어스(bias)가 걸린 것이라고 말할 수 있다. 이는 또한, 강유전체에서는 1차 전기광학 계수(Pockels 계수)가 큰 것을 뜻한다. 더욱이 그들은 굴절률, 자발분극, 2차 전기광학효과가 모두 BO₆ 산소8면체의 거동에서 유래한다고 생각한다. 그리

고 BO_6의 다른 구조 강유전체를 통일적으로 규격화하려면 충진밀도 ξ는

$$\xi = \left(\frac{\rho}{M}\right)\left(\frac{\rho_p}{M_p}\right) \tag{7.9}$$

을 도입하고 있다. 여기에서 ρ는 밀도, M은 화합물을 ABO_3 형식으로 표시할 경우의 분자량이고, 첨자 p는 입방정 페로브스카이트 구조 ABO_3의 값이다. 관계식 (7.10)는 ξ가 BO_6의 충진밀도를 갖고 단위부피 안의 BO_6 수를 입방정 페로브스카이트 구조 결정으로 규격화한 비(比)라는 뜻이다. 앞에서 말한 결론(2)에서 어떤 강유전체의 자발분극 P_x는 페로브스카이트 구조의 자발분극 P_p와는 $P_x/P_p = \xi$로 된다. 2차 전기광학효과에 의한 굴절률 변화는 식 (7.7)의 $\Delta B = \Delta(1/n^2) = gP^2$이므로

$$\frac{g_p}{g_x} = \left(\frac{P_x^2}{P_p^2}\right)\left(\frac{n_x^4}{n_p^4}\right)\left(\frac{\triangle n_p^2}{\triangle n_x^2}\right) \tag{7.10}$$

으로 되고 $P_x/P_p = \xi$, (n^2-1)은 전기감수율로 ξ에 비례하는 것을 고려하면 정수 g_x는 페로브스카이트형 구조의 g_p를 가지고 $g_x/g_p ≒ 1/\xi^3$으로 된다.

충진밀도 ξ라는 양을 도입함으로써 BO_6 구조 강유전체의 1차 전기광학 계수 r를 입방정 페로브스카이트형 구조의 2차 전기광학 계수 g_p를 사용하여 아래와 같이 통일적으로 규격화하여 기술하는 데 성공한 것이다. 즉 식(7.8)은

$$r_{ijl} = 2\varepsilon_0(\varepsilon_1 - 1)(g_{ij3l})_p P_s/\xi^3 \tag{7.11}$$

와 같이 규격화하여 표시된다. 〈표 7.2〉에 대표적인 산소8면체 구조의 강유전체 결정 규격화 g_p의 값을 나타냈는데, 결정구조에는 의존하지 않고

$$(g_{11})_p \fallingdotseq 0.17 \text{ m}^4/\text{C}^2$$
$$(g_{12})_p \fallingdotseq 0.04 \text{ m}^4/\text{C}^2 \qquad (7.12)$$
$$(g_{44})_p \fallingdotseq 0.12 \text{ m}^4/\text{C}^2$$

와 같이 대체로 일정한 값으로 정리되었다.

식 (7.12)에서 큰 전기광학 계수 r를 갖는 재료 산소8면체 결정을 탐색 또는 디자인하기 위해서는 유전율 ε이 큰 것, 자발분극이 큰 것 등이 지침으로 되는 것을 이해할 수 있을 것이다. 그러나 자발분극 P_s의 예측은 매우 어렵다. BO_6의 쌍극자 모멘트는 B이온의 변위량과 B이온의 유효전하의 곱으로 정해지지만, B 이온의 전하는 산소 O와 이온 B의 공유결합성에 따라 감소하여 유효 전하는 겨우 +1 정도다. 한편 BO_6의 산소8면체는 한 변이 약 4Å 정도이고 산소8면체를 흩트리지 않고 B이온이 변위하는 양에는 한계가 있다.

이 때문에 물질에 따른 P_s의 큰 차(差)는 기대할 수 없다. 〈그림 7.5〉는 퀴리 온도와 자발분극의 크기를 물질구조에 따라 분류한 것을[15] 확장한 것이지만, 제일 큰 P_s를 갖는 $LiNbO_3$까지도 입방정 $BaTiO_3$의 겨우 세 배 정도다. 〈표 7.3〉은 그림에서 물질의 데이터를

〈표 7.2〉 몇 가지 강유전체의 실온유전율과 페로브카이트형 구조로 규격화한 2차 전기광학 계수

물 질	$T_c(\text{℃})$	ζ	$P_s(\text{C/m}^2)$	ε_c	ε_a	$(g_{11})_p-(g_{12})_p$	$(g_{44})_p$	$(g_{11})_p$	$(g_{12})_p$
$LiNbO_3$	1195	1.2	0.71	30	84	0.12	0.11	0.16	0.043
$LiTaO_3$	610	1.2	0.50	45	51	0.14	0.12	0.17	0.03
$Ba_2NaNb_5O_{15}$	560	1.03	0.40	51	242	0.12	0.12	0.17	0.048
$Ba_{0.5}Sr_{0.5}Nb_2O_6$	115	1.06	0.25	300	⋯	0.13	⋯	⋯	⋯
$BaTiO_3$	120	1.0	0.26	~160	~3000	0.14	⋯	⋯	⋯

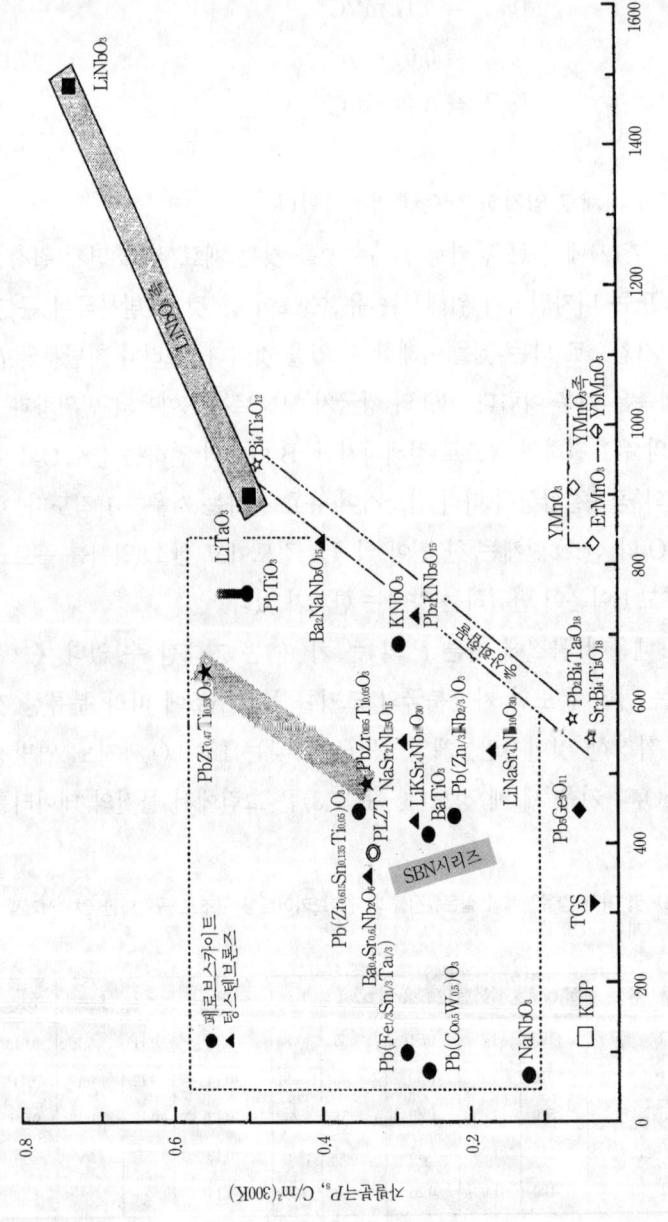

〈그림 7.5〉 강유전체의 퀴리 온도와 자발분극의 크기(문헌 15를 근거로 작성)

424 광학결정

표시한 것이다. 그림에서 기대되는 P_s의 상한은 $LiNbO_3$를 제외하면 겨우 $0.5C/m^2$인 것에서 전기광학 계수보다 큰 물질의 탐색은 쉽지 않음을 시사하고 있다. 결정 탐색에서 층상(層狀) 파이로클로어(黃錄石, Pyrochlore) 구조의 몇 가지 결정이 합성되었지만, 반드시 기대한 크기는 아니었다. 한편 유전율 ε에서는 한자리 이상까지도 다르게 하는 것은 원소의 치환 등에서 가능하다. 즉 퀴리 온도를 실온 부근에 가져오면 된다. 이 같은 예로서는 $(Sr, Ba)Nb_2O_6$계가 있어, $Ba_{0.5}Sr_{0.5}Nb_2O_6$는 사실상 큰 전기광학 계수 r를 갖고 있다. 그러나 퀴리 온도가 실온에 가까워질수록 퀴리-바이스(Curie-Weiss) 법칙에 따라 ε도 커지고, 고속동작을 필요로 하는 광 디바이스에는 걸맞지 않는다.

〈표 7.3〉 구조별 강유전체의 특징

결 정	퀴리 온도 $T_c(K)$	자발분극 $P_s(C/m^2)$	비 중
$LiNbO_3$	1483	0.75	4.64
$LiTaO_3$	891	0.50	7.45
$BaTiO_3$	393	0.26	6.02
$PbTiO_3$	763	0.50~0.80	7.50
$KNbO_3$	691	0.30	4.59
$K(Nb_{0.94}Ta_{0.06})O_3$	656	—	4.29
$K(Nb_{0.82}Ta_{0.18})O_3$	591	—	4.29
$Ba_2NaNb_5O_{15}$	833	0.40	5.65
$(Sr_{0.6}Ba_{0.4})Nb_2O_6$	351	0.34	5.20
$(Sr_{0.5}Ba_{0.5})Nb_2O_6$	388	—	5.20
$Pb_2KNb_5O_{15}$	723	0.27	6.14
PZT(95/5)	493	0.34	7.41
PLZT(8/65/35)	383	0.34	7.41
PSZT	450	0.34	7.41
$Pb_5Ge_3O_{11}$	451	0.05	8.05
KDP	123	0.05	2.34
$NaNO_2$	436	0.08	2.15
TGS	322	0.03	1.68
로셀염	298	0.01	1.78

구조, 원자의 종류, 양의 비율 등에 관한 데이터베이스를 통계적으로 조립하여 정계, 정족으로 분류하고, 유사구조로서 정리해나가는 것이 하나의 길이지만 산화물 결정과 같은 이온결합결정에 있어서는 그 구조가 구성원자의 이온반경 크기에 의거한 격자의 패킹(packing)에 따라 거의 결정된다. 스피넬(spinel), 가닛(garnet), 페로브스카이트나 텅스텐브론즈는 관용도(寬容度)는 높지만 의(擬)일메나이트(psuedo ilmenite) $LiNbO_3$ 구조에서는 작다. 페로브스카이트계의 동형치환에 관해서는 ABO_3 화합물의 재료탐색 견지에서 A, B 이온의 이온반경 상호의 대소관계에 대한 구조 변화를 조사하고 있다.[6] B 이온의 이온반경 r_B가 A 이온의 이온반경 r_A보다 상당히 작으면 $CaCO_3$의 CO_3^{2-} 이온에서 볼 수 있는 바와 같이 산소산 이온 BO_3를 형성하여 $BaTiO_3$와 같이 티탄산 이온의 형으로 되지 않아 구조골격형성의 원리가 달라진다.

r_A와 r_B가 거의 같으면 산소산 이온을 형성하지 않고 격자 내에서 A, B 이온은 거의 평등하게 배열된 복산화물로 된다. 제2장 〈그림 2.19〉에 표시한 것과 같이 BO_6 산소8면체가 서로 꼭지점을 공유한 골격구조를 형성하여 그 빈 곳에 A 이온이 위치하는 충진구조로 된다. A, B 이온 및 산소이온이 최밀로 충진된 이상적인 단위격자에서는

$$r_A + r_O = \sqrt{2}\,(r_A + r_O) \tag{7.13}$$

이 기하학적으로 성립하지만 실제로는 이보다 약간 작다. 페로브스카이트 구조로 되는 r_A, r_B의 조합에는 허용범위가 있고

$$r_A + r_O = \sqrt{2}\,T(r_B + r_O) \tag{7.14}$$

와 같이 이상형에서의 변동을 나타낸다(r_O는 산소의 이온반경). 허용

계수 T가 1에서 멀어져 감에 따라 결정격자에 비틀림이 생기고 비틀림이 커지면 이 구조가 유지되지 않는다. 이 T와 구조의 관계는

$T = 1.1 \sim 0.9$: 입방정 페로브스카이트
$T = 0.9 \sim 0.8$: 사방정 및 단사정 페로브스카이트
$T < 0.8$: 일메나이트

로 된다. 페로브스카이트 구조에서 B 원소는 이온 반경이 비교적 큰 2가의 금속원소가 대표적이지만, Li^+와 같이 극단적으로 작은 원소 이온을 포함하면 산소8면체의 꼭지점 공유 네트워크가 크게 비틀어져 일메나이트에 유사한 $LiNbO_3$ 형 의일메나이트 구조로 되지만, 의일메나이트 구조의 관용도는 극히 작다. 따라서 구조안정성에서는 $LiNbO_3$가 한계이고 〈그림 7.5〉에 있는 오른쪽 위 방향은 특성한계가 있을 듯하다.

이상과 같이 새로운 전기광학결정의 재료탐색은 BO_6 구조의 범주에서는 기대하기가 어려운 듯하다. 따라서 다른 탐색지침이 요망되는 영역이다.

7.1.3 원소치환에 의한 결정 개발

여러 가지 물리적 성질은 결정이 속하는 정계, 정족이 갖는 대칭조작에 지배된다. 바꾸어 말하면 결정 내의 원자배열은 주기성과 대칭성을 가지므로 원자의 결합성과 원자모임의 전자분포가 관여하는 물리적 성질이 대칭에 지배되는 것을 이해할 수 있을 것이다. 어떤 특성을 갖는 물질 또는 결정재료가 이미 알려져 있는 경우에는 그 재료를 중심으로 관련 원소에 대한 이온의 치환가능성과 구조 검토를 통해 새 재료의 검토가 이루어지는 것이 극히 일반적일 것이다. 따라서 이미

알려진 재료의 결정학적 성질과 결정구조가 밝혀져 있다는 것이 유사 특성을 갖는 유사구조의 재료를 찾는 데 큰 단서가 된다. 결정구조의 해석 데이터는 현재 많이 축적되어 있지만, 역으로 원자종류와 그 양비(量比)를 주어서 구조를 예측하는 일은 매우 어려운 것이 현실이다. 다만 동형치환에 의해서 결정의 물성이나 특성을 변화시키는 접근은 화합물 반도체에서는 이미 확립되어 있지만, 많은 복산화물에서도 취할 수 있는 방법이다.

(1) 자기 버블 기록용의 가닛 결정

자기 버블용 재료는 가닛 구조의 $Gd_3Ga_5O_{12}$(gadolinium gallium garnet : GGG)를 기판 결정으로 하여 그 위에 에피택셜 성장시킨 $(Y, Re^{3+})_3(Fe, M^{3+})_5O_{12}$로 표시되는 희토류 가닛 자성박막이다. 〈그림 7.6〉에 가닛 구조의 기본골격(unit cell의 1/8)을 표시한다[제2장 그림 2.27(b) 참조]. 각 다면체 꼭지점에는 산소가 있고 각각의 중심에 4면체 배위(配位)의 A, 8면체 배위의 B, 12면체 배위의 C의 세 사이트에 여러 가지 자성, 비자성 이온이 들어간다. 이 A, B, C 사이트에 원소 치환의 자유도가 큰 것이 특징이고 자기적·광학적 성질에 더하여 격자상수를 가변 제어할 수 있다. 자성박막의 일축이방성(一軸異方性) 상수나 포화자화 등의 자기특성, 자기 버블의 지름, 구동 자기장(驅動磁氣場)이나 온도 특성을 제어하려면 희토류 원소 Re^{3+}나 원소 $M(M^{3+}, M_1^{2+}, M_2^{4+})$을 동형치환해야 하는데, 가닛 구조에 있는 세 종류의 사이트에 대해 여러 가지 자성원소의 비율로 스핀(spin)의 방향을 조정하는 것이다. 〈표 7.4〉는 가닛 구조에서의 각 사이트에 원소 이온이 들어가는 방식과 동형치환의 사이트를 정리한 것이다. 여기에서, 비자성 가닛에서 이온이 들어가는 방식의 예로서, 각 이온의 가수

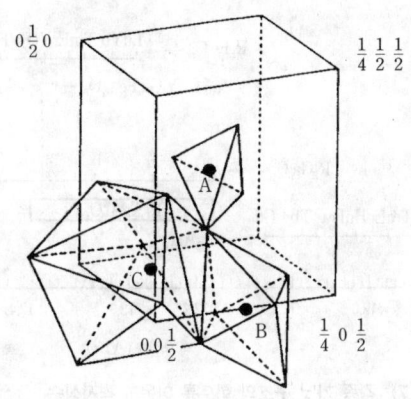

〈그림 7.6〉 가닛 구조의 기본골격 : 단위포의 1/8에 있는 양이온 사이트와 산소 배위

〈표 7.4〉 가닛 결정에서의 이온 사이트와 치환 사이트

	사이트		A	B	C
	배위다면체		4 면체	8 면체	12 면체
	배위산소 수		4	6	8
	사이트 수		3	2	3
비자성	$Al_2Ca_3Si_3O_{12}$ $Al_5Y_3O_{12}$(YAG) $Ga_5Gd_3O_{12}$(GGG)		Si^{4+} Al^{3+} Ga^{3+}	Al^{3+} Al^{3+} Ga^{3+}	Ca^{2+} Y^{3+} Gd^{3+}
자성	$Fe_5Y_3O_{12}$(YIG)		Fe^{3+}	Fe^{3+}	Y^{3+}
	스핀		↑↑↑	↓↓	
자성	치환 이온의 우선 사이트	Ge^{4+} Al^{3+}, Ga^{3+} Sc^{3+} $Lu^{3+}, Sm^{3+}, La^{3+}$ Ca^{2+}	◎ ○	○ ◎	◎ ◎

에서 $Al_2Ca_3Si_3O_{12}$는 정렬된 가닛(ordered garnet), YAG와 GGG는 정렬되지 않은 가닛(disordered garnet)이라고도 한다(제2장 2.5.2).

자성 가닛에서 이온의 동형치환의 예로서 Sc^{3+}를 제외하면 C 사이

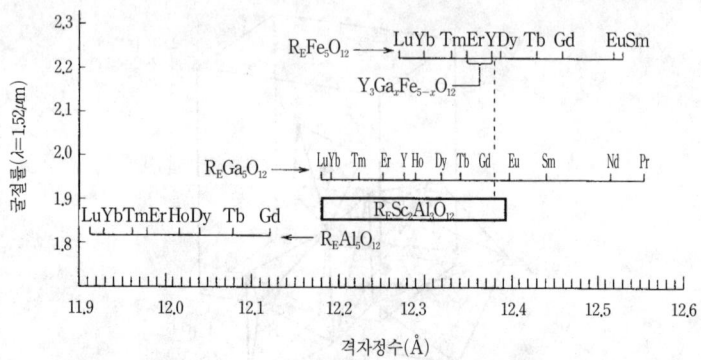

〈그림 7.7〉 각종 가닛 구조의 희토류 이온과 격자상수, 굴절률의 관계

트에는 거의 모든 희토류 원소가 들어가서 자기적 · 광학적 성질에 더하여 격자상수를 가변 제어할 수 있다. 〈그림 7.7〉에 자성, 비자성 가닛 결정의 격자상수와 굴절률을 나타냈다.[17] 이제까지 $(Fe_{4.11}Al_{0.75}Sc_{0.14})(Y_{0.8}Sm_{1.2}Lu_{1.0})O_{12}$나 $(Fe_{4.42}Ga_{0.58})(La_{0.52}Lu_{2.07}Sm_{0.41})O_{12}$ 등이 서브미크론 크기의 버블 메모리 소자로 개발되었다. 그 밖에 동형치환을 통한 가닛 결정의 격자상수를 추정하는 경험적 수식도 제안되었다.[18,19] 이 식에서는 원소 조성량에 덧붙여 각 사이트에서의 양이온 분포와 그것에 대응한 이온반경을 파라미터로 하고 있다. 특히 이온 반경은 12면체 배위, 8면체 배위, 4면체 배위에서의 이온 반경을 격자상수에 대한 크기 효과로 생각하는 것이 특징이고, 배위장(配位場)에서 이온 반경의 중요성을 나타내고 있다.

이상의 가닛 결정에서의 정리는 기본구조의 치환에 대한 허용도가 치환원소의 성질이 재료물성에 직접 반영되는 것을 실증한 것이고, 자기 버블 기억소자 재료설계에 대한 지침이 구축된 성공 사례다. 이 지침은 가닛계 박막 아이솔레이터의 설계에 활용되고 있다.

다른 예로서는 최근 비선형광학결정으로 화제가 되어 있는 일련의

KTiOPO$_4$(KTP)족의 치환효과에 관해서도 상세한 검토가 보고되었다.[20] 여기에서는 결정의 골격이 되어 있는 TiOXO$_4$를 고정하고 알칼리 금속원소, V족 원소 X의 치환에 의한 구조안전성, 즉 결정의 대칭성을 계통적으로 조사하고 있다. 〈그림 7.8〉은 격자상수와 용융·분해 온도를 병기하고 그것을 평면에 표시한 것인데, 골격의 크기와 안정성과의 관계가 나타나 있다.

(2) 특정 원소의 원자 위치에서 본 고체 레이저 결정

어떤 특성을 갖는 물질 또는 결정재료가 이미 알려진 경우에는 그 특성에 직접 관여하는 원자종류가 알려져 있다. 그리고 그 원자 종류를 결정구조 안에 받아들이는 방식에 대한 접근은 고체 레이저 결정에서는 성공을 거두고 있다. 고체 레이저에서의 활성원소 도핑 등, Cr^{3+}, Nd^{3+}와 같은 특정 원소가 결정구조에서 어느 원자 사이트에 위치하고 이 사이트의 농도와 성능지수와의 관계를 고찰해가는 것이다. 예를 들면 희토류 직접 화합물 레이저(stoichiometric laser)에서는 Nd^{3+} 원소 위치가 주위에서 차폐되어 있기 때문에 소광(quenching)이 생기기 어렵고 고농도에서도 고효율 레이저 발진이 실현되고 있다.

고체 레이저 결정으로 대표되는 Nd:Y$_3$Al$_5$O$_{12}$(Nd:YAG)는 가닛 구조를 갖고 있는 호스트 결정 Y$_3$Al$_5$O$_{12}$에 희토류 활성원소의 Nd^{3+}를 도핑한 것이다. Nd^{3+}는 불순물 이온으로 호스트 결정 안에 분포되어 있고, 첨가량이 많으면 통계적으로 분포하고 있는 Nd^{3+} 이온 상호간에 소광이라는 비발광 천이(발광이 동일 원소에 흡수되는 현상)가 생기므로 그 첨가량에 한계가 있고, 레이저 발진을 위한 여기광의 흡수계수가 작다. 제5장 5.1에서 기술한 것과 같이 고체 레이저의 성능지수에서 요구조건이 정리되어 그것들과의 결정구조적 관점에서 고려해

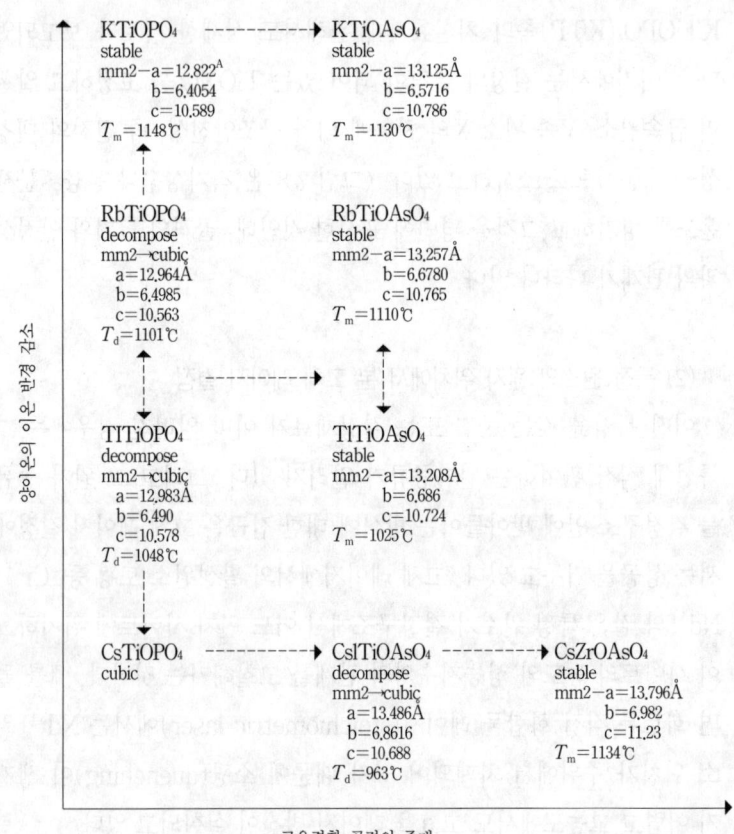

〈그림 7.8〉 KTP족의 구조안정성[20] : T_m은 용융온도, T_d는 분해온도

야 할 조건과의 대응을 나타낸 것이 〈표 7.5〉다.[4]

여기광의 흡수율을 높여 레이저 발진의 고효율화를 위해 제시된 결정재료가 희토류 직접 화합물이다. 발광에 기여하는 희토류 천이원소를 결정구조의 구성원소로 하는 것에서 활성이온의 농도를 높이는 것이 주목되었다. 새로운 결정으로 합성된 것이 NdP_5O_{14}(Neodymium Ultra-Phosphate : NdUP, 또는 Neodymium Penta-Phosphate : NdPP)[21]

〈표 7.5〉 고체 레이저 결정 탐색의 경험적 상관칙[4]

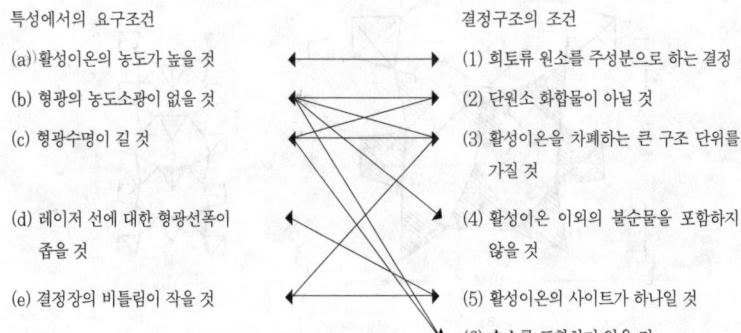

특성에서의 요구조건	결정구조의 조건
(a) 활성이온의 농도가 높을 것	(1) 희토류 원소를 주성분으로 하는 결정
(b) 형광의 농도소광이 없을 것	(2) 단원소 화합물이 아닐 것
(c) 형광수명이 길 것	(3) 활성이온을 차폐하는 큰 구조 단위를 가질 것
(d) 레이저 선에 대한 형광선폭이 좁을 것	(4) 활성이온 이외의 불순물을 포함하지 않을 것
(e) 결정장의 비틀림이 작을 것	(5) 활성이온의 사이트가 하나일 것
	(6) 수소를 포함하지 않을 것

다. 이 결정의 구조는 $(PO_4)^{3-}$ 산소4면체의 리본 모양 결합에 의해 $R_E P_5 O_{14}$ 조성(R_E : 희토류 원소)으로 되어 있고,[22] 이 빈 곳에 Nd^{3+}가 격자위치를 잡고 있으므로 Nd 이온은 서로 격리되고, 또한 Nd-O-Nd 의 결합도 없어 모든 Nd^{3+}는 같은 결정장에서의 효과를 받는 꼴로 되어 있다. Nd^{3+}의 원자농도는 약 5%로서, Nd:YAG의 3%보다 높은 데도 불구하고 소광이 생기기 어렵고 Nd:YAG에 비해 두 자리 이상의 레이저 발진 효율이 실현된다.

이것을 계기로 많은 희토류 직접 화합물염 $R_E P_5 O_{14}$이나 $NdAl_3(BO_3)_4$(NAB), 일본에서는 복인산염인 $LiNdP_4O_{12}$(LNP)[23]가 합성되어 어느 것이나 고효율 레이저 발진이 확인되었다(제4장 그림 4.10 참조). 〈그림 7.9〉는 대표적인 인산염(phosphate) 화합물 결정구조의 윤곽을 그림으로 나타낸 것이고 (a)는 NdUP 구조에서 (PO_4) 4면체의 리본 배열을, (b), (c)는 $LiNdP_4O_{12}$ 구조에서의 $(PO_4)_\infty$의 나선형 사슬배열[24,25]을, 〈그림 7.10〉은 $LiNdP_4O_{12}$의 구조모형을 나타낸다. 결정구조를 알면 원소치환에 의해 특성까지 유사한 동형의 결정이

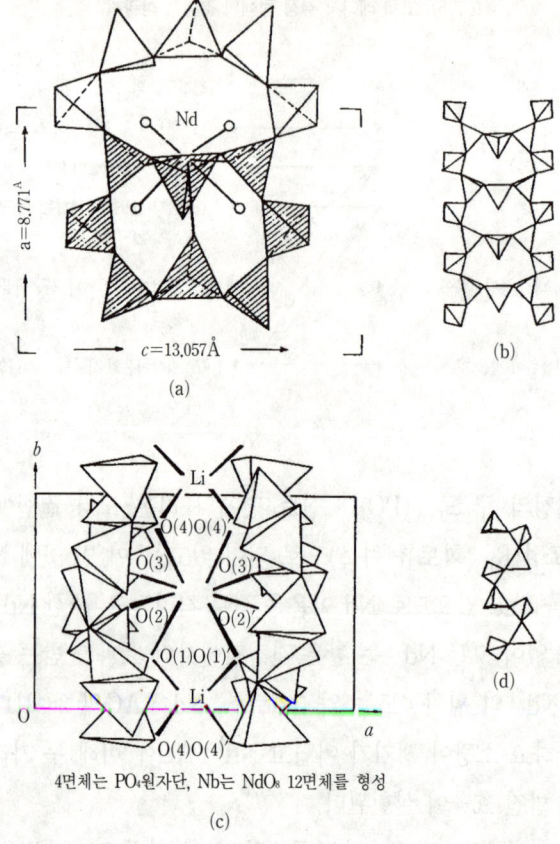

4면체는 PO_4원자단, Nb는 NdO_8 12면체를 형성

〈그림 7.9〉 Nd 인산염의 구조와 PO_4 4면체의 결합상태[24,25] : (a)는 NdP_5O_{14}의 Nd 이온을 중심으로 한 결합상태, (b)는 그 PO_4 4면체의 리본 배열, (c)는 $LiNdP_4O_{12}$의 Nd 이온 주위의 결합상태, (d)는 $(PO_4)_\infty$의 나선형 배열

얻어진다는 것은 가닛 결정이나 KTP계와 같다. 예로서 $LiNdP_4O_{12}$의 유형인 $KLaP_4O_{12}$를 기판으로 한 $KNdP_4O_{12}$(KNP)를 에피택셜 성장시킨 도파로 레이저 등으로의 전개를 도모할 수 있다.[26~28]

결정을 소자로서의 특성에서 그것을 지배하는 원자종류가 한정될

〈그림 7.10〉 LiNdP$_4$O$_{12}$의 원자모형 : 흰 4면체는 PO$_4$, 큰 구는 Nd 이온, 작은 구는 Li 이온 (NTT AT 小泉日出雄 작성)

경우에는 앞에서의 예와 같이 새로운 결정의 탐색·설계가 가능하다. 그렇지만 〈표 7.5〉와 같은 경험적인 상관칙은 알려져 있지만, 이들 레이저 결정 탐색으로의 정해진 관점이 반드시 있었던 것은 아니고, 어떤 면에서는 많은 시행착오를 거듭해야 한다.

고체 레이저 결정 외에도 오래 전부터 불순물을 첨가하여 포토리프렉티브 결정의 감도향상 등에 이용한 재료개발법은, 원리적으로는 밴드 갭 중 깊은 준위의 원자 위치와 원자의 종류 또는 그것에 따른 복합결함을 제어하게 된다. 이 경우에는 깊은 준위의 불순물과 여기 이온 제어가 적응파장을 결정하게 되므로, 필자는 이것을 「deep-level engineering」이라고 하지만, 앞으로는 화합물 반도체까지도 포함하는 지침이 구축되어야 할 영역이다(제5장 5.1).

7.1.4 성능지수와 직결된 굴절률의 추산

성능지수(figure of merit)란 소자로서의 특성을 지배하는 몇 가지 재료 물성의 조합이자 재료탐색의 나침반이기도 하다. 7.2에서 상세히 기술하겠지만 굴절률 크기의 함수이기도 한 성능지수에서 논의되는 음향광학결정이 이 성공 예[2]다. 그러나 성능지수에서의 근접에서는 결정구조에 의한 이방성에 관한 지식과는 직접 관계가 없다. 이 근접을 좀더 보편적으로 하기 위해서는 성능지수를 구성하고 있는 개개의 물리량, 특히 결정구조를 규정하고 있는 화학결합의 이방성과 초음파 전파속도와의 관련을 체계화할 필요가 있다.

음향광학결정에서의 성능지수 M_2는 제3장 3.2.1에서 기술한 것과 같이 $M_2=(n^6p^2/\rho v^3)$로 주어지고, 굴절률 n의 대소가 첫 가늠자가 된다. 일반적으로 물질의 굴절률은 유전율, 즉 분극률에 의해 주어진다. 정성적인 분극률과 주파수와의 관계에서 물질의 전 분극률은 분자가 기여하는 쌍극자 분극(엄밀하게는 전기량의 수송을 수반한 경계면 분극과 영구쌍극자 모멘트의 회전에 의한 배향 분극으로 분류된다), 음양 이온의 상대적 위치 변위에 기인한 이온 분극, 가전자와 원자핵의 상대적 위치 변위에 기인한 전자 분극으로 분리된다. 전기장의 주파수가 높아짐에 따라 경계면 분극이나 배향분극은 각각의 이완주파수 영역에서 분산현상을 일으켜 그 이상의 주파수 전기장에 따르지 못하게 된다. 또 이온 분극은 일반적으로 적외광 영역에서 광학 모드 포논의 여기에 기인한 공명현상을 일으켜 마이크로파 영역까지의 유전율에 관여한다. 전자 분극은 가전자의 변위로 인한 것이고, 가장 높은 주파수 영역까지 응답하기 때문에 테라헤르츠대(tera hertz band) 빛 주파수에서는 거의 모두 전자분극에 의한 기여로 된다. 유전율 ε과 분극률 α와의 사이에는 유명한 클라지우스-모소티(Clasius-Mossoti)의 관계식

$$\frac{\varepsilon-1}{\varepsilon+2} = \frac{4\pi}{3} \Sigma N_i \alpha_i \qquad (7.15)$$

가 있다. 광학굴절률 n은 유전율 ε과의 사이에

$$n^2 = \varepsilon/\varepsilon_0 \ (\varepsilon_0 = 8.85 \times 10^{-12} \ \mathrm{F/m})$$

의 관계가 있으므로 식 (7.15)는

$$\frac{n^2-1}{n^2+2} = \frac{4\pi}{3} \Sigma N_i \alpha_i \qquad (7.16)$$

〈표 7.6〉 이온의 전자분극률

이 온	Pauling[68]	T.K.S.[69]	J. S.[70]	이 온	Pauling[68]	T.K.S.[69]	J. S.[70]
Li^+	0.029	0.03	0.029	Ce^{4+}	0.73	–	–
Na^+	0.179	0.41	0.285	C^{4+}	0.0013	–	–
K^+	0.83	1.33	1.049	Si^{4+}	0.0165	–	–
Pb^+	1.40	1.98	1.707	Ge^{4+}	–	1.0	–
Cs^+	2.42	3.34	2.789	Sn^{4+}	–	3.4	–
Cu^+	–	1.6	–	Ti^{4+}	0.185	–	–
Ag^+	–	2.4	–	Zr^{4+}	0.37	–	–
Be^{2+}	0.008	–	–	O^{2-}	3.88	0.5~3.2	–
Mg^{2+}	0.094	–	–	S^{2-}	10.2	4.8~5.9	–
Ca^{2+}	0.47	1.1	–	Se^{2-}	10.5	6.0~7.5	–
Sr^{2+}	0.86	1.6	–	Te^{2-}	14.0	8.3~10.2	–
Ba^{2+}	1.55	2.5	–	F^-	1.04	0.64	0.876
Zn^{2+}	–	0.8	–	Cl^-	3.66	2.96	3.005
Cd^{2+}	–	1.8	–	Br^-	4.77	4.16	4.168
B^{3+}	0.003	–	–	I^-	7.10	6.43	6.294
Al^{3+}	0.052	–	–	Tl^+	5.2	–	–
Sc^{3+}	0.286	–	–	Cu^{2+}	0.2	–	–
Y^{3+}	0.55	–	–	Pb^{2+}	4.9	–	–
La^{3+}	1.04	–	–	Fe^{2+}	–	-1.0	–

와 같이 된다. 이것은 로렌츠-로렌츠(Lorentz-Lorenz)의 식이라 한다. 빛의 주파수 영역에서의 굴절률은 주로 전자분극률, 즉 매질의 전자상태에 따라 결정된다. 여기에서 N_i는 M_i/ρ_i다. 〈표 7.6〉에 여러 가지 이온의 전자분극률을 수록했지만, 이온의 전자분극률은 그 이온이 놓인 위치 주위의 상황에 따라 변한다는 것을 고려할 필요가 있다. 음이온은 그 크기가 크므로 분극률이 크다.

재료탐색으로의 접근 면에서 본다면 이 분극률에서의 굴절률 추정은 실제적인 것은 아니다. 좀더 실제적인 추정에는 100년 전 확립된 글래드스톤-데일(Gladstone-Dale)의 경험식인

$$\frac{\bar{n}-1}{\rho} = \Sigma f_i k_i \tag{7.17}$$

이 이용되는 수가 많다. 여기에서 $\bar{n}$는 평균 굴절률이라는 것에 주의를 요한다. ρ는 물질의 밀도, f_i는 물질을 구성하고 있는 성분의 중량분율, k_i는 구성분자의 비굴절능(specific refractive energy)이다. 〈표 7.7〉은 라센(Larsen)과 버먼(Berman)[29]이 정리한 비굴절능 표인데, $k \cdot m$의 곱의 값을 계산하여 수록했다. 이 곱 $k \cdot m$의 값이 이 종류의 결정재료를 탐색하는 데 매우 참고가 되는 것은 7.2.2에서 다시 언급하겠다. 이 관계식에서 물질의 굴절률은 그 물질의 밀도와 화학식이 알려지기만 하면 평균 굴절률은 산출할 수 있다. 이 정확도는 ±5%라고 한다. 예로서 $LiNbO_3 (= 1/2Li_2O + 1/2Nb_2O_5, \rho=4.7)$에서는 계산값 2.37에 대해 실측값은 2.27이다. 이제까지 각 장에서 기술한 것과 같이, 또 예로서 〈그림 7.2〉에 나타낸 것과 같이, 광학결정의 기능이 나타나는 것과 제어에서는 굴절률이 다른 물리상수와 동작기능과도 깊이 관계되어 있으므로 이 관계식에 의한 굴절률의 추정은 물질 탐색의 첫걸음이라고도 할 수 있다.

〈표 7.7〉 산화물의 비굴절능(라센과 버먼에 따름)과 $M \cdot k$ 곱

구 분	분자량(M)	k	$M \cdot k$	구 분	분자량(M)	k	$M \cdot k$
H_2O	18	0.3355 a	6.039	Fe_2O_3	160	0.308 d	49.280
		0.340 b	6.120			0.36 e	57.600
		0.354 c	6.372	As_2O_3	198	0.202 g	39.996
Li_2O	30	0.31	9.30			0.225 h	44.550
$(NH_4)_2O$	52	0.503	26.15	Y_2O_3	226	0.144	32.544
Na_2O	62	0.181	11.222	Sb_2O_3	228.4	0.209 g	47.736
K_2O	94	0.189	17.766			0.232	52.966
Cu_2O	143	0.250	35.750	La_2O_3	326	0.149	48.574
Rb_2O	187	0.129	24.123	Ce_2O_3	328.5	0.16	52.56
Ag_2O	232	0.154	35.728	Nd_2O_3	336.5	0.14 j	47.11
Cs_2O	282	0.124	34.968	Bi_2O_3	464	0.163	75.632
Hg_2O	416	0.189	78.624	CO_2	44	0.217	9.548
Tl_2O	424	0.120	50.880	SiO_2	60	0.207	12.420
BeO	25	0.238	5.950	TiO_2	80	0.397	31.760
MgO	40.4	0.200	8.080	SeO_2	110	0.147	16.317
CaO	56	0.225	12.600	ZrO_2	122.5	0.201	24.623
MnO	71	0.191 d	13.561	SnO_2	151	0.145	21.895
		0.224 e	15.904	SbO_2	152	0.198	30.096
FeO	72	0.187	13.464	TeO_2	159.5	0.200 e	31.90
NiO	75	0.184	13.800	ThO_2	264.5	0.12	31.74
CoO	75	0.184	13.800	N_2O_5	108	0.240	25.92
CuO	79.6	0.191 d	15.204	P_2O_5	142	0.190	26.98
		0.253 e	20.139	Cl_2O_5	151	0.218	32.92
ZnO	81.4	0.153 d	12.454	V_2O_5	182.4	0.43	78.432
		0.183 e	14.896	As_2O_5	230	0.169	38.87
SrO	103.6	0.143	14.815	Br_2O_5	240	0.183	43.92
CdO	128.4	0.134	17.206	Nb_2O_5	268	0.295	79.06
BaO	153.4	0.127	19.482	Sb_2O_5	320.4	0.152	48.70
HgO	216	0.18	38.88			0.222	71.13
PbO	223	0.137 d	30.551	I_2O_5	334	0.177	59.12
		0.175 e	39.025	Ta_2O_5	446	0.133	59.32
B_2O_3	70	0.220 g	15.400	SO_3	80	0.177	14.16
C_2O_3	72	0.265	19.08	CrO_3	100	0.36	36.00
Al_2O_3	102	0.193	19.686	SeO_3	127	0.165	20.955
		0.214 f	21.828	MoO_3	144	0.241	34.704
Cr_2O_3	152	0.27	41.04	TeO_3	175.6	0.607	106.59
Mn_2O_3	158	0.300 d	47.40	WO_3	235	0.133	31.255
		0.304 e	48.03	UO_3	286.5	0.134	38.391

a : 물과 얼음, b : 평균치, c : Alumes 등, d : 산화물을 포함한 화합물에서의 계산값, e : 산화물에서의 계산값, f : Feldspar에서의 계산값, g : 유형산화물, h : 단사정 산화물, j : $LiNdP_4O_{12}$에서의 계산값

7.1.5 다른 분야에서의 음속 추산

광학결정의 원점은 암석광물이라고도 할 수 있고, 여기에서 지구화학적 관점에서의 유용한 데이터가 정리되어 있는 경우가 많다. 앞서 표시한 글래드스톤-데일의 경험식 (7.17)에 의해 굴절률에서 광물의 밀도를 역으로 추산하는 것이 광물 분야에서 흔히 이용된다. 음향광학결정의 성능지수 M은,

$$M_1 = \frac{n^7 p^2}{\rho v}, \quad M_2 = \frac{n^6 p^2}{\rho v^3}, \quad M_3 = \frac{n^7 p^2}{\rho v^2}$$

으로 주어진다(제3장 3.2.1 참조). 이것으로부터 성능지수가 큰 매질을 찾기 위해서는 (1) 굴절률이 크고, (2) 광탄성 상수 p가 크며, (3) 밀도 ρ가 작고, (4) 음속 v가 작아야 한다. 피노의 정리에 따르면, 텐서량인 p의 최대값은 물질의 결정화학적 성질에 따라 거의 정해져 있다(7.2절). 굴절률 n은 물질상수이고, 이제부터 기술하는 것과 같이 경험적으로는 물질의 평균 원자량에 따라 거의 결정된다. 그래서 음속이 느린 물질의 탐색이 중요한 요소로 된다.

지각을 구성하고 있는 암석광물에서 굴절률과 음속 사이에는 일정한 관계가 있다는 것을 앤더슨(Anderson)이 정리했다.[30] 앤더슨에 의한 굴절률에서의 음속 추산(推算)은, 산화물의 탄성상수는 밀도의 역수인 비체적(specific volume)의 함수이고,[31] 또 굴절률은 밀도의 함수라는 기본에 입각하고 있다. 즉 물질의 분자량 M이 알려지면 굴절률 함수로서의 음속을 추정할 수 있다. 비체적 V_0는

$$V_0 = \frac{2M}{\rho m} \tag{7.18}$$

로 규정된다. 여기에서 M은 분자량, m은 구성원자수, ρ는 밀도다. 〈표 7.8〉에 광물의 실측값을 함께 수록했으며(표에는 몇 가지 인공결

정의 값을 포함시켰다), 대부분의 산화물에 대해 평균 원자량 M/m은 약 20.5가 되는 것에서 M/m값이 같은 결정체이면 체적 탄성률은 밀도의 x제곱에 비례하는 것으로 되어 있다.

이것은 또한 강성률(强性率)과 체적의 관계에도 적합하고, 따라서 음속은 밀도 함수로서

$$v_s = K_1 \left(\frac{M}{m}\right) \rho^y \tag{7.19}$$

$$v_p = K_2 \left(\frac{M}{m}\right) \rho^z \tag{7.19'}$$

로 표기된다. v_s와 v_p는 횡파, 종파의 음속이고 어떤 경우라도 y와 z는 1에 가까운 값이라고 한다.

대부분의 산화물에 대해서는 드루드(Drude)의 법칙인

$$\frac{\overline{n}^2 - 1}{\rho} = K\frac{M}{m} \tag{7.20}$$

이 성립한다.[32] 즉 평균원자량 M/m이 일정이면 밀도는 평균굴절률 $\overline{n}$ 만으로 정해진다. 식 (7.19), (7.19')에서

$$v_s = k_1 \left(\frac{M}{m}\right)(\overline{n}^2 - 1)^y \tag{7.21}$$

$$v_s = k_2 \left(\frac{M}{m}\right)(\overline{n}^2 - 1)^z \tag{7.21'}$$

을 얻는다. 여기에서 승수 y, z는 1에 가까운 값을 갖는다. 이상에서 산화물에 관해서는 M/m이 거의 같으면 음속은 $(\overline{n}^2 - 1)$에 비례하여 커지고 결정의 상(相), 조성 대칭성에 관계없이 $(\overline{n}^2 - 1)$에 따라 규정된다는 것이 유도된다.

⟨표 7.8⟩ 몇 가지 광물, 결정의 음속과 굴절률(O.L. Anderson의 표[30] 에 추가)

물 질	평균분자량 M/m	밀도 (g/cm^3)	평균굴절률 $\bar{n}$	$\bar{n}^2-1$	종파음속 v_p (km/sec)	횡파음속 v_s (km/sec)
Sapphire	20.40	3.986	1.762	2.115	10.86	6.42
Spinel	20.32	3.63	1.727	1.986	9.94	5.66
Magnesia	20.20	3.57	1.736	2.01	9.57	6.03
Topaz	20.45	3.50	1.71	1.89	9.55	5.3
Forsterite	20.10	3.32	1.65	1.73	8.47	4.95
Tourmaline	19.40	3.10	1.64	1.68	8.31	5.23
Quartz	20.03	2.65	1.55	1.32	7.07	4.31
용융석영	20.02	2.20	1.46	1.13	5.74	3.77
Garnet-1	24.9	4.247	1.814	2.29	8.47	4.77
Garnet-2	24.3	4.183	1.817	2.30	8.52	4.77
$Y_3Al_5O_{12}$	23.10	4.55	1.833	2.36	8.60	4.95
ZnO	40.6	5.676	2.03	3.04	5.96	2.84
TeO_2	53.2	5.99	2.325	4.405	4.2	0.616
$PbMoO_4$	61.2	6.95	2.303	4.302	3.63	
$PbGeO_3$	65.56	6.54	2.042	3.169	3.169	
Pb_2MoO_5	73.79	7.10	2.226	3.955	~3	
$Pb_5Ge_3O_{11}$	73.25	7.33	2.142	3.588	3.01	

⟨그림 7.11⟩에 여러 가지 물질의 식 (7.21′)로 표기되는 관계를 나타냈다.[30] 실선의 경향에 관해서는 많은 광물 암석에 대한 평균원자량 M/m이 거의 20.5로 된다는 것에서 타당하다고 할 수 있다. 그림에는 음향광학결정으로서 발견된 대표적인 결정에 관해서도 플롯했지만 M/m이 거의 같은 값을 갖는 결정군은 식 (7.21′)의 경향을 강하게 시사하고 있다.

또, 한편에서는 물질의 융점에 관한 린데만(Lindemann)의 공식인

$$v_m^2 = \frac{CT_m}{(M/m)} \qquad (7.22)$$

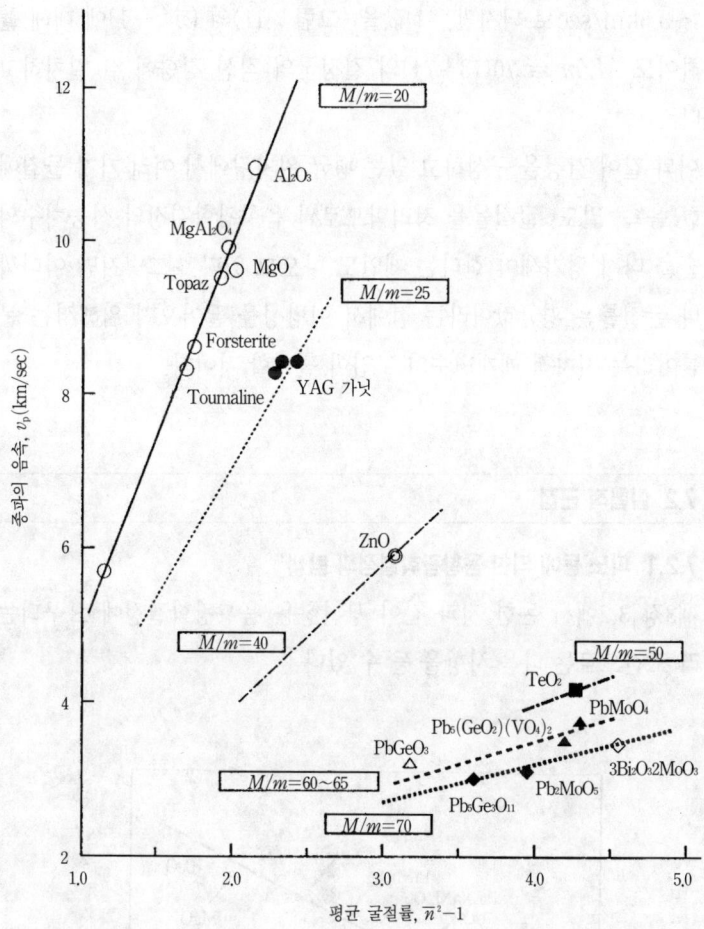

〈그림 7.11〉 광물 및 산화물 결정의 음속과 평균 굴절률 : M/m은 평균 원자량

라는 경험식이 있고, 평균음속 v_m은 융점 T_m과 관계가 지어져 있다.[33] 〈그림 7.12〉는 각종 산화물의 $T_m/(M/m)$에 대한 음속 v_m을 플롯한 것이고,[34] 거의 1/2의 기울기를 가지고 성립하고 있다는 것을 알 수 있다. 이 그림에서 새로운 결정인 $3Bi_2O_3 \cdot 2MoO_3$[7.2.2(2)]의 종파음속

은 ~3.5km/sec로 되지만, 이 값을 〈그림 7.11〉의 $(\bar{n}^2 - 1)$에 대해 플롯하여도 $M/m ≒ 70(73~74)$의 결정군의 직선 경향에 잘 일치하고 있다.

이와 같이 결정을 구성하고 있는 평균 원자량에서 여러 가지 물질에 대한 음속, 밀도, 굴절률을 정리함으로써 음향광학결정의 성능지수의 기술을 다시 평가해야 한다는 제안도 나오고 있다.[5] 그렇지만 어디까지나 굴절률은 평균값이라는 점에서 이방성을 끌어오기 위해서는 분극률이라는 전자적 매개변수의 도입이 필요할 것이다.

7.2 실험적 근접

7.2.1 피노 등에 의한 음향광학결정의 탐색[2]

제3장 3.2에서 논한 것과 같이 광편향용 음향광학결정에 요구되는 여러 조건으로는 다음 사항을 들 수 있다.

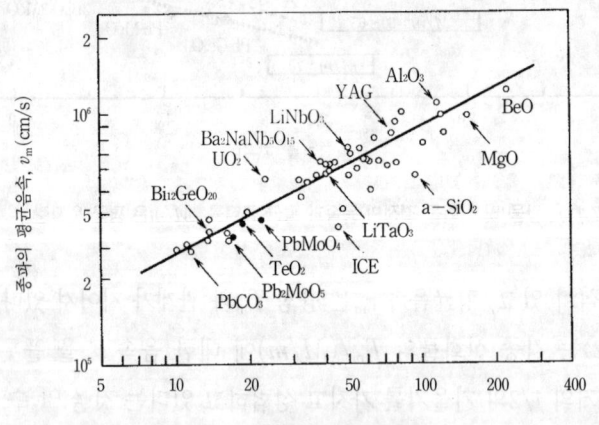

〈그림 7.12〉 산화물의 종파음속과 융점의 관계

① 큰 성능지수 M_2 또는 M_1
② 작은 초음파 흡수계수
③ 느린 음속과 작은 온도 변화
④ 광학적 균질성, 화학적 안정성

①과 ②는 큰 편향 광강도를 얻는 조건이고, ③은 편향의 고속화 조건과 편향 특성의 안정조건이다.

M_2는 광회절의 효율을 뜻하는 성능지수이고, n을 굴절률, p를 광탄성 상수, ρ를 매질의 밀도, v를 음속이라고 하면,

$$M_2 = \frac{n^6 p^2}{\rho v^3} \tag{7.23}$$

와 같이 주어지고, n이 클수록, 그리고 v가 작을수록 M_2가 커진다는 것을 알 수 있다.

액체는 일반적으로 음속이 작고 광탄성 상수가 크므로 성능지수 M_2가 커진다는 점에서 초기의 초음파 편향의 현상적 실험에는 간편하게 이용되고 있었다. 그런데 벨 연구소의 피노 등은 당시 SHG용의 새로운 결정으로 발견된 α-HIO$_3$ 성능지수의 측정에서 출발하여 비수용성 음향광학결정 재료를 탐색했다. 그 결과 1969년에 보고된 PbMoO$_4$는 당시 매우 유용한 특성을 갖는 새로운 결정으로 화제가 되었다.[35] 아래에서는 그들의 탐색지침의 개요를 소개하고, 끝으로 필자 등이 실시한 새로운 재료탐색의 예에 관해 기술하겠다.

(1) 굴절률 산정

산화물에서 물질의 굴절률 n과 물질의 에너지 금지대 E_g와의 사이에는

$$n^2 - 1 = \frac{15}{E_g(\text{eV})} \tag{7.24}$$

의 관계가 있고, 이것으로부터 가시영역에서 투명하기 위해서는 흡수단이 4,000Å 이하이므로 굴절률이 2.5 이하가 된다는 결론이 나온다. 역으로 말하면 굴절률이 2.5 이상인 것은 기대할 수 없다.[2]

한편 물질의 굴절률은 글래드스톤-데일의 관계식 (7.17)

$$\frac{\overline{n}-1}{\rho} = K = \Sigma f_i k_i \tag{7.17'}$$

에서 대체로 산정할 수 있다. 즉 물질의 비중 ρ와 화학식이 알려지면 화학식에서 각 성분의 중량분율 f_i와 비굴절능(에너지) k_i에서 굴절률 n이 산출된다. 〈표 7.7〉에서와 같이 여러 가지 물질에 대한 이 비굴절(比屈折)에너지를 기초로 그들은 굴절률을 먼저 추정했다. 식 (7.17′)의 경험식의 정밀도는 ±5%로 되어 있고, 예로서 $SrTiO_3$(=SrO + TiO_2, ρ=5.12)에서는 표의 값에서 n=2.30이고 실측값은 2.40으로 되어 비교적 잘 일치한다. 다만 식 (7.17′)의 굴절률 $\overline{n}$는 평균굴절률이고, 등방매질이 아니면 일축성 결정에서는 $\overline{n} = \sqrt[3]{n_o^2 n_e}$, 2축성 결정에서는 $\overline{n} = \sqrt[3]{n_\alpha n_\beta n_\gamma}$로 정의되므로 굴절률의 이방성까지는 구할 수가 없다.

(2) 음속의 추정

앞에서 소개한 것과 같이 앤더슨[30]은 굴절률에서 음속을 추정하는 경험식을 구축했지만 피노는

$$\log\left(\frac{v}{\rho}\right) = -b\overline{M} + d \tag{7.25}$$

의 경험적 관계식에서 재료의 음속 v를 추정하는 것을 시도했다. 여기에서 $\bar{M}$는 평균 원자량($\equiv$(전분자량)/(분자당 원자수) : M/m), ρ는 밀도, b, d는 실험적으로 얻어지는 정수다. 많은 산화물 결정에 대해 b는 대체로 재료에는 의존하지 않고 거의 일정하지만 d는 밀도 ρ에 관여하는 물질의 경도(硬度)에 의존하는 것을 발견했다. 이 경도를 기초로 음속을 정리하여 〈그림 7.13〉에 표시한 피노 플롯을 완성하여 활용했다. 그림에서 물질의 경도가 대략 알려지면 좋은 정밀도로 음속을 추정할 수 있다고 한다. 예로서 $SrTiO_3$의 음속을 여기에서도 추정해 보면, $M/n=37$, 모스(Mohse) 경도가 6.5이므로 그림 제일 위쪽 선에서 $v/\rho=1.55\times10^5$으로 된다. 밀도 ρ는 5.12이므로 음속 v는 7.9×10^5cm/sec가 구해진다. 실측한 [111] 방향의 종파 전파 속도는 8.1×10^5cm/sec이며, 극히 잘 일치한다.

피노는 음속의 이방성에 관해서도 언급하고는 있지만, 이방성은 평균값의 ±25% 이하라고 한다. 그러나 그들이 발견한 $PbMoO_4$보다도 이방성이 큰 TeO_2가 특성이 좋은 것은[36] 이방성을 취급할 수 없는 이 평균적인 파악법의 한계 또는 재료탐색의 어려움을 나타내고 있다. 앤더슨에 의한 종파, 횡파에 대한 경험식 (7.21, 7.21′)를 더 많은 물질에서 완성시키는 것이 필요하다고 생각한다.

(3) 광탄성 상수의 추정

광탄성 상수 p는 현저한 이방성을 갖는 텐서량이고, 그 성분의 최대값은 물질의 결정화학적인 형(型)에 따라 정해지는 상수로 피노의 정리에 따르면

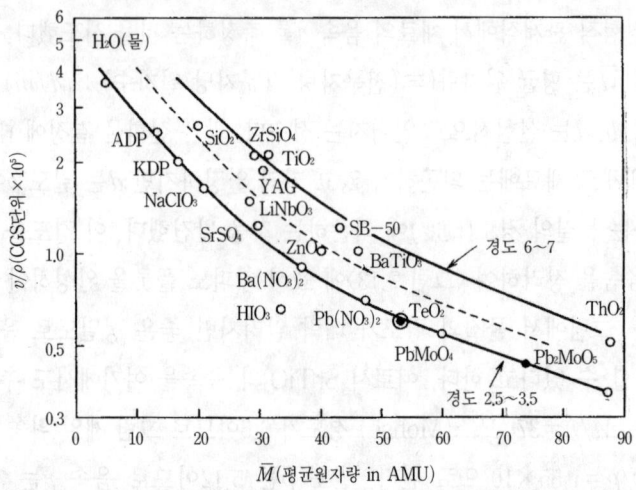

〈그림 7.13〉 산화물의 평균 원자량과 음속의 관계[2]

$$|p_{\max}| = \begin{cases} 0.21 : \text{비수용성 산화물} \\ 0.35 : \text{수용성 산화물} \\ 0.20 : \text{알카리 하라이드} \end{cases} \quad (7.26)$$

이다. 〈표 7.9〉에 $p_{\max}$의 추정값과 실측값을 수록했다. 몇 가지 예외는 보이지만 ±30%의 정밀도에서 맞는다. 또 이 중에서 $Pb(NO_3)_2$의 p값 이 특별히 큰 것은 주목할 만한 일이다. 7.2.2에서 기술하겠지만 저자 등이 Pb를 포함한 화합물에 착안한 것은 이 큰 p값에 있다.

(4) 초음파 흡수의 추정

초음파 감쇠는 광편향 소자의 고속화에서 중요한 문제이고, 피노도 예측의 법칙을 세우려고 했지만 어렵다는 결론을 내놓았다. 우드러프 (Woodruff) 등[37]의 초음파 흡수 Γ에 대한 취급에서는

⟨표 7.9⟩ 광탄성 텐서의 최대성분

물질	$\|p_{max}\|$ estimated	$\|p_{max}\|$ observed
[비수용성 산화물]		
$LiNbO_3$	0.21	0.20
$LiTaO_3$	0.21	0.15
TiO_2	0.21	0.17
Al_2O_3	0.21	0.25
$PbCO_3$	0.21	0.21
$PbMoO_4$	0.21	0.28
TeO_2	0.21	0.23
$Sr_{0.5}Ba_{0.5}Nb_2O_6$	0.21	0.23
SiO_2	0.21	0.27
$ZrSiO_4$	0.21	0.09
YAG	0.21	0.06
YIG	0.21	0.07
[수용성 산화물]		
$Ba(NO_3)_2$	0.35	0.35
$NaBrO_3$	0.35	0.22
$NaClO_3$	0.35	0.26
$\alpha-HIO_3$	0.35	0.50
$Pb(NO_3)_2$	0.35	0.60
ADP	0.35	0.30
$KAl(SO_4)_2 \cdot 12H_2O$	0.35	0.34
$NH_4Al(SO_4)_2 \cdot 12H_2O$	0.35	0.46
[알칼리 할라이드]		
KBr	0.20	0.22
KCl	0.20	0.21
KI	0.20	0.21
NaCl	0.20	0.18
CaF_2	0.20	0.22
NH_4Cl	0.20	0.24

$$\Gamma = \frac{8.68\gamma^2}{\rho v^5} 3\omega^2 kT \qquad (7.27)$$

와 같이 된다. 여기에서 γ는 평균 그루나이젠(Gruneisen) 상수, k는 열전도도다. 이들의 상수값을 현재의 물성론에서 예측하는 것은 불가능하고, 따라서 Γ의 값을 추산할 수 없다. 다만 정성적으로는 음속이

〈표 7.10〉 여러 가지 결정에 대한 종파초음파의 흡수계수

구 분	결 정	음 속 V ($\times 10^5$cm/sec)	전파방향	흡수손실(Γ/ω^2) (dB/cmGHz^2)	측정주파수 (MHz)
저손실계	Al_2O_3	11.03	(100)	0.2	
	TiO_2	10.3	(001)	0.6	
	$MgAl_2O_4$	8.83~8.85	(100)	0.85, 0.43	9155
	$LiNbO_3$	6.55	(100)	0.2	500
	$LiTaO_3$	6.15	(001)	0.1	500
	$Y_3Fe_5O_{12}$	7.21	(001)	≤ 0.16	500
	$Y_3Al_5O_{12}$	8.56	(001)	< 0.64	500
중·고손실계	용융석영	5.96		12.0	500
	SiO_2(quartz)	5.72	(100)	3.0	
	$PbCO_3$	2.95	(001)	165	135~185
	$Ba(NO_3)_2$	2.96	(100)	380	20~140
	$\alpha-HIO_3$	2.89	(010)	10.0	450
	$PbMoO_4$	3.75	(001)	11.5	200~760

빠른 재료는 늦은 재료에 비해 흡수계수가 작다는 것을 말할 수 있어 식 (7.27)도 이것을 지지하고 있다. 〈표 7.10〉은 여러 가지 결정에 대한 초음파 흡수계수 α와 음속 v의 값을 수록했다. 여기에서 Γ는 일반적으로 구동(驅動)주파수 ω의 제곱에 비례하여 증가하므로 표에서는 규격화한 Γ/ω^2의 값을 수록했다. 또 이방성 결정에서는 결정의 방위에 의존하므로 대표적인 방위에 대한 값을 기재했다. 따라서 음속의 결정방위 의존성을 등한시하기 쉽고, 피노 등이 TeO_2에서 주목하지 않았던 이유의 하나가 여기에 있었다고 생각한다.

식 (7.23)의 성능지수 M_2와 식 (7.27)의 그루나이젠의 식을 비교하면 M_2가 큰 것은 흡수계수도 크고, $LiNbO_3$와 같이 흡수계수가 작은 것은 성능지수도 작을 것으로 예측된다. 〈그림 7.14〉에 나타낸 것과 같이 여러 가지 결정재료에 관해 M_2와 Γ로 플롯하면 대체로 직선 관계에 있고,[34] 편향효율을 높이는 것과 고속화는 상반되는 요구로 되는

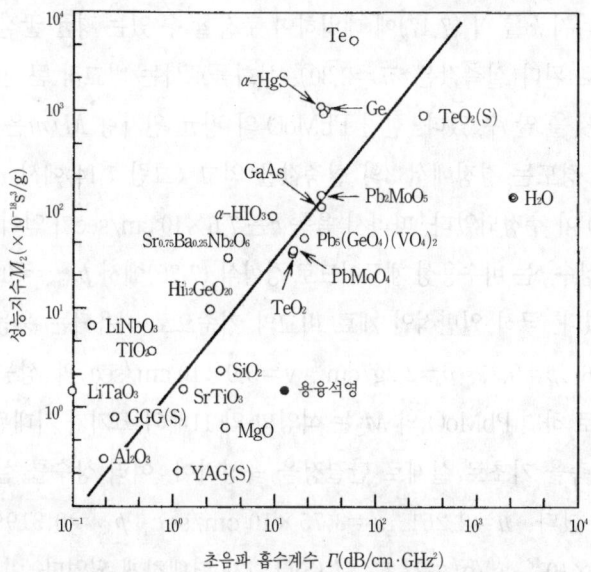

⟨그림 7.14⟩ 산화물에서 초음파 흡수계수 Γ와 음향광학 성능지수 M_2의 관계[34] : S는 횡파

것이 확실하다.

(5) 새 결정 PbMoO₄의 예측과 실제

그런데 이상과 같이 광편향 기능에 필요한 기본적 상수의 추정 경험식을 근거로 피노 등은 『우리는 새 음향광학결정을 찾는 가이드 라인 (guide line)을 구축했다. 만약 물질의 밀도와 화학식만 제시해주면 그 M_2를 추정해내겠다. PbMoO₄는 가이드 라인으로 발견한 것이다』[35]라고 말했다.

분말 X선 회절 데이터에서 구해지는 PbMoO₄의 밀도 ρ는 6.95g/cm³, 분자량은 365AMU로 된다. PbO와 MoO₃의 중량분률 P_{PbO}, P_{MoO3}는 각각 223/367, 144/367로 되고, ⟨표 7.7⟩에서 각각의 비

굴절 에너지 k_i를 식 (7.17)에 대입하여 추정할 수 있는 평균 굴절률 $\bar{n}$는 2.24로 된다(실측값은 $\bar{n}=2.30$). 산화물로서는 비교적 큰 굴절률이라는 것을 알 수 있다. 한편 PbMoO$_4$의 평균 원자량 M/m은 61이고 모스 경도는 결정에서 3의 실측값을 얻고 〈그림 7.14〉에서 v/ρ는 0.53×10^5이 추정되었다. 따라서 음속 v는 7.6×10^5cm/sec가 얻어진다. 광탄성 상수 p는 비수용성 재료이므로 경험식 (7.26)에서 $p_{max}=0.21$로 둘 수 있다. 극히 일반적인 재료 비교의 기준으로 사용되는 용융석영($n=1.46$, $p=0.27$, $\rho=2.2$g/cm^3, v=5.9×10^5cm/sec)의 성능지수 M_2를 1로 하면 PbMoO$_4$의 M_2는 석영의 약 11배의 크기가 기대된다.

이 예측을 기초로 실제로 단결정을 육성하여, 여러 상수를 실험적으로 구했다. $n=2.261$, $v=3.75\times10^5$cm/sec, $p_{33}=0.319$이고, $M_2=36\times10^{-18}$sec^3/g($\equiv23.7\times M_2$(SiO$_2$))가 명백하게 되었다. 이 값은 이제까지의 수용성 결정 a-HIO$_3$에 견줄 만한 크기이고 초음파 전파손실도 500MHz에서 1.0dB/μsec로서 기대 이상으로 작고, 광손상도 없는 극히 우수한 음향광학결정이라는 것이 판명되어 그들의 탐색지침이 얼마나 유효한 것인지를 실증하는 결과로 되었다.

이상과 같이 피노 등의 탐색원리는 공(功)을 세워 일약 새로운 재료 개발의 지도원리로 되었는데, 여러 차례 기재한 것과 같이 재료가 갖는 다양한 성질의 이방성을 감안한 지도원리라고 할 수 있다.

7.2.2 상태도에서의 새로운 화합물

새로운 결정을 탐색하는 간편하고도 실제적인 방법은 기존의 상태도 안에서 어떤 목적에 따라 고찰하여 계통적으로 결정을 육성하는 것이다. 상태도는 마치 재료탐색의 나침반이기도 하다. 이제까지의 예로서 KNbO$_3$에 관련된 나소(Nassau) 등[38]에 의한 KNb$_3$O$_8$의 육성, 히

라노(Hrano) 등[39] 및 로이어코노(Loiacono) 등[40]에 의한 $K_4Nb_6O_{17}$의 육성을 들 수 있다. 이하는 필자 등이 실시한, 상태도에서의 새로운 결정 탐색의 예다.

(1) $Pb_5Ge_3O_{11}$의 단결정 합성법

제3장 3.2.1 및 7.1.4에서 기술한 것과 같이 음향광학 재료의 탐색지침으로는 먼저 굴절률이 큰 재료라야 하지만, 비굴절능(비굴절 에너지와 중량분율의 곱)에서의 추정과는 별도로 유리의 특성에서 검토하는 것도 새 재료의 탐색과 관계된다.

〈그림 7.15〉는 $PbO-GeO_2$ 2성분계 유리의 굴절률을 나타내지만 결정에서도 PbO 리치일수록 굴절률이 클 것으로 기대된다. $PbO-GeO_2$ 2원계 상태도는 스페란스카야(Speranskaya)[41]와 필립스(Philips) 등[42]에 의해 각각 보고되었다. 그 상태도를 〈그림 7.16(a), (b)〉에 각각 나타냈다. 단일상으로 공통되어 있는 것은 $PbO/GeO_2=1/1$ 몰비의 $PbGeO_3$뿐이고 이것은 단결정 육성에서도 확인되었다.[43] 〈그림 7.17〉은 $PbGeO_3$ 단결정의 사진이고 구성원소에서 착색하는 것이 추정되었지만 무색투명하다. 굴절률이 좀더 클 것으로 기대되는 Pb 리치의 정비조성(定比組成) 화합물인 $PbO/GeO_2=5/3, 3/2$ 몰비의 결정에 관해서는 그 존재가 상세하지 않았기 때문에 아래와 같은 결정인상 실험을 검토했다.

먼저 필립스 등의 상태도에 있는 $PbO/GeO_3=3/2$ 몰비 화합물을 조사했다. 상태도에서의 융점 733℃를 염두에 두고 인상속도를 제6장 〈그림 6.9〉의 경험법칙에서 1.0~1.2mm/hr로 인상 육성했지만 성장함에 따라 연한 차색(茶色)에서 점점 검어지고 동시에 미결정(微結晶) 집합체로 되어 불균질하게 되었다. 인상속도 0.7mm/hr 이하에서 처음으

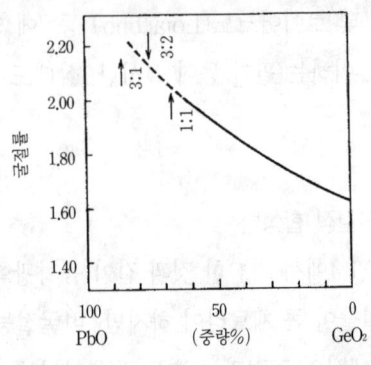

〈그림 7.15〉 PbO-GeO₂ 2원계 유리의 굴절률

로 결정체 전체가 균일한 색을 갖는 결정이 얻어졌다. 출발원료의 소결체, 도가니에 남아 있는 결정체 및 육성 결정 등 세 가지를 X선 분말법으로 비교한 결과 일치하지 않았다. 이것은 3PbO·2GeO₂ 조성은 콩그루언트가 아니라는 것을 뜻한다. 다음은 스페란스카야의 상태도에 있는 5PbO·3GeO₂ 조성에서 같은 방법으로 인상육성을 했다. 〈그림 7.17〉(제1장 그림 1.12 참조)에 나타낸 것과 같이 전체에 걸쳐 적갈색의 투명한 단결정이 재현성 좋게 얻어지고 출발원료, 단결정, 잔류 융액의 고상 모두 같은 X선 회절무늬가 확인되었다. 이것은 5PbO·3GeO₂ 조성이 콩그루언트(광의) 조성이라는[44] 것을 뜻한다.

3PbO·2GeO₂ 조성 융액에서 육성한 결정의 X선 회절무늬는 5PbO·3GeO₂ 조성 결정의 그것과 일치하므로 그 상태도에 대한 고찰을 하기로 한다. 〈그림 7.18〉에 그 모양을 나타냈는데, 3PbO·2GeO₂ 조성 1에서는 액상선보다 5PbO·3GeO₂ 조성 2가 첫 결정을 형성하게 된다. 이 모양은 몇 가지 잔류 융액이 고화한 것의 X선 회절무늬에서 확인할 수 있다.

이상의 예는, 결정 육성에서는 상태도의 예비검토가 중요할 뿐 아니

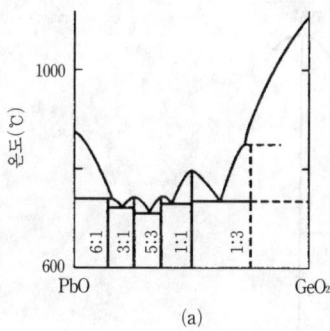 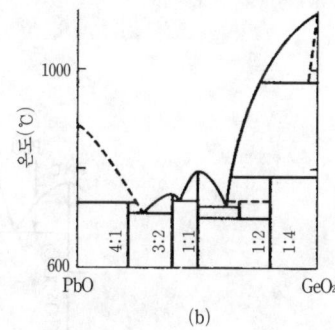

〈그림 7.16〉 PbO-GeO$_2$ 2원계 상평형도(相平衡圖) : (a) 스페란스카야,[38] (b)필립스 등[39]

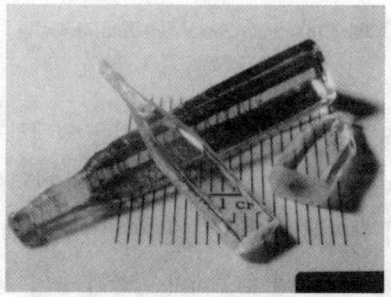

〈그림 7.17〉 as-grown PbGeO$_3$ 단결정 : 왼쪽 뒤는 Pb$_5$Ge$_3$O$_{11}$

라 새로운 결정의 발견에도 연결됨을 제시하는 것이다. 이 결정은 음향광학결정의 탐색을 꾀하여 얻어진 것으로 성능지수 M_2는 큰 것이지만, 초음파 흡수도 비교적 커서 음향광학결정으로는 기대한 것만큼의 결정은 아니었다(제3장 표 3.6). 그러나 그 유전적 성질의 측정에서 Ge를 포함한 강유전체라는 것, 또한 자발분극의 반전에 의해 선광능의 부호도 동시에 반전되는 최초의 enanthiomorphic한 결정으로 되었다(제3장 3.4.2 참조). 이것은 결정 탐색에서의 뜻밖의 발견(serendipity)이라고 해도 좋을 것이다.

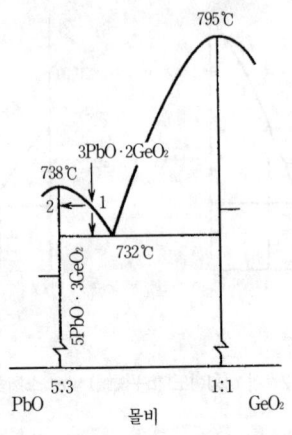

〈그림 7.18〉 5PbO·3GeO₂ 정출(晶出)과정 설명

(2) $3Bi_2O_3 \cdot 2MoO_3$의 발견

$Bi_2O_3 \cdot MoO_3$ 2원계 상태도의 상세한 것은 명백하지는 않지만, 콜뮬러(Kohlmuller) 등[46]은 〈그림 7.19〉에 나타낸 상평형도를 시차열분석(示差熱分析)에 의거해 구하고 있다. 에먼(Erman) 등[47]도 X선 해석법으로 이 2원계 화합물을 검토하여 콜뮬러 등의 결과와 같은 화합물을 보고했다. 유일한 단일상으로 기재되어 있는 $Bi_2O_3 \cdot MoO_3$ 단결정은 필자 등에 의해 인상법으로 육성되어 넓은 뜻에서의 콩그루언트 재료라는 것이 알려졌다.[48] 한편 쿠르츠는 광물의 코에클리나이트(Koeklinite)인 $Bi_2O_3 \cdot MoO_3$를 비선형광학 재료의 하나로 열거하고 있어[49] 매우 흥미 있는 결정이기도 하다.

이 $Bi_2O_3 \cdot MoO_3$ 단결정의 인상 육성을 시도했다. 융점은 960℃인 것을 용융실험에서 확인하고, 역시 제6장 〈그림 6.9〉를 근거로 인상속도를 0.9~1.3mm/hr로 육성하여 보았다. 〈그림 7.20〉은 인상한 결정의 예이고, 종자에서 2~3mm까지는 연한 황색투명이었으나, 그 이하에서는 크랙과 함께 다상(多相)으로 되어 불투명했다. 이 불투명 부분

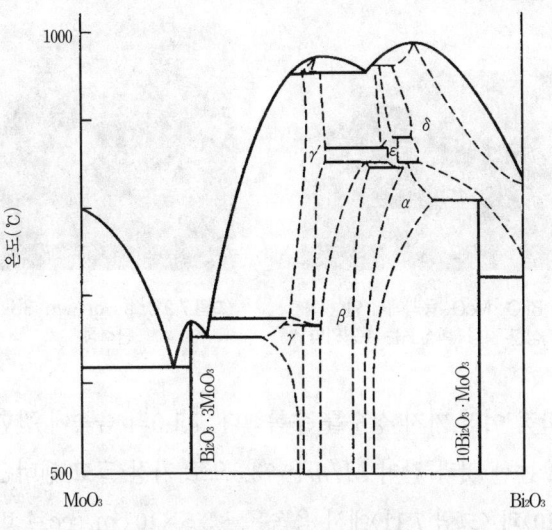

〈그림 7.19〉 $Bi_2O_3-MoO_3$ 2원계 상평형도[43]

은 X선 분말회절에 따르면 출발원료의 그것과는 조성이 전연 달라져 있고, 또 투명부분의 X선 분말회절상도 출발원료나 불투명 부분의 그것과 달라져 있다. 이 사실은 $Bi_2O_3 \cdot MoO_3$는 콩그루언트 용융이 아니라는 것을 뜻한다. 쿠르츠에 의한 $Bi_2O_3 \cdot MoO_3$의 비선형 재료로서의 기대는 탐색법이 분말법이므로 상전이, 상분해 등의 정보가 포함되지 않는 것을 배려할 필요가 있다. Bi_2O_3/MoO_3 비가 다른 융액에서 결정 육성을 반복한 결과 $Bi_2O_3/MoO_3=3/2$(몰비)에서 결정 전체가 투명한 대형 단결정이 육성되었다. 〈그림 7.21〉에 단결정의 사진을 나타냈다. 또 〈표 7.11〉에 조성분석 결과를 나타냈는데, 출발원료의 소결체와 육성한 결정의 분석값이 잘 일치하고 있다. 이 사실에서 $3Bi_2O_3 \cdot 2MoO_3$는 $Bi_2O_3 \cdot MoO_3$ 2원계에서의 새로운 콩그루언트 화합물이라는 것이 처음으로 발견되었다.[50] 〈표 7.12〉에 $Bi_2O_3 \cdot 3MoO_3$와 $3Bi_2O_3 \cdot 2MoO_3$

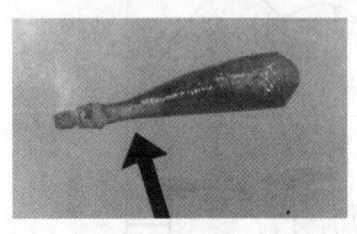 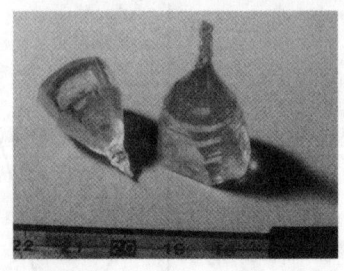

〈그림 7.20〉 $Bi_2O_3 \cdot MoO_3$ 융액에서 인상 육성한 결정 : 화살표는 투명영역

〈그림 7.21〉 as-grown $3Bi_2O_3 \cdot 2MoO_3$ 단결정

의 결정학적 여러 가지 상수를 수록했다. 7.1.5의 음속에 관한 추정에 관해서도 논한 것과 같이 M/m은 73.3으로 가장 크고 앤더슨에 의한 〈그림 7.10〉과 〈그림 7.11〉에서 음속은 $\sim 3.5 \times 10^5$ cm/sec로 비교적 작을 것으로 기대되는 반면, 초음파 전파 손실이 역으로 클 것으로 추정된다.

7.2.3 새로운 결정 탐색의 다른 관점

여기에서 필자의 연구진에서 실시한 새로운 결정 탐색의 배경을 간단히 소개해둔다. 음향광학결정으로서 이제까지는 TeO_2,[36,51] Pb_2MoO_5,[52,53] $PbGeO_3$,[43] $Pb_5Ge_3O_{11}$,[44] $3Bi_2O_3 \cdot 2MoO_3$[50]와 같은 결정을 선택하여 단결정 육성과 여러 정수를 밝혀왔다. 새 화합물 탐색의 상수 추정에 있어서 필자 등은 글래드스톤-데일의 관계식 (7.17)에서 단순히 구성분자의 중량비 f_i와 비굴절 에너지 k_i뿐만 아니라 〈표 7.7〉에 덧붙여 곱 $m_i k_i$의 크기가 의미가 있다는 것, 그리고 광탄성 상수 p_{max}의 피노가 정리한 〈표 7.9〉 및 〈그림 7.12〉의 융점과 음속의 관계에서 Pb와 같이 무거운 양이온을 갖는 화합물이면 좀더 큰 p와 느린 음속을 기대할 수 있다는 것을 이해하고 있었다. 이 두 가지 생각을 기

⟨표 7.11⟩ $3Bi_2O_3 \cdot 2MoO_3$ 소결체와 단결정의 정량분석 결과

원 소	소결체원료	육성 단결정
Bi	72.7	72.5
Mo	12.5	12.6

(단위 : wt %)

⟨표 7.12⟩ $Bi_2O_3 \cdot 2MoO_3$, $3Bi_2O_3 \cdot 2MoO_3$의 결정학적 성질

화합물(화학식)	$Bi_2O_3 \cdot 3MoO_3(Bi_2Mo_3O_{12})$	$3Bi_2O_3 \cdot 2MoO_3(Bi_6Mo_2O_{15})$
공간군	$P2_1/c$	$P2/c - C_{2h}^4$
결정계	단사정계	단사정계
격자상수(Å)	$a = 7.670$ $b = 11.548$ $c = 12.009$ $\beta = 115.4°$	$a = 24.786$ $b = 5.805$ $c = 23.527$ $\beta = 102.93°$
밀도(실측값)(g/cm³)	$6.21_5(6.26)$	$7.55(7.60)$
Mohse 경도	~4	~4
굴절률 (0.5893nm)	$n_x = 2.284$ $n_y = 2.328$ $n_z = 2.492$	$n_x = 2.323$ $n_y = 2.361$ $n_z = 2.369$
복굴절률 (0.5893nm) 2Ω	0.208 89°04′	0.046 48°30′
흡수단	~410nm	~410nm

초로 구성원소로서 PbO를 주성분으로 한 곱 $m_i k_i$가 큰 $GeO_2 - MoO_3$를 포함한 복산화물 결정을 겨냥하여 결정합성을 했다. 이들 결과에 대해서는 7.2.2에 기술한 것과 같다.

음속 v는 물질의 굴절률에서 경험적으로 추정된다[30~32](7.1.5 참조). 이 관계식을 인공결정에 적용하기 위해 다카쓰[5]는 결정을 구성하는 분자량 M을 구성원자수 m으로 나눈 평균원자량 M/m을 지침으로

7. 결정 탐색으로의 접근 459

여러 가지 결정재료에 대해 $v/\rho(\overline{n}^2-1)$을 플롯하여 〈그림 7.22〉를 얻었다(다만 v는 종파의 음속). 화합물 반도체, 할라이드 결정, 산화물 등과는 다른 경향을 갖고 있지만 일반식

$$\frac{v}{\rho} = a\left(\frac{M}{m}\right)^b(\overline{n}^2-1) \qquad (7.28)$$

로 표시되는 직선 관계로 되어 있다. 이 식은 피노 등이 채용한 경험식 (7.25)를 닮았다. 피노 등이 발견한 $PbMoO_4$에서는 $\rho=6.95g/cm^3$, $n=2.24$, $v=7.9\times10^5 cm/sec$이므로, $M/m=61.2$, $V/\rho(\overline{n}^2-1) = 0.283$으로 되어 〈그림 7.22〉의 산화물 경향에도 잘 일치하고 잇다.

피노가 취급한 방법에서는 결정의 이방성을 고려하지 않고 평균값을 가늠자로 한 편리한 탐색이므로 앞에서 기술한 것과 같이 TeO_2의 특이한 성질을 결정할 수 없었다. 사실 TeO_2의 M/m은 53.2, 종파의 음속 ~3km/sec, $\rho=5.99g/cm^3$, $n=2.26$에서 $v/\rho\,(\overline{n}^2-1)$은 0.122로 되어 〈그림 7.22〉의 경향에 잘 일치하고 있다. 특히 TeO_2의 경우는 성능지수 $M_?$, M_1에서 음속이 중요한 물리량 중 하나라는 사실에 착안한 것이다. TeO_2에서는 〈110〉 방향으로 전파하는 〈$\overline{1}$10〉 변위 횡파의 음속이 $0.616\times10^5 cm/sec$와 같이 매우 느린 것에 착안한 것이다. 보통 $v/\rho(\overline{n}^2-1)$은 0.025로 되어 〈그림 7.22〉의 경향에서 전혀 벗어나는 결과가 되므로 횡파에 대한 〈그림 7.22〉와 같은 상관관계를 정리하여 확립해둘 필요가 있다. 성능지수 M_2는 $793\times10^{-18}sec^3/g$으로서 큰 값이고, 그 음향광학적 여러 성질은 $PbMoO_4$를 능가한다(여러 성질은 제3장 표 3.6 참조).

Pb_2MoO_5는 Pb를 포함한 계로 〈표 7.9〉에서 특이하게 p가 큰 것에 주목하여 합성한 것이다. 사실 그 성능지수 M_2는 $127\times10^{-18}sec^3/g$로 산화물 중에서는 큰 값을 갖고 있다. 그리고 M/m은 73.79, $v/\rho(\overline{n}^2-$

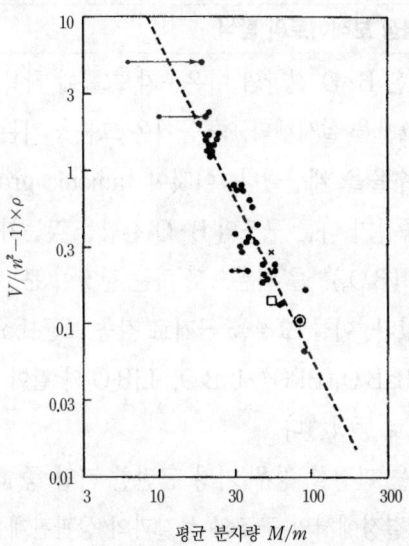

⟨그림 7.22⟩ 산화물에 대한 평균 원자량 (M/m)와 종파음속 $(v/(\overline{n}^2-1)\times \rho)$의 관계[5]: ×표는 $PbMoO_4$, ⊙는 Pb_2MoO_5, □는 TeO_2

1)은 0.105로 ⟨그림 7.22⟩에 플롯해둔 것과 같이 그 경향도 일치하고 있다. 새 화합물인 $PbGeO_3$, $Pb_5Ge_3O_{11}$, $3Bi_2O_3 \cdot 2MoO_3$의 M/m와 평균 굴절률에서 음속 v는 이미 ⟨그림 7.10⟩에 표시한 것과 같다.

이들 결정의 여러 성질은 결과적으로 피노의 탐색지침이나 ⟨그림 7.14⟩에서 추정해도 예측할 수 있는 것으로 되어 있다. 피노 등의 지침 등에서 n과 p가 예측되므로 앤더슨의 경험식을 포함하여 N, v, (M/m) 등을 결정구조, 결정의 대칭성, 분극률 등으로 나타내고, 이 방성을 고려하여 종합적인 상관관계를 구축하면 매우 유용한 탐색지침이 될 것이다.

7.3 비선형광학결정 보레이트의 탐색

중국의 첸 등[3,55]은 B-O 결합의 이온분자 그룹에 착목하여 비선형 감수율의 이론적 고찰을 실시했다. 즉 음이온 그룹을 기본구조로 결정 전체의 비선형 감수율을 계산했다. 이것이 「anionic group theory」다. 이 경우 어떤 종류가 다른 구조의 B-O 결합을 갖는가를 검토하여 공액 π전자를 갖는 $(B_3O_6)^{3-}$를 기본으로 하는 결정이 큰 비선형효과를 가진다는 것을 알았다. 이들 고찰을 근거로 각종 보론(boron)화 산화물이 합성되고, β-BaB_2O_4(BBO), LiB_2O_4, LiB_3O_5와 같이 우수한 비선형광학결정이 차례로 등장했다.

비선형광학결정을 판정할 경우 가장 곤란한 작업 중 하나는, 이미 알려진 비선형광학결정에서의 구조와 성질과의 상관관계를 밝히고 설명하는 일일 것이다. 비조화 진동 모델,[56,57] 본드(bond) 인자법,[58] 본드 전하 모델 등 지금까지도 많은 시도를 하고 있다. 특히 본드 전하 모델에서는 SP^3궤도에 의한 4면체 배위 원자로 구성되는 기본구조 단위를 갖는 AB형 화합물 반도체에 있어 구조와 비선형광학성의 상관관계를 잘 설명하고 있지만, 간단한 σ전자 결합을 하지 않는 다른 비선형광학결정에는 적용되지 않고 있다. 한편 유기 비선형 재료에서는 단순히 σ 전자로 결합한 두 개의 원자 주위의 국소(局所)궤도보다 비국소인 다중가전자(多重價電子) 궤도를 갖는 기본구조 단위로부터 비선형 감수율이 생긴다는 것이 밝혀졌다.[60,61] 그래서 전형적인 비선형 유기결정의 벌크체의 2차 감수율은 그 구성「분자」의 미시적인 2차 감수율의 기하학적 중첩으로 생각할 수 있다. 도너, 아크세이프터 분자 그룹 사이에서의 전하이동인 비대칭 중심의 방향족 유기분자의 공액 π전자궤도가 큰 2차 감수율을 생기게 하는 것으로 이해되고 있다. 비선형이 커지기 위해서는 그 물질이 전기장에 의한 분극이 쉬워야 한다. 〈그림 7.23(a)〉는 벤젠 고리에 의해 대표되는 육각형고리에서의 공액 π전자의 이동성을 나타내고 있지만, 큰 자유도를 갖는 π전자 궤도 내를 자유로이 돌아다닐 수 있기 때문에 전기장에 의해 전하의 편의(偏倚)가 생기기 쉬우므로 큰 비선형 분극이 기대된다. 「anionic group theory」는 구성원자의 그룹으로 이루어지는 분자, 즉 결정의 기본구조 단위와 비선형광학효과인 제2고조파 발생(SHG)의 텐서와의 일반적인 상관관계를 묘사한 것일 것이다. 결정 구성 그룹의 미시적 비선형 감수율에서 결정 전체의 거시적인 감수율을 추산하는 근사법을 제공하고 있다. 제4장 4.2에서 논한 것과 같이 빛의 전기장 E에 의해 유기되는 분극 P는

$$P = \chi^{(1)}E + \chi^{(2)}EE + \cdots \tag{7.29}$$

로 표기된다. 여기에서 $\chi^{(n)}$은 n차의 분극 감수율이다. 2차 감수율 $\chi^{(2)}$는 3계의 텐서이고 비선형광학효과에서 가장 중요한 매개변수로

$$P_i^{(2\omega)} = \chi_{ijk}^{(2\omega)} E_j E_k \tag{7.30}$$

와 같이 표시된다. 그들의 이론에서 전제로 되어 있는 ① 광 비선형 결정의 벌크 SHG 텐서는 단위 체적당 구성 음이온 그룹의 미시적인 2차 감수율 텐서의 기하학적 중첩이고, 기본적으로는 구 모양의 양이온에서의 기여는 무시한다. ② 기본으로 되는 음이온 그룹의 미시적인 2차 감수율은 일반화학의 근사법을 통해서만 그룹의 국소(局所) 분자궤도에서 계산할 수 있는 것으로 되어 있다. 이와 같이 수치계산을 반복하여 $NaNO_2$, BaB_2O_4(BBO), $KB_5O_8 \cdot 4H_2O$(KB5) 등 기지물질(既知物質)의 SHG 정수를 구하여 실측값과의 일치를 꾀했다.[63,64]

음이온 산화 보론의 그룹을 갖는 구조는 극히 많지만 그들은 〈그림

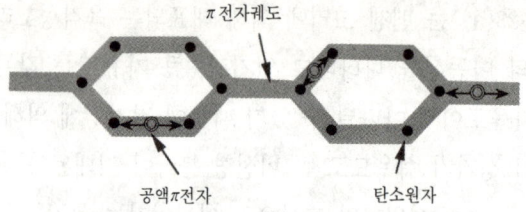

(a) 공액π전자는, 분자 전체에 널리 퍼진 전자궤도를 자유로이 돌므로, 큰 비선형분극을 발생한다.

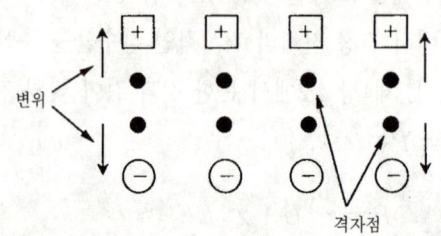

(b) 강유전체 재료에서는, 원자의 격자점에서의 변위에 의해 비선형분극이 발생한다.

〈그림 7.23〉 유기재료와 무기재료에서의 비선형 분극 발생 모델

7.24〉에 모형적으로 10의 그룹으로 나누었다. 어느 것이나 O의 위치에 [OH]기가 오는 것도 있는데, ◎로 그것을 나타냈다. (1)과 (2)는 구조 베이시스가 삼각형 $(BO_3)^{3-}$ 이든지 4면체 $(BO_4)^{5-}$ 이고 (3)과 (4)는 O를 공유하여 결합하고 각각 $(B_2O_5)^{4-}$, $(B_2O_7)^{8-}$ 의 이온 그룹으로 되어 있다. (5)의 벤젠 각(殼) 구조는 (1)의 $(BO_3)^{3-}$ 가 평면 육각형고리로 되어 $(B_3O_6)^{3-}$, (6)은 (5)에서 파생한 것으로 $(BO_3)^{3-}$, $(BO_4)^{5-}$ 가 입체 육각형고리로 된 $(B_3O_7)^{5-}$ 이온 그룹, (7)과 (8)은 이들의 변형으로 각각 $(B_3O_8)^{7-}$, $(B_3O_9)^{9-}$ 이온, (9)와 (10)은 직각으로 트위스트(twist) 된 구조로 각각 $(B_5O_{10})^{5-}$, $(B_4O_9)^{6-}$ 이온으로 된다. 다른 여러 가지 구조도 이들로 대별(大別)된다고 한다. 이 구조 모형을 근거로 앞에서의 계산방법에 따라 미시적인 2차 감수율 $\chi^{(2\omega)}$를 구한 것이 〈표 7.13〉이

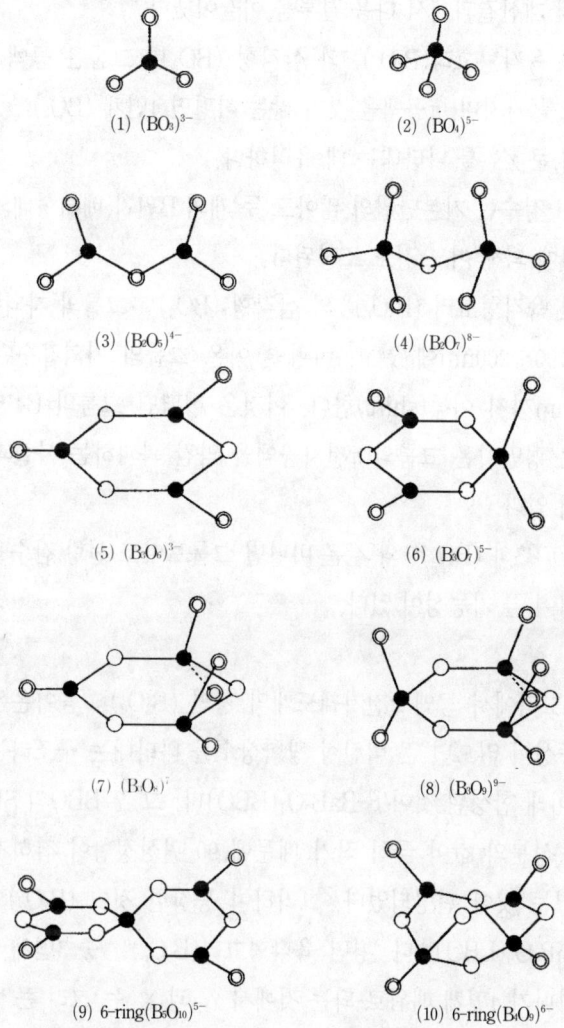

〈그림 7.24〉「anionic group theory」에서의 분자 결합의 종류 : ●는 보론, ○는 산소, ◎는 산소 또는 (OH)기

다. 이들의 계산결과에서 다음 결론을 이끌어냈다.
① 평면 육각형고리$(B_3O_6)^{3-}$와 삼각형 $(BO_3)^{3-}$ 그룹은 공액 π전자 궤도를 가지며, π공액을 갖지 않는 비평면 4면체 $(BO_4)^{5-}$ 그룹에 비해 큰 $\chi^{(2x)}$를 나타내는 데 유리하다.
② SHG 정수는 기본단위의 많아도 두 개의 B원자 배위형태의 작은 조절에 의해 어느 정도 조정된다.
③ 평면 육각형고리 $(B_3O_6)^{3-}$와 삼각형 $(BO_3)^{3-}$ 그룹의 자외흡수단은 190~200nm에 있고, 비평면 이온 그룹의 자외흡수단은 약 160nm까지 이동(shift)한다. 이것은 비평면 그룹의 B4면체 배위는 평면이온 그룹의 π전자공액을 약간 파괴하는 사실과 관계되어 있다.
④ $(B_3O_6)^{3-}$와 $(BO_3)^{3-}$와 같은 비평면 그룹보다도 선형 감수율의 이방성이 클 가능성이 있다.

육사형고리에서 공액 π진자궤도계의 평면 $(B_3O_6)^{3-}$ 음이온은 결정의 대칭중심이 없으면 큰 비선형 광학상수를 나타내는 구조라는 이론적 예측 아래 합성된 것이 β-BaB_2O_4(BBO)다. 그 후 BBO의 SHG 계수에서 z 성분의 값이 극히 작기 때문에 90°위상정합이 잡히지 않는 결점이 있는 것이 판명되었다. 그리하여 등장한 것이 $(B_3O_7)^{5-}$ 이온 그룹인 LiB_3O_5(LBO)[65]다. 평면 육각형고리$(B_3O_6)^{5-}$ 중 3면체 배위 B원자의 하나가 4면체 배위로 되는 것에서 χ_{111}과 χ_{122}는 그리 큰 변화 없이 z 성분만 커지는 것이 알려져 있었으므로 $(B_3O_7)^{5-}$ 이온 그룹에서 O 공유로 형성된 z 축에 나란한 $(B_3O_5)_{n-\infty}$의 나선 체인(chain) 구조화에서 만들어진 것이다. 〈표 7.14〉에서 보는 바와 같이 계산값과 실측값은 잘 일치하고 있다. 이 LBO의 예측 결과는 그들의 「anionic

⟨표 7.13⟩ 각 anionic group의 미시적 2차 비선형감수율 χ_{ijk}의 이론값[85]
(단위 : 10^{-31} esu, 파장 : 1.064 μm)

$x_{ijk}^{(2\omega)}$	$(BO_3)^{3-}$	$(B_3O_6)^{3-}$	$(BO_4)^{3-}$	$(B_3O_7)^{5-}$	$(B_3O_8)^{7-}$	$(B_3O_9)^{9-}$	$(B_3O_{10})^{5-}$	$(B_3O_9)^{6-}$
111	0.641	1.5921		−2.9308	0.2906	0.2785		0.055
112								−0.022
113			0.0335				0.017	−0.368
122	−0.641	−1.5921		0.8212	1.2628	0.2785		−0.563
123			−0.1578				−1.335	0.692
133	0.0	0.0		−0.6288	0.4671			0.692
222								0.822
223			−0.0329				−0.046	−0.318
233								−0.207
333							−0.061	−0.656

group theory」의 타당성을 훌륭하게 과시했고, 이제까지의 무기화합물에서 「분자」라는 관점에서의 양자화학의 도입이고, 고도의 근사계산을 필요로 하지 않는 점도 유효한 방법을 유도한 것인지도 모른다.

한편 극히 최근에 이르러 사사키(佐左木) 등[67]은 $(B_3O_7)^{5-}$ 이온 그룹인 LiB_3O_5(LBO)와 그것과 같은 계인 CsB_3O_5(CBO)[66]의 혼정계(混晶系)를 검토하던 중 새 화합물로서 $CsLiB_6O_{10}$(CLBO)를 발견했다. ⟨그림 7.25⟩는 Top-Seeded Kyropoulos 법으로 육성한 CLBO 단결정의 예로서 $29 \times 20 \times 22mm^3$의 대형 결정이다. 결정구조 해석에서 $(B_3O_7)^{5-}$ 이온 그룹을 갖고 있고, 점군 $\overline{4}2m$, 공간군 $I\overline{4}2d$로 결정되었다. 흡수단은 180nm라는 최단파장을 갖고 있다. 유효 비선형광학 계수는 $d_{36}=0.95pm/V=2.2 \times d_{36}$(KDP)로 LBO와 같은 정도도. 이와 같이 어떤 지침을 기초로 동계화합물의 치환·혼합을 통해 새로운 결정이 발견될 가능성이 있다는 것이 실증된 예로서, 앞으로의 결정개발 진전을 기대한다.

⟨표 7.14⟩ BBO, LBO의 SHG 계수 $d_{ij}(\times 10^{-9}$ esu, 기본파 $\lambda=1.079\mu m)^{65)}$

		d_{11}	d_{31}	d_{32}	d_{33}
BaB_2O_4 (BBO)	계산값	3.78	−0.038	−0.038	−0.0038
	실측값	±4.60 (1±0.30)	±0.07 (1±0.03)	$(=d_{31})$	0
LiB_3O_5 (LBO)	계산값	−	−2.24	2.69	0.61
	실측값	−	±2.75 (1±0.08)	±2.97 (1±0.08)	±0.15 (1±0.10)

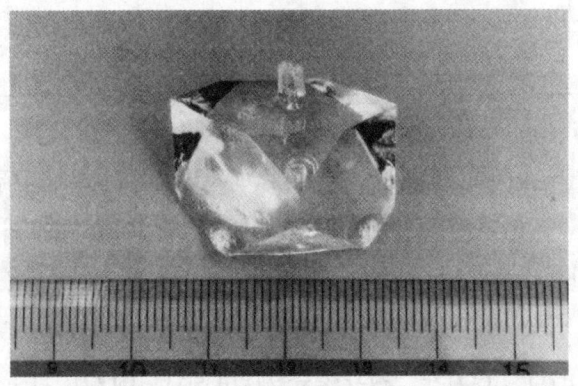

⟨그림 7. 25⟩ TSSG법에 의한 $CsLiB_6O_{10}$(CLBO) 단결정
(大阪大學 佐佐木孝友 교수 제공)

 이론적으로 유도되는 새로운 재료도 그 결정육성에 관한 어려움은 별개의 문제로 하고, 이들 보레이트군의 태반은 콩그루언트 용융이 아니어서 현시점에서는 질이 좋은 대형 단결정 육성이라는 과제가 남아 있다.

참고문헌

1) 新關暢一 ; 材料科學, 9(1972)19.
2) D. A. Pinnow ; IEEE J. Quant. Electr., QE-6(1970)1223.
3) C. Chen ; Laser Focus World, Nov.(1989)129.
4) 新關暢一 ; 日本結晶學會誌, 23(1981)96.
5) 高須 ; 先端材料ハソドブック(鈴木, 伊藤, 神谷編, 朝倉書店, 1988. 10) p.14.
6) 松本松生 ; 日本結晶學會誌, 11(1969)48.
7) N. Bloemberger ; "Nonlinear Optics"(Benjamin Inc., New York, 1965).
8) C. G. B. Garrett and F. N. H. Robinson ; IEEE Trans. Quant. Electron., QE-2(1966)328.
9) R. C. Miller ; Appl. Phys. Lett., 5(1974)17.
10) S. K. Kurtz and T. T. Perry ; J. Appl. Phys., 39(1968)3798.
11) S. K. Kurtz, T. T. Perry and J. G. Bergruan ; Appl. Phys. Lett., 12(1968)186.
12) 小林孝嘉 ; 「光情報材料」(神谷武志編, 丸善, 1988. 12)p.183.
13) M. Jr. DiDomenicao and S. H. Wemple ; J. Appl. Phys., 40(1969)720.
14) S. H. Wemple and M. Jr. DiDomenicao ; J. Appl. Phys., 40(1969)735.
15) B. A. Tuttle, D. A. Payne and J. L. Mukherjee ; MRS Bull., July(1994)20.
16) R. S. Roth ; J. Res. Natl. Stand., 58(1957)75.
17) P. K. Tien, J. R. Matrin, S. L. Blank, S. H. Wemple and L. J. Varnerin ; Appl. Phys. Lett., 21(1972)207.
18) R. D. Shannon ; Acta Cryst., A32(1976)751.
19) R. H. Langley and G. D. Sturgeon ; J. Sol. Stat. Chem., 30(1979)79.

20) L. K. Cheng, E. M. McCarron III, J. Calabrese, J. D. Bierlein and A. A. Ballman ; J. Cryst. Growth, 132(1993)280.
21) H. G. Danielmeyer and H. P. Weber ; J. Quant. Elecron., QE-8(1972)805.
22) K. R. Albrand et al., Mat. Res. Bull., 9(1974)129.
23) 山田智秋 ; 應用物理 44(1975)906.
24) H. Koizumi ; Acta Cryst., B 32(1977)2680.
25) H. Koizumi ; J. Nakano, Act Cryst., B 34(1978)3320.
26) S. Miyazawa and K. Kubodera ; J. Appl. Phys., 49(1978)6179.
27) K. Kubodera, S. Miyazawa, J. Nakano and K. Otsuka ; Opt. Commun., 27(1978)345.
28) J. Nakano, K. Kubodera, S. Miyazawa, S. Kondo and H. Koizumi ; J. Appl. Phys., 50(1979)6546.
29) E. S. Larsen and H. Berman ; "The Microscopical Determination of Nonopaque Minerals" (US Geolog. Suevey Bull.)848.
30) O. L. Anderson ; Amer. Mineral., 51(1966)1001.
31) O. L. Anderson and J. E. Nafe ; J. Geophys. Res., 70(1965)3951.
32) O. L. Anderson and E. Schreiber ; J. Geophys. Res., 70(1965)1463.
33) J. M. Ziman ; "Principle of the Theory of Solid" (Cambridge Univ. Press, 1964).
34) N. Uchida and N. Niizeki, Proc. IEEE, 61(1973)1073.
35) D. A. Pinnow, L. G. van Uitert, A. W. Warner and W. A. Bonneret ; Appl. Phys. Lett., 15(1969)83.
36) Y. Ohmachi, N. Uchida and N. Niizeki ; J. Appl. Phys., 41(1972)164.
37) T. O. Woodruff and H. Ehrenreich ; Phys. Rev., 123(1961)1553.
38) K. Nassau and J. W. Shiever ; Appl. Phys. Lett., 12(1968)349.
39) H. Hirano and T. Fukuda ; Jpn. J. Appl. Phys., 7(1968)1413.
40) G. M. Loiacono and B. Michelman ; J Amer. Ceram. Soc., 51(1968)542.

41) E. I. Speranskaya, Izrest. Akad. Nank. SSSR Otdel. Khim. Nank., 162(1974)
42) B. Philips and M. G. Scroger ; J. Amer. Ceram. Soc., 48(1965)398.
43) K. Sugii, H. Iwasaki and S. Miyazawa ; J. Cryst. growth, 10(1971)127.
44) K. Sugii, H. Iwasaki and S. Miyazawa ; Mat. Res. Bull., 6(1971)503.
45) H. Iwasaki, S. Miyazawa, H. Koizumi, K. Sugii and N. Niizeki ; J. Appl. Phys., 43(1972)4907.
46) R. Kohlmuller and J. P. Badant ; Bull. Soc. Chim. France, 10(1969)3434.
47) L. Ja. Erman and I. K. Kolein ; Acta Crystallogr., 21(1966)72.
48) S. Miyazawa, A. Kawana, H. Koizumi and H. Iwasaki ; Mat. Res. Bull., 9(1974)41.
49) S. K. Kurtz ; IEEE J. Quant. Electro., QE-4(1968)578.
50) S. Miyazawa and and H. Iwasaki ; J. Cryst. Growth, 8(1971)359.
51) S. Miyazawa and H. Iwasaki ; Jpn. J. Appl. Phys., 9(1970)441.
52) S. Miyazawa and H. Iwasaki ; J. Cryst. Growth ; 8(1971)359.
53) N. Uchida, S. Miyazawa and K. Ninomiya ; J. Opt. Soc. Amer., 60(1970)1375.
54) G. Arlt and H. Schweppe ; Sold State Commun., 6(1968)783.
55) C. Chen ; Acta Phys. Sin., 25(1976)146.
56) S. K. Kurtz and F. N. H. Robinson ; Appl. Phys. Lett., 10(1967)62.
57) C. G. B. Garratt and F. N. H. Robinson ; IEEE J. Quant. Electron., QE-40(1968)70.
58) J. G. Bergman and G. R. Grane : J. Chem. Phys., 60(1974)2470.
59) B. F. Levine ; Phys. Rev. Lett., 25(1970)440.
60) B. L. Davydov and L. D. Derkacheva ; Soviet Phys.-JETP Lett., 12(1970)440.

61) D. S. Chemla, D. J. L. Oudar and J. Jerphagnon ; Phys. Rev. B12(1975)4534.

62) C. T. Chen ; Sci. Sinica, 22(1979)756.

63) C. T. Chen, Z. P. Liu and H. S. Shen ; Acta Phys. Sinica, 30(1981)715.

64) R. K. Liu and C. T. Chen ; Acta Phys. Sinica, 34(1985)823.

65) C. Chen, Y. Wu, A. Jiang, B. Wu, G. You, R. Li and S. Lin ; J. Opt. Soc. Amer., B6(1989)616.

66) Y. Wu, T. Sasaki, S. Nakai, A. Yokotani, H. Tang and C. Chen ; App. Phys. Lett., 62(1993)2614.

67) 黒田, 中島, 渡邊, 森, 左左木, 中井 ; 第39回 人工結晶討論會(1994. 10. 17~10. 18)講演要旨集 p.89, 2A 12(to be published in Appl. Phys. Lett.,).

68) L. Pauling ; Proc. Roy. Soy. Soc.,(London), A 114(1927)181.

69) J. R. Tessman, A. H. Kahn and W. Shockley ; Phys. Rev., 92(1955)890.

70) S. S. Jawal and T. P. Sharma ; J. Phys. Chem. Solids, 34(1973)509.

⟨표 A⟩ 결정의 정계, 점군(정족)과 공간군

정계	점군(정족)* S	H. M.	공 간 군	대칭 중심
삼사정	C_1	1	$P1$	무
	C_i	$\bar{1}$	$P\bar{1}$	유
단사정	C_2	2	$P2\ \ P2_1\ \ C2$	무
	C_s	m	$Pm\ \ Pc\ \ Cm\ \ Cc$	유
	C_{2h}	$2/m$	$P2/m\ \ P2_1/m\ \ C2/m\ \ P2/c\ \ P2_1/c\ \ C2/c$	유
사방정	D_2	222	$P222\ \ P222_1\ \ P2_12_12\ \ P2_12_12_1\ \ C222_1\ \ C222$ $F222\ \ I222\ \ I2_12_12$	무
	C_{2v}	$mm2$	$Pmm2\ \ Pmc2_1\ \ Pcc2\ \ Pma2\ \ Pca2_1\ \ Pnc2$ $Pmn2_1\ \ Pba2\ \ Pba2_1\ \ Pnn2\ \ Cmm2\ \ Cmc2_1$ $Ccc2\ \ Amm2\ \ Abm2\ \ Aba2\ \ Fmm2$ $Fdd2\ \ Imm2\ \ Iba2\ \ Ima2$	무
	C_{2h}	mmm	$Pmmm\ \ Pnn\ \ Pccm\ \ Pbam\ \ Pmma\ \ Pnna$ $Pmna\ \ Pcca\ \ Pbam\ \ Pccn\ \ Pbcm\ \ Pnnm$ $Pmmm\ \ Pbcn\ \ Pbca\ \ Pnma\ \ Cmcm\ \ Cmca$ $Cmmm\ \ Cccm\ \ Cmma\ \ Ccca\ \ Fmmm\ \ Fddd$ $Immm\ \ Ibam\ \ Ibca\ \ Imma$	
정방정	C_4	4	$P4\ \ P4_1\ \ P4_2\ \ P4_3\ \ I4\ \ I4_1$	무
	S_4	$\bar{4}$	$P\bar{4}\ \ I\bar{4}$	유
	C_{4h}	$4/m$	$P4/m\ \ P4_2/m\ \ P4/n\ \ P4_2/n\ \ I4/m\ \ I4_1/a$	유
	D_4	422	$P422\ \ P42_12\ \ P4_122\ \ P4_12_12\ \ P4_222\ \ P4_22_12$ $P4_322\ \ P4_32_12\ \ I422\ \ I4_122$	무
	C_{4v}	$4mm$	$P4mm\ \ P4bm\ \ P4_2cm\ \ P4_2nm\ \ P4cc\ \ P4nc$ $P4_2mc\ \ P4_2bc\ \ I4mm\ \ I4cm\ \ I4_1md\ \ I4_1cd$	무
	D_{2d}	$\bar{4}2m$	$P\bar{4}2m\ \ P\bar{4}2c\ \ P\bar{4}2_1m\ \ P\bar{4}2_1c\ \ P\bar{4}m2\ \ P\bar{4}c2$ $P\bar{4}b2\ \ P\bar{4}n2\ \ I\bar{4}m2\ \ P\bar{4}c2\ \ I\bar{4}2m\ \ I\bar{4}2d$	무
	D_{4d}	$4/mmm$	$P4/mmm\ \ P4/mcc\ \ P4/nbm\ \ P4/nnc$ $P4/mbm\ \ P4/mnc\ \ P4/nmm\ \ P4/ncc$ $P4_2/mmc\ \ P4_2/mcm\ \ P4_2/nbc\ \ P4_2/nnm$ $P4_2/mbc\ \ P4_2/mnm\ \ P4_2/nmc\ \ P4_2/ncm$ $I4/mmm\ \ I4/mcm\ \ I41/amd\ \ I41/acd$	유

정계	점군(정족)*		공간군	대칭중심
	S	H. M.		
삼방정	C_3	3	$P3$ $P3_1$ $P3_2$ $R3$	무
	C_{3i}	$\bar{3}$	$P\bar{3}$ $R\bar{3}$	유
	D_3	32	$P312$ $P321$ $P3_112$ $P3_121$ $P3_212$ $P3_221$ $R32$	무
	C_{3v}	$3m$	$P3m1$ $P31m$ $P3c1$ $P31c$ $R3m$ $R3c$	무
	D_{3d}	$\bar{3}m$	$P\bar{3}1m$ $P\bar{3}1c$ $P\bar{3}m1$ $P\bar{3}c1$ $R\bar{3}m$ $R\bar{3}c$	유
육방정	C_6	6	$P6$ $P6_1$ $P6_5$ $P6_4$ $P6_3$	무
	C_{3h}	$\bar{6}$	$P\bar{6}$	무
	C_{6h}	$6/m$	$P6/m$ $P6_3/m$	유
	D_6	622	$P622$ $P6_122$ $P6_522$ $P6_222$ $P6_422$ $P6_322$	무
	C_{6v}	$6mm$	$P6mm$ $P6cc$ $P6_3cm$ $P6_3mc$	무
	D_{3h}	$\bar{6}m2$	$P\bar{6}m2$ $P\bar{6}c2$ $P\bar{6}2m$ $P\bar{6}2c$	무
	D_{6h}	$6/mmm$	$P6/mmm$ $P6/mcc$ $P6_3/mcm$ $P6_3/mmc$	유
입방정	T	23	$P23$ $F23$ $I23$ $P2_13$ $I2_13$	무
	T_h	$m3$	$Pm3$ $Pn3$ $Fm3$ $Fd3$ $Im3$ $Pa3$ $Ia3$	유
	O	432	$P432$ $P4_232$ $F432$ $F4_132$ $I432$ $P4_332$ $P4_132$ $I4_132$	무
	T_d	$\bar{4}3m$	$P\bar{4}3m$ $F\bar{4}3m$ $I\bar{4}3m$ $P\bar{4}3n$ $F\bar{4}3c$ $I\bar{4}3d$	무
	O_h	$m3m$	$Pn3m$ $Pn3n$ $Pm3n$ $Pn3m$ $Fm3m$ $Fm3c$ $Fd3m$ $Fd3c$ $Im3m$ $Ia3d$	유

⟨표 B⟩ 결정의 대칭성에 따른 물리상수의 텐서 성분

(i) ● — ○은 절대값이 같고, 부호가 반대인 성분.
(ii) ·은 영(zero) 성분.
(iii) ●와 ○로 표시한 압전상수 d의 값은 ●로 표시한 d 상수의 절대값의 두 배.
(iv) 전기광학 상수 r에서는 ◉ = ●, ◎ = ○.
(v) ★는 $s_{66}=2(s_{11}-s_{12})$, 또는 $c_{66}=(c_{11}-c_{12})/2$를 나타낸다.

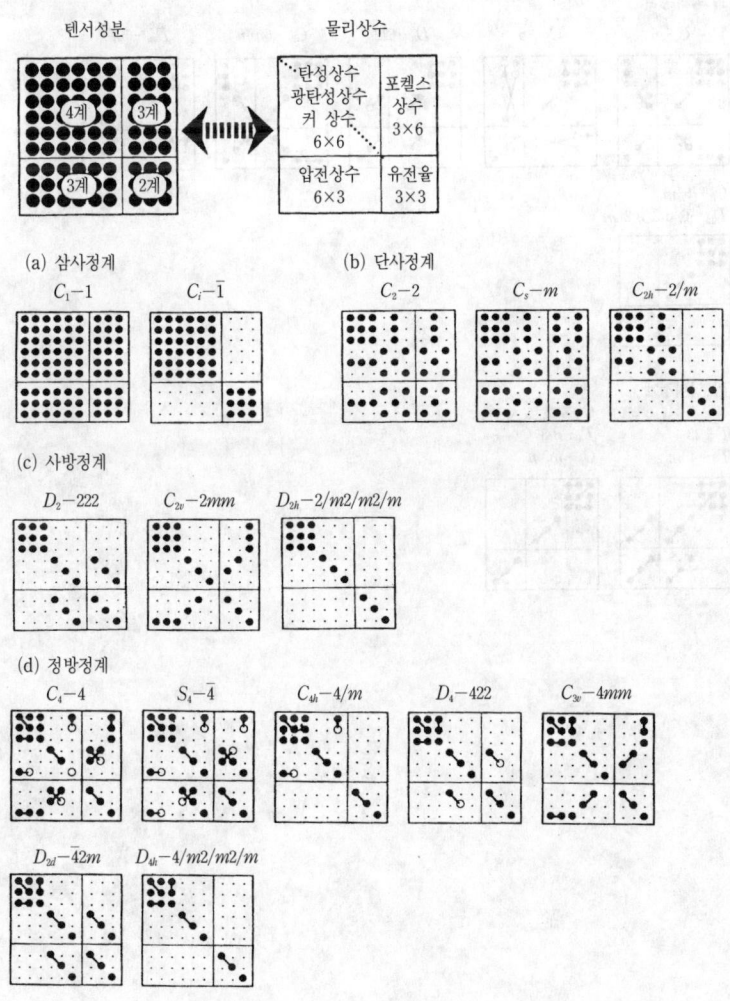

(e) 삼방정계

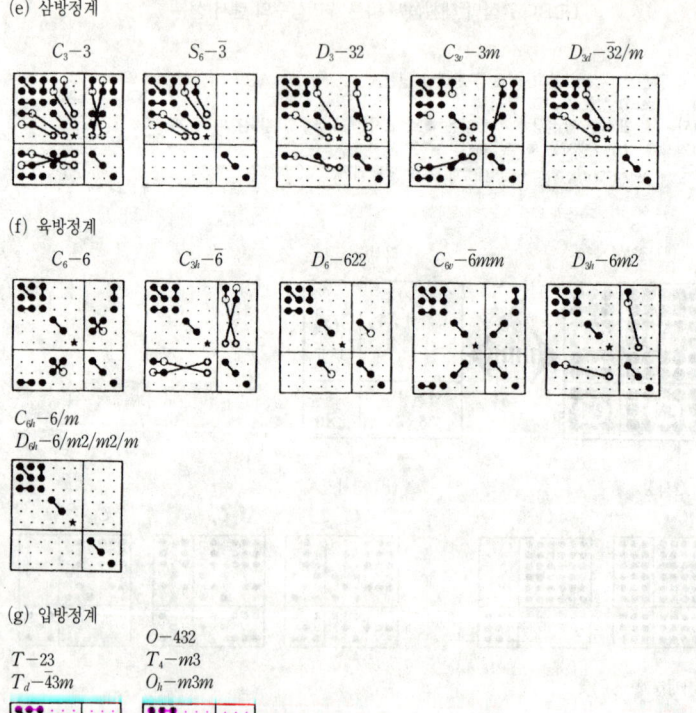

(f) 육방정계

(g) 입방정계

찾아보기

[ㄱ]

각도 위상정합 272
감쇠계수 55
강제 대류 374
강탄성(强彈性) 결정 78
격자 부정합 191
결정결함 150
결정공간 88
결정광학 53
고상소결법 224
고주파가열법 170
공간격자 88
공간 광변조(spartial light modulation) 177
공간 광변조기(空間光變調器) 27, 181
공간 광변조 소자 115
공간변조 119
공간변조소자 38
공간전하 효과 323
공명여기 210
과포화용액 377

광공학 25
광 - 광 상호작용 29
광기록(光記錄) 28, 330
광기전력 290
광기전력 효과 292
광기전성(光起電性) 25
광도파(光導波) 40
광도파로(光導波路) 27, 45
광 디스크 메모리 271
광 리소그래피 45
광 메모리 41
광밀도 233
광분파기 156
광비상반 120
광비상반(光非相反) 소자 187
광 비트 177, 187
광세기분포 287
광손상(optical damage) 28, 39, 140, 286
광손상 감수율 145
광 스위치 32, 155, 173

광 스위치 소자 136
광연산 29
광유기(光誘起)굴절 효과 144
광유기 (복)굴절효과 286
광자기 330
광자기(光磁氣) 메모리 27
광전도성 324
광전류 74, 324
광전변환 25
광제어(光制御) 27
광증폭 29, 42
광축 59
광 컴퓨팅 29
광탄성(光彈性, elasto-optic) 효과 32, 37, 67, 76
광탄성 상수 165, 171
광 탄성축 58
광통신 44
광통신용 광원 44
광파라메트릭(optical parametric) 효과 75, 263
광편향소자 27, 32
광학탄성축 62
광학활성 84
광학활성결정 82
광혼합파(光混合波) 발생 246
교차이완 210
굴절률 타원체 57, 122, 253
그루나이젠(Gruneisen) 상수 449
극성 텐서 65

【ㄴ】

내광손상성 39, 142, 236, 261, 274
내부공진형 266
노이만(Neuman)의 원칙 65, 98

농도소광 209, 211, 213
능면체 89

【ㄷ】

다광파(多光波)혼합 29, 286
다광파혼합 광연산 42
다중가전자 462
단공진기형 265
단분역화 143
단일분극 처리 401
대칭중심 96
도파 광학 120
도파로 변조기 122
도파로형 광변조기 162
동형치환 428
디지털 광편향 소자 173, 177

【ㄹ】

라만-나스(Raman-Nath) 회절 77
라만 산란 76
라이트 밸브(light valve) 177, 185
레이더 감지 244
LASER 203
레이저 페디스털 법 353
레일리(Rayleigh) 산란 241

【ㅁ】

마흐-젠더(Mach-Zehnder) 간섭계 133
MASER 203
면심입방격자 88

【ㅂ】

반도체 레이저(laser diode : LD) 47
반도체 메모리 193

반자성 반도체 193
반전 분포 204
반파장 전압 127
발광 다이오드(light emitting diode:LED) 47
발진 임계값 204, 239, 242
방향성 결합형 133
배위결합수 212
밸런스 브리지형 162
벌크형(bulk type) 광변조기 40
법선속도곡면 85
베르누이법 347
베르데 상수 34, 190
벽개성 87
변위형 강유전체 138
병진대칭(translation symmetry) 88
복소굴절률 48, 55
본드(bond) 인자법 462
부유대(浮遊帶, floating zone: FZ)법 349
분극반전 187
분기 간섭형 162
분기 도파로 133
분포 간섭형 133
분포굴절률형 EO 렌즈 154
브라베 격자(Bravais lattice) 91
브리지먼법 345
비국소응답 291
비국소적 응답 296
비굴절능 438
비발광 천이 431
비복사천이 204
비상반성(非相反性) 81
비상반소자 34
비선형 감수율 248

비선형광학결정 45
비선형광학(nonlinear-optic) 효과 33
비조화 진동 모델 462
빔 패닝 298
빛 공진기 205

〔ㅅ〕

상반성 82
상방변환 202
서큘레이터(circulater) 187
선광능(旋光能) 82, 84, 184, 322
선광성(optical activity) 81
선광성(optical rotatory power) 81
섬아연광 구조 101
성능지수 418, 431, 436
셀마이어(Sellmeier)의 근사식 84
소광대(isogyre) 85
소광비(消光比) 193, 395
수열합성법 36, 170
스퀴즈드(squeezed) 광 300
스트라이에이션 368
스피넬(spinel) 구조 102
신틸레이터 32
실레나이트 구조 114
실시간 홀로그램 41
실효분배계수 388
쌍공진기형 265

〔ㅇ〕

아이솔레이터 28, 105, 119, 187, 193
아이솔레이터 소자 80
안전계수 128
압선광(壓旋光) 효과 78
압전 결정 72
압전광효과 65

압전성 30, 96, 99
압전효과 67
as-grown 결정 401
액상 에피택셜(liquid-phase epitaxial)
　145
액상 에피택시 352
양이온 치환 모형 149
양자 우물구조 301
양자(量子)효율 302
SAW 148
SAW 소자용 141
SHG 141
SHG 소자 43, 45
SHG 위상정합 140, 145
SHG의 발진 43
SHG 텐서 74
SHG 효율 142
NMR 해석 147
온도정합 254
YAG 레이저 203
외방확산 261
외부 공진기형 266
용매이동 부유대(溶媒移動浮遊帶,
　traveling solvent floating zone:
　TSFZ)법 275
우선성(右旋性) 84
원편광 복굴절 82
위상공액파 286, 299
위상 보상용 파장판 126
위상보상작용 299
위상정합 252, 264
유도방출 204
유도 브릴루앵 산란 76
유전율 54
유전 이완 301

음향광학 76
음향광학(acousto-optic) 효과 32, 77,
　172
응고 등온선 372
응고잠열 389
응력광학효과 76
의(사)위상정합(擬(似)位相整合) 41, 242,
　246, 257, 260
의사위상정합법 272
이방성 122
이상광선 253
이상광선 굴절률(extraordinary index)
　60
이상광파(extraordinary ray) 60
EOS 시스템 161
2중 도가니법 327
2차 전기광학효과 53, 65
2차 전기선광효과 73
이축성(optically biaxial) 59
일메나이트 구조 110
1차 전기광학효과 53, 94
1차 전기선광효과 72
일축성(optically uniaxial) 59

[ㅈ]

자기광학(magneto-optic)효과 28, 79,
　120, 188
자기 복굴절(磁氣複屈折) 효과 65, 79
자기복흡수(磁氣複吸收) 79
자기소광 107
자기속박효과 75
자기원복굴절 80
자기원이색성 80
자기이색성(磁氣二色性) 79
자기집속효과 75

자기 커 효과 81
자기 펌프형 위상공액 거울 299
자발응력 77
자발자화(自發磁化) 79
자발 포켈스 효과 69, 70
자연 대류 374
자이레이션(gyration) 곡면 72
잔류 반전 분극 241
저항가열법 170
적층결함 90
전기광반사 효과 69
전기광학(electro-optic) 효과 32, 38, 44, 67, 69, 154
전기광학결정 28, 39
전기광학 샘플링(EOS) 162
전기 루미네센스 30
전기선광효과 72
전기 선회계수(electro-gyration coefficient) 83
전기흡광효과 72
전도전류 290
전왜효과 67
전파분광기 37
정상광선 253
정상광선 굴절률(ordinary index) 60
정상광파(ordinary ray) 60
정출 352, 382
제2고조파 201
제2고조파 발생(Second Harmonic Generation : SHG) 74, 139, 202
제3고조파 발생(Third Harmonic Generation : THG) 75
종효과형 광 스위치 174
좌선성(左旋性) 84
주파수 요동 232

준결정 95
준안정상(準安定相) 95
집적광학(集積光學) 40
직접 화합물 레이저 220
집적회로(LSI) 156

【ㅊ】

차주파수(差周波數) 변환 75
청색 레이저 광 43
체심입방격자 88
체적 홀로그램 소자 144
초격자 헤테로(hetero) 구조 202
초고속 동화상 기록 331, 335
초고속 LSI 157
초선광전(超旋光電) 효과 73
초음파 감쇠 448
초음파 광편향 164
초전 계수 66
초전성 30, 96, 99
초크랄스키법 357
충진밀도 422

【ㅋ】

커런덤(corundum) 구조 103
커 효과 69
코노스코프(conoscope) 85, 184, 392
코튼-뮤턴 효과 65, 79
퀴리(Curie) 온도 71
QPM 이론 43
키로풀로스 인상법 351

【ㅌ】

텅스텐브론즈 구조 39, 42, 112
톱시드(top-seeded solution growth : TSSG)법 275

투과편광현미경 144
투자율 54
트랩 준위 288
TE 모드 241
TEM00 단일 모드 238

화상축적 177
화합물 반도체 레이저(laser diode) 232
확산계수 148
확산이방성 99
회전 타원체 57, 58
횡효과형 광 스위치 174
흡수 효율 234

〔ㅍ〕

파라메트릭 발진 246, 251
파면법선 58
파이로클로어 구조 113
패러데이(Faraday) 회전 34
패러데이 효과 80, 188
페로브스카이트 88, 107
편석계수 226
평형분배계수 388
포켈스 효과 69
포인팅 벡터 253
포토리프랙티브 29, 42
포토리프랙티브 현상 287
포토리프랙티브 효과 287, 304, 306
포획중심 313
표면탄성파 30, 36
프레넬(Fresnel)의 타원체 57
플럭스법 275, 350
PROM(Pockels Read-Out Memory) 소자 38

〔ㅎ〕

하방변환 202
합(合)주파수 변환 75
허용계수 109
형광 수명 217
형광천이 215
호스트 결정 101
홀 버닝 29, 33, 233, 330

482 광학결정

재료 찾아보기

[A]

AgGaS$_2$ 270
Al$_2$Ca$_3$Si$_3$O$_{12}$ 429
AlGaAs 201, 273
Al$_2$O$_3$ 103, 218, 224, 348
AlPO$_4$ 36
As:As$_{Ga}$ 289

[B]

BaB$_2$O$_4$(BBO) 276, 463
BaCl$_2$ 275
Ba$_2$NaNb$_5$O$_{15}$(BNN) 39, 42, 137, 142, 270, 273, 304, 316, 360
BaNb$_2$O$_6$ 113, 317, 318, 321
Ba$_2$O 275
BaO-B$_2$O$_3$-BaF$_2$ 275
Ba$_{1-x}$Sr$_x$K$_{1-y}$Na$_y$Nb$_5$O$_{15}$(BSKNN) 305
Ba$_{0.5}$Sr$_{0.5}$Nb$_2$O$_6$ 425
BaTiO$_3$ 88, 107, 110, 137, 275, 286, 294, 298, 303, 304, 313, 314, 351, 352, 423
BBO 272, 275
BeAl$_2$O$_4$ 44, 227
BGO 323, 325, 326, 329
BiFeO$_3$ 107
Bi$_3$Fe$_5$O$_{12}$ 192
Bi$_{12}$GeO$_{20}$ 369
Bi$_{12}$GeO$_{20}$(BGO) 115, 322
Bi$_2$O$_3$ 114, 327
Bi$_2$O$_3$·MoO$_3$ 171, 456, 457
Bi$_{12}$SiO$_{20}$ 369, 381
Bi$_{12}$SiO$_{20}$(BSO) 38, 115, 162, 178, 322
Bi$_4$Ti$_3$O$_{12}$ 32
Bi$_{12}$TiO$_{20}$ 326, 368
Bi$_{12}$TiO$_{20}$(BTO) 115, 322
BNN 112, 143
B$_2$O$_3$ 275
BSO 323, 325, 326, 329
BTO 323, 326, 329
3Bi$_2$O$_3$·2MoO$_3$ 443, 458, 461

[C]

CaCO$_3$ 64, 107, 426
CaF$_2$ 101, 114
Ca$_2$Sr(C$_2$H$_5$CO$_2$)$_6$ 83
Ca$_2$Sr(C$_2$H$_2$COO)$_6$ 182
Ca$_2$Ta$_2$O$_7$ 114
CaTiO$_3$ 107
CdMnTeHg 193
Cd$_2$Nb$_2$O$_7$ 113, 114, 137, 144
CdS 329
CdTe 161, 329
CdTeMn 34
Cr 226
Cr:Al$_2$O$_3$ 43, 203, 204
Cr:BeAl$_2$O$_4$ 236
Cr:LiCaAlF$_6$(LiCAF) 236
Cr:LiSrAlF$_6$(LiSAF) 236
Cr:MgAl$_2$O$_4$ 369
CsB$_3$O$_5$(CBO) 467
CsLiB$_6$O$_{10}$(CLBO) 467
CuInSe$_2$ 25

[E]

EL2 289
Er:YLF 243
Eu:YAlO$_3$ 333
Eu:Y$_2$O$_3$ 333
Eu:Y$_2$SiO$_5$(YSO) 333, 412

[F]

FeAl$_2$O$_4$ 103
Fe$_{4.11}$Al$_{0.75}$Sc$_{0.14}$(Y$_{0.8}$Sm$_{1.2}$Lu$_{1.0}$)O$_{12}$ 430
FeBO$_3$ 191
FeF$_3$ 191
(Fe$_{4.42}$Ga$_{0.58}$)(La$_{0.52}$Lu$_{2.07}$Sm$_{0.41}$)O$_{12}$ 430

FeTiO$_3$ 107

[G]

GaAs 25, 98, 99, 161, 201, 294, 329
Ga$_3$Gd$_5$O$_{12}$(GGG) 369
GaInN 43
Ga$_2$O$_3$ 365
GaP 329
Gd$_{1.8}$Bi$_{1.2}$Fe$_5$O$_{12}$ 192
Gd$_3$Ga$_5$O$_{12}$(GGG) 28, 191, 215, 365, 428
Gd$_2$(MoO$_4$)$_3$ 38, 179
Gd$_3$Sc$_2$Ga$_3$O$_{12}$ 226
GeO$_2$ 183, 453
GeO$_4$ 182
Ge$_2$O$_7$ 182
GeO$_2$-MoO$_3$ 459
GGG 191, 428, 429
GMO 182
GSAG 226, 229
GSGG 229, 243

[H]

Hg$_2$I$_2$ 172
Ho:CaWO$_4$ 242
Ho:YAG 242

[I]

InGaAlP 236
InGaN 202
InP 98, 329

[K]

KB$_5$O$_8$·4H$_2$O(KB5) 463
KDP 274, 277
KD*P 161

$KH_2PO_4(KDP)$ 137, 268
$KLaP_4O_{12}$ 220, 434
$KLaP_4O_{12}(KLP)$ 353
$K_3Li_2Nb_5O_{15}(KLN)$ 113, 142
$K_4Nb_6O_{17}$ 453
$KNbO_3$ 107, 137, 268, 272, 273, 304, 313, 314
KNb_3O_8 452
$KNdP_4O_{12}(KNP)$ 220, 353, 434
$KTa_{1-x}Nb_xO_3(KTN)$ 304
$KTiOPO_4(KTP)$ 42, 153, 161, 263, 270, 273, 303, 431
KTN 316
KTP 42, 272, 277

(L)

$LaAlO_3$ 348
LaB_6 350
$LaBGeO_5$(lanthanum borogermanate) 30, 153
$La_{0.9}Nd_{0.1}MgAl_{11}O_{19}$ (LNA) 226
$La_2Ti_2O_7$ 39
LBO 272, 277
LED 43
LiB_2O_4 462
LiB_3O_5 462
$Li_2B_4O_7$ 36, 347
$LiB_3O_5(LBO)$ 270, 276, 466, 467
$LiH_3(SeO_3)$ 83
$LiH_3(SeO_3)_2$ 182
$LiIO_3$ 416, 417
$LiNbO_3$ 27, 31, 36, 38, 40, 43, 44, 110-112, 120, 123, 133, 134, 137, 138, 144, 147, 150, 151, 153, 159, 161, 162, 167, 236, 237, 239, 240, 241, 257, 261, 262, 268, 272, 286, 289, 304, 310, 316, 353, 355, 356, 365, 366, 371, 381, 385, 392, 406, 416, 423, 425, 450
Li_3NbO_4 402
$LiNb_3O_8$ 151
$LiNdP_4O_{12}$ 433, 434
$LiNdP_4O_{12}(LNP)$ 44, 220, 433
$LiNdP_5O_{14}(LNP)$ 353
Li_2O 275, 381, 386, 387, 389, 400
$Li_2O-Nb_2O_5$ 145, 147, 148, 365, 381
LiSAF 236
$LiTaO_3$ 31, 36, 38, 45, 111, 112, 120, 123, 129, 137, 138, 148, 159, 174, 237, 240, 261, 272, 304, 361, 365, 372, 381, 385, 389, 392, 394
$LiTaO_3(LT)$ 262
$LiVO_3$ 111
$LiYF_4(YLF)$ 231
LN 262

(M)

$MgAl_2O_4$ 102, 103
$MgFe_2O_4$ 350
MgO 140, 152
Mg_2SiO_4 44
MMIC 161
$MTiOXO_4$ 273

(N)

$Na_2B_2O_4$ 275
$NaCa(Nb, Ta)_2O_6(OH, F)$ 113
$NaNbO_3$ 321
$NaNbO_3-BaNb_2O_6$ 142
$Na_2Nd_2Pb_6(PO_4)_6Cl_2(CLAP)$ 209
$NaNO_2$ 182, 463

NaNO$_3$ 83
Na$_2$O 275
Nb$_2$O$_5$ 387
Nd 218, 224, 226, 233, 234, 239
NdAl$_3$(BO$_3$)$_4$(NAB) 267, 433
Nd:Gd$_3$Ga$_5$O$_{12}$(GGG) 225
Nd:LiTaO$_3$ 242
Nd$_2$O$_3$ 224, 237
NdP$_5$O$_{14}$ 44, 209, 432
NdP$_5$O$_{14}$(NdUP) 211, 220, 432
NdPP 431
Nd:YAG 44, 267, 369, 433
Nd:YAG(Y$_3$Al$_5$O$_{12}$: yttrium aluminum garnet) 44
Nd:YAl$_3$(BO$_3$)$_4$(NYAB) 43
Nd$_{0.04}$Y$_{0.96}$Al$_3$(BO$_3$)$_4$ 267
Nd:Y$_3$Al$_5$O$_{12}$ 203
Nd:Y$_3$Al$_5$O$_{12}$(Nd:YAG) 211, 431
Nd:YVO$_3$ 44, 266
NdUP 431
NH$_4$H$_2$PO$_4$(ADP) 137
NH$_4$H$_3$(SeO$_3$)$_2$ 83

[P]

PANDOLA 37
PbGeO$_3$ 453, 458, 461
Pb$_5$Ge$_3$O$_{11}$ 38, 83, 84, 179, 182, 360, 364, 376, 377, 458, 461
Pb$_5$(GeO$_4$)(VO$_4$)$_2$ 183
(Pb$_{1-x}$La$_x$)(Zr$_{1-y}$Ti$_y$)$_{1-x/4}$O$_3$(PLZT) 32
PbMoO$_4$ 37, 168, 171, 445, 447, 451, 452, 460
Pb$_2$MoO$_5$ 171, 458, 460
PbNb$_2$O$_6$ 112
Pb(NO$_3$)$_2$ 448

PbO 171, 183, 451, 453, 459
PbO - GeO$_2$ 171, 182
PbO-PbF$_2$ 34
PbZr$_x$Ti$_{1-x}$O$_3$(PZT) 32
Pb(Zr,Ti)O$_3$(PLZT) 178
3PbO·2GeO$_2$ 454

[R]

R$_E$AlO$_3$ 89, 216
R$_{E3}$Al$_5$O$_{12}$ 216
R$_E$GaO$_3$ 89
R$_E$P$_5$O$_{14}$ 433
Rh:LiNbO$_3$ 309, 367

[S]

SBN 41, 112, 113, 144
SiLSl 45
Si(OHt)$_4$ 224
Si-PLZT 178
Sr$_{1-x}$Ba$_x$Nb$_2$O$_3$(SBN) 305
Sr$_{1-x}$Ba$_x$Nb$_2$O$_6$(SBN) 137
(Sr$_{1-x}$Ba$_x$)Nb$_2$O$_6$(SBN) 39
(Sr, Ba)Nb$_2$O$_6$ 425
SrBi$_2$Ta$_2$O$_9$ 32
SrBi$_2$Nb$_2$O$_9$ 32
SrNb$_2$O$_6$ 113, 317, 318, 321
SrTiO$_3$ 348, 349, 446, 447

[T]

Ta$_2$O$_5$ 381, 383, 385, 386, 389, 400
TbAlO$_3$ 216
TeO$_2$ 37, 84, 168, 364, 376, 458, 460
Ti:Al$_2$O$_3$ 44, 230, 235
TiO$_2$ 348
TiOXO$_4$ 431

TSFZ 190
TSSG 138, 277
TYAG 243

[Y]

YAG 105, 209, 215, 216, 218, 220, 224, 225-227, 230, 235, 243, 354, 429
$YAl_3(BO_3)_4(YAB)$ 43
YALO 243
$YAlO_3$ 215, 216
$YAlO_3(YALO)$ 218
$Y_3Al_5O_{12}(YAG)$ 105, 204, 218, 234, 332, 369, 370, 431
$YFeO_3$ 191, 350
$Y_3Fe_5O_{12}(YIG)$ 34, 105, 187, 191, 192, 351
YIG 105, 189, 190, 191
$YLiF_4$ 332
Y_2O_3 101, 224
$YScO_3$ 215
YSGG 243
$Y_2SiO_5(YSO)$ 332
$Y_{0.8}Sm_{1.2}Lu_{1.0}$ 430
YSZ 101
YVO_3 234, 235
YVO_4 233

[Z]

$ZnAl_2O_4$ 103
ZnCdSe 202
ZnMgSeS 202
ZrO_2 101

[α]

$\alpha-Al_2O_3$ 103
$\alpha-HIO_3$ 37, 445, 452
$\alpha-LiIO_3$ 268
$\alpha-TeO_2$ 168

[β]

$\beta-BaB_2O_4(BBO)$ 42, 270, 274, 276, 462, 466
$\beta-BBO$ 275, 277
$\beta-TeO_2$ 170

[γ]

$\gamma-TeO_2$ 170

•
역자 약력

이 재 현
부산대 수물학과와 동대학원 졸업
유전체물성 이학박사
현재 부산대 물리학과 명예교수
•
장 민 수
경북대 물리교육과와 부산대 대학원 졸업
도쿄대 대학원 졸업, 유전체물성 이학박사
현재 부산대 물리학과 교수, 유전체물성연구소 소장
•
이 호 섭
부산대 물리학과와 동대학원 졸업
유전체물성 이학박사
현재 창원대 물리학과 교수

•
광학결정
•
지은이 / 미야자와 신타로
옮긴이 / 이재현 · 김민수 · 이호섭
펴낸이 / 김경태
펴낸곳 / 한국경제신문 출판법인 한경 BP
등록 / 제 2-315(1967. 5. 15)
제1판 1쇄 인쇄 / 1999년 10월 20일
제1판 1쇄 발행 / 1999년 10월 30일
주소 / 서울특별시 중구 중림동 441
기획출판팀 / 3604-553~6
영업마케팅팀 / 3604-595~7
FAX / 360-4599

•
* 파본이나 잘못된 책은 바꿔 드립니다.
ISBN 89-475-3014-X
•
값 18,000원

한국경제신문사의 책들
― 시대를 앞서가는 이들의 선택 ―

권력이동
앨빈 토플러 著
李揆行 監譯
〈양장/666면/12,000원〉

21세기를 향해 변화하는 폭력·富·지식 등 사회 각부문의 권력격변은 어떤 형태를 취하고 있는가? 이러한 격변은 어디에서 기인하는가? 앞으로 다가올 변화를 누가 어떻게 통제할 것인가? 이 책은 세계 곳곳에서 일어나고 있는 권력의 대지진과 격변을 놀라운 통찰력으로 예견한 力著. 「미래쇼크」, 「제3물결」에 이은 3部作의 완결편.

미래 쇼크
앨빈 토플러 著
李揆行 監譯
〈양장/510면/10,000원〉

인간에게 격심한 변화가 닥쳤을 때 인간은 도대체 어떠한 상태에 이르게 될 것인가? 그리고 어떻게 하면 미래의 변화에 적응할 수 있을 것인가? 오늘의 현대인에게 미래의 충격적 상황을 예시하고 이를 극복할 방향을 제시하고 있는 警世의 敎訓書.

제3물결
앨빈 토플러 著
李揆行 監譯
〈양장/586면/11,000원〉

기존질서의 붕괴와 전자문명의 개막이 가져다 준 생활패턴의 변화라는 격랑에 현대인은 표류당하고 있다. 어떻게 이러한 새로운 時代의 질서와 생활패턴에 적응하고 나아가 이에 능동적으로 대처해 나갈 것인가를 예리한 문명비판적 시각에서 그 해결책을 제시한 이 시대 최고의 지식혁명 독본.

전쟁과 反戰爭
앨빈 토플러 著
李揆行 監譯
〈양장/404면/9,500원〉

새로운 세기로 접어들고 있는 오늘의 지구촌에서 새 문명의 등장으로 촉발된 대규모 평화위협의 실상을 파악하고 「신세계질서」의 이상형을 예측하고 있다. 전쟁과 反戰爭에 관한 토플러의 방법론적 탁견은 전쟁을 예방하기 위한 평화적 해결책을 제시하고 기묘하고 신비한 미래사의 문을 활짝 열어줄 것이다.

경영혁명
톰 피터스 著
盧富鎬 譯
〈양장/820면/13,000원〉

정보화사회는 불확실성이 심화된 사회로 기업경영의 경기규칙과 새로운 경영스타일 등 생존을 위한 변화는 가히 혁명적이라 할 수 있다. 이 책은 전통적 사고에 도전하고 조직이 사람을 위해 존재할 수 있도록 변화를 유도하는 45가지 경영 실천전략을 제시한 기업경영자의 「비즈니스 핸드북」.

해방경영
톰 피터스 著
盧富鎬 外 共譯
〈양장/1,300면/19,000원〉

2000년대의 경영사조는 무엇이며, 이를 주도할 기업의 생존철학은 무엇인가? 이 책은 장장 1,300여 페이지에 걸쳐 좋은 기업을 만들기 위한 조직의 창조적 파괴와 일반통념으로부터의 해방을 핵심테마로 다루고 있다. 자유분방한 필치와 수많은 은유, 패러독스가 곳곳에 번득여 방대한 분량임에도 불구하고 읽는 동안 재미와 해방감·지적 충족감을 더한다.

경영파괴
톰 피터스 著
安重鎬 譯
〈양장/374면/8,500원〉

이제 리스트럭처링·리엔지니어링으로는 급변하는 시대를 이길 수 없다. 기업의 조직은 상상을 초월하는 혁신적인 네트워크형이 되어야 한다. 이 책은 세계적 경영컨설턴트인 저자가 새롭고 번뜩이는 아이디어로, 기업을 운영하는 사람들이 재창조와 혁명을 향해 전진할 수 있도록 9개의 「넘어서」를 중심으로 구체적인 혁신방안을 제시한다. 변하지 않는 기업이나 조직은 망한다는 것이 저자의 한결같은 주장이다.

강대국의 흥망

폴 케네디 著
李日洙·全南錫·黃建 共譯
〈양장 / 628면 / 13,000원〉

역사학자이자 미국 예일대 교수인 저자는 이 책에서 지난 5세기 동안에 전개되었던 강대국들의 흥망성쇠는 그들의 경제력과 군사력의 변화 추이에 의해서 좌우되어 왔다고 진단하면서 앞으로 다가오는 21세기에는 미국·소련·서유럽 등의 쇠퇴와 중국·일본 등 아시아 강국들의 부상을 예언하고 있다. 〈뉴욕타임스 선정 최우수 도서〉

21세기 준비

폴 케네디 著
邊道殷·李日洙 譯
〈양장 / 500면 / 11,000원〉

우리에게 충격을 던졌던「강대국의 흥망」저자 폴 케네디 교수가 다가올 21세기 문명세계의 각종 위기를 명쾌히 분석·정리한 力著. 이 책은 향후 30년 사이 우리에게 닥칠 도전들과 그 대응방법 그리고 인구폭발, 환경오염, 생물공학, 로봇, 통신수단, 가공할 파워의 양태 등을 특유의 통찰력으로 분석·예견하고 있다.

메가트렌드 2000

존 나이스비트 외 共著
金弘基 譯
〈양장 / 444면 / 9,800원〉

90년대는 정치개혁과 경이적인 기술혁신 등으로 인류에게 지금까지와 전혀 다른 변화양상을 안겨줄 것이다. 이 책은 90년대의 변화로 경제호전, 예술의 번영, 시장사회주의의 출현, 복지국가의 쇠퇴 등, 과거 어둡고 비관적인 세기말적 변화보다는 밝고 새로운 흐름을 부각시키고 있다.

메가트렌드 아시아

존 나이스비트 著
홍수원 譯
〈양장 / 402면 / 9,500원〉

미래예측가로 세계적 명성을 떨치고 있는 나이스비트는 21세기에는 아시아가 미국주도의 상품과 소비시장에 가장 중요한 경쟁자로 떠오를 것으로 내다보고 현재 역동적으로 변화하는 아시아의 모습을 8가지 트렌드로 분석했다. 특히 아시아와 세계라는 맥락 속에서 한국에 나타나고 있는 폭넓은 변화들을 살펴보고 한국이 아시아에 기여할 수 있는 방안도 짚고 있다.

20세기를 움직인 思想家들

기 소르망 著
姜偉錫 譯
〈신국판 / 426면 / 8,000원〉

20세기 사상계에 결정적인 영향을 끼친 사람들은 과연 누구인가? 프랑스의 저명한 경제학자이자 사회학자인 기 소르망이 29명의 생존해 있는 현대 최고의 사상가들과 직접 인터뷰를 통해 그들 자신이 선택한 분야에 전생애를 바친 사상과 사색의 놀라운 통찰을 기록·정리한「살아있는 도서관」.

資本主義 종말과 새 世紀

기 소르망 著
金廷銀 譯
〈양장 / 628면 / 13,000원〉

세계적인 석학인 저자는 자본주의 체제를 위협하는 것은「도덕적 불만」과「자본주의에 대한 몰이해」라고 주장하고 러시아·중국·독일·인도 등 20여개국의 자본주의의 현재 모습을 생생히 그리고 있다. 또한 현재의 자본주의의 위기를 극복하기 위한 구체적인 실천방안에 대해서도 통찰하고 있다. 방대한 분량인데도 르포형식이어서 전혀 지루하지 않다.

미래기업

피터 드러커 著
高柄國 譯
〈양장 / 416면 / 9,500원〉

우리 시대의 가장 뛰어난 사회·경영학자이자 미래학자인 드러커의「변혁시대 기업생존전략 연구서!」이 책은 세계경제가 빠르게 바뀌어 감에 따라 기업의 새로운 생존 경영전략 모델, 즉 기업이 살아남기 위한 5가지 변화조건을 예리하게 분석·고찰했다. 특히 사회·경제학 시각에서 세계경제 흐름을 통찰한 力著.

자본주의 이후의 사회

피터 드러커 著
李在奎 譯
〈양장 / 328면 / 9,000원〉

사회주의권의 급격한 몰락 이후 탈냉전 분위기가 고조되고 있는 시점에서 향후 세계 변화가 주요 관심사로 떠오르고 있다. 저자는 이 책에서 향후 세계는 자본주의적 시장구조와 기구는 그대로 존속되겠지만 주권국가의 통제력은 약화되고 전문지식을 갖춘 지식경영자 중심의 글로벌화 사회가 될 것으로 예측하고 있다.

미래의 결단
피터 드러커 著
이재규 譯
〈양장 / 408면 / 9,000원〉

현대 경영학의 대부, 피터 드러커는 이 책에서 「스스로를 다시 생각함으로써 회생할 수 있다」고 전제하고 기업의 5가지 치명적 실수, 가족기업을 경영하는 규칙, 대통령을 위한 6가지 규칙, 새로운 국제시장의 개발, 3가지 종류의 팀조직, 오늘날 경영자들이 필요로 하는 정보 등 바람직한 미래를 실현하기 위한 방안을 제시했다. 21세기를 위한 새롭고 시의적절한 경영지침서.

비영리단체의 경영
피터 드러커 著
현영하 譯
〈신국판 / 406면 / 8,000원〉

선진국에서는 학교, 자선단체 등 비영리단체의 경영혁신이 선풍을 일으키고 있다. 이 책은 필자가 교수생활을 하면서 비영리단체에서 봉사했던 경험을 바탕으로 조직관리, 예산 등 경영전반에 대한 문제점을 심도있게 분석하고 개선방안을 제시했다. 전문가들과의 대담을 통해 경영의 효율성을 높이기 위한 여러가지 방안이 눈길을 끈다.

트러스트
프랜시스 후쿠야마 著
구승회 譯
〈양장 / 500면 / 12,000원〉

한 나라의 경제는 규모만으로는 설명될 수 없고 문화적 요인이 중요하다. 이 문화적 요인이 사회적 자본이며 가장 중요한 덕목이 바로 신뢰다. 저자는 이 책에서 개인주의, 가족주의에 기반을 둔 저신뢰 사회의 특성을 혹독하게 비판하면서 건강한 사회가 되려면 공동체적 연대와 결속의 기술을 터득해야 하며 신뢰는 경제와 사회, 문화를 아우르는 놀라운 가치라고 강조한다.

코피티션
배리 J. 네일버프·아담 M. 브란덴버거 著
김광전 譯
〈양장 / 384면 / 9,000원〉

비즈니스 게임은 끊임없이 변하므로 전략도 당연히 변해야 한다. 경쟁(competition)과 협력(cooperation)에 관한 과거의 법칙들을 넘어서서 양자의 장점을 결합한 코피티션 전략은 기존의 비즈니스 게임을 혁신할 혁명적인 신사고다. 저자들은 게임 자체를 변화시켜서 이득을 최대화하는 방법을 보여주는 5가지 요소(전략의 PARTS)의 비즈니스 전략을 체계적으로 제시했다.

지구의 변경지대
로버트 케이플런 著
황건 譯
〈양장 / 582면 / 12,000원〉

베일에 가려져 있던 서아프리카에서 중동을 거쳐 러시아의 외곽지대인 중앙아시아, 중국, 인도를 거쳐 캄보디아, 태국, 베트남에 이르는 대장정을 끝내고 저자가 내린 결론은 한마디로 암울하다는 것이다. 이 책은 저자가 새로운 분쟁지역으로 떠오르고 있는 지구 곳곳을 다니면서 문제점을 지적하고 혼란에 빠진 이들에게도 따뜻한 시선을 보내자고 제안하고 있다.

회사인간의 흥망
앤소니 샘슨 著
이재규 譯
〈양장 / 490면 / 9,800원〉

이 책은 17세기 동인도회사에서 현재의 마이크로소프트사에 이르기까지 기업의 변화과정과 직장인들의 문화변천사를 통해 회사인간이란 무엇인가를 규명했다. 생생한 인물묘사와 인터뷰, 사례를 곁들이면서 전혀 도전받을 일이 없을 듯이 보였던 「기업관료들」이 어떻게 레이더스, 모험기업가, 일본의 경쟁자들, 컴퓨터, 여자 회사인간들에 의해 차례차례 공격당했는가를 밝히고 있다.

금융시장 예측
김성우 著
〈양장 / 452면 / 12,000원〉

주식, 금리, 상품 등의 현물시장은 물론 선물 및 옵션 등의 파생상품시장에서도 생존할 수 있는 방법을 다양하게 제시하고 있다. 20여년간 외환시장 등 다양한 시장에서 딜러, 투자가, 분석가로 활동하며 풍부한 현장경험을 가지고 있는 저자가 시장상황에 따른 기술적 지표의 요령과 심리적 동요의 극복방안을 현장사례 중심으로 상세히 설명하고 있다.

21세기 중국
박정동 編著
〈양장 / 362면 / 9,000원〉

덩샤오핑이 사망함에 따라 곳곳에서 그 기반이 흔들리는 조짐이 나타나고 있다. 그의 체제를 이어받은 장쩌민 체제는 안정과 성장을 지속시켜 나갈 수 있을까. 과연 중국은 어떻게 변할 것인가. 아시아의 안정과 발전을 저해하는 군사대국으로 비화할 가능성이 큰 중국의 현재와 미래를 철저히 진단한 중국탐구서.

팝 인터내셔널리즘
폴 크루그먼 著
김 광 전 譯
〈신국판/276면/7,000원〉

산업위축과 실업증가, 실질소득 향상의 둔화를 비롯해 소득격차의 확대, 산업시설의 유출 등 선진 경제가 지닌 문제점을 상세히 분석하고 그 원인이 개발도상국과의 교역에 있는 것이 아니라 선진국의 산업구조 변화와 기술발전에 있다고 밝히고 있다. 레스터 서로에 필적하는 20세기 최고의 40대 경제학자인 저자가 지적하는 개도국 성장 비결은 우리에게 시사하는 바가 크다.

2020년
해미시 맥레이 著
金 光 田 譯
〈양장/408면/9,000원〉

다양한 인종만큼이나 상이한 정치·경제체제와 독특한 문화양식을 지니고 있는 세계 각국은 저마다의 주무기를 앞세워 미래를 설계하고 있다. 경제평론가인 저자는 앞으로 국가경쟁력을 결정짓는 요인은 기술이 아니라 문화라고 강조한다. 현재 세계 각국이 처해 있는 상황을 바탕으로 치밀하게 전망한 2020년경의 세계 각국의 모습에서 우리의 진로는 어떻게 모색해야 할 것인가?

제4물결
허먼 메이너드 2세
수전 E. 머턴스 共著
韓 榮 煥 譯
〈양장·4×6판/240면/5,000원〉

21세기의 범세계적 기업을 위한 낙관적 비전을 제시하고 있는 이 책은 한마디로 앨빈 토플러의 《제3물결》을 넘어 장기적 미래의 비전에 집중하고 있다. 지금 우리가 공업화를 상징하는 「제2물결」에서 탈공업화적인 「제3물결」로 전이하고 있지만, 머지 않은 곳에서 새로운 차원의 「제4물결」이 밀려오고 있다고 진단하고 있다.

株式市場 흐름 읽는 법
浦上邦雄 著
朴 承 源 譯
〈신국판/200면/5,500원〉

언뜻 보기에 무질서하고 예측이 불가능해 보이는 주식시장도 장기적으로 보면 특정한 네 개의 국면을 반복하고 있다는 것을 알 수 있다. 이 책은 이 네 개의 국면이 어떤 요인에 의해 순환되고 각각의 국면에서 어떤 종목이 활약하는가를 숙지할 수 있는 안목을 제시해주고 주식투자시 리스크를 피하는 방법에 대해서도 설명하고 있다.

유머人生 1~6
韓國經濟新聞社 出版部 編
〈4×6판/244면/4,500원〉

많은 독자들이 1980년 12월부터 본지에 연재되고 있는 「海外유머」를 책으로 출판했으면 어떨지, 그런 계획은 없는지 물어왔다. 이 책은 독자들의 그러한 성원에 보답하자는 취지로 출판되었으며 우스갯소리 가운데서 인생의 묘미도 느끼고 영어공부도 할 수 있게끔 어려운 단어나 語句에는 주석을 달아 독자들의 이해를 돕고자 노력했다.

성공적인 점포경영 33選
류 광 선 著
〈신국판/368면/9,000원〉

5,000만원 정도의 소자본으로, 심지어 무자본으로도 사업을 시작할 수 있는 아이디어를 담았다. 저자가 현장을 발로 뛰면서 바로 개업하기에 유망한 33개 업종을 선별, 입지선정부터 개업절차·경영 비법까지 최신 노하우를 총집결시켰다. 경영지침이나 사업의 성패진단법은 물론 직접 점포를 운영하는 사람들의 현장 목소리를 담아 차별화를 꾀했다.

부동산 경매를 잡아라
전 철 著
〈신국판/248면/6,500원〉

법원경매든 성업공사 공매든 경매는 이제 누구나 쉽게 배우고 참여할 수 있게 되었다. 경매물건에 대한 마음가짐을 얼마나 유연하고 객관적인 자세로 평가할 수 있느냐가 성공의 지름길이다. 이 책은 부동산 경매에 대한 전반적인 원리를 누구나 알기쉽게 배울 수 있도록 설명했다. 특히 실전사례중심으로 실패없는 부동산 경매 방법을 체계적으로 정리한 실전 가이드다.

임대주택을 잡아라
최 문 섭 著
〈신국판/230면/6,500원〉

최근 다양한 부동산개발 유형이 쏟아져 나오고 있지만 자신이 소유하고 있는 땅에 가장 어울리면서 수익을 많이 올릴 수 있는 방법을 찾는 것은 쉬운 일이 아니다. 이 책은 자신이 소유하고 있는 땅의 위치, 교통 여건, 주변 생활환경 등을 따져 본 후 높은 수익을 올리고 미래 발전 가능성이 있는 최적방안을 여러 사례별로 제시, 임대주택으로 투자에 성공하는 방법을 담고 있다.

일본 쪼개보기

황인영 著
〈신국판 / 336면 / 7,500원〉

일본이 거론하고 있는 독도문제나 잇따른 우익 망언에 대해 논리적이고 설득력 있게 대응해야 한다. 이 책은 일본의 본질을 이해하기 위해 한일관계의 역사적 배경을 추적하면서 그들의 독특한 문화와 사고방식, 행동양식을 105가지의 짧은 얘기로 분석하고 있다. 특히 역사적으로 형성된 일본 특유의 무사도 정신과 장인정신, 직업 세습풍토의 배경과 그 실체를 벗기고 있다.

대기업을 이기는 벤처비즈니스

마키노 노보루 · 강동우 著
유세준 譯
〈신국판 / 212면 / 5,500원〉

첨단 기술력과 재빠른 정보수집력을 갖춘 모험심 강한 중소기업이 대기업보다 훨씬 더 유연하게 시장상황에 대처하고 있으며 성공해 가고 있다. 마이크로소프트, 인텔 등이 그 예다. 이 책은 재편되고 있는 경제구조 속에서 앞서 나가고 있는 일본 벤처기업들의 사례와 실리콘밸리의 성공전략을 살펴보고 틈새시장을 공략하는 요령과 아이디어, 국제적 제휴전략 등을 다루고 있다.

시간이동

스테판 레트샤픈 著
형선호 譯
〈신국판 / 380면 / 9,000원〉

사람들에게 있어서 시간은 객관적인 것이 아니라 주관적인 것이다. 이 책에서 저자는 시간에 대한 사고방식을 바꿈으로써 자신의 인생에 대한 통제를 되찾을 수 있다고 강조한다. 그 과정을 통해 우리는 인생을 최대한 즐길 수 있으며 많은 시간을 우리 자신과 가족과 함께 더 한층 고양된 삶의 의미를 느낄 수 있다. 이 책은 명상서로서 자신의 삶을 컨트롤하는 방법을 제시한다.

소명으로서의 기업

마이클 노박 著
김진현 監譯
〈신국판 / 280면 / 7,000원〉

실업과 빈곤의 해결책은 무엇일까. 마이클 노박은 종교적 윤리 기반위에 선 민간기업만이 그 해결책이 될 것이라고 명쾌하게 주장한다. 민주자본주의 하에서 신학적 · 윤리적 기초를 갖는 기업이야말로 이윤창출기관인 동시에 민주주의와 인권을 증진시키는 기관이며 사회공동체를 만드는 기관이다. 기업의 위치, 정신의 설정과 사회관계 정립에 등불이 될 내용들이 가득하다.

마음을 치유하는 79가지 지혜

레이첼 나오미 레멘 著
채선영 譯
〈신국판 / 390면 / 7,500원〉

정신분석학자로서 영혼의 연금술사로 평가받는 저자는 보다 큰 평화를 가져다주는 것은 우리가 서 있는 바로 이곳, 또 이곳에서 만나는 사람들을 있는 그대로 받아들일 수 있게 해줄 치료제, 즉 영혼을 위한 약이 필요하다는데 초점을 맞추고 있다. 저자의 따뜻한 식탁의자에 영혼이 충만한 의사와 환자, 그리고 동료들이 둘러앉아 나누는 그들의 삶은 무한한 가능성의 목소리로 들린다.

복잡계란 무엇인가

요시나가 요시마사 著
주명갑 譯
〈양장 · 4×6판 / 284면 / 7,000원〉

세계는 복잡계(Complex System)열풍에 휩싸여 있다. 『무수한 구성요소로 이루어진 한덩어리의 집단으로 각 부분의 움직임이 총화이상으로 무엇인가 독자적인 행동을 보이는 것』으로 정의되는 복잡계, 복잡계 과학은「잃어버린 세계로의 여행」이 될 것이다. 복잡계의 과학은 그 꿈을 현실화시킬지도 모른다. 21세기를 주도하게 될 최첨단 키워드, 복잡계의 모든 것을 담았다.

複雜界 경영

다사카 히로시 著
주명갑 譯
〈양장 / 224면 / 6,500원〉

복잡계 이론이 예언하는 21세기적 경영의 모든 것이 여기 있다. 복잡계는 세기말의 혼돈 속에 지식의 최첨단 이론으로 등장, 구미지역에서 폭발적인 관심을 끌고 있다. 이 이론은 세계를 몇 개의 단순한 요소로 환원할 수 없는 '부분 이상의 총화' 자기조직화의 동적 프로세스로 이해한다. 또 세계관의 근본적인 변화를 통해 탈근대시대의 새로운 경영, 경영자를 위한 경영학의 혁명을 꿈꾼다.

밀레니엄 —지난 1000년의 인류역사와 문명의 흥망—

펠리프 페르난데스-아메스토 著
허종열 譯
〈전 2권 / 양장 / 560면 내외 / 각권 12,000원〉

지난 1000년을 마감하고 다음 1000년을 준비하기 위해 한 시대를 평가하기 보다는 새로운 시대를 창조하려는 의도로 문명의 운명에 대해 쓴 이 책은 유럽 중심적인 위장된 세계사가 아닌 진정한 세계사 정립을 위해 역사 이면을 자리매김하려고 노력했다. 인류역사의 주도권, 즉 민족의 힘은 태평양 주변국가에서 대서양으로 다시 태평양으로 옮아가고 있다고 주장하고 있다.

21세기를 여는 7가지 키워드
오마에 겐이치 著
임승혁 譯
〈양장・4X6판/254면/6,500원〉

다가오는 21세기에는 서구 선진국의 뒤만을 쫓을 수는 없다. 그들을 앞서나가기 위해서는 지금까지와는 다른 창의적인 발상, 새로운 전략, 확실한 준비가 필요하다. 21세기를 능동적으로 맞이하려는 사람들에게 띄우는 오마에 겐이치의 독특한 키워드. 1. 시간축 발상 2. 신커뮤니케이션론 3. 자유재량시간 4. 글로벌경쟁시대 5. 정보발신시스템 6. 이미지전략 7. 네트워크의 힘

김삼오 박사의 알짜배기 유학 가이드
김삼오 著
〈신국판/264면/7,000원〉

이 책은 단순하고 개략적인 유학안내서가 아니다. 유학을 궁리하거나 이미 가기로 결정한 학생, 그들의 부모가 함께 읽는다면 참신한 아이디어를 얻을 수 있다. 유학행정을 맡은 공무원, 대학 실무자, 교수들이 읽는다면 실질적인 도움을 얻을 수 있다. 왜 유학을 가야 하는가, 무엇을 배우려 하는가, 공부는 어떻게 해야 하는가, 외국과 국내 교육의 차이에 대해 알기 쉽게 설명하고 있다.

알기 쉬운 M&A와 주식투자
제해진 著
〈양장/336면/10,000원〉

M&A관련 주식투자는 위험이 높은 반면에 정확한 투자를 할 경우에는 수익도 막대해진다. 따라서 과학적 분석이 필수적이다. M&A에 조금이라도 관심있는 사람을 대상으로 기본적인 M&A이론과 유의사항을 설명하면서 국내외 사례를 통해 M&A전략과 주식시장에서의 M&A 관련 주식투자 방안을 알기 쉽게 소개하고 있다.

X파일 비망록 I, II
N. E. 가인즈 著
한경훈 譯
〈크라운판/380면/7,500원〉

X파일 TV드라마는 오락성과 더불어 정보를 제공하는 극으로서의 역할을 충분히 하고 있듯이 이 책은 그러한 정보에 깊이를 더해주는 역할을 한다. TV극에서 못다한 X파일에 등장하는 배우들의 신상을 상세히 소개하고 멀더와 스컬리 두 요원이 펼쳤던 이론을 해부하며 퀴즈게임으로 X파일에 대한 소양을 체크한다. X파일 매니아를 위한 신세대 책이다.

드래곤 스트라이크
험프리 헉슬리・사이먼 홀버튼 著
박병우 譯
〈신국판/540면/8,500원〉

2001년 2월, 중국은 〈드래곤 스트라이크〉라는 암호명 아래 베트남 공습을 시작으로 세계 패권전쟁에 돌입한다. 치밀한 자료수집과 정밀한 분석을 기초로 집필한 이 책은 재미와 미래예측서로서의 장점을 겸비한 소설아닌 소설이다. 각국의 군비태세, 외교전, 세계 외환석유시장에서의 책략이 손에 잡힐 듯 생생하게 그려졌다. 정교하고 사실에 기초를 둔 예측을 했다는 평가를 받고 있다.

칭기즈칸 일족(전 4 권)
진순신 著
서석연 譯
〈전 4 권/신국판/각권 7,000원〉

전설 속에 묻혔던 칭기즈칸을 생생한 역사적 인물로 되살려 냈다. 3년여 동안 아사히 신문에 연재되어 일본열도를 열광시킨 진순신의 최신작이다. 가장 짧은 시간에 가장 넓은 영토를 차지한 칭기즈칸과 그 일족의 세계국 건설사가 유장하게 펼쳐진다. 치열한 권력투쟁, 끊임없는 배신과 모반…… 그러나 강인한 투쟁력과 야성으로 세계경영에 성공한 칭기즈칸과 일족의 투쟁사는 위기를 맞은 우리에게 청량한 자극이 될 것이다.

안자(상・중・하)
미야기타니 마사미쓰 著
신봉승・김하중 譯
〈양장・4X6판/384면 내외/각권 6,500원〉

열국의 제후들이 대륙의 패권을 놓고 싸우는 춘추 시대를 배경으로 격동의 역사를 헤쳐나가는 명재상 안자의 일대기를 그리고 있다. 난세 속에서도 안자는 충(忠)과 의(義)를 지키며 정도(正道)만을 걷는다. 국가 경영의 참다운 모습, 인간관계의 원형을 보여주는 그의 독특한 철학을 통해 당시의 시대정신과 사회상을 조명한다.

창궁의 묘성(上・中・下)
아사다 지로 장편소설
이주영 譯
〈신국판/380면 내외/각권 6,500원〉

하늘보다 더 깊고 푸른 창궁(蒼穹), 그 한가운데 빛나는 숙명의 별 묘성(昴星)에 소망을 얹고 그 운명을 개척하는 청조말 풍운의 인물들의 권력과 야망을 그린 대하장편소설. 묘성을 수호성으로 태어난 가난한 말똥주이 소년 춘운은 천하의 보배를 손에 넣는다는 점쟁이의 거짓예언을 믿고 스스로 환관이 되어 천하의 여걸 서태후 자희의 측근이 되어 권력의 정점에 오른다.

20대에 사장이 되자
다나카 신스케 著
신동설 譯
〈신국판 / 280면 / 7,500원〉

지금 젊음과 패기로 무장한 20대 사장들의 창업 신드롬이 일고 있다. 현대는 정보화사회로 뉴비즈니스, 벤처비즈니스가 각광을 받는 시대이다. 이 시대는 유연한 발상, 번뜩이는 아이디어, 강한 실천력을 가진 젊은 세대가 이끌고 있다. 이 책은 20대에 사장이 되는 구체적인 성공전략이 담겨 있다. 특히 20대에 회사를 세운 40명의 다양한 성공사례를 들어 독립의 꿈을 실현하는 데 실제적인 도움이 되도록 했다.

21세기 오디세이
마이클 더투조스 著
이재규 譯
〈양장 / 496면 / 12,000원〉

20년 동안 기술 전도사, 기업가, 경영 컨설턴트로서 정보혁명을 이끌어 온 마이클 더투조스는 농업혁명과 산업혁명을 밀어낼 제3의 정보혁명에 대해 보다 폭넓은 관점을 제시한다. 저자는 21세기 글로벌 정보시장의 생생한 모습을 보여 주는 한편, 그 기술적인 문제점들을 폭로하고 한편으로 해결책을 제시하여, 영감에 가득찬 미래의 청사진을 제공한다. 보디넷, 전자 코, 촉각 인터페이스의 미래를……

여성 인재파견 시스템 100% 활용하기
정용섭 著
〈신국판 / 225면 / 6,000원〉

기업은 여성인재를 찾고, 여성인재들은 일자리를 찾아 헤매는 것이 현실이다. 취업난과 고용난을 동시에 해결하는 통쾌한 해법이 바로 여기 있다. 인재파견 시스템이 바로 그것이다. 하고 싶은 일을 원하는 시간에 원하는 회사에서 마음껏 할 수 있는 파견스태프가 되는 방법이 잘 나와 있다. 이제 기업도 능숙한 외국어에 막강한 사무능력을 갖춘 여성인재를 적절히 활용할 수 있을 것이다.

BQ창업시대 - 중소기업 창업가이드
이치구 著
〈신국판 / 190면 / 6,000원〉

학교공부를 잘 한다고 사업을 잘 하는 것은 결코 아니다. 지능지수(IQ)가 높고 사업능력이 뛰어난 것은 더욱 아니다. 사업재능은 지능지수와는 다른 또 다른 능력, 바로 실천능력을 갖춰야 한다. 믿음과 목표의식이 따라줘야 한다. 그렇다면 이 사업능력을 평가하는 방법이 없을까. 사업을 하려는 사람은 비즈니스 IQ, 즉 사업지수(Business Quotient : BQ)가 좋아야 한다. BQ 항목에 세 가지만 해당되면 사표를 써도 좋다!

신을 거역한 사람들
피터 번스타인 著
안진환 외 譯
〈양장 / 540면 / 12,000원〉

세계적인 경영 컨설턴트인 저자가 리스크의 역사와 발전과정을 담았다. 탁월한 통찰력으로 현재의 시점에서 미래를 다루는 방법을 밝혀낸 여러 사상가들의 이야기가 담겨 있다. 리스크를 이해하고 측정하여 그 결과를 가늠하는 방법은 주목받을 만하고, 그리스시대부터 현재까지 인류의 다양한 위기의 순간들과 이를 헤쳐나가는 과정을 역사와 철학, 경제학 관점에서 돌아본다. 투자나 선택이 일상인 경영자들을 위한 책이다.

기업 최후의 전쟁 M&A
정규재 著
〈양장 / 518면 / 12,000원〉

이 책은 국내시장에서 치열하게 전개됐던 실제 기업전쟁을 실감 있게 그리고 있다. 이들 전쟁은 기업지배권의 탈취나 내분의 형태로, 외부의 공격자들과 기존 소유자들 사이에서 벌어진 것이다. 한국 대표기업 간 M&A의 실상과 이면사를 상세히 분석한 이 책은 때마침 한국기업의 위기와 금융산업 개편에 대한 논란이 진행 중이어서 특히 눈길을 끈다. 기업 M&A 이면사가 한 편의 소설처럼 박진감 있게 펼쳐진다.

월가 천재소년의 100가지 투자법칙
맷 세토 著
형선호 譯
〈신국판 / 344면 / 8,500원〉

10대 천재소년 맷 세토가 세운 뮤추얼 펀드의 연간 수익률은 단연 압도적이다. 이 소년은 〈월 스트리트 저널〉의 표지인물로 등장한 바 있으며, 전세계 투자자들이 조언을 듣기 위해 애쓴다. 17세에 억대 부자가 된 맷 세토가 100가지의 성공적인 주식투자 비법을 소개한다. 신선하고 반짝이는 그의 투자전략은 초보자들도 아주 쉽게 이해할 수 있으며 폭락과 반전을 거듭하는 우리 주식시장에서 성공을 보장할 것이다.

〈개정판〉 알기 쉽게 풀어쓴 새노동법 해설
윤욱현 著
〈신국판 / 588면 / 13,000원〉

1997년 3월 노동법이 전면 개정되었다. 개정 노동법은 개별적 노동관계법의 대명사인 근로기준법상의 변형근로시간제, 정리해고제 등을 도입하고 집단적 노동관계법에서 금지됐던 복수노조, 제3자개입, 정치활동 등을 허용했다. 이 책은 저자가 현장에서 직접 느끼고 체험한 노사간의 문제점들을 살펴보고 개정 노동법 전반을 알기 쉽게 해설한 책이다. 해당 법의 예시, 판례, 행정해석을 풍부히 들어 이해를 돕고 있다.

추락하는 일본경제
이봉구 著
〈신국판 / 364면 / 8,500원〉

일본이 미래에 대한 자신감을 잃고 있다. 일본경제는 물가, 부동산, 주가 등이 동반하락하는 디플레이션 현상까지 나타나는 대변혁기를 맞고 있다. 개인이나 기업의 자산이 줄고 경제성장률도 제자리걸음을 면치 못하는 사면초가의 상황에서 일본은 초조하다. 저자는 90년대 초 한국과 80년대 말 일본을 비교하면서, 일본경제의 위기와 이를 헤쳐나가려는 일본기업의 몸부림을 타산지석으로 삼으라고 제언한다.

트랜스포메이션 경영
―IMF시대의 기업생존전략―
이성용(Sunny Yi) 著
〈신국판 / 352면 / 9,500원〉

한국 유수의 기업들도 트랜스포메이션을 알고 있으며, 트랜스포메이션을 했다고 주장하는 기업도 있다. 그러나 제대로 된 트랜스포메이션을 수행한 기업은 거의 없다. 이 책은 트랜스포메이션의 필요성, 그 방법과 대상, 수행도구, 외부의 적절한 도움에 대한 정보를 망라했다. 전문용어를 극도로 자제하면서 기업경영뿐 아니라 한국경제가 나아갈 길, 제대로 된 트랜스포메이션의 방법을 요령있게 제시했다.

열린 세계와 문명창조
기 소르망 著
박 선 譯
〈양장 / 428면 / 13,000원〉

기 소르망은 서로 다른 문화가 충돌하는 유럽, 러시아, 중국, 일본, 아프리카, 라틴아메리카의 국경으로 우리를 이끈다. 이 책은 서양인의 독백이나 나르시시즘이 아니라 바로 한반도에 대한 진단이며 치료제가 될 수 있다. 통독 이후의 문제, 북한의 실상(본문의 「아홉번째 여행」 참조)과 우리의 미래, 미국화로 상징되는 맥몽드(McMonde)의 악몽 속에서 나름대로의 대응법을 찾을 수 있기 때문이다.

신창조론
이면우 著
〈신국판 / 312면 / 8,000원〉

미증유의 경제위기를 맞은 한국, 한국인, 한국기업은 어디로 가야 하는가? IMF는 변화를 모르는 기업전통, 말만 많은 우매한 현자들의 득세, 재벌의 출혈경쟁, 모방으로 날새는 제조업, 부서 이기주의에 찌든 얼무절차 등 우리의 불치병을 진단하고, 국가비전, 중소기업 활성화 등 21세기 한국, 한국인의 방향을 완벽 치료하고 있다.

편집광만이 살아남는다
앤드류 그로브 著
유영수 譯
〈양장 / 270면 / 10,000원〉

과거와 현재의 성공에 안주하는 순간 미래의 생존근거를 잃게 된다. 경쟁에서 이겨나가는 키워드 「편집광」을 주목하라. 지루함을 모르는 직장, 도전정신으로 꽉찬 편집광 직원들, 그리고 인텔에 대한 진솔한 이야기가 담겨 있다. 예리한 판단력과 관찰력을 겸비한 그로브는 첨단산업을 경영하는데 필요한 「전략적 변곡점」을 정립·설명하고 있다.

호메로스와 테레비
데이비드 덴비 著
황 건 譯
〈양장 / 556면 / 13,000원〉

호메로스, 플라톤, 니체, 단테, 루소, 버지니아 울프까지 내노라 하는 세계적 문학·철학자들의 대표적 저서와 주요 사상을 입문서로 집필했다. 이 책은 미디어시대의 혼란속에서 삶의 지표를 찾아가는 방편으로 독서의 순수한 즐거움을 더해주는 지적인 가이드 형식으로 구성되었다. 특히 교양쌓기에 여념이 없는 학생들도 고전을 친근하게 접할 수 있게 구성, 대학생은 물론 논술시험에도 최적이다.

진짜 장사꾼만이 살아남는다
나카지마 다카시 著
이선희 譯
〈신국판 / 236면 / 7,500원〉

너나 할 것 없이 불경기 속에서도 왜 다른 상점은 잘 굴러갈까? 기발한 판매전략으로 불황을 극복해가는 기업, 손님들이 언제나 북적대는 점포, 그들의 숨겨진 비밀은 무엇인가? 이 책은 IMF시대에 살아남을 수 있는 길은 오직 상품판매뿐임을 강조하고, 에스키모에게도 냉장고를 파는 판매비법 100가지를 소개했다.

실록 외환대란
이 사람들 정말 큰일내겠군
〈신국판 / 396면 / 9,500원〉

아시아 통화경제위기와 한국경제의 위기, 그 연쇄반응은 불가피해야만 했던가? 이 책은 외환위기가 우리를 덮쳐오는 가장 긴박한 순간을 현장에서 직접 지켜본 특별취재팀이 가감없이 쓴 글이다. 어떻게 외환위기를 맞았는지, 그 책임은 누구에게 있는지, 무엇이 잘못되었는지, 밝혀지지 않은 권력의 심장부와 우리의 치부를 낱낱이 공개한 경제청문회 보고서이다. 전국민을 도탄에 빠트린 외환대란의 실체와 진실 최초공개.